湖 北 玉 米

田甫焕　羿国香　杜世凯
常海滨　周　刚
主编

气象出版社
China Meteorological Press

内 容 简 介

本书以湖北省为覆盖面，系统地撰述和介绍了玉米种植的科研成果和生产成就。全书分5章，包括湖北玉米的种植区划和生产地位、种质资源和品种选育、玉米种植的生物学基础、实用栽培技术体系、环境胁迫及应对等内容。撰写的主体既包括普通玉米，也有糯玉米、甜玉米、青贮玉米等特用玉米，内容涉及育种、栽培、遗传、生态、生理等学科领域。可供从事玉米育种、生产的科研人员以及农业管理部门人员参考和借鉴。

图书在版编目(CIP)数据

湖北玉米 / 田甫焕等主编. --北京:气象出版社，2020.7

ISBN 978-7-5029-7216-5

Ⅰ. ①湖… Ⅱ. ①田… Ⅲ. ①玉米-栽培技术 Ⅳ. ①S513

中国版本图书馆 CIP 数据核字(2020)第 091625 号

湖北玉米

Hubei Yumi

田甫焕　羿国香　杜世凯　常海滨　周　刚　主编

出版发行：气象出版社

地　　址：北京市海淀区中关村南大街46号　**邮政编码**：100081

电　　话：010-68407112(总编室)　010-68408042(发行部)

网　　址：http://www.qxcbs.com　**E-mail**：qxcbs@cma.gov.cn

责任编辑：王元庆　**终　　审**：吴晓鹏

责任校对：王丽梅　**责任技编**：赵相宁

封面设计：博雅思企划

印　　刷：三河市百盛印装有限公司

开　　本：787 mm×1092 mm　1/16　**印　　张**：16.5

字　　数：413千字

版　　次：2020年7月第1版　**印　　次**：2020年7月第1次印刷

定　　价：78.00元

本书编委会

策　划：曹广才（中国农业科学院作物科学研究所）

白桂萍（襄阳市农业科学院）

顾　问：马春红（河北省农林科学院遗传生理研究所）

主　编：田甫焕（宜昌市农业科学研究院）

羿国香（湖北省农业技术推广总站）

杜世凯（恩施土家族苗族自治州农业科学院）

常海滨（黄冈市农业科学院）

周　刚（十堰市农业科学院）

副主编（按作者姓名的汉语拼音排序）：

冯　鹏（襄阳市农业科学院）

雷昌云（湖北省农业技术推广总站）

李　宁（黄冈市农业科学院）

李文品（十堰市农业科学院）

王　静（恩施土家族苗族自治州农业科学院）

魏昌松（宜昌市农业科学研究院）

许贵明（宜昌市农业科学研究院）

张世洪（十堰市农业科学院）

赵俊立（黄冈市农业科学院）

朱祥芬（恩施土家族苗族自治州农业科学院）

编　委（按作者姓名的汉语拼音排序）：

白桂萍（襄阳市农业科学院）

蔡正军（黄冈市农业科学院）

陈光勇（十堰市农业科学院）

陈展鹏（黄冈市农业科学院）

董文琦（河北省农林科学院遗传生理研究所）

冯春福（恩施土家族苗族自治州农业科学院）

郭　莉（襄阳市农业科学院）

胡　飞（襄阳市农业科学院）

胡海珍（黄冈市农业科学院）

黄　威（黄冈市农业科学院）
雷松林（宜昌市农业科学研究院）
李新彦（襄阳市农业科学院）
李绪清（宜昌市农业科学研究院）
李永碧（恩施土家族苗族自治州农业科学院）
李有明（襄阳市农业科学院）
刘　敏（宜昌市农业科学研究院）
刘传兵（恩施土家族苗族自治州农业科学院）
刘道敏（六安市农业科学研究院）
刘好梁（恩施土家族苗族自治州农业科学院）
刘胜军（恩施土家族苗族自治州农业科学院）
卢华平（黄冈市农业科学院）
马春红（河北省农林科学院遗传生理研究所）
马红霞（河北省农林科学院遗传生理研究所）
马现斌（襄阳市农业科学院）
秦光明（十堰市农业科学院）
石　垒（恩施土家族苗族自治州农业科学院）
孙　伟（黄冈市农业科学院）
田　玉（河北省农林科学院）
王明辉（黄冈市农业科学院）
温之雨（河北省农林科学院遗传生理研究所）
向　竭（宜昌市农业科学研究院）
熊　飞（黄冈市农业科学院）
徐留辉（山东登海先锋种业有限公司）
杨　虎（十堰市农业科学院）
杨秀乾（恩施土家族苗族自治州农业科学院）
叶青松（十堰市农业科学院）
殷　辉（黄冈市农业科学院）
张其蓉（宜昌市农业科学研究院）
赵　璞（河北省农林科学院遗传生理研究所）
赵青华（恩施土家族苗族自治州农业科学院）
周　兴（恩施土家族苗族自治州农业科学院）
朱彦辉（石家庄市农林科学研究院）

作者分工

前言 ………………………………………………………………………… 田甫焕

第一章

第一节……………………………………………………………… 羿国香、雷昌云

第二节……………………………………………………………… 雷昌云、羿国香

第二章

第一节 ……………………………………… 杜世凯、刘胜军、赵青华、石垒、李永碧

第二节 ………………………… 朱祥芬、王静、刘传兵、冯春福、周兴、杨秀乾、刘好梁

第三章

第一节…………………………………… 赵俊立、李宁、陈展鹏、蔡正军、卢华平、白桂萍

第二节…………………………………… 赵璞、马春红、董文琦、温之雨、田玉、马红霞

第四章

第一节…………………… 田甫焕、魏昌松、许贵明、雷松林、向竭、刘敏、李绪清、张其蓉

第二节 ………………………… 周刚、李文品、张世洪、陈光勇、杨虎、叶青松、秦光明

第三节 ………………………………… 常海滨、黄威、胡海珍、殷辉、王明辉、熊飞、孙伟

第五章

第一节 ……………………………………… 马春红、赵璞、温之雨、董文琦、朱彦辉

第二节……………………… 冯鹏、胡飞、马现斌、郭莉、李新彦、李有明、徐留辉、刘道敏

全书统稿 ……………………………………………………………………… 曹广才

前　　言

玉米是中国第一大粮食作物，也是湖北省最重要的粮食作物之一，常年种植面积稳定在1000万亩*左右，仅次于水稻和小麦，居第三位。在湖北省，玉米既是重要的粮食作物，更是饲料和经济作物。随着科技进步和市场的多元化需求，湖北省玉米生产种类多样，既有春玉米，又有夏玉米和秋玉米，既有普通玉米又有鲜食和青贮玉米等。传统的玉米产区集中在鄂西南、鄂西北和鄂北岗地，该区域立体气候特征明显，土壤耕层浅、土质差，土体保水蓄肥能力较弱，且生态环境复杂，地貌类型多样，山地、丘陵、岗地、平原兼具。山区海拔落差大，土壤及气候差异明显，农业隐形灾害较多，连阴雨或干旱少雨、病虫害对春玉米生产威胁大；平原和湖区地下水位及气温较高，易造成涝渍和热害，病虫害较多；鄂北岗地的季节性高温与干旱是夏玉米生产的主要限制因素。因此，稳定发展湖北省玉米产业要以科技为支撑，持续改善农田基础条件，科学防灾减灾，突破关键技术，绿色高效发展。

新中国成立以来，湖北省玉米总产、单产及种植面积均得到长足的发展，对粮食总产的贡献率也越来越大。2004年全省玉米增产对粮食总产增加的贡献率仅为6.49%，到2015年达到了32.94%，玉米在湖北省粮食增产中的地位越来越重要。按照生态条件和海拔变化可将湖北玉米产区大致分为三片：鄂西山区、鄂北岗地丘陵区、江汉平原和鄂东南丘陵区。鄂西山地玉米区范围在东经112°以西，玉米种植面积490万亩左右，约占全省玉米面积的50%，是湖北省的传统玉米产区；鄂北岗地丘陵玉米区，范围在东经112°以东、北纬31°以北，海拔250～500 m，玉米种植面积280万亩左右，约占全省玉米面积的30%，是近几年发展较快的玉米产区；江汉平原及鄂东南丘陵玉米区范围在东经112°以东、北纬31°以南的长江和江汉平原、鄂中丘陵、鄂东南和鄂东北丘陵地区，海拔20～100 m，玉米种植面积190万亩左右，约占全省玉米面积的20%。鄂西山区是湖北省最早种植玉米的地方，习惯精耕细作，玉米生产管理到位，但由于品种、土壤肥力和气候条件的限制，生产潜力有限。江汉平原及鄂东南丘陵区是湖北省玉米生产发展最快、生产力水平较高的区域，并有利于机械化生产的推广和普及，生产潜力较大。近几年随着农村劳动力的转移、生产成本的上涨，玉米的比较优势更加突出，未来该区域还将有更大的发展。鄂北岗地的气候条件和耕作习惯决定了以夏玉米为主，随着农业供给侧结构性改革的推进，该区域调减棉花改种玉米，使玉米种植得以迅速扩大。除了籽粒玉米外，近几年来湖北省鲜食玉米和青贮玉米得到蓬勃发展，鲜食玉米集中在武汉市周边、江汉平原和鄂西山区，青贮玉米在鄂东南发展较快，并随着草食畜牧业的发展，将会进一步在全省推开。

为全面反映和系统总结湖北省玉米生产发展取得的经验和技术成果，经省内外从事玉米科研、推广的同行充分酝酿，决定编撰并出版《湖北玉米》一书。

《湖北玉米》全书共分5章，以玉米为主线，系统介绍了湖北玉米的生产地位、种质资源、品

---

* 1亩≈666.67m^2，下同。

种选育、生理基础、栽培技术、环境胁迫及应对等内容。本书力求反映湖北玉米产业发展的最新成果，编写过程中尽可能广泛搜集资料，注重理论联系实际，注重信息量丰富，文字表达力求简练，内容上深入浅出，循序渐进，结构上力求系统完整。希望此书的出版能为湖北玉米的科学发展起到积极的推动作用。

在编写过程中参考了许多相关的文献、资料，在此谨对相关的作者和编者表示衷心感谢。本书的编写和出版是在中国农业科学院作物科学研究所曹广才、襄阳市农业科学院白桂萍的悉心指导下，宜昌市农业科学研究院田甫焕、湖北省农业技术推广总站羿国香、恩施土家族苗族自治州农业科学院杜世凯、黄冈市农业科学院常海滨、十堰市农业科学院周刚主编，全体编者和气象出版社共同努力协作的成果。

本书面向广大农业科技工作者、农业管理干部和技术人员，也可作为农业院校相关专业的教学参考书。

在编写过程中受编者专业和水平所限，书中错误和疏漏之处在所难免，敬请同行专家和读者批评指正。

田甫焕

2019 年 11 月

目　录

第一章　环境特征和玉米生产布局

第一节　环境特征和玉米生产地位

一、湖北省环境特征

（一）地理位置和地形地貌

湖北省位于长江中游，洞庭湖以北，故称湖北，简称“鄂”。其地跨东经108°21′42″～116°07′50″、北纬29°01′53″～33°6′47″，东邻安徽，南接江西、湖南，西连重庆，西北与陕西接壤，北与河南毗邻，东西长约740 km，南北宽约470 km。全省国土总面积18.59万 km^2，占全国总面积的1.94%。

湖北省地形复杂，西、北、东三面被武陵山、巫山、大巴山、武当山、桐柏山、大别山、幕阜山等山地环绕，中南部为江汉平原，与湖南省洞庭湖平原连成一片，地势平坦，海拔多在35 m以下，长江自西向东贯穿全省。山地大致分为四大块，分别为西北山地、西南山地、东北山地、东南山地，主要集中在西部，最高峰为神农顶，海拔3105 m，素有“华中第一峰”之称。丘陵岗地主要分布在鄂中、鄂北区域，海拔高度100～500 m。全省地貌特点大致为东、西、北三面环山，中间低平，略呈向南敞开的不完整盆地。在全省总面积中，山地占56%，丘陵岗地占24%，平原湖泊占20%。

（二）气候

湖北省地处亚热带，位于典型的季风区内。全省除高山地区外，大部分为亚热带季风性湿润气候，光能充足，热量丰富，无霜期长，降水充沛，雨热同季。

1. 日照　全省大部分地区太阳年辐射总量为359～477 kJ/cm^2。常年平均日照时数为1100～2150 h，日照百分率为26%～51%。按地域分布特点是西低东高、南低北高，鄂西南向鄂东北递增。鄂东北和鄂北是全省光照条件最好的地区，年平均日照时数为2000～2200 h，年日照百分率约为45%。鄂西北、江汉平原、鄂东南的光照条件居中，年平均日照时数为1800～2100 h，年日照百分率约为40%。鄂西南日照时数最少，也是全国的低值区之一，年日照时数为1200～1500 h，年日照百分率为26%，按季节分布特点是夏季最多，冬季最少，春、秋两季因地而异。

2018年湖北省年日照时数1058（咸丰）～2040（鄂州）h。与常年同期相比，仅江汉平原大部、鄂西部分地区、鄂东局部偏多10～240 h，其他大部地区偏少10～290 h，恩施、襄阳两地近年日照情况见表1-1。

表 1-1 恩施、襄阳近年逐月日照情况(雷昌云制表)

类别	地点	年份	1月	2月	3月	4月	5月	6月	7月	8月	9月	10月	11月	12月
日照百分率(%)	恩施市	2014	25	10	23	17	20	11	52	35	22	40	17	23
		2015	13	13	22	37	28	11	45	53	21	30	5	12
		2016	10	34	21	25	34	33	49	47	36	21	15	23
		2017	8	23	18	33	41	26	53	46	17	13	30	27
		2018	18	17	27	44	18	30	47	65	21	25	17	3
		2019	7	5	27	35	23	21	34	55	-	-	-	-
	襄阳市	2014	39	15	45	35	39	33	48	33	28	43	31	53
		2015	35	37	35	49	47	24	49	61	35	48	15	33
		2016	27	55	37	41	38	44	55	51	47	22	25	34
		2017	35	40	39	46	53	40	52	45	26	20	42	50
		2018	31	43	39	48	34	48	41	54	33	51	34	23
		2019	19	13	46	39	35	34	49	-	-	-	-	-
日照时数(h)	恩施市	2014	78.8	31.1	84.8	65.1	84.1	45	224.2	144.8	80.7	142.6	53.3	73.1
		2015	41.8	38.9	81.0	141.7	116.4	45.3	195.0	218.2	76.9	104.7	17.1	37.9
		2016	32.8	109.8	76.6	94.8	143.7	137.4	211.7	193.9	131.9	74.0	49.3	71.3
		2017	26.1	72.4	65.1	129	172.3	110.9	226.7	188.2	63.2	46.9	95.4	85.6
		2018	57.3	53.6	99.2	169.6	74.8	124.5	203.8	265.1	78.3	89.3	52.7	8.3
		2019	21.6	15.8	99.5	133.7	95.2	87.0	146	224.2	-	-	-	-
	襄阳市	2014	125.2	46.3	166.2	136.0	166.9	140.8	208.3	137.1	104.9	152.0	96.5	164.3
		2015	112.0	112.8	130.2	189.1	199.2	101.8	214.4	252.3	128.5	168.6	48.8	102.2
		2016	84.8	173.9	138.3	159.1	163.9	189.0	237.3	208.5	172.8	79.0	79.2	105.2
		2017	112.9	122.3	143.9	179.9	226.7	170.7	227.3	185.0	95.0	71.1	132.2	155.4
		2018	99.3	131.0	145.8	184.5	145.7	205.6	175.7	220.6	121.2	181.1	105.9	70.7
		2019	59.6	41.1	168.9	151.5	149.5	142.6	210.4	-	-	-	-	-

2. 气温 全省年平均气温 15～17 ℃,大部分地区冬冷、夏热,春季温度多变,秋季温度下降迅速。一年之中,1 月最冷,大部分地区平均气温 2～4 ℃;7—8 月最热,除高山地区外,平均气温 27～29 ℃,极端最高气温可达 40 ℃以上。全省无霜期南长北短,鄂北 230 d 左右,江汉平原 240～270 d,三峡河谷区域最长可达 300 d 左右。全省日平均气温≥10 ℃的积温为 4800～5700 ℃·d。其中,2018 年全省年平均气温 17.1 ℃,较常年偏高 0.7 ℃,排历史同期第五高位,共 23 站平均气温排历史同期前三位,代表性站点恩施、襄阳两地近年气温情况见表 1-2 和表 1-3。

表 1-2　恩施市近年月平均气温、最高气温、最低气温情况(雷昌云制表)　　单位:℃

类别	年份	1月	2月	3月	4月	5月	6月	7月	8月	9月	10月	11月	12月	年均
平均气温	2014	6.2	6.5	12.5	17.3	19.7	23.7	27.3	25.4	23.6	18.2	12.8	6.9	16.7
	2015	7.5	8.4	13.5	17.9	21.4	23.9	26.0	26.2	22.2	19.1	13.1	7.6	17.2
	2016	6.2	7.9	12.6	18.2	21.2	24.2	27.7	27.7	23.6	18.7	12.2	8.3	17.4
	2017	7.6	8.5	11.7	17.6	20.9	24.0	27.9	27.9	23.0	17.4	12.5	8.0	17.3
	2018	5.1	7.2	14.1	19.1	21.5	25.4	28.4	28.3	22.6	16.6	11.8	6.4	17.2
	2019	6.1	6.8	12.4	19.3	20.3	24.2	27.1	28.2	-	-	-	-	-
	月均	6.5	7.6	12.8	18.2	20.8	24.2	27.4	27.3	23.0	18.0	12.5	7.4	17.1
平均最低气温	2014	3.6	4.4	9.2	14.8	17.0	21.2	23.3	22.3	21.1	15.3	10.9	4.8	-
	2015	5.4	6.2	10.5	13.8	18.0	21.3	22.0	22.3	19.6	16.1	11.8	6.1	-
	2016	4.6	4.4	9.5	15.0	17.6	20.8	24.1	23.9	20.0	16.6	10.1	6.2	-
	2017	6.1	5.8	8.8	13.9	16.9	20.7	23.9	24.4	20.8	15.2	10.0	5.5	-
	2018	3.2	4.6	10.9	14.7	18.9	21.8	24.9	24.0	20.1	14.0	9.9	5.2	-
	2019	4.7	5.1	8.9	15.3	16.9	20.9	23.5	23.8	-	-	-	-	-
平均最高气温	2014	10.8	9.7	17.9	21.2	24.1	27.7	33.2	30.3	27.8	23.3	15.8	10.5	-
	2015	10.8	11.8	18.0	23.7	26.4	28.4	31.9	32.0	26.3	23.7	15.3	10.1	-
	2016	8.7	13.2	17.2	23.2	26.4	29.4	33.3	33.6	29.1	21.9	15.6	11.9	-
	2017	9.9	12.8	15.8	23.1	27.1	28.9	33.6	33.4	26.4	20.9	16.7	12.1	-
	2018	8.1	11.1	19.5	25.7	26.1	30.6	33.8	34.9	27.0	21.1	15.0	8.2	-
	2019	8.3	9.3	18.0	25.4	25.4	29.3	33.0	34.6	-	-	-	-	-

表 1-3　襄阳市近年月平均气温、最高气温、最低气温情况(雷昌云制表)　　单位:℃

类别	年份	1月	2月	3月	4月	5月	6月	7月	8月	9月	10月	11月	12月	年均
平均气温	2014	6.0	3.3	13.2	16.7	21.6	25.2	27.2	24.9	21.0	17.8	11.2	5.9	16.2
	2015	5.2	6.4	11.3	15.7	21.8	23.2	26.2	26.6	22.5	18.4	9.1	6.0	16.0
	2016	2.4	7.9	12.2	19.0	20.8	24.7	28.0	27.9	24.8	16.7	9.9	7.0	16.8
	2017	5.2	6.7	10.7	17.9	23.1	24.8	28.6	27.0	21.8	15.5	11.7	6.9	16.7
	2018	1.1	6.0	12.4	17.9	21.6	26.2	28.4	28.6	22.6	18.2	11.1	4.3	16.5
	2019	3.1	3.3	12.8	16.7	21.7	25.8	27.7	-	-	-	-	-	-
	月均	3.8	5.6	12.1	17.3	21.8	25.0	27.7	27.0	22.5	17.3	10.6	6.0	16.4
平均最低气温	2014	2.3	1.0	8.8	13.1	17.3	21.7	23.5	21.6	18.4	14.2	8.5	2.2	-
	2015	1.9	2.7	7.4	11.3	17.4	20.5	22.4	22.5	19.2	14.4	6.8	3.3	-
	2016	−0.2	3.5	8.0	14.9	16.8	20.8	24.5	24.4	20.5	14.5	7.0	3.8	-
	2017	2.4	2.9	7.2	13.0	18.1	21.2	25.2	23.8	19.1	13.1	8.1	2.8	-
	2018	−0.4	2.3	8.7	13.3	18.2	22.3	25.0	24.6	19.2	13.6	7.8	2.0	-
	2019	0.6	0.9	8.0	12.5	17.5	21.8	23.9	-	-	-	-	-	-

续表

类别	年份	1月	2月	3月	4月	5月	6月	7月	8月	9月	10月	11月	12月	年均
平均最高气温	2014	10.4	6.6	18.3	21.2	26.7	29.7	31.9	29.4	24.6	22.2	14.8	10.4	-
	2015	9.5	11.1	16.0	20.8	27.3	27.0	30.9	32.1	27.2	23.1	12.1	9.8	-
	2016	5.9	13.0	17.1	24.0	25.5	29.4	32.6	32.3	30.0	19.8	13.7	11.0	-
	2017	9.2	11.8	15.3	23.3	28.9	29.0	33.2	31.7	25.5	18.9	16.2	11.5	-
	2018	4.5	10.8	17.1	23.4	25.8	31.4	33.0	33.8	27.5	23.6	15.1	7.2	-
	2019	6.0	6.6	18.5	22.2	26.8	30.8	32.9	-	-	-	-	-	-

3. 降水 全省年平均降水量在800～1600 mm。一年之中，一般12月和1月降水量最少，月降水量少有超过50 mm，6月中旬至7月中旬是梅雨期，降水最多，强度最大，常年可达100～200 mm。降水地域分布呈由南向北递减趋势，鄂西南最多达1400～1600 mm，鄂西北最少为800～1000 mm。降水量分布有明显的季节变化。春季呈纬向分布，南部为400～580 mm，北部为200～300 mm，是全年雨日最多的季节。夏季降水量500～700 mm，其中鄂西北为300～350 mm，鄂西南山区为500～700 mm，其他地区为350～500 mm。秋季降水量190～400 mm，具有明显的西多东少的特点，鄂西南山地一般240～320 mm，长江以北的西部山区雨量180～230 mm，江汉平原及鄂东南部分地区雨量为170～190 mm，鄂东北及鄂北岗地140～160 mm。冬季降水量最少，从西北的30 mm向东南逐渐增多到190 mm。

2018年湖北省年平均降水量1119 mm，较常年略少。与常年同期相比，大部分降水偏少1～4成，仅鄂西南部分地区、鄂东南局部偏多1～4成。全省年平均降水日数140 d，较常年偏多9.8 d。与常年同期相比，仅鄂西部分地区、江汉平原局部偏少1～7 d，其他大部地区偏多1～25 d(表1-4)。

表1-4 近年部分区域逐月降雨情况(雷昌云制表) 单位：mm

区域	年份	1月	2月	3月	4月	5月	6月	7月	8月	9月	10月	11月	12月	合计
全省	2014	20.2	59.2	54.0	137.9	116.0	93.6	151.6	164.3	135.7	103.9	84.0	4.9	1125.3
	2015	20.7	76.9	66.5	132.4	157.0	222.8	143.2	89.6	98.7	66.5	74.2	18.4	1166.9
	2016	29.6	29.6	63.1	155.8	149.6	295.8	320.1	114.7	54.3	109.2	61.9	36.7	1420.4
	2017	36.1	44.3	96.3	136.3	115.3	189.5	134.2	173.7	188.6	129.0	25.9	7.8	1277.0
	2018	71.0	33.0	103.3	138.0	210.0	93.0	148.0	78.6	80.1	27.2	75.2	61.0	1119.0
	2019	36.1	49.2	71.4	99.8	134.9	209.5	98.9	60.3	-	-	-	-	-
恩施州	2014	15.6	27.5	72.0	138.2	160.0	127.8	158.6	245.2	212.0	136.7	89.6	11.8	1395.0
	2015	32.8	55.2	53.8	112.3	182.3	254.5	151.0	128.0	167.9	51.6	66.1	36.1	1291.6
	2016	46.7	32.5	87.7	170.7	188.9	406.5	302.9	152.3	75.0	124.2	109.7	26.5	1723.6
	2017	20.5	61.0	71.3	151.2	196.4	227.5	267.3	133.2	261.6	212.6	31.6	6.1	1640.3
	2018	41.7	24.2	120.2	145.8	260.5	118.6	238.5	103.0	209.2	55.3	77.2	32.1	1426.3
	2019	27.1	16.8	98.2	67.0	130.4	235.6	117.4	124.0	-	-	-	-	-

续表

区域	年份	1月	2月	3月	4月	5月	6月	7月	8月	9月	10月	11月	12月	合计
黄冈市	2014	32.7	89.2	80.0	172.3	143.9	93.0	229.9	128.0	109.5	103.0	109.4	5.3	1296.2
	2015	19.3	119.2	77.9	165.3	162.0	275.0	166.3	88.4	82.9	91.6	94.6	15.6	1358.1
	2016	38.9	38.0	66.2	228.1	227.4	408.6	399.7	75.0	64.2	82.1	53.8	55.7	1737.7
	2017	64.0	51.1	110.4	138.8	83.1	180.3	140.7	223.9	118.6	56.8	24.9	14.6	1207.2
	2018	71.3	49.6	120.2	128.8	179.9	86.2	119.5	90.4	30.1	23.9	63.0	83.9	1046.8
	2019	55.3	92.2	62.5	108.8	144.6	225.9	61.3	38.0	-	-	-	-	-
十堰市	2014	5.8	31.2	25.2	105.8	63.8	115.5	93.7	148.6	202.1	92.6	55.3	2.0	941.6
	2015	12.6	14.3	45.4	85.1	111.2	123.3	105.1	124.8	90.4	51.5	35.9	4.6	804.2
	2016	13.7	16.1	53.5	69.7	93.0	97.2	104.5	92.1	117.0	128.5	45.9	14.3	845.5
	2017	17.2	19.5	68.7	89.5	87.1	129.7	114.8	137.2	265.2	201.6	21.4	0.8	1152.7
	2018	27.6	18.1	49.9	61.4	157.6	87.7	97.0	70.5	84.6	8.1	56.6	19.5	738.6
	2019	18.2	7.6	47.7	43.7	65.3	134.8	103.9	125.0	-	-	-	-	-
襄阳市	2014	7.0	47.4	15.2	112.9	64.5	90.5	66.4	189.8	165.8	41.2	55.4	2.5	858.6
	2015	11.6	27.5	40.2	98.1	114.7	121.9	96.4	111.4	56.5	37.9	40.8	4.7	761.7
	2016	13.8	18.2	51.3	77.8	105.2	145.1	125.4	161.9	40.1	112.2	48.3	19.5	918.8
	2017	17.6	29.8	75.1	96.2	91.4	91.4	113.7	171.5	215.5	207.2	19.8	0.9	1130.1
	2018	32.0	19.0	65.0	87.5	163.0	49.5	126.5	71.9	72.4	7.7	60.0	19.6	774.1
	2019	16.2	11.5	38.4	69.9	45.3	91.4	131.3	85.9	-	-	-	-	-
宜昌市	2014	12.0	37.3	28.2	123.5	72.3	92.1	144.4	205.4	166.6	94.7	74.3	3.9	1054.7
	2015	23.3	49.7	60.1	134.3	164.5	197.0	136.8	94.8	128.9	58.6	71.5	24.4	1143.9
	2016	29.1	25.8	61.5	140.6	160.9	283.0	307.4	171.3	18.5	105.7	73.3	27.6	1404.7
	2017	21.9	49.4	88.8	146.7	129.5	172.2	186.1	161.7	198.4	181.9	18.1	3.2	1357.9
	2018	44.7	23.1	103.9	111.6	191.6	124.2	168.2	97.2	121.6	30.8	73.2	37.2	1127.3
	2019	20.5	17.4	94.0	74.5	102.5	158.7	161.1	100.4	-	-	-	-	-

（三）水资源

1. 河流　湖北省境内除长江、汉江干流外，境内各级河流河长 5 km 以上的有 4228 条，另有中小河流 1193 条，河流总长 5.92 万 km，其中河长在 100 km 以上的河流 41 条。长江自西向东，流贯省内 26 个县市，西起巴东县鳊鱼溪河口入境，东至黄梅滨江出境，流程 1041 km。境内的长江支流有汉水、沮水、漳水、清江、东荆河、陆水、滠水、倒水、举水、巴水、浠水、富水等。其中，汉水为长江中游最大支流，在湖北省境内由西北趋东南，流经 13 个县市，由陕西白河县将军河进入湖北省郧西县，至武汉汇入长江，流程 858 km。

2. 湖泊　湖北省素有“千湖之省”之称。境内湖泊主要分布在江汉平原。面积百亩以上的湖泊约 800 余个，湖泊总面积 2983.5 km^2。面积大于 100 km^2 的湖泊有洪湖、长湖、梁子湖、斧头湖。

（四）土壤

湖北省土壤共有14个土类，32个亚类，138个土属，455个土种。土壤类型多样，其主要成土母质有大别山区古老的变质岩，武陵山区的石灰岩，幕阜山区的花岗岩、砂质岩，鄂东一带的片麻岩，丘陵岗地的第四纪褐色黏土，还有广泛的近代冲积物、湖积物。全省从南向北分为中亚热带的红壤、黄壤地带和北亚热带的黄棕壤、黄褐土地带。同一地带内，受地貌和海拔高度的影响，土壤又具有垂直地带的分布规律。此外，还有非地带性的石灰土、紫色土、砂姜黑土、石质土、潮土、水稻土等土壤。

根据湖北省第二次土壤普查结果，黄棕壤、红壤、水稻土、潮土4个土类对湖北省耕地贡献最大，占全省总耕地面积的85%以上。水稻土是湖北省分布最广、最重要的耕作土壤，占全省总耕地面积的50.4%，从海拔15 m至1570 m均有分布，盛产粮油，占全省粮食产量的70%以上。水稻土以丘陵平原面积最大，荆州市、荆门市、武汉市、孝感市合计占全省水稻土面积的53%，襄阳市、黄冈市分别占全省的12%以上，咸宁市、黄石市、鄂州市合计占全省的9.7%。潮土是近代河流冲积物形成的非地带性土壤，主要分布在地势平坦的冲积平原，大多集中在长江、汉江及长江主要支流沿岸，自然肥力较高，耕性良好，适种性广，是湖北省第二大重要农业土壤，占全省总耕地面积的19%，以荆州市、武汉市、孝感市、襄阳市、黄冈市、宜昌市等地面积较大。黄棕壤是湖北省分布面积最广的地带性土壤，总面积8983万亩，占全省土壤总面积的43.4%。一般质地黏重，土体紧实。黄棕壤用于耕地面积占全省耕地总面积的14.5%。红壤主要分布在鄂东南海拔700 m以下的低山丘陵和鄂西南山地海拔800 m以下的河谷盆地，湖北中部的松滋市、石首市、宜都市、枝江市海拔80 m以上的台地也有不少分布，红壤总面积1544万亩，占全省土壤总面积的7.4%。红壤营养状况是有机质含量较低，严重缺磷、硼，大部分缺氮、钾，局部缺锌、铜、锰、铁。

湖北省土壤以微酸性、中性、微碱性为主。全省水田酸性土壤占18.2%，微酸性土壤占35.6%，中性土壤占20.5%，微碱性土壤占25.3%；旱地酸性土壤占5.4%，微酸性土壤占21.5%，中性土壤占28.5%，微碱性土壤占42.9%。全省非耕地土壤以微酸性、酸性为主，中性土壤、微碱性土壤各占一小部分。全省土壤有机质含量差异很大，其变动范围为0.5%～4.0%。其中耕地土壤的变幅大部分在1%～3%，平均值为2.2%，其中耕地有机质含量大于4 g/kg的占比1.4%，介于3～4 g/kg的占比16.1%，2～3 g/kg的占比41.5%，1～2 g/kg的占比38.8%，1 g/kg以下的占比2.2%。水田有机质含量大都为2%～3%，占水田总面积的44.7%；旱地土壤有机质含量为1%～2%的占旱地总面积的54.8%。

根据第二次湖北省土壤普查数据，全省耕地土壤全氮含量变幅为0.5～2.0 g/kg，全磷量变幅为0.4～0.6 g/kg，全钾量变幅为10～30 g/kg，绝大多数土壤全钾量集中于14～25 g/kg。其中旱地土壤全氮量主要变动于0.5～1.5 g/kg，占旱地面积的77.7%，旱地全氮量变动于1.5～2.0 g/kg的占旱地面积的10.4%，旱地全氮量大于2.0 g/kg的占旱地面积的5.7%。旱地土壤有效磷含量大多低于10.1 mg/kg，其中有效磷含量为5.1～10.0 mg/kg的占比30.4%，3.0～5.0 mg/kg的占比28.7%，低于3.0 mg/kg的占比23.3%。全省土壤速效钾含量变幅虽大，但主要集中于50～150 mg/kg，该范围内约占耕地土壤总面积的70%，其中水田占74.9%，旱地占63.1%（表1-5，表1-6，表1-7）。

表 1-5　湖北省不同区域旱地土壤全氮量分布情况(雷昌云制表)

主要区域	旱地全氮含量(单位:mg/kg)					
	>2.00	1.51～2.00	1.01～1.50	0.76～1.00	0.50～0.76	<0.50
武汉市	3.4%	7.0%	35.9%	37.5%	13.7%	2.5%
黄冈市	1.5%	3.0%	22.5%	34.3%	29.1%	9.6%
孝感市	5.6%	9.0%	32.9%	28.3%	17.6%	6.8%
咸宁市	2.2%	7.7%	39.5%	32.5%	12.6%	5.5%
宜昌市	4.8%	10.6%	36.9%	25.5%	15.3%	6.9%
襄阳市	5.6%	8.4%	15.1%	30.7%	33.2%	7.0%
十堰市	2.0%	6.5%	24.0%	25.3%	26.6%	15.7%
恩施州	17.8%	25.3%	34.2%	12.5%	7.1%	3.0%
黄石市	3.0%	7.4%	38.0%	34.3%	12.0%	-
荆门市	1.9%	3.8%	44.1%	34.3%	12.9%	3.1%
鄂州市	0.9%	12.5%	30.4%	31.7%	13.0%	1.2%
神农架林区	9.3%	22.8%	2.0%	12.4%	0.5%	5.0%
荆州市、潜江市、天门市、仙桃市	3.6%	9.0%	42.4%	28.8%	13.2%	3.1%
全省合计	5.7%	10.4%	31.3%	27.3%	18.7%	6.2%

表 1-6　湖北省不同区域旱地土壤有效磷含量分布情况(雷昌云制表)

主要区域	旱地有效磷含量(单位:mg/kg)					
	>40.0	20.1～40.0	10.0～20.0	5.1～10.0	3.0～5.0	<3.0
武汉市	2.9%	8.2%	17.4%	29.7%	24.8%	17.0%
黄冈市	1.9%	10.3%	22.5%	32.4%	21.6%	11.2%
孝感市	0.88%	7.6%	19.3%	27.5%	30.0%	14.7%
咸宁市	0.5%	4.6%	9.3%	26.1%	27.7%	31.5%
宜昌市	0.8%	3.8%	11.1%	24.7%	33.2%	26.4%
襄阳市	1.0%	3.8%	11.9%	29.4%	28.8%	25.0%
十堰市	1.0%	3.3%	15.0%	47.3%	23.3%	11.9%
恩施州	1.3%	2.9%	9.9%	27.9%	28.7%	29.3%
黄石市	7.1%	13.5%	39.1%	31.0%	8.8%	0.5%
荆门市	-	1.8%	6.2%	20.2%	30.3%	41.5%
鄂州市	2.8%	9.1%	18.0%	40.4%	22.4%	7.4%
神农架林区	7.8%	13.0%	16.8%	25.3%	19.8%	17.2%
荆州市、潜江市、天门市、仙桃市	0.3%	1.8%	8.8%	30.1%	31.5%	27.5%
全省合计	1.1%	4.1%	12.5%	30.4%	28.7%	23.3%

表 1-7 湖北省耕地土壤速效钾含量分级统计情况(雷昌云制表)

主要区域	水田速效钾含量(单位:mg/kg)				旱地速效钾含量(单位:mg/kg)			
	>150	100～150	50～100	<50	>150	100～150	50～100	<50
武汉市	14.8%	26.6%	45.5%	13.1%	29.7%	32.5%	31.5%	6.3%
黄冈市	3.4%	16.5%	61.4%	18.8%	6.5%	19.7%	58.0%	15.8%
孝感市	17.1%	31.1%	41.4%	10.2%	23.7%	30.9%	33.1%	12.3%
咸宁市	6.5%	20.1%	53.1%	30.4%	25.9%	38.6%	30.0%	5.6%
宜昌市	26.1%	36.3%	31.8%	5.9%	37.3%	30.4%	23.9%	8.5%
襄阳市	24.3%	42.1%	28.8%	5.4%	40.7%	37.4%	18.1%	3.8%
十堰市	20.8%	27.1%	42.0%	10.1%	20.6%	24.4%	34.9%	20.1%
恩施州	16.8%	34.0%	42.7%	6.5%	48.8%	28.9%	20.1%	2.3%
黄石市	9.0%	24.7%	55.4%	10.9%	10.9%	11.7%	52.3%	25.2%
荆门市	25.4%	39.4%	33.2%	2.6%	20.5%	38.1%	34.1%	7.4%
鄂州市	7.5%	23.5%	61.5%	7.5%	19.3%	37.4%	40.0%	3.4%
神农架林区	5.0%	30.0%	65.0%	-	41.4%	28.7%	25.8%	40.4%
荆州市、潜江市、天门市、仙桃市	18.2%	45.1%	34.2%	2.5%	19.7%	38.4%	37.7%	4.2%
全省合计	16.6%	33.3%	41.3%	20.1%	29.0%	32.4%	30.7%	7.8%

(五)耕地

根据《2018 湖北农村统计年鉴》数据汇总,2017 年全省耕地面积 7853.9 万亩,人均耕地 1.33 亩(图 1-1)。耕地主要集中分布在江汉平原、鄂东沿江湖区和鄂中丘陵地带,占全省耕地面积的 55.5%;山区耕地集中于山间盆地、河谷、台地及比较平缓的古夷面上,约占全省耕地

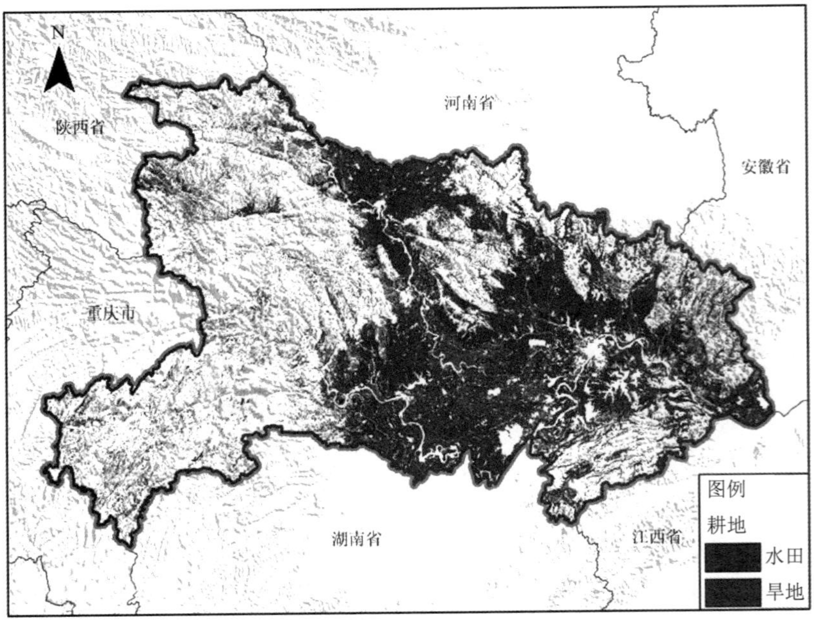

图 1-1 湖北省耕地分布图(湖北省政府网站)

面积的 19.0%；鄂北岗地连片的耕地面积 1468.8 万亩，占全省耕地面积的 18.7%；零星分布的耕地，约占全省耕地的 6.8%。

按耕地资源数量来看，面积超过 1000 万亩的地市有两个，分别是襄阳市 1054.4 万亩，占全省耕地面积的 13.4%，荆州市 1024.5 万亩，占全省的 13.0%；耕地面积 500 万～1000 万亩的市州有 5 个，分别为黄冈市、荆门市、恩施州、孝感市、宜昌市，合计面积 3406.8 万亩，占全省耕地面积的 43.4%。分县市来看，面积 200 万亩以上的县市有 5 个，合计面积 1293.3 万亩，其中钟祥市耕地面积最大，达到 289.5 万亩，占全省耕地面积的 3.7%，其次为监利县 264.4 万亩，占全省的 3.4%；耕地面积 100 万～200 万亩的县市有 23 个，合计面积 3232.5 万亩，占全省的 41.2%(表 1-8)。

表 1-8　2017 年湖北省耕地分布情况(雷昌云制表)

市县	耕地面积（万亩）	占全省比例(%)	市县	耕地面积（万亩）	占全省比例(%)	市县	耕地面积（万亩）	占全省比例(%)
全省合计	7853.9	-	樊城区	35.7	0.5	团风县	42.9	0.5
武汉市	443.8	5.7	襄州区	247.5	3.2	红安县	90.5	1.2
武汉市辖区	36.4	0.5	南漳县	128.0	1.6	罗田县	55.0	0.7
汉南区	16.9	0.2	谷城县	58.5	0.7	英山县	37.8	0.5
蔡甸区	59.5	0.8	保康县	63.6	0.8	浠水县	107.8	1.4
江夏区	105.3	1.3	老河口市	86.0	1.1	蕲春县	100.7	1.3
黄陂区	133.5	1.7	枣阳市	240.6	3.1	黄梅县	115.2	1.5
新洲区	92.1	1.2	宜城市	152.0	1.9	麻城市	156.1	2.0
黄石市	176.0	2.2	鄂州市	83.4	1.1	武穴市	76.4	1.0
黄石市辖区	2.4	0.0	荆门市	750.4	9.6	咸宁市	301.2	3.8
阳新县	98.7	1.3	东宝区	58.8	0.7	咸安区	50.3	0.6
大冶市	74.9	1.0	掇刀区	42.5	0.5	嘉鱼县	50.6	0.6
十堰市	358.9	4.6	京山县	177.4	2.3	通城县	44.8	0.6
茅箭区	1.0	0.0	沙洋县	182.1	2.3	崇阳县	51.6	0.7
张湾区	3.1	0.0	钟祥市	289.5	3.7	通山县	42.1	0.5
郧县	73.8	0.9	孝感市	659.4	8.4	赤壁市	61.8	0.8
郧西县	68.0	0.9	孝南区	80.2	1.0	随州市	380.4	4.8
竹山县	60.2	0.8	孝昌县	88.1	1.1	曾都区	69.1	0.9
竹溪县	50.6	0.6	大悟县	99.6	1.3	随县	192.8	2.5
房县	54.6	0.7	云梦县	55.9	0.7	广水市	118.5	1.5
丹江口市	47.6	0.6	应城市	97.4	1.2	恩施州	678.2	8.6
宜昌市	521.0	6.6	安陆市	97.2	1.2	恩施市	121.2	1.5
宜昌市辖区	6.6	0.1	汉川市	140.9	1.8	利川市	166.8	2.1
夷陵区	54.1	0.7	荆州市	1024.5	13.0	建始县	70.1	0.9
远安县	33.5	0.4	荆州区	77.7	1.0	巴东县	91.0	1.2
兴山县	29.3	0.4	沙市区	30.5	0.4	宣恩县	69.0	0.9
秭归县	44.8	0.6	公安县	193.9	2.5	咸丰县	72.3	0.9
长阳县	80.9	1.0	监利县	264.4	3.4	来凤县	51.5	0.7
五峰县	42.6	0.5	江陵县	102.0	1.3	鹤峰县	36.4	0.5
宜都市	32.9	0.4	石首市	100.0	1.3	仙桃市	178.4	2.3
当阳市	119.9	1.5	洪湖市	114.1	1.5	潜江市	183.8	2.3
枝江市	76.4	1.0	松滋市	141.9	1.8	天门市	251.3	3.2
襄阳市	1054.4	13.4	黄冈市	797.9	10.2	神农架林区	11.0	0.1
襄城区	42.5	0.5	黄州区	15.5	0.2			

二、湖北省作物熟制和玉米生产地位

(一)作物熟制和种植地域差异

1. 作物熟制 湖北省南北气候的差异对农业生产影响很大。每年4—5月份降水量和雨日南多北少,是造成小麦、马铃薯等夏收粮食作物单产南低北高的重要原因之一。秋寒出现的次数北多南少,对再生稻、秋玉米等作物影响北重南轻。北纬31°已成为湖北气候差异过渡带。总的来看,湖北气候条件对农业生产是非常有利的,年平均气温15~17 ℃,日平均气温≥10 ℃的积温为4800~5700 ℃·d,无霜期230~300 d,有利于提高农作物复种指数。从保证率达80%的日平均气温≥10 ℃的积温来看,湖北省在农业气候上属于多熟制区域,生产实际中以二熟制为主。鄂东和鄂西的长江河谷积温大多在5300 ℃·d以上,热量条件最好,并且较稳定,是发展两熟或者三熟制的最优越区域;江汉平原和清江河谷积温多在4900 ℃·d以上,是发展两熟制的适宜区域,可满足早、晚熟或者中、晚熟品种搭配的要求;鄂北丘陵岗地和西部汉江河谷积温在4300 ℃·d以上,只能适应早、中熟或中、中熟品种搭配的需要。

2. 作物种类 湖北省地处南北过渡性地带,熟制多样,农作物种类繁多,既有粮食作物,也有经济作物。根据《2018湖北农村统计年鉴》数据,2017年全省各类农作物种植面积1.19亿亩,其中粮食作物种植面积占比61%,经济作物种植面积占比39%。

(1)粮食作物 湖北省粮食作物种类主要有水稻、小麦、玉米、薯类、大豆等;旱杂粮有高粱、粟谷、大麦、荞麦、蚕豆、豌豆、绿豆等。2017年全省粮食作物播种面积、总产量分别为7279万亩、2846.1万t,其中秋收粮食居于全省粮食生产的主要地位,面积、产量分别为5234.7万亩、2357.9万t,占全年粮食生产的71.9%、82.8%。其中,水稻是湖北省粮食生产的优势作物,在各县市均有种植,分布较广,常年播种面积占全年粮食播种面积的一半左右,产量约占全年粮食总产的70%。2017年中稻及一季晚稻种植面积2987万亩,分别占全年水稻种植、粮食生产面积的84.1%、41.0%;总产量1688.7万t,分别占全年水稻、粮食总产量的87.6%、59.3%,除鄂西的恩施州、神农架、十堰市、宜昌市等部分山区县市外,种植面积均较大。早稻和双季晚稻主要分布在东经112°以东、北纬31°以南地区,以荆州市、黄冈市、咸宁市、武汉市为主,占全省早稻和双季晚稻种植面积的80%以上(表1-9)。

湖北小麦属于长江中下游冬麦区,播种面积和产量在湖北粮食作物中居第二位,在夏粮中占比85%以上,占主要地位。湖北小麦分布范围广,在海拔1300 m以下的广大地区都有种植,但以北纬31°以北地区为主,占全省种植面积的60%以上、总产量的70%以上,单产水平高于其他区域,其中襄阳市种植面积最大、总产量最高,分别占全省的33.7%、47.3%,也是全省小麦单产最高的区域,达到346 kg/亩,比全省平均单产高100 kg/亩左右。

表1-9 2017年湖北省粮食作物生产情况(雷昌云制表)

类别		面积(万亩)	单产(kg/亩)	总产量(万t)
全年粮食		7279	391.0	2846.1
水稻	早稻	261	386.4	100.9
	中稻和一季晚稻	2987	565.3	1688.7
	双季晚稻	304	453.1	137.6
	合计	3552	542.5	1927.2

续表

类别		面积(万亩)	单产(kg/亩)	总产量(万 t)
小麦		1730	246.8	426.9
玉米		1192	299.2	356.8
豆类	大豆	319	107.7	34.3
	其他豆类	39	106.4	4.2
	合计	358	107.6	38.5
薯类	马铃薯	306	212.3	64.9
	甘薯	118	225.8	26.8
	合计	424	216.1	91.6
其他杂粮		24	221.1	5.2

(2)经济作物　湖北省大田经济作物主要包括油料类、棉花、麻类、糖料、烟叶、中草药材、蔬菜及食用菌、瓜果类等。2017 年全省经济作物播种面积达到 4655 万亩，其中油料播种面积 1937 万亩，占全省经济作物种植面积的 41.6%，包括油菜籽、花生、芝麻等，以油菜籽种植规模最大，分别占全省油料、经济作物播种面积的 75.2%、41.6%；蔬菜及食用菌播种面积 1783 万亩，包括叶菜类(芹菜、菠菜等)、白菜类(大白菜等)、甘蓝类(卷心菜等)、根菜类(白萝卜等)、瓜菜类(黄瓜等)、豆类(豇豆、四季豆等)、茄果菜类(茄子、辣椒等)、葱蒜类(大葱、蒜头等)、水生菜类(莲藕等)等 11 类，面积居经济作物第二位，占全省经济作物播种面积的 38.3%。

3. 作物种植地域差异与类型　湖北省除鄂西南部分低山河谷地带为中亚热带外，全省绝大多数地区属于北亚热带。受纬向农业气候带控制和山地、丘陵、岗地、平原等多种地形地貌的影响，湖北农作物生产具有较大的地域差异，表现为明显的南北纬向过渡性和半环状的地域结构特征。

在水田和旱地两大利用类型的种植业结构中，由于降水、积温等自然条件的南北、东西差异较大，湖北适中，因此形成了北方省份以旱作农业为主，南方省份以水田农业为主，而湖北省具有水、旱作物各占一半的过渡性结构特征。从种植业内部的作物构成来看，湖北省粮食作物中的水稻、小麦、玉米，大田经济作物中的油菜、花生、棉花，多年生经济作物中的茶叶、柑橘等，均在全国占有一定地位。然而，这些大宗农作物，有的北方集中，南方分散，有的南方较适宜，而北方不适宜，却构成了湖北省种植业的主体，在湖北省地域内部都可以找到最适宜或较适宜种植的地域范围，并呈现出小麦等温带喜凉性夏收作物自北向南逐渐减少、双季稻等亚热带喜温性秋收作物自南向北逐渐减少。这种过渡性特征，在作物安排上较为灵活，应变能力强，如夏粮受灾减产，可发展以秋补夏，同时可供种植作物多，具有较强的选择性。

湖北省具有向南敞开的盆地地势地貌特征，即由中部平原向外围延伸为丘陵和山地，近似于一个半环状的地域结构。为此，曾菊新(1989)提出了腹心平原地带、中间丘陵地带、外围山地等三个半环状地域模型。在腹心平原地带，有高亢平原和河间洼地之分。高亢平原的冲积物和沉积物深厚，地势偏高，组成物质稍粗，土壤物理性质较好。河间洼地地面高程较低，组成物质较黏细，地下水位高。受以上地貌和土壤质地影响，平原地带水田和旱田利用并举，高亢平原上大多为旱地，河间洼地一般为水田。江汉平原的外围，西、北、东三面环以丘陵地带，受岗冲相间和缓起伏的地势条件与质地较为黏重的土壤条件的影响，水田面积较大。半环状的外围山区，受地势和灌溉条件制约，以旱作农业为主（表 1-10）。

表 1-10 2017 年湖北省经济作物生产情况（雷昌云制表）

类别		面积（万亩）	单产（kg/亩）	总产（万 t）
全年合计		4655	-	-
油料	油菜籽	1456.8	146.3	213.2
	花生	345.8	226.6	78.4
	芝麻	94.0	112.2	10.6
	其他	40.4	138.6	5.6
	合计	1937.0	158.8	307.7
棉花		307.2	59.9	18.4
麻类		0.9	292.4	0.3
糖料		9.9	2730.4	27.0
烟叶		59.5	114.9	6.8
中草药材		233.1	2.5	0.6
蔬菜及食用菌	叶菜类	244.5	1935.4	473.1
	白菜类	325.4	2101.2	683.8
	甘蓝类	104.0	2299.1	239.1
	根茎类	300.1	2293.6	688.3
	瓜菜类	172.0	2464.4	424.0
	豆类	138.7	1950.8	270.5
	茄果菜类	233.6	1845.7	431.2
	葱蒜类	85.8	1970.4	169.1
	水生菜类	105.8	2521.7	266.9
	其他蔬菜	73.0	1899.9	138.6
	食用菌	-	-	41.8
	合计	1782.9	2146.1	3826.4
瓜果类		138.6	2360.2	327.2
其他农作物		185.6	-	-

由于不同地域的耕地利用构成差异，全省农作物的地域构成各有不同。在粮食作物中，平原地带以水稻为主，丘陵地区以水稻和小麦约各占一半，鄂北岗地以小麦为主，其次为水稻、玉米，山区粮食作物以玉米为主，其次为马铃薯、甘薯等。在大田经济作物中，平原以油菜为主，其次为蔬菜和棉花，丘陵以油菜、花生、蔬菜为主，山区主要是蔬菜、中草药材，其次是油菜、烟叶。

（二）玉米生产地位

玉米是湖北省第三大粮食作物，仅次于水稻、小麦。根据《2018 湖北农村统计年鉴》数据，2017 年湖北省玉米种植面积 1192 万亩，总产量 356.8 万 t，分别占全省粮食播种面积的 16.4%和总产量的 12.5%，占全国玉米播种面积的 1.8%和总产量的 1.4%，面积和产量均居全国第16位。

玉米营养价值全面，可以粮菜饲兼用。玉米一直都被誉为长寿食品，含有丰富的蛋白质、脂肪、维生素、微量元素、纤维素等。玉米中的维生素含量非常高，为稻米、小麦的5～10倍，而特种玉米的营养价值要高于普通玉米，所含的丰富的植物纤维素具有刺激胃肠蠕动、加速粪便排泄的特性，可防治便秘、肠炎、肠癌等，所含的硒和镁有防癌抗癌作用。玉米中含有一种长寿因子——谷胱甘肽，在硒的参与下，生成谷胱甘肽氧化酶，具有恢复青春、延缓衰老的功能。玉米中所含的玉米黄质，可以预防老年黄斑性病变的产生。玉米中含有丰富的不饱和脂肪酸，尤其是亚油酸的含量高达60%以上，对预防高血压、心脑血管病有积极的作用。玉米的籽粒、茎秆也是各种家畜的优质饲料。目前，玉米籽粒已成为肉牛、奶牛、马、羊、猪、禽类和鱼类不可缺少的饲料。湖北省自产玉米籽粒严重不足，年缺口200万～300万t，需要外省调进才能满足市场需求。玉米整个植株都可饲用，利用率可达85%以上，已成为名副其实的"饲料之王"。

玉米适应性广，是湖北省分布最广的粮食作物，从平原到高山均有种植，可春播、夏播、秋播，可以与小麦、大豆、马铃薯、甘薯等作物轮作换茬或间套种。玉米是湖北省山区种植的主要粮食作物，产量约占山区秋粮产量的一半以上。2017年宜昌市、恩施州、十堰市、神农架林区玉米种植面积占全年粮食种植面积比例分别为43.7%、41.7%、34.5%、36.8%，玉米产量占全年粮食总产量的比重均在35%以上。近年来，襄阳市夏玉米种植发展迅速，带动全市玉米种植面积扩大到300万亩以上，已成为湖北省玉米生产最大地区，玉米种植面积、产量占该市全年粮食比重均在20%以上(表1-11)。

表1-11 湖北省2017年各市州玉米在粮食生产中所占比重(雷昌云制表)

市州	粮食播种面积(万亩)	玉米播种面积(万亩)	玉米占粮食面积比重(%)	粮食总产量(万t)	玉米总产量(万t)	玉米占粮食总产量比重(%)
全省合计	7279.7	1192.2	16.38	2846.1	356.7	12.53
宜昌市	474.5	207.2	43.67	152.4	57.3	37.61
恩施州	553.7	230.7	41.66	149.7	67.9	45.32
十堰市	324.8	112.1	34.52	83.0	29.1	35.00
神农架林区	9.1	3.3	36.57	2.1	0.9	41.83
襄阳市	1245.5	337.9	27.13	500.2	110.3	22.04
武汉市	227.1	30.4	13.41	94.8	10.0	10.50
荆门市	720.3	83.4	11.58	294.8	26.9	9.11
仙桃市	182.9	20.4	11.14	75.7	6.9	9.05
咸宁市	306.3	31.9	10.41	122.6	7.2	5.84
黄石市	138.3	13.3	9.58	57.5	3.1	5.44
随州市	327.3	19.6	5.99	145.5	5.7	3.93
荆州市	1116.6	52.2	4.68	470.3	16.5	3.50
鄂州市	65.4	2.7	4.17	27.0	0.9	3.14
孝感市	552.0	22.0	3.98	241.4	6.3	2.60
黄冈市	611.4	16.2	2.64	277.2	5.5	1.97
潜江市	163.3	3.6	2.22	63.7	1.2	1.85
天门市	261.3	5.3	2.03	88.1	1.5	1.71

湖北省玉米生产仍然以普通玉米品种为主，但甜玉米、糯玉米、青贮玉米等专用型玉米作为特色产业发展较快。鲜食甜玉米、糯玉米以其独特风味，适口性好、营养丰富及保健功能深受消费者喜爱，农民生产效益也高，在武汉市、荆州市、宜昌市、孝感市、天门市等区域形成了集中规模化发展，全省种植面积由2008年20万亩发展到2018年60万亩，除主要作为鲜食供应外，还带动了甜糯玉米加工业的发展。青贮玉米可以全株青贮用作饲料，其适口性好、易于消化、营养价值也较高，是牛、羊等养殖不可或缺的优质饲料，目前已在黄冈市、襄阳市、宜昌市、荆州市、武汉市等地形成规模化种养模式。与普通籽粒玉米相比，种植青贮玉米一般每亩可增收200～300元，2018年全省青贮玉米已发展到80万亩。

随着农业供给侧结构性改革深入推进，玉米已成为农业产业提质增效的重要作物，产量增长速度也明显快于其他粮食作物。与1949年相比，2017年湖北省玉米增长了8.9倍，而同期粮食、小麦、水稻、薯类、大豆等作物产量仅分别增长3.9倍、7.3倍、4.1倍、36.7%、1.3倍。

第二节 湖北省玉米生产布局

一、玉米生产概况

(一)玉米种植历史

中国玉米自明代开始种植。历史学家罗尔纲先生说：“玉蜀黍本产自美洲，其传入中国约在明隆庆(公元1567—1572年)前后。”明朝医药学家李时珍所著《本草纲目》记载：“玉蜀黍种出西土，种者亦罕。”据此，湖北省玉米种植历史约400年左右。到18世纪末，湖北省玉米才有一定发展，据清《三省国防备览》述：“郧阳亦属崇山峻岭，平畴水田，十居一、二。山民所一为饔餐者麦也、荞也、粟也，总以玉米为主。”到19世纪初，玉米已成为湖北省山区人民的主要口粮。据《建始县志》记载：“邑境山多田少。居民倍增，稻不足以给，则于山上种苞谷。深林剪伐殆尽，巨埠危峰，一望皆苞谷了。”《湖北巴东县志》记载：“玉蜀黍……山中种者甚多，邵作饭兼以酿酒。”1937年《湖北年鉴(第一回)》记载，1935年全省玉米种植面积353.5万亩，全省69个县市中有59个县市种植玉米，其中种植面积最大的为光化县，达到28万亩，其次是沔阳、京山、建始、恩施、监利等县，面积均在13万亩以上。

中华人民共和国成立后，湖北省玉米生产有了更大发展。1949年全省玉米种植面积达到632万亩，总产量36万t。20世纪60年代初期，由于粮食供给不足，将扩大玉米种植作为抗灾重要措施之一。1960—1966年，全省玉米种植面积稳定在700万亩以上，其中1961年全省玉米播种面积达到874万亩，成为当时历史上种植玉米最多的年份。70年代由于重点发展水稻、小麦生产，玉米种植面积相应减少，年均播种面积降到600万亩左右。2000年以后，玉米主产区开始因地制宜调整种植结构，发展以药材、茶叶、蔬菜为主的经济作物，玉米种植面积继续调减，到2003年全省玉米种植面积降到512万亩。2008年国家开始实行玉米临储政策，玉米生产效益逐步提高，种植规模逐步扩大。到2015年，湖北省玉米种植面积达到历史最高1220万亩，平均单产322.6 kg/亩，总产量393.7万t；与1949年相比，面积扩大了88.7%，单产提高了 4.2 倍，总产量提高了 8.9 倍，玉米种植面积和产量分别占全省粮食作物的 14.4% 和 11.4%。

（二）发展历程

回顾新中国成立以来湖北省玉米生产发展过程，大致可分为以下四个时期。

1. 逐步上升时期　1949—1965 年，随着新中国成立，为扩大粮食生产，采取开荒措施扩大了耕地面积，玉米种植面积随之增加。1965 年玉米种植面积达到 776.7 万亩，比 1949 年增加 145 万亩，扩大 22.9%。由于推广金黄后、白马牙、恩杂 217、小金、小英、五金等优良玉米品种，配套“早播密植、深耕培土、增肥抗旱、普及良种、彻底消灭玉米螟”技术措施，全省玉米种植水平逐年提高。单产水平由 1949 年的 57 kg/亩提高到 101 kg/亩，增加 44 kg/亩，比 1949 年增加了 44%，总产量达到 78.4 万 t，比 1949 年增加 42.4 万 t，为 1949 年的 1.2 倍。这一时期玉米年均种植面积 726.9 万亩，平均单产 71.2 kg/亩，总产量平均 51.7 万 t，与 1949 年相比，面积扩大了 15.7%，单产提高了 24.8%，总产量增加了 43.6%（表 1-12）。

表 1-12　湖北省 1949—1965 年玉米、粮食生产情况（雷昌云制表）

发展时期	年份	玉米			粮食			玉米产量占粮食比重（%）
		面积（万亩）	单产（kg/亩）	总产（万 t）	面积（万亩）	单产（kg/亩）	总产（万 t）	
逐步上升时期	1949	631.8	57.0	36.0	6505.6	88.9	578.1	6.2
	1950	653.9	59.0	38.6	6849.1	92.9	636.3	6.1
	1951	670.0	62.0	41.5	7166.4	99.7	714.7	5.8
	1952	676.1	65.0	43.9	7608.8	98.2	747.6	5.9
	1953	757.1	70.0	53.0	7934.4	103.1	817.8	6.5
	1954	678.8	67.0	45.5	7478.9	89.3	667.8	6.8
	1955	722.3	76.0	54.9	8133.9	110.2	896.3	6.1
	1956	736.0	79.0	58.1	8333.9	117.9	982.8	5.9
	1957	693.6	80.0	55.5	8259.7	119.4	986.1	5.6
	1958	637.9	86.0	54.9	8050.6	122.7	987.5	5.6
	1959	665.5	56.0	37.3	7147.7	107.0	765.0	4.9
	1960	740.6	50.0	37.0	8523.0	93.6	797.9	4.6
	1961	874.4	63.0	55.1	9062.0	81.0	734.4	7.5
	1962	834.5	71.0	59.2	9092.6	105.6	960.4	6.2
	1963	805.2	81.0	65.2	8826.9	120.4	1062.8	6.1
	1964	803.3	81.0	65.1	8807.7	118.5	1043.3	6.2
	1965	776.7	101.0	78.4	8737.4	142.1	1241.3	6.3
	合计	12357.7	-	879.3	136518.6	-	14620.1	-
	年平均	726.9	71.2	51.7	8030.5	107	860.0	6.0
	比 1949 年增减	95.2	14.2	15.7	1525.0	18.2	281.9	−0.2
	增长率（%）	15.1	24.8	43.6	23.4	20.5	48.8	−3.4

2. 徘徊调整时期 1966—1975 年，湖北省大力发展水稻、小麦等口粮生产，稻麦种植面积进一步上升，导致玉米种植面积逐年下调。1975 年玉米种植面积减少到 548.3 万亩，比 1949 年减少 228.4 万亩，下降 29.4%。由于大力示范推广恩单 2 号、群单 105、郧单 1 号、豫农 704、新单 1 号、鄂单 1 号等优良玉米杂交种和推广小麦—玉米连作改套种模式，大大降低了夏播玉米抽穗期易遇伏旱、灌浆期易遇秋寒的危害，更有利于玉米单产保持稳中有增，到 1975 年，平均单产由 1965 年的 101 kg/亩提高到 108 kg/亩，增加 7 kg/亩。这一时期玉米年均种植面积 619.8 万亩，平均单产 94.6 kg/亩，总产量平均 58.6 万 t，与上一时期相比，面积降低了 14.7%，但单产提高了 32.9%，总产量增加了 13.3%。因水稻、小麦规模扩大，玉米产量占全省粮食比重下降到 4.5%，比上一时期下降了 1.5 个百分点(表 1-13)。

表 1-13 湖北省 1966—1975 年玉米、粮食生产情况(雷昌云制表)

发展时期	年份	玉米			粮食			玉米产量占粮食比重(%)
		面积(万亩)	单产(kg/亩)	总产(万 t)	面积(万亩)	单产(kg/亩)	总产(万 t)	
徘徊调整时期	1966	726.5	88.0	63.9	8204.0	146.5	1202.0	5.3
	1967	678.7	77.0	52.3	7775.4	144.3	1122.3	4.7
	1968	678.9	85.0	57.7	7435.5	151.2	1124.3	5.1
	1969	669.9	85.0	56.9	7592.4	135.1	1025.4	5.6
	1970	642.6	90.0	57.8	8091.9	156.8	1268.7	4.6
	1971	607.2	84.0	51.0	8512.6	156.8	1334.6	3.8
	1972	566.6	95.0	53.8	8357.6	162.4	1357.4	4.0
	1973	537.5	111.0	59.7	8334.8	176.9	1474.0	4.0
	1974	542.1	136.0	73.7	8373.3	188.2	1575.8	4.7
	1975	548.3	108.0	59.2	8368.4	186.6	1561.5	3.8
	合计	6198.3	-	586	81045.9	-	13046	-
	年平均	619.8	94.6	58.6	8104.6	161.0	1304.6	4.5
	比上期年平增减	−107.1	23.4	6.9	74.1	53.9	444.6	−1.5
	增长率(%)	−14.7	32.9	13.3	0.9	50.3	51.7	−25.3

3. 稳步发展时期 1976—2005 年，全省进一步因地制宜推广优良玉米杂交种和增施肥料技术，并逐步探索、示范、推广玉米地膜育苗移栽和大田覆盖栽培技术，并随着实行家庭联产承包责任制，农民生产积极性高，使得玉米生产年年丰收，单产水平大幅提升，总产逐年增加。1976—2005 年，全省玉米单产由 1975 年的 108 kg/亩增加到 2005 年的 231.8 kg/亩，单产提高了 123.8 kg/亩，增长了 1.1 倍，总产量由 59.2 万 t 增加到 149.1 万 t，增加 89.9 万 t，增长 1.5 倍。这一时期玉米年均种植面积 597 万亩，平均单产 226.1 kg/亩，总产量年均 135 万 t，与上一时期相比，面积降低了 3.7%，单产提高了 1.4 倍，总产量提高了 1.3 倍。玉米产量占全省粮食比重提高到 6.2%，比上一时期增加了 1.8 个百分点，为全省粮食产量稳定增长奠定了重要基础(表 1-14)。

表 1-14 湖北省 1976—2005 年玉米、粮食生产情况(雷昌云制表)

发展时期	年份	玉米			粮食			玉米产量占粮食比重(%)
		面积(万亩)	单产(kg/亩)	总产(万 t)	面积(万亩)	单产(kg/亩)	总产(万 t)	
稳步发展时期	1976	569.7	139.0	79.2	8376.9	202.8	1698.7	4.7
	1977	597.2	143.0	85.4	8484.6	190.5	1616.5	5.3
	1978	604.7	170.0	102.8	8317.2	207.5	1725.6	6.0
	1979	618.2	178.0	110.0	8233.8	224.6	1849.5	5.9
	1980	610.4	141.0	86.1	8028.1	191.4	1536.4	5.6
	1981	623.6	165.0	102.9	7760.0	219.9	1706.8	6.0
	1982	642.1	169.0	108.5	7868.6	253.7	1995.9	5.4
	1983	626.6	176.0	110.3	7939.1	249.3	1978.9	5.6
	1984	616.5	209.0	128.8	7941.2	285.0	2263.0	5.7
	1985	561.3	205.5	115.3	7662.4	289.2	2216.1	5.2
	1986	573.4	201.7	115.7	7638.1	301.7	2304.5	5.0
	1987	590.5	199.6	117.9	7715.2	300.8	2320.7	5.1
	1988	576.4	159.7	92.0	7631.8	295.2	2252.7	4.1
	1989	583.6	187.2	109.3	7783.4	304.5	2370.4	4.6
	1990	579.0	211.0	122.2	7800.0	317.3	2475.0	4.9
	1991	593.0	202.8	120.3	7792.0	288.0	2244.1	5.4
	1992	579.0	224.7	130.1	7800.0	311.1	2426.6	5.4
	1993	549.0	212.0	116.4	7218.0	322.2	2325.7	5.0
	1994	560.0	238.8	133.7	7197.0	336.5	2422.1	5.5
	1995	591.0	254.1	150.2	7165.0	343.9	2463.8	6.1
	1996	607.0	273.2	165.8	7320.0	339.4	2484.4	6.7
	1997	600.0	268.3	161.0	7417.0	355.2	2634.4	6.1
	1998	664.0	281.2	186.7	7106.0	348.4	2475.8	7.5
	1999	691.0	295.3	204.1	7010.0	349.8	2451.9	8.3
	2000	636.0	340.7	216.7	6234.0	355.9	2218.5	9.8
	2001	601.0	324.3	194.9	6024.0	355.0	2138.5	9.1
	2002	576.0	325.4	187.4	5724.0	357.6	2047.0	9.2
	2003	511.7	327.4	167.5	5336.0	360.0	1921.0	8.7
	2004	536.2	334.1	179.1	5568.6	377.1	2100.1	8.5
	2005	643.2	231.8	149.1	5890.2	369.7	2177.4	6.8
	合计	17911.1	-	4049.3	219982.0	-	64842.1	-
	年平均	597.0	226.1	135.0	7332.7	294.8	2161.4	6.2
	比上期年平增减	−22.8	131.5	76.4	−771.9	133.8	856.8	1.8
	增长率(%)	−3.7	139.1	130.3	−9.5	83.1	65.7	39.0

这一时期湖北省玉米单产和总产稳步提高,离不开湖北省农业技术推广系统在国内率先

试验示范和推广应用的地膜玉米技术，并以地膜覆盖技术为载体实施的温饱工程项目。鄂西山区作为传统玉米产区，低温和干旱是影响玉米单产的两大制约因素，湖北省农业厅从1982年组织开展玉米地膜覆盖栽培试验，连续4年示范平均单产344 kg/亩，比露地玉米增产163 kg/亩，地膜覆盖具有显著的增温、保湿、保肥、保水、调节田间小气候等功能，大力推广地膜覆盖技术，能达到增产增效的目的。1989年开始在温饱工程助力下，玉米地膜覆盖技术不断创新和完善，逐步形成“普通微膜改为超微膜，地膜直播改为两段栽培，育苗移栽改为塑盘育苗，平展型玉米品种改为紧凑种”，集成出“超微膜、紧凑种、两段栽、配方肥、多熟套”地膜玉米高产栽培技术体系。到2001年，湖北省实施温饱工程的26个贫困县市，大田地膜覆盖玉米单产372 kg/亩，地膜育苗移栽303 kg/亩，分别比露地玉米增产175 kg/亩、106 kg/亩，其中恩施州、十堰市、宜昌市、襄樊市等大田地膜玉米单产分别为404.5 kg/亩、343 kg/亩、371.3 kg/亩、374.5 kg/亩，分别比实施温饱工程前增产117.5%、170%、73.5%、97.1%，建始、恩施、兴山、房县、南漳等县市地膜高产示范田亩产都突破了800 kg。经农业部门汇总，1989—2003年全省累计推广地膜玉米面积3490余万亩，年均推广232.7万亩，占该阶段全省玉米年均种植面积的39.1%，平均单产301 kg/亩，比1988年单产提高145 kg，增幅为92.9%，累计增产玉米438万多t，增加产值34.9亿元，彻底改变了贫困高寒山区玉米只能收浆不能收玉米的状况。

4. 快速增长时期 2006—2018年，玉米生产受畜牧业恢复性增长的拉动和工业消费迅速增长影响，国家为鼓励发展玉米生产，相继实施玉米良种补贴、玉米临时收储、高产创建等一系列惠民政策，玉米产业发展受到各级党政机关的高度重视，各地将发展玉米生产作为调整种植结构和挖掘粮食生产潜力重要作物来抓。随着玉米生产比较效益逐年提高，部分棉花、低质低效水稻和其他低效旱杂粮等作物改种玉米，玉米种植面积逐年增加。到2015年，全省玉米种植面积、总产量均达到历史新高，种植面积1220.3万亩，比2005年扩大577.1万亩，增加89.7%，总产量393.7万t，比2005年增加244.6万t，提高了1.6倍。2006年起，湖北省农业厅每年定期推介发布农业主导品种和主推技术信息，并从2012年起湖北省开始实施玉米丰产工程专项，加大新品种、新技术、新模式试验、示范与推广，充分发挥科技对粮食增产、农业增效和农民增收的支撑作用。这一时期玉米年均种植面积961.9万亩，平均单产311.2 kg/亩，总产量年均299.3万t，与上一时期相比，面积增加了61.1%，单产增加了37.6%，总产量提高了1.2倍。玉米产量占全省粮食比重提高到11.9%，比上一时期增加了5.7个百分点，在全省粮食生产中的地位得到快速提升。

（三）地域分布

湖北省在山区、丘陵、平原、旱地、水田都有玉米种植，遍布恩施、襄阳等17个市州，主要集中在鄂西山区的恩施州、宜昌市、襄阳市、十堰市等四地，占全省玉米种植面积的70%以上。据湖北农村统计年鉴数据，2004年恩施州玉米种植面积165.1万亩，占全省种植面积的30.3%，总产量54.2万t，占全省玉米产量的29.8%，面积和产量居全省第一位；宜昌市玉米种植面积占全省的19.8%，产量占21%；襄阳市玉米种植面积占全省的14.5%，产量占15.2%；十堰市玉米种植面积和产量分别占全省的15.2%、11.9%。到2017年，襄阳市玉米种植面积最大，达到337.9万亩，占全省的28.3%，比2004年扩大259万亩，提高了3.3倍，总产量达到110.3万t，占全省的30.9%，比2004年增加82.6万t，提高了3倍；恩施州玉米种植面积处于全省第二位，种植面积230.7万亩，占全省的19.4%，总产量67.9万t，占全省的19%；宜昌市种植面积占全省的17.4%，总产量占全省的16.1%;十堰市种植面积占全省的9.4%,总产量占全省的8.2%(表1-15,表1-16)。

表1-15　湖北省2006—2018年玉米、粮食生产情况(雷昌云制表)

发展时期	年份	玉米			粮食			玉米产量占粮食比重(%)
		面积(万亩)	单产(kg/亩)	总产(万t)	面积(万亩)	单产(kg/亩)	总产(万t)	
快速增长时期	2006	663.0	314.1	208.3	6100.7	362.3	2210.1	9.4
	2007	666.8	313.3	208.9	6048.3	353.7	2139.1	9.8
	2008	732.4	320.9	235.0	5837.6	367.5	2145.5	11.0
	2009	804.7	320.8	258.2	6109.4	375.0	2291.0	11.3
	2010	858.8	327.5	281.2	6203.7	371.4	2304.3	12.2
	2011	905.1	335.0	303.2	6287.3	382.9	2407.5	12.6
	2012	995.4	317.5	316.0	6441.8	385.8	2485.1	12.7
	2013	980.1	314.8	308.5	6624.9	390.4	2586.2	11.9
	2014	1118.6	304.8	340.9	6783.2	391.9	2658.3	12.8
	2015	1220.3	322.6	393.7	7176.6	406.1	2914.8	13.5
	2016	1196.0	298.8	357.4	7224.2	387.1	2796.4	12.8
	2017	1192.2	299.2	356.7	7279.5	391.0	2846.1	12.5
	2018	1171.8	276.0	323.4	7270.5	390.5	2839.5	11.4
	合计	12505.0		3891.4	85387.6		32623.7	
	年平均	961.9	311.2	299.3	6568.3	382.1	2509.5	11.9
	比上期年平增减	364.9	85.1	164.4	−764.5	87.3	348.1	5.7
	增长率(%)	61.1	37.6	121.8	−10.4	29.6	16.1	91.0

表1-16　湖北省各地2004年和2017年玉米生产情况(雷昌云制表)

市州	2004年				2017年			
	面积(万亩)	单产(kg/亩)	总产量(万t)	产量占全省比重(%)	面积(万亩)	单产(kg/亩)	总产量(万t)	产量占全省比重(%)
恩施州	165.12	328.22	54.20	29.75	230.66	294.21	67.86	19.02
宜昌市	108.95	351.11	38.25	21.00	207.20	276.54	57.30	16.06
襄阳市	78.87	350.81	27.67	15.19	337.89	326.29	110.25	30.90
十堰市	82.91	261.29	21.66	11.89	112.11	259.18	29.06	8.15
荆门市	21.42	396.54	8.49	4.66	83.43	321.86	26.85	7.53
荆州市	17.27	448.84	7.75	4.25	52.23	315.14	16.46	4.61
咸宁市	20.90	329.22	6.88	3.78	31.88	224.53	7.16	2.01
武汉市	12.98	511.04	6.63	3.64	30.44	326.82	9.95	2.79
黄石市	14.64	268.95	3.94	2.16	13.25	236.18	3.13	0.88
仙桃市	4.25	448.32	1.90	1.04	20.37	336.28	6.85	1.92
黄冈市	4.44	227.25	1.01	0.55	16.16	337.99	5.46	1.53
神农架林区	4.17	220.53	0.92	0.50	3.33	262.73	0.87	0.25

续表

市州	2004年				2017年			
	面积（万亩）	单产（kg/亩）	总产量（万t）	产量占全省比重（%）	面积（万亩）	单产（kg/亩）	总产量（万t）	产量占全省比重（%）
潜江市	2.43	363.54	0.88	0.48	3.63	326.20	1.18	0.33
天门市	2.69	266.03	0.71	0.39	5.30	285.00	1.51	0.42
随州市	1.68	268.10	0.45	0.25	19.61	291.97	5.72	1.60
孝感市	0.93	440.32	0.41	0.22	21.96	285.91	6.28	1.76
鄂州市	1.05	387.81	0.41	0.22	2.73	311.10	0.85	0.24

（四）品种推广

新中国成立后，为提高玉米生产水平，湖北省加大了优良品种的选育、引进、试验、示范及推广工作。20世纪50年代主要推广金黄后（1951年从山西引进）、白马牙等品种。60年代初，主要推广恩杂217、小金、小英、五金等地方品种间杂交种。60年代中期至70年代初，主要推广双跃4号、双跃147、罗双401、农大4号、农大7号等双交种，因引进的双交种产量潜力有限、适应性较差，不适宜高山种植，因此从70年代开始，加大了单交种示范推广力度，主要有恩单2号、群单105、郧单1号、豫农704、新单2号、鄂单1号等新品种。

20世纪80年代开始，针对湖北省玉米主产区生态和气象条件差异大的问题，外引品种适应性较为有限，湖北省在品种选用推广上坚持以本省自育品种为主、外引品种为辅的路子。1980—1987年，在鄂西山区推广以恩单2号、郧单1号为主，搭配种植宜单2号、华玉2号、恩单3号、鄂西顶交等品种；平原丘陵地区以豫农704为主，搭配种植鄂单1号、华玉2号、鄂玉1号、群单105等品种。1985年，湖北省从山东省莱州市引进紧凑型杂交玉米品种掖单2号，随后又引进掖单5号、掖单6号、掖单10号、掖单11号、掖单12号、掖单13号等，在全省30多个县市试验示范种植，均获得高产丰收。

1990—2000年，湖北省玉米育种取得较大进展，培育出一批杂交玉米新品种，同时加强了玉米新品种的引进工作。全省推广面积较大的品种有郧单1号、掖单13号、宜单2号、恩单2号、华玉2号等，搭配种植的品种有掖单5号、鄂玉2号、鄂玉3号、鄂玉4号、鄂玉5号、鄂玉6号、鄂玉7号、鄂玉8号、鄂玉9号、鄂玉10号、华玉3号、雅玉2号等。90年代中后期湖北省审定的玉米品种主要有华玉4号、鄂玉10号、鄂玉16、鄂玉18以及引进的紧凑型杂交玉米系列等，主要推广品种有鄂玉10号、鄂玉18、农大108、掖单13等品种。

2001—2018年，湖北省玉米育种得到显著发展，审定了一批优质高产的新品种。主推品种多为增产潜力大、适应性广、抗性强、品质优、产量高的春玉米品种，鲜食玉米和青贮玉米也取得较大发展。其中，二高山地区主要推广本省选育的鄂玉系列品种，低山平原地区推广登海9号、宜单629、中农大451等品种。从湖北省审定品种来看，2010—2016年，湖北省共审定玉米新品种77个，其中，春玉米最多，达60个，夏玉米6个，特用玉米11个。根据湖北省农业厅发布的主推品种公告，2010年低山平原地区主导品种为鄂玉23、宜单629、登海9号、蠡玉16号，二高山地区主导品种为鄂玉18、鄂玉26、鄂玉25，特用玉米主导品种为华甜玉3号。2011年低山平原地区主导品种为登海9号、蠡玉16号、宜单629、中农大451，二高山地区主导品种为鄂玉 26、鄂玉 18、鄂玉 25 等。2012 年低山平原地区主导品种为中农大 451、宜单 629、蠡玉 16 号、登海 9 号，二高山地区主导品种为鄂玉 25、鄂玉 18、鄂玉 16、惠民 379。2014 年低山平原地区主导宜单 629、中农大 451、蠡玉 16 号、康农玉 901，二高山地区主导鄂玉 25、康农玉 108。2015 年以后湖北省农业厅再未发布主推品种公告，但从基层调查来看，目前鄂西山区主要种植宜单 629、中农大 451、蠡玉 16、康农玉 901、鄂玉 25、郧单 19、鄂玉 20、堰玉 18、康农玉 108、华玉 12、腾龙 1 号、西山 121、雅玉 889 等品种，平原丘陵区及鄂北岗地主要种植郑单 958、浚单 509、浚单 20、汉单 777、登海 9 号等品种，鲜食甜玉米主要种植金中玉、华甜玉 3 号、福甜玉 98、蜜脆 68、鄂甜玉 4 号、鄂甜玉 5 号、鄂甜玉 6 号等品种，糯玉米主要种植彩甜糯 6 号、京科糯 2000、禾盛糯玉 1 号、农科糯 1 号等品种，青贮玉米主要种植雅玉 8 号、花单 1 号、农大 86、郑青贮 1 号、双玉 919、华玉 11 等品种。

（五）种植模式

湖北省光、温、雨、热资源丰富，玉米种植模式多样，有套种、单作（连作）和间作。鄂西山区主要以小麦、马铃薯或魔芋套种春玉米为主，玉米生产基本处于雨养状态，连阴雨或干旱少雨和病害对玉米生产的威胁较大。鄂北岗地主要以“小麦—玉米”周年模式为主，阶段性高温与干旱对夏玉米生产的威胁较大。江汉平原和鄂东地区模式多样，以夏玉米为主，鲜食甜糯玉米和青贮玉米发展势头强劲，主要有“玉米—油菜”“春（甜）玉米—秋（甜）玉米”连作模式和青贮玉米一年多收模式等。近年来，结合粮食作物高效模式集成示范等相关项目，全省玉米主产县市开展了“玉米＋”高效模式试验示范，遴选出了“麦—玉—玉三季青贮”“春甜玉—萝卜及秸秆青贮”“春甜玉—秋甜玉及秸秆青贮”“甜玉米—辣椒及秸秆青贮”“薯//玉//豆”等一批绿色高效模式，为促进玉米产业稳定发展奠定了基础。

“麦—玉—玉三季青贮”模式，主要分布在黄冈市、荆州市、潜江市、襄阳市等地。以黄州区恒金农产品种植专业合作社为例，其为伊利和光明奶牛场提供订单生产，应用“麦—玉—玉三季青贮”模式种植面积 5000 亩，该模式小麦 1.5 t/亩、春玉米 3.5 t/亩、秋玉米 3 t/亩，送到伊利、光明奶牛场价格为青贮小麦 480 元/t、玉米 450 元/t，三季生产投入 1850 元/亩，纯收益 1795 元/亩。

“马铃薯—玉米”模式，主要分布在恩施州、宜昌市、十堰市等山区。五峰县付家堰乡康丰玉米种植专业合作社应用“马铃薯—玉米”高效模式，种植面积 2000 亩，马铃薯亩产 1250 kg，亩产值 2500 元，玉米亩产 637.5 kg，亩产值 1275 元，两季生产性投入 830 元/亩，土地流转 300 元/亩，亩纯收益 2645 元。

“油菜—玉米”两季青贮模式，以长阳县永兴生态家庭农场为例，亩产油菜鲜秸秆 3 t，亩产玉米鲜秸秆 5 t，亩产值合计 2700 元，总成本 1762 元/亩，纯收益 938 元/亩。

“春玉米—西兰花”模式，以潜江市庄鑫蔬菜合作社为例，流转土地 1500 亩，推广应用“春玉米—西兰花”高产高效模式，一季春玉米亩平单产 650 kg，亩产值 1100 元左右，玉米后茬种植西兰花，亩产 1200 kg，亩产值 3600 元左右，两季亩纯收益 3000 元以上。

二、湖北省玉米生产布局

根据湖北省玉米种植制度和生态类型差异，全省玉米生产大致可以划分为三大优势区域（图 1-2，图 1-3）。

图 1-2　湖北省玉米种植区划图(雷昌云制图)

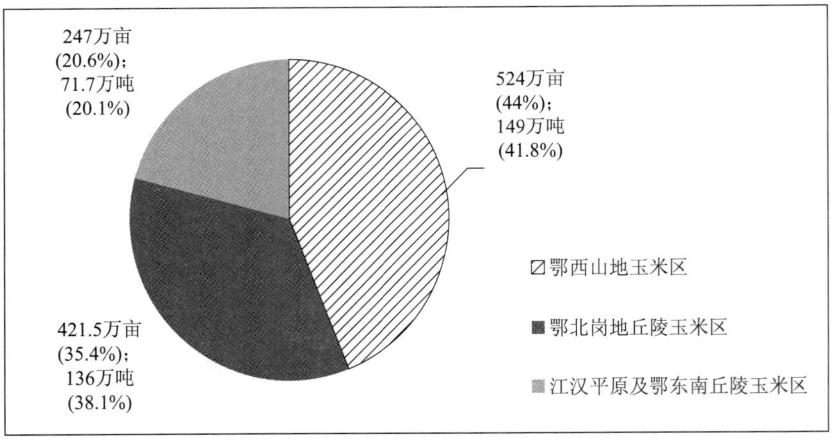

图 1-3　湖北省玉米三大区域面积、产量占比图(雷昌云制图)

(一)鄂西山地玉米区

该区范围是东经 112°以西的地区,包括恩施州、十堰市、神农架林区、宜昌市和襄阳市的西部山区。耕地面积 1450 万亩,占全省耕地面积的 18.4%,乡村人口超过 800 万人,是全省绿色富氧之地,主要种植作物有玉米、马铃薯、水稻、茶叶、水果、中药材、高山蔬菜以及食用菌。该区域 2017 年玉米种植面积 524 万亩,占全省玉米种植面积的 44%,玉米总产量 149 万 t,占全省玉米总产量的 41.8%。耕地土壤类型较多,以黄壤、黄棕壤、石灰土等为主。

该区域受海拔高度、坡向等地形地貌因素影响,气候复杂多样。年平均气温大部分是

15～16 ℃，无霜期 220～300 d，年平均日照时数 1200～2000 h。南北降水量差异大，鄂西南年平均降雨量 1200～1800 mm，鄂西北年平均降雨量 760～960 mm。鄂西北区域易发生旱灾，出现概率一般在 80%以上，多发生于春、夏两季（表 1-17）。

表 1-17 鄂西山地区域主要县市玉米生产情况（雷昌云制表）

县市	面积（万亩）	总产量（万 t）	单产（kg/亩）	县市	面积（万亩）	总产量（万 t）	单产（kg/亩）
利川市	46.7	13.4	287.4	郧西县	21.1	5.1	243.1
巴东县	44.3	12.0	272.3	竹山县	20.3	5.5	269.1
恩施市	42.0	11.5	272.6	宜都市	19.2	5.2	272.9
建始县	32.1	10.9	337.7	宣恩县	18.1	4.7	261.0
夷陵区	31.2	8.9	285.5	竹溪县	17.6	4.8	271.4
长阳县	30.6	8.1	263.3	房县	16.4	4.3	265.4
郧阳区	26.2	6.8	259.3	鹤峰县	12.9	4.0	312.1
保康县	23.5	7.9	333.8	来凤县	12.4	3.4	276.9
秭归县	23.2	6.0	259.4	兴山县	12.3	3.4	272.2
咸丰县	22.2	7.9	356.5	丹江口市	9.8	2.4	242.2
五峰县	22.1	6.0	272.5	远安县	7.8	2.1	272.9

该区域主要种植春玉米，播种期和收获期地域间相差很大，从 3 月开始至 5 月上中旬均有播种，收获期从 7 月下旬至 9 月中旬，先后相差 50 多天。2017 年该区域玉米平均单产 284 kg/亩，其中，恩施州玉米种植规模最大，种植面积、总产分别为 230.7 万亩、67.9 万 t，占该区域的 44%、46%，平均单产为 294.2 kg/亩。宜昌市玉米平均单产为 271.2 kg/亩，十堰市玉米平均单产为 259.2 kg/亩。分县市来看，亩平单产超过 300 kg 的县市有 4 个，咸丰县玉米单产最高，达到 371.6 kg/亩，其次是建始县平均单产 337.7 kg/亩、保康县 333.8 kg/亩、鹤峰县 312.1 kg/亩；除十堰市郊外，郧西县、丹江市玉米单产水平最低，分别为 243.1 kg/亩、242.3 kg/亩。该区域在稳定种植面积的基础上，重点是选用合适的品种，合理安排间套种，提高复种指数，进一步提高单产，增加种植收益。

（二）鄂北岗地丘陵玉米区

该区域范围是东经 112°以东、北纬 31°以北的地区，包括随州市全部、襄阳市大部和荆门市、孝感市、黄冈市的北部。耕地面积 2521 万亩，占全省耕地的 32.1%，乡村人口 1075 万人。该区域地形以岗地、丘陵为主，还有低山、平原，是全省小麦、水稻、玉米、花生等种植优势区域。岗地土壤以黄土为主，丘陵、低山等土壤以黄棕壤、棕壤、水稻土为主。

该区域年平均气温 15.1～16.5 ℃，无霜期为 230～250 d，年平均日照时数 2000～2200 h，是湖北省日照最多的区域。年平均降水量 900～1100 mm，但降雨量分布不均。该区域近年夏秋旱灾频繁，对夏玉米生产影响较大。

该区域以种植夏玉米为主，播种期从 5 月下旬开始至 6 月下旬，主要接小麦、油菜、马铃薯等作物茬口。2017 年该区域玉米种植面积 421.5 万亩，占全省玉米种植面积的 35.4%，玉米总产量 136 万 t，占全省玉米总产量的 38.1%。襄阳市、荆门市两地玉米种植面积、产量占该区域种植面积、产量的 92%以上，其中枣阳市玉米种植面积最大，达到 87.4 万亩，占该区域的 20.7%，总产量 32.5 万 t，占该区域的 23.9%。2017 年该区域玉米平均单产 322.8 kg/亩，与全省玉米单产 299.3 kg/亩相比，单产增加了 24.5 kg/亩，提高了 8.2%。分县市来看，亩平单产超过 300 kg 的县市有 12 个，其中枣阳市玉米单产最高，达到 372.1 kg/亩，与该区域平均单产相比，提高了 72.8 kg/亩，增加 24.3%。针对该区域阶段性高温与干旱对夏玉米生产的威胁很大，下一步需进一步加大抗倒、耐密、抗高温、抗旱的超高产夏玉米品种筛选、示范与推广力度（表 1-18）。

表 1-18 鄂北岗地丘陵区域主要县市玉米生产情况（雷昌云制表）

县市	面积(万亩)	总产量(万 t)	单产(kg/亩)
襄州区	96.7	31.1	321.4
枣阳市	87.4	32.5	372.1
钟祥市	46.5	15.0	322.7
老河口市	42.6	11.6	271.3
宜城市	27.8	8.6	309.8
南漳县	25.9	8.4	322.5
京山县	22.8	7.3	321.3
谷城县	15.2	4.0	264.3
随县	11.3	3.2	284.9

（三）江汉平原及鄂东南丘陵玉米区

该区域范围是东经 112°以东、北纬 31°以南的地区，包括荆州市、仙桃市、天门市、潜江市、武汉市、黄石市、咸宁市、鄂州市以及宜昌市的东部和黄冈市、孝感市、荆门市的南部地区，是湖北的“鱼米之乡”。耕地面积 3800 多万亩，占全省耕地面积的 49.5%，乡村人口 2100 多万人。该区域地势较为低平，大部分海拔 20～50 m，耕地以灰潮土、水稻土为主，其他为泥沙土、红黄壤等。该区域年平均气温 15.5～17.0 ℃，无霜期为 240～270 d，年平均降雨量 1100～1550 mm，年均日照时数 1800～2100 h。

该区域春玉米、夏玉米均有种植，是春、夏玉米混合区，以普通籽粒玉米为主，青饲玉米和鲜食甜、糯玉米发展较快，已成为该区域玉米产业发展的新特色。2017 年该区域玉米种植面积 247 万亩，占全省玉米种植面积的 20.6%，玉米总产量 71.7 万 t，占全省玉米总产量的 20.1%。分县市来看，该区域玉米种植面积超过 10 万亩的有当阳市、松滋市、仙桃市、枝江市、汉川市、蔡甸区、荆州区 7 个县市，5 万～10 万亩的县市有江夏区、嘉鱼县、崇阳县等 9 个。其中，以当阳市玉米种植面积最大，达到 37 万亩，占该区域总面积的 15%，其次为松滋市、仙桃市、枝江市分别为 27.2 万亩、20.4 万亩、19.7 万亩，分别占该区域的 11%、8.3%、8%（表 1-19）。

表 1-19 江汉平原及鄂东南丘陵区域主要县市玉米生产情况（雷昌云制表）

县市	面积(万亩)	总产量(万 t)	单产(kg/亩)
当阳市	37.0	11.0	299.0
松滋市	27.2	8.6	315.7

续表

县市	面积(万亩)	总产量(万 t)	单产(kg/亩)
仙桃市	20.4	6.9	336.3
枝江市	19.7	5.4	274.4
汉川市	12.6	3.7	290.4
蔡甸区	12.1	3.8	314.8
荆州区	10.1	3.2	313.4
江夏区	9.6	3.1	326.5
嘉鱼县	8.9	2.0	229.0
崇阳县	7.7	1.7	220.9
阳新县	7.4	1.7	232.0
沙洋县	7.2	2.3	324.8
通山县	7.0	1.6	231.8
大冶市	5.7	1.4	241.9
天门市	5.3	1.5	285.0
洪湖市	5.0	1.6	314.1

2017 年该区域玉米平均单产 290.3 kg/亩，亩平单产超过 300 kg 的县市有 21 个，其中黄梅县玉米单产最高，达到 405.2 kg/亩，与该区域平均单产相比，提高了 114.9 kg/亩，增加 39.6%。玉米单产水平最低的地市主要是咸宁市、黄石市，分别为 224.5 kg/亩、236.2 kg/亩，比该区域平均单产分别低 65.8 kg/亩、54.1 kg/亩，其中县市玉米单产最低的为通城县、赤壁市，分别为 203.2 kg/亩、211.2 kg/亩。

参考文献

曹鹏，羿国香，2017. 湖北省玉米生产发展历程、存在问题及对策[J]. 湖北农业科学，56(4)：617-620.

陈芳，张海涛，王天巍，等，2014. 江汉平原典型土壤的系统分类及空间分布研究[J]. 土壤学报，51(4)：761-771.

陈欢，王全忠，周宏，2015. 中国玉米生产布局的变迁分析[J]. 经济地理，35(8)：165-171.

湖北省农牧业志编撰委员会，1996. 湖北农牧业志[M]. 武汉：湖北科学技术出版社.

湖北省土壤肥料工作站等，2015. 湖北土壤[M]. 武汉：湖北科学技术出版社.

李欠男，程沅孜，2017. 我国玉米生产布局变迁及影响因素[J]. 江苏农业科学，45(18)：284-288.

李晓云，黄玛兰，杨柏寒，2015. 长江中下游传统粮棉区扩大玉米生产的思考[J]. 华中农业大学学报(社会科学版)(2)：58-62.

李有明，郭莉，马现斌，等，2015. 襄阳市玉米生产发展现状与对策建议[J]. 湖北农业科学，54(18)：4394-4397.

杨帆，徐洋，崔勇，等，2017. 近 30 年中国农田耕层土壤有机质含量变化[J]. 土壤学报，54(5)：1047-1056.

曾菊新，1989. 湖北主要农作物种植的地域差异及类型分析[J]. 华中师范大学学报(自然科学版)，23(4)：572-578.

展茗，张胜，李建鸽，等，2013. 湖北省不同时期玉米区域生产比较优势分析[J]. 中国农学通报，29(3)：63-68.

张士龙，贺正华，李珍连，等，2017. 湖北省玉米产业供给侧结构性改革思路和对策[J]. 中国种业，56(2)：21-25.

邹信，汪权方，王新生，等，2016. 湖北省玉米种植区域空间格局研究[J]. 湖北农业科学，55(14)：3601-3604.

第二章　湖北玉米种质和品种选育

第一节　湖北玉米种质资源

一、湖北玉米种质

(一)研究单位和数量

湖北省是中国西南玉米种植大省,玉米是本省第三大粮食作物,常年玉米种植面积1000万亩左右,近几年玉米种植面积在不断增多,经使用遥感、洛仑兹曲线、基尼系数和空间几何重心的布局等作物的分布监测方式的划分,可分为鄂西南春播区、鄂北夏播区、江汉平原和鄂东播区;湖北省是玉米科研大省和强省,玉米的选育单位众多,主要有华中农业大学、恩施州农业科学院、宜昌市农业科学研究院、十堰市农业科学院、襄阳市农业科学院、黄冈市农业科学院、湖北省农业科学院、湖北康农种业、湖北省种子集团、荆州市农业科学院、恩施州农业技术推广中心等;玉米科研实力强劲,团队人员100人以上,老中青合理配备,知识结构梯级配对,科研方向和市场接轨全面深入,科技水平日益提升,玉米的资源日益丰富,近几年每年共种植玉米材料35 000份,育成农艺性状优良、配合力高玉米新材料1000份以上,利用核心材料300份以上,主要亲本65份以上,组配组合3万份以上,示范组合500份以上,育成审认定品种超过15个,普及、利用玉米诱导单倍体技术和分子标记等高新科技,为实现湖北玉米大省强省、玉米研发水平提升提供有力科技支撑。

(二)研究概况

1. 杂优模式群研究　多维度的划分玉米杂种优势群,是建立适宜玉米杂种优势模式的前提。湖北省玉米杂种优势群的划分观点不同,多数意见倾向于将玉米自交系分为几个杂种优势群,即,所谓的改良Reid群、Lancaster群、导入热带种质美国种质群、苏湾种质群、墨西哥群、原始的地方种质群,Lancaster群又分为Mo17亚群和自330亚群,由Mo17和自330组配的中单2号一直是中国过去很长时期大面积推广玉米品种。多年以来,美国中北部地区对玉米自交系的划分为Reid Yellow Dent种质自交系为B群,不具有Reid Yellow Dent种质自交系分为A群。近年来,强化在优良自交系的杂交组合内进行二环系的选育以及借助分子标记解决有疑的划分,杂种优势群的划分已更加优化和清晰,依照实践,采用国内玉米杂优群的划分方法,将自育和引进种质分为具体的杂种优势群,明晰每个优势群的改良方法,对湖北省玉米种质分类、利用有现实意义,对深化研究玉米杂优模式群研究有极大好处。

2. 核心亲本的选育、特性和利用

(1)N75 的选育、农艺性状和配组利用

① N75 的选育　N75 是宜昌市农业科学研究院自育，主育人田甫焕、许贵明等。源自一个美国杂交种，为 N97922，含有一定热带比例种质，从 1997 年开始进行择优自交，通过连续南繁北育穿梭式的选育，多代自交育成。系谱图：

1997　宜昌本季种植　N97922
⇩
择优自交
1997　海南冬季种植　N97922-1
⇩
择优自交
1998　宜昌本季种植　N97922-1-1
⇩
择优自交
1998　海南冬季种植　N97922-1-1-1
⇩
择优自交
1999　宜昌本季种植　N97922-1-1-1-1
择优自交
1999　海南冬季种植　N97922-1-1-1-1-1
⇩
择优自交
2000　恩施本季种植　N97922-1-1-1-1-1-1
⇩
择优自交
2000　海南冬季种植　N97922-1-1-1-1-1-1-1
⇩
2001　宜昌本季种植　N75

② N75 农艺性状　株型半紧凑，生育期适中；叶片较宽，叶色淡绿，叶片绿叶期长，成株高 2.2 m，穗位高 1.1 m；雄花分枝 7～9 个，主枝、侧枝匀长，雄花分枝多，花粉量大，花期长，吐丝量大、集中，雌雄同步，雄花外颖壳紫色，花壳红色，红花；果穗长锥形，果穗长 18.1 cm，穗行数 16 行左右，行粒数 36 粒左右，穗籽率高，籽粒黄色、偏硬，容重高，外观品质好，白轴。抗性：对玉米大斑病、小斑病、灰斑病、穗粒腐等高抗，茎秆坚韧，根系多，抗倒性好。

③ N75 所组配品种　优良玉米亲本 N75 是湖北省主要玉米之一，组配品种有：宜单 629、宜单 858、宜单 7566、宜单 7588、宜单 1638、金亿 1157、禾盛玉 618、勤玉 58、鄂玉 32、腾龙 757、天育 671 等。

(2)HZ111 的选育、农艺性状和配组利用

① HZ111 的选育 HZ111，华中农业大学育成。主育人徐尚忠、刘永忠。是湖北省主要玉米亲本，含有热带种质，来源于美国杂交品种 Y8G61，系谱为 Y8G61-512-1-1-1-1-1-1，系谱图：

1995	华中农大本季种植	Y8G61-512
		⇩
		择优自交
1995	海南冬季种植	Y8G61-512-1
		⇩
		择优自交
1996	华中农大本季种植	Y8G61-512-1-1
		⇩
		择优自交
1996	海南冬季种植	Y8G61-512-1-1-1
		⇩
		择优自交
1997	华中农大本季种植	Y8G61-512-1-1-1-1
		⇩
		择优自交
1997	海南冬季种植	Y8G61-512-1-1-1-1-1
		⇩
		择优自交
1998	华中农大本季种植	Y8G61-512-1-1-1-1-1-1
		⇩
		择优自交
1998	海南冬季种植	Y8G61-512-1-1-1-1-1-1-1
		⇩
		择优自交
1999	华中农大本季种植	Y8G61-512-1-1-1-1-1-1-1-1
		⇩
		HZ111

② HZ111 农艺性状 株型半紧凑，生育期适中，恩施二高山地区春播区生育期 135 d 左右；叶片宽，中部叶片长、上部叶片短，叶色淡绿，叶片绿叶期长，穗上节间长；成株高 2.6 m，穗位高 0.69 m；雄花分枝 8～11 个，分枝长，雄花外颖壳紫色，花壳淡棕，青花；果穗筒形，果穗长 15.9 cm，穗行数 16 行左右，行粒数 29～33 粒，千粒重 300.5 g，穗籽率 88.6%，籽粒黄色、偏硬粒，白轴。抗性：对玉米大斑病、小斑病、灰斑病、弯孢菌叶斑病、穗粒腐等高抗或中抗，茎秆坚韧，根系量中，抗倒伏一般。

③ HZ111 所组配品种 优良玉米亲本 HZ111 组配品种有鄂玉 25、鄂玉 16 等。

(3)N21 的选育、特性和利用

① N21 的选育　N21，恩施州农科院自育，主育人刘必善、杜世凯、王黎明，系谱 N821-1-3-3-1-1-1-1，系谱图：

1996	恩施本季种植	改 48　改 24
		⇩
		杂交
1996	海南冬季种植	N821
		⇩
		择优自交
1997	恩施本季种植	N821-1
		⇩
		择优自交
1997	海南冬季种植	N821-1-3
		⇩
		择优自交
1998	恩施本季种植	N821-1-3-3
		⇩
		择优自交
1998	海南冬季种植	N821-1-3-3-1
		⇩
		择优自交
1999	恩施本季种植	N821-1-3-3-1-1
		⇩
		择优自交
1999	海南冬季种植	N821-1-3-3-1-1-1
		⇩
		择优自交
2000	恩施本季种植	N821-1-3-3-1-1-1-1
		⇩
		N21

② N21 农艺性状　株型紧凑，生育期适中，恩施二高山地区春播区生育期 129 d 左右；叶片较窄，上部叶片短，叶色淡绿，叶片绿叶期长，穗上节间极长；成株高 2.3 m，穗位高 0.6 m；雄花分枝 5～6 个，主分枝长，雄花外颖壳紫色，花壳淡棕，微红花；果穗锥形，果穗长 17.9 cm，穗行数 12～16 行，行粒数 38～44 粒，千粒重 322.5 g，穗籽率 86.6%，籽粒大、淡黄、偏马齿，白轴。抗性：对玉米大斑病、小斑病、灰斑病、弯孢菌叶斑病、穗粒腐等高抗或中抗，对玉米的纹枯病抗性较弱，茎秆坚韧，根系量大，抗倒。

③ N21 所组配品种　优良玉米亲本 N21 组配品种有鄂玉 17、天池 2 号、鄂玉 26，其中鄂

玉 17 获得湖北省审定、湖南省认定；天池 2 号(鄂玉 23)获得湖北审定、重庆市审定、云南省认定、湖南省认定、贵州省认定；鄂玉 26 获得湖北省审定、湖南省认定。

(4)Tduloog 的选育、农艺性状和配组利用

① Tduloog 的选育　Tduloog，恩施州农科院自育，主育人杜世凯，系谱：Tduloog-1-1-1-1-1-1-1-1，系谱图：

1997　恩施本季种植　河毛洞玉米长穗群、330、Jc

⇓ 杂交

1997　海南冬季种植　Tduloog 第一轮群

⇓ 混粉

1998　恩施本季种植　Tduloog 第二轮群

⇓ 择优自交

1998　海南冬季种植　Tduloog-1

⇓ 择优自交

1999　恩施本季种植　Tduloog-1-1

⇓ 择优自交

1999　海南冬季种植　Tduloog-1-1-1

⇓ 择优自交

2000　恩施本季种植　Tduloog-1-1-1-1

⇓ 择优自交

2000　海南冬季种植　Tduloog-1-1-1-1-1

⇓ 择优自交

2001　恩施本季种植　Tduloog-1-1-1-1-1-1

⇓ 择优自交

2001　海南冬季种植　Tduloog-1-1-1-1-1-1-1

⇓

Tduloog

② Tduloog 农艺性状　株型披散，生育期适中，恩施二高山地区春播区生育期 133 d 左右；叶片宽，中部叶片长、上部叶片短，叶绿，叶片绿叶期长，茎节间短；成株高 2.35 m，穗位高

0.66 m；雄花分枝 7～9 个，主分枝中长，雄花外颖壳绿色，花壳淡棕，青花；果穗长筒形，果穗长 21.6 cm，穗行数 16～18 行，行粒数 51～55 粒，千粒重 289.6 g，穗籽率 87.9%，籽粒淡黄、半马齿，白轴。抗性：对玉米大斑病、小斑病、灰斑病、弯孢菌叶斑病、穗粒腐等高抗或中抗，茎秆坚韧，根系量中，抗倒一般。

③ Tduloog 所组配品种　优良玉米亲本 Tduloog 组配品种有鄂玉 28，该品种获得北省审定、重庆市认定。

(5)N22 的选育、农艺性状和配组利用

① N22 的选育　N22，恩施州农科院自育，主育人刘必善、杜世凯，系谱：Y8G61-512-3-2-1-1-1-1-1，系谱图：

1997	恩施本季种植	Y8G61-512
		⇩
		择优自交
1997	海南冬季种植	Y8G61-512-3
		⇩
		择优自交
1998	恩施本季种植	Y8G61-512-3-2
		⇩
		择优自交
1998	海南冬季种植	Y8G61-512-3-2-1
		⇩
		择优自交
1999	恩施本季种植	Y8G61-512-3-2-1-1
		⇩
		择优自交
1999	海南冬季种植	Y8G61-512-3-2-1-1-1
		⇩
		择优自交
2000	恩施本季种植	Y8G61-512-3-2-1-1-1-1
		⇩
		择优自交
2000	海南冬季种植	Y8G61-512-3-2-1-1-1-1-1
		⇩
		择优自交
		N22

② N22 农艺性状　株型半紧凑，生育期适中，恩施二高山地区春播区生育期 139 d 左右；叶片较窄，中部叶片长、上部叶片短，叶色浅绿，叶片绿叶期长，穗上节间长；成株高 2.5 m，穗位高 0.66 m；雄花分枝 6～11 个，分枝长，雄花外颖壳紫色，花壳淡棕，青花；果穗筒形，果穗长

16.6 cm，穗行数 16～18 行，行粒数 30～36 粒，千粒重 303.6 g，穗籽率 87.8%，籽粒黄色、半马齿，白轴。抗性：对玉米大斑病、小斑病、灰斑病、弯孢菌叶斑病、穗粒腐等高抗或中抗，茎秆坚韧，根系量中，抗倒一般。

③ N22 所组配品种　优良玉米亲本 N22 组配品种有鄂玉 17、天池 2 号，其中鄂玉 17 获得湖北省审定、湖南省认定；天池 2 号（鄂玉 23）获得湖北省审定、重庆市审定、云南省认定、湖南省认定、贵州省认定。

（6）d788 的选育、农艺性状和配组利用

① d788 的选育　d788，恩施州农科院自育，主育人杜世凯，系谱：Y78/Y8G-3-5-1-1-1-1-1，系谱图：

1999	恩施本季种植	Y78　Y8G61-512
		⇩ 杂交
1999	海南冬季种植	Y78/Y8G
		⇩ 择优自交
2000	恩施本季种植	Y78/Y8G-3
		⇩ 择优自交
2000	海南冬季种植	Y78/Y8G-3-5
		⇩ 择优自交
2001	恩施本季种植	Y78/Y8G-3-5-1
		⇩ 择优自交
2001	海南冬季种植	Y78/Y8G-3-5-1-1
		⇩ 择优自交
2002	恩施本季种植	Y78/Y8G-3-5-1-1-1
		⇩ 择优自交
2002	海南冬季种植	Y78/Y8G-3-5-1-1-1-1
		⇩ 择优自交
2003	恩施本季种植	Y78/Y8G-3-5-1-1-1-1-1
		d788

② d788 农艺性状　株型半紧凑，生育期适中，恩施二高山地区春播区生育期 136 d 左右；叶片宽，中部叶片长、上部叶片短，叶色淡绿，叶片绿叶期长，穗上节间长；成株高 2.6 m，穗位

高 0.69 m；雄花分枝 8～11 个，分枝长，雄花外颖壳紫色，花壳淡棕，青花；果穗筒形，果穗长 16.3 cm，穗行数 16～18 行，行粒数 33～36 粒，千粒重 315.1 g，穗籽率 88.6%，籽粒黄色、半马齿，白轴。抗性：对玉米大斑病、小斑病、灰斑病、弯孢菌叶斑病、穗粒腐等高抗或中抗，茎秆坚韧，根系量中，抗倒一般。

③ d788 所组配品种　优良玉米亲本 d788 组配品种有鄂玉 28，该品种获得湖北省审定、重庆市认定。

(7)D28 的选育、农艺性状和配组利用

① D28 的选育　D28，恩施州农科院自育，主育人杜世凯，系谱：1218-2-1-1-1-1-1-1，系谱图：

2000 年　恩施本地种植　海禾一号
⇩
择优自交
2001　恩施本季种植　1218-2
择优自交
2001　海南冬季种植　1218-2-1
⇩
择优自交
2002　恩施本季种植　1218-2-1-1
⇩
择优自交
2002　海南冬季种植　1218-2-1-1-1
⇩
择优自交
2003　恩施本季种植　1218-2-1-1-1-1
⇩
择优自交
2003　海南冬季种植　1218-2-1-1-1-1-1
⇩
择优自交
2004　恩施本季种植　1218-2-1-1-1-1-1-1
⇩
D28

② D28 农艺性状　株型半紧凑，生育期适中，恩施二高山地区春播区生育期 129 d 左右；叶片较宽，上部叶片短，叶色淡绿，叶片绿叶期长，穗上节间中；成株高 2.5 m，穗位高 0.86 m；雄花分枝 7～9 个，主枝、侧枝分枝长，雄花外颖壳绿色，花粉淡黄，红花；果穗筒形，果穗长 15.9 cm，穗行数 18～22 行，行粒数 33～35 粒，千粒重 325.6 g，穗籽率 89.1%，籽粒黄色、偏硬，白轴。抗性：对玉米大斑病、小斑病、灰斑病、穗粒腐等高抗，茎秆坚韧，根系多，抗倒。

③ D28 所组配品种　优良玉米亲本 D28 组配品种有恩单 801，该品种获得湖北省审定。

(8)YC002 的选育、农艺性状和配组利用

① YC002 的选育　YC002，宜昌市农业科学研究院自育，主育人田甫焕、许贵明等。源自含有热带种质杂交组合先玉 962 * CML3/41，本系原始材料由华中农业大学提供，经多代自交育成，系谱图：

2010　宜昌本地种植　先玉 962 * CML3/41

⇩

择优自交

2010　海南冬季种植　先玉 962 * CML3/41-5

择优自交

2011　宜昌本季种植　先玉 962 * CML3/4-5-1

⇩

择优自交

2011　海南冬季种植　先玉 962 * CML3/41-5-1-1

⇩

择优自交

2012　宜昌本季种植　先玉 962 * CML3/41-5-1-1-1

⇩

择优自交

2012　海南冬季种植　先玉 962 * CML3/41-5-1-1-1-1

⇩

择优自交

2013　宜昌本季种植　先玉 962 * CML3/41-5-1-1-1-1-1

⇩

择优自交

2013　海南冬季种植　先玉 962 * CML3/41-5-1-1-1-1-1-1

⇩

择优自交

2014　宜昌本季种植　先玉 962 * CML3/41-5-1-1-1-1-1-1-1

⇩

定名 YC002

② YC002 农艺性状　株型半紧凑，生育期适中，二高山地区春播区生育期 126 d 左右；叶片较宽，叶色浓绿，叶片绿叶期长；成株高 2.1 m，穗位高 0.85 m；雄花分枝多、花粉量适中；果穗锥形，籽粒黄色、中间型，红轴。抗性：对玉米大斑病、小斑病、灰斑病、穗粒腐等高抗，茎秆坚韧，根系多，抗倒。

③ YC002 所组配品种　优良玉米亲本 YC002 组配品种有宜单 1628、宜单 1728 等。

(9)WD01 的选育、农艺性状和配组利用

① WD01 的选育　WD01，十堰市农科院自育，主育人周刚。来源于华中农业大学从美国

先锋引进杂交品种的早代系先锋 1132F1Ⓧ-1，系谱为先锋 1132F1Ⓧ-1-10-1-3-1-1-1-6-1-1-1，系谱图：

2004	十堰本季种植	先锋 1132F1Ⓧ-1
		⇩ 择优自交
2004	海南冬季种植	先锋 1132F1Ⓧ-1-10
		⇩ 择优自交
2005	十堰本季种植	先锋 1132F1Ⓧ-1-10-1
		⇩ 择优自交
2005	海南冬季种植	先锋 1132F1Ⓧ-1-10-1-3
		⇩ 择优自交
2006	十堰本季种植	先锋 1132F1Ⓧ-1-10-1-3-1
		⇩ 择优自交
2006	海南冬季种植	先锋 1132F1Ⓧ-1-10-1-3-1-1
		⇩ 择优自交
2007	十堰本季种植	先锋 1132F1Ⓧ-1-10-1-3-1-1-1
		⇩ 择优自交
2007	海南冬季种植	先锋 1132F1Ⓧ-1-10-1-3-1-1-1-6
		⇩ 择优自交
2008	十堰本季种植	先锋 1132F1Ⓧ-1-10-1-3-1-1-1-6-1
		⇩ 择优自交
2008	海南冬季种植	先锋 1132F1Ⓧ-1-10-1-3-1-1-1-6-1-1
		⇩ 择优自交
2009	十堰本季种植	先锋 1132F1Ⓧ-1-10-1-3-1-1-1-6-1-1-1
		⇩
		WD01

② WD01 农艺性状　株型半紧凑，生育期适中，叶色淡绿，叶片绿叶期长，穗上叶片数 5～6 片，节间长；成株高 2.33 m，穗位高 0.97 m；雄花分枝 12 个左右，雄花外颖壳紫色，花壳淡

棕，青花；果穗筒形，果穗长 15 cm，穗行数 20 行左右，行粒数 28～29 粒，千粒重 289.5 g，穗籽率 86.9%，籽粒黄色、马齿型，红轴。抗性：对玉米大斑病、小斑病、灰斑病、弯孢菌叶斑病、穗粒腐等高抗或中抗，茎秆坚韧，根系量大，抗倒。

③ 优良玉米亲本 WD01 组配品种　有陨单 19、陨单 20。

(10)美 C 的选育、农艺性状和配组利用

① 美 C 的选育　美 C，十堰市农科院自育，主育人刘永忠、周刚、吴承国，系谱为美 22.CIM7⊗-1-1-1-1-1-1-1-1-1-1，系谱图：

1998　十堰本季种植　美 22.CIM7

⇩

择优自交

1998　海南冬季种植　美 22.CIM7⊗-1

⇩

择优自交

⇩

1999　十堰本季种植　美 22.CIM7⊗-1-1

择优自交

1999　海南冬季种植　美 22.CIM7⊗-1-1-1

⇩

择优自交

2000　十堰本季种植　美 22.CIM7⊗-1-1-1-1

⇩

择优自交

2000　海南冬季种植　美 22.CIM7⊗-1-1-1-1-1

⇩

择优自交

2001　十堰本季种植　美 22.CIM7⊗-1-1-1-1-1-1

⇩

择优自交

2001　海南冬季种植　美 22.CIM7⊗-1-1-1-1-1-1-1

⇩

择优自交

2002　十堰本季种植　美 22.CIM7⊗-1-1-1-1-1-1-1-1

⇩

择优自交

2002　海南冬季种植　美 22.CIM7⊗-1-1-1-1-1-1-1-1-1

⇩

2003　十堰本季种植　美 22.CIM7⊗-1-1-1-1-1-1-1-1-1-1

⇩

美 C

② 美 C 农艺性状　株型偏披散，十堰市春季播种生育期 121 d 左右，生长势强，叶色浓，

叶片中宽、绿叶期长；成株高 2.33 m，穗位高 1.1 m；雄花分枝多，雄花外颖壳绿色，花粉黄，青花；果穗长锥形，果穗长 16.5 cm，穗行数 16～18 行，行粒数 29 粒，千粒重 279.6 g，穗籽率 88.9%，籽粒黄色、硬粒型，红轴。抗性：对玉米大斑病、小斑病、灰斑病、弯孢菌叶斑病、穗粒腐等高抗或中抗，茎秆坚韧，根系量大，抗倒。

③ 美 C 所组配品种　优良玉米亲本美 C 组配品种有鄂玉 25、汉玉 128 等。

(11)襄阳 2057 的选育、农艺性状和配组利用

① 襄阳 2057 的选育　襄阳 2057，襄阳市农科院自育，主育人李有明、李新彦，系谱为齐 205/昌 72(改良系)-1-混-2-2-1-1-1，系谱图：

2007　海南冬季种植　齐 205/昌 72(改良系)

⇩

杂交

2008　襄阳本季种植　齐 205/昌 72(改良系)-1

⇩

择优自交

⇩

2008　海南冬季种植　齐 205/昌 72(改良系)-1-混

择优自交

2009　襄阳本季种植　齐 205/昌 72(改良系)-1-混-2

⇩

择优自交

2009　海南冬季种植　齐 205/昌 72(改良系)-1-混-2-2

⇩

择优自交

2010　襄阳本季种植　齐 205/昌 72(改良系)-1-混-2-2-1

⇩

择优自交

2010　海南冬季种植　齐 205/昌 72(改良系)-1-混-2-2-1-1

⇩

择优自交

2011　襄阳本季种植　齐 205/昌 72(改良系)-1-混-2-2-1-1-1

⇩

择优自交

襄阳 2057

② 襄阳 2057 农艺性状　株型偏披散，生育期适中，生长势强；成株高和穗位高适中；果穗中穗，籽粒黄色、马齿型，白轴。抗性好。

③ 襄阳 2057 所组配系列组合　优良玉米亲本襄阳 2057 组配系列优良玉米组合，表现好。

3. 研究成就和研发趋势

(1)研究成就

① 育成材料和品种多　通过科研工作人员辛苦努力，湖北省玉米育种单位近几年每年共种植玉米材料 35 000 份左右，其中 B 群材料占 67%、A 群材料占 33%，育成农艺性状优良、配合力高玉米新材料 1000 份以上，利用自育、引进核心材料 300 份以上，利用主要亲本 65 份以上进行测验、改良。

近 5 年，通过湖北省玉米品种审定共 81 个，仍有很多品种通过其他省市审定，同时通过认定的品种也很多，湖北省育成品种的速度和质量极大提升，在西南地区行业影响力显著提升。

② 品种的推广效果好　湖北康农种业育成品种康农 108 等系列二高山品种在西南地区的推广面积大，成为区域主要种植品种，农民非常欢迎，同时企业效益彰显；宜昌市农业科学研究院自育品种宜单 629，在湖北省平丘的推广面积大，表现稳定、品质优良，适宜全程机械种植和收获。

③ 诱导单倍体技术　玉米诱导单倍体技术在湖北省已经普及推广和成熟利用，从过去来源于中国农业大学全套技术加引进材料，现在可以进行自主研究和材料的改良，依照组建材料和诱导类型的不同，诱导率在 5%～29%；通过使用秋水仙素或专用除草剂等，加倍率在 6%～12%，自然加倍率在 3%以上；通过诱导和加倍，缩短育种时间，提升科技工作效果。

(2)研发趋势

① 原则　湖北省玉米新品种的选育原则是，既要坚持因地制宜进行新品种的选育，又要进行穿梭式育种；既要进行公益研究，又要大胆探索商业化育种道路；既要注重保护品种权益，又要进行合作、开放式育种；即要积极探索建立新型科研机制和管理体制，又要肩负服务“三农”社会责任。

② 目标　基于湖北省生态特点和玉米种植方式，玉米新品种的选育应以环保、优质、粮饲多用、广适、生育期适宜和部分区域有利于机械化作业为目标。

③ 方向　玉米的资源研究、品质育种、生物技术紧密地结合常规技术。

④ 具体路径　保证粮食安全、有效地供给和调整种植业结构，对玉米研发有严格要求，即要采用先进科技，培育抗逆品种，改善产品质量，增加农民收入，保障粮食安全，具体有：

实施玉米种质扩增和创新计划：湖北省玉米用于育种的资源贫乏，育种单位需要实施玉米种质扩增和创新计划，同时从玉米多样性中心、美国及中国华东华北、黄淮海玉米主产区引进玉米种质，对自育和引进种质进行重点和多方的改良及创新，可有效解决玉米种质的遗传狭窄、提升科技实力和材料水平，建立湖北省玉米种质基因库。

强化研究水平，提升品种增产潜力：追求品种的产量是玉米育种的一个基本要求和重要内容，保障粮食安全依赖于玉米高产。涉及育种理念、科技手段和种质创新方面，科研单位强化品种的产量研究，不断提升品种的增产潜能。

注重保护生态，提高利用效率，培育耐风险品种：玉米科研人员要永远地关注农民种植意愿和田、气、水环境。培育环保玉米新品种，就是要求农民大田种植中限制农药使用、减少白色污染、制造健康种子，稳步地推广广适、耐旱、耐瘠、抗病虫、抗倒、高效利用、环保加高产品种，就能降低农民种植风险。

培育优质、专用玉米新品种，适应多重需要：玉米是粮食作物、饲料之王、蔬菜、青饲料、休闲食品、工业加工原料等，随着人们生活水平的提高和市场变化，玉米品质进一步受到关注，优质和专用玉米成为重要类型。优质即营养丰富、优价。优质玉米，如优质蛋白玉米、高赖氨酸玉米等；专用即特用，专用玉米如甜玉米、糯玉米、高直链淀粉玉米、高油玉米、青饲料玉米、爆裂玉米、笋玉米等；优质和专用玉米要作为玉米育种的重要方向和内容，以助推湖北省玉米的产业链延伸，提升玉米行业效率、科技竞争力和农民收入。多年以来，玉米育种强调产量忽视质量，强调单一利用，未大力研究优质、专用玉米品种，为适应市场不同需求，应大力研究优质、专用或粮饲多用玉米新品种。

提高品种的选择强度，培育抗逆玉米新品种：玉米生长主要逆因突出表现为贫瘠（含氮量低）、干旱、主要病虫害。自交系本身耐自交和抗逆性弱，尤其是热带材料自交衰退严重。研究表明，抗逆意味高产。品种的高产，根本要求在于提升抗逆性，农民大田稀植方式影响了玉米科研人员对材料的选择，过去的低密度种植方式，对从早代材料中培育真正抗逆材料概率很低。因此玉米育种必须打破旧有育种的思维模式，改变农民大田种植玉米的不良栽培方式，创造适宜的选择强度，采用高密度种植早代材料（90 000～100 000 株/hm^2），设低氮圃、干旱圃等，从强化高耐逆性中筛选出抗逆基因型，培育广适、抗逆、高产玉米新品种。

将现代生物技术和常用科技紧密地结合：现代玉米育种离不开高新技术特别是现代生物技术。单倍体诱导技术在材料培育中可以缩短时间；分子标记能提升品种的选择效果，采取转基因可以培育抗虫、耐除草品种，现代生物技术应紧密地结合常用科技，让实验室成果在田间得以体现。

利用著名农业大学或生物院校实验室，进行科技交流合作，以借助高校成熟的转基因工程技术/分子标记，将实验室的技术成果应用于大田，进行玉米大田稳定性的遗传表达，即采用一些适宜玉米育种方法，如单行的选择法、单倍体—二倍体的选育法、物理和化学诱变法等；玉米自交系的改良可采用回交法、配子的选择法等，采用高新技术和适宜的选育方法，可以提升玉米育种效率。

积极探索建立新型科研机制和管理体制：现代玉米育种的发展必须打破体制性、机制性障碍，每个科研单位，要遵循玉米育种流程作业，培育玉米育种的创新能力，建立新型玉米科研机制和管理体制。具体说，一是要建立玉米育种目标诱导机制和科学管理体制，实行课题主持人负责，建立健全岗位责任，形成健全的检查、监督和评议的体系；二是要建立人才的梯度培养机制；三是要建立有效的奖罚措施，对玉米育种中有突出贡献科研团队及主要的完成人予以重奖，依照品种的转让效益提成兑现品种的选育课题组及主要实施人员。

（三）来源

湖北玉米种质来源于自育和引进，玉米种质的划分源于美国玉米杂种优势群，即 Reid Yellow Dent 种质自交系为 B 群，不具有 Reid Yellow Dent 种质自交系分为 A 群；也有分为所谓的改良 Reid 群、Lancaster 群、导入热带种质美国种质群、苏湾种质群、墨西哥群、原始的地方种质群，Lancaster 群又分为 Mo17 亚群和自 330 亚群；近年来，采用国内玉米的杂优群的划分方法，将自育和引进种质分为具体的杂种优势群，明晰每个优势群的改良方法，对湖北省玉米种质分类、利用有重大现实意义。具体来源分为：自育原始材料（改良材料）、中国北方材料、美国先锋等种质、东南亚南亚热带材料、巴西材料、欧洲材料等；材料分为杂交品种和组合、宽（窄）基群、自交系；材料的选择和利用仍然依照 A 群、B 群、杂优群分类模式在群内进行有效的选择，不断丰富和提升湖北省玉米资源。

二、品种类型

湖北省玉米品种类型繁多，以普通玉米为主，此外还有甜玉米、糯玉米、青贮玉米等特用玉米。

(一)熟期类型

1. 早熟类型 例如郑单958、浚单20、汉单777等。

2. 中熟类型 例如宜单629、蠡玉16、登海9号、中农大451等。

3. 晚熟类型 例如鄂玉10、鄂玉18、康农108、鄂玉26等。

(二)用途类型

如甜玉米、糯玉米、青贮玉米等特用玉米。

详见本章第二节。

第二节 湖北玉米品种选育

一、育种手段和方法

(一)自交系利用

1. 利用农家种选育一环系 从农家种中选育新系这是中国玉米育种初期选系的主要途径。地方种的生态适应性很强，选育的自交系抗逆性强，如耐贫瘠、耐阴湿、耐旱、耐低温等。但随着育种的进展，大量自交系的引进与交流，使这一途径逐渐被忽视了。中国拥有丰富多样、数量庞大的地方种质资源，从地方种中可发现和挖掘未曾被利用过的优良新基因，因此从地方种选系是今后不可忽视的途径。另外，鉴于目前中国玉米骨干系遗传基础还不够宽泛，系间亲缘关系交混的情况比较突出，从农家种中选育血缘清晰的自交系，以求构建优势的、新的杂优模式的思路也应重新受到重视。

2. 利用杂交种选育二环系 这是现在最普遍、也最有效的一种途径。因为高产杂交种本身的遗传基础优良，集中了较多的有利等位基因，若为选系而配制的杂交种，更易于对亲本的某些性状进行改良，所以从中能够较易且较快地选出好的并配合力高的自交系。但是长期坚持这种方法，就会造成系间亲缘关系交混现象。

3. 利用改良群体或综合种选育自交系 这里指的是由多个、甚至数十个自交系组成的复交或混交种，遗传多样性丰富，从中可选育出在目标性状上存在较大差异的优良自交系，是今后应积极提倡的一种方法。

尽管一些较老的自交系已经不再应用于直接组配杂交种，但它们在自交系选育和遗传研究中还具有重要意义。根据新的育种目标对优系的新要求，通过同一优势群体内2个或2个以上近缘系杂交、回交、自交及选择变异等育种手段，可选育出综合性状明显优于原基础材料的新自交系，本法可根据现有自交系中存在的不足，有针对性地对某一性状进行改良，见效快，目的性强，因此得到广泛利用。另外，充分利用原有材料的自然变异选育新系，也是老系利用的一条重要途径，因为玉米的自然杂交率一般在95%以上，是典型的异花授粉作物，容易受环境剧变等的影响而产生遗传物质的渐变或突变，形成表型不一的变异株，及时发现和选择育种目标中所需要的可遗传的变异，便有可能产生比原基础群体更加优异的自交系。

4. 利用引进资源或野生资源获得改良自交系　通过引入热带、亚热带种质，亲缘关系远的国外种质及野生近缘种，用适应中国环境的现有温带种质进行改良，可以获得某些特殊有利基因，进一步拓宽我国玉米种质基础。

5. 从商品粮中选育自交系　尤其是外来商品玉米中可能含有许多未知的优良基因。另外也可引进优良自交系直接利用等。随着玉米自交系选育方法的不断创新，如转基因方法的利用等，自交系的选育途径也将不断拓宽。

(二)育种常用方法

1. 混合选择法和穗行选择法　随着生产上推广与应用的种质类型的演变，经典玉米育种方法也发生了一系列的改变。开放授粉品种推广时期，常用玉米育种方法是混合选择法和穗行选择法。

穗行选择法已经被证明在育种效率上是略优于混合选择法，而混合选择法的相对优势是简化了育种程序，节约了资源和育种成本。在对玉米籽粒生化成分、穗位高度和其他农艺性状进行改良时，穗行选择法被证明是更为有效的，而在对玉米产量性状开展改良时，混合选择法和穗行选择法效果接近，穗行选择法略优于混合选择法。与混合选择法以及穗行选择法相比，品种间杂交种推广时期使用的品种间杂交育种方法上是一个进步，因为它包括了对父、母本双方的选择并利用了杂种优势。

2. 轮回选择育种法　是开放授粉品种和品种间杂交种推广时期最重要的一种育种方法。这一方法可以通过多个育种周期选择优良单株不断杂交重组，提高群体内有利数量性状基因频率，打破不利基因连锁，增加有利基因重组机会，使群体不断得到改良并保持较高的遗传变异水平，增加适应性。Jenkins最早提出将轮回选择育种法应用于玉米育种，随后许多玉米育种家的研究都肯定了轮回选择育种法在选育综合品种与群体改良等方面的作用。不同的育种家也设计了不同的轮回选择方法来完成各自的育种目标，Hull设计了利用自交系做测验种来提高材料特殊配合力的轮回选择方法，Comstock设计了利用两个群体互为测验种，同时改良两个群体的相互轮回选择法。Russel & Eberhart等利用轮回选择法在改良爱尔华坚秆综合种，提高综合种自身产量和改良产量相关性状的同时，也从高轮次的群体改良中分离到了一批配合力得到改良的自交系。轮回选择法在一定条件下可以兼顾短期、中期和长期育种目标，在开展群体改良的同时选择优异的自交系，是杂交育种初级阶段选育自交系的主要方法。

3. 选育自交系　是选育与推广自交系间杂交种的基础。两种常用的玉米自交系选育方法是轮回选择法和系谱选择法(二环系法)。在杂交育种的初级阶段，还没有很多纯合的自交系，只能利用轮回选择的方法，在开展群体改良的同时从待改良群体中选择优异的自交系。随着从群体改良中获得了越来越多的自交系，系谱选择法逐步取代了轮回选择法成了玉米育种上选育自交系的主要方法。纯系育种法和选择自交系间杂交组合的理论，Hayes & Johnson将这一理论推广应用于系谱选择法，指出利用一个优良的单交种作为选系的原始材料，连续多代自交，可以选育出含有众多优良基因、在一些性状上超过亲本的新自交系。该方法操作简单且效果较好，已成为玉米育种中最常用的自交系选育方法。但是在使用该方法时是否存在遗传基础变狭窄和血缘变混杂等问题，依然存在争议。回交育种法也是玉米育种中选育自交系的常用方法之一，其利用供体亲本与受体亲本的一次杂交，杂交后代与受体亲本的一次或多次回交，可以将供体亲本的优良性状基因转移到受体亲本中去，新选择到的自交系在保持受体亲本绝大部分优良性状的同时也具有了供体亲本所贡献的特殊优良性状。该方法已经被证明无论对改良质量性状还是数量性状都是有效的。

自交系改良一方面需要改良其自身农艺性状表现以有利于自交系的繁殖和杂种制种，另一方面则要不断改良其配合力以提高杂交种品种的优势。相比而言，改良自交系的配合力比改良自交系自身的表现更加困难也更加重要。Sprague & Tatun 最早提出了配合力的概念，并将其区分为一般配合力(General Combining Ability，GCA)和特殊配合力(Specific Combining Ability，SCA)，认为 GCA 是自交系有利基因位点的加性遗传效应，是可以稳定遗传的部分，一个自交系的有利基因位点越多，则它的 GCA 也越高，反之则 GCA 越低。SCA 是自交系间控制产量性状的有利基因互作的结果，属于显性和上位性遗传效应，相对来讲比较难以固定。配合力是自交系组配杂交种的一种潜在能力，它与其他性状一样是可以遗传的，具有高配合力的原始单株，其自交后代也应具有较高的配合力。然而与自交系农艺性状选择不同，自交系配合力的高低是无法目测的，而只能通过测定才能对选系的配合力高低进行可靠的判断，GCA 通过计算一个被测自交系和其他自交系组配的一系列杂交组合的平均产量表现来获得，SCA 通过测定两个特定亲本自交系所组配的杂交种的产量水平，用这一杂交种产量与所有被测自交系组配的杂交种产量平均值的差来进行估算。GCA 反映的是某一个亲本自交系与其他自交系组配优异杂交种的潜在能力的好坏，SCA 反映的是某一个亲本自交系与另一亲本自交系所组配的特定杂交种与所有组配杂交种的相对优劣。由此可见，只有用 GCA 高的自交系为亲本，再经过自交系间合理的组配，才有可能选择到具有高 SCA 的新自交系，进而组配不同杂种优势群间的新自交系，选育出最优的杂交种。所以，选育自交系时必须进行配合力测定，按照配合力的高低选择高配合力自交系作为亲本，开始下一轮育种周期的选择。

测定选系配合力的过程称为测交，用来测定选系配合力的品种、品种间杂交种、自交系、单交种与双交种等统称为测验种，选系与测验种组配的杂种一代称为测交种。测定自交系配合力的常用方法有顶交法、多系测交法和双列杂交法等。顶交法是用被测系与品种群体测交，品种群体是一个遗传基础广泛的普通品种，也可以是多自交系组成的综合种。在顶交法测定中，由于采用了一个共同的测验种，因此可以认为各测交种之间的产量差异就是由被测系的配合力不同所引起的。如果某个测交种的产量高，就表明该组合中的被测自交系的配合力高。利用相同的自交系组配的单交种和顶交种产量之间的相关系数为 0.53～0.90。多系测交法是用几个优良系或骨干系作测验种与被测系杂交获得测交种，下一季节种植测交种进行田间产量比较试验，得到各个测交种的平均产量，估算出配合力。双列杂交是将一组被测系进行成对杂交获得测交种，测定过程中的自交系既是被测系又互为测验种。如有 n 个被测自交系，可组配出 $n(n-1)$个测交种(包括正交和反交)，下一季节种植所有测交种进行田间产量比较试验，估算出每个待测系的 GCA 和 SCA。双列杂交设计是测定亲本配合力的常用遗传交配设计，它可以同时测定选系的 GCA 和 SCA，但是这一方法的缺点是测交种数量随着待测系数目的增加而急剧膨胀，该方法只适用于同时测定少数优良自交系的 GCA 和 SCA。在大规模杂交育种项目的初级阶段，多系测交法被用于测定育种过程中产生的众多被测系的 GCA，而双列杂交法则被用于在高级阶段同时测定少数优系的 GCA 和 SCA。

当利用自交系作为测验种时，自交系自身表现，即优良等位基因的频率，能否作为一个标准来选择测验种是育种家经常争论的另一个问题。Hallauer 通过理论研究表明，在所有基因位点上都隐性纯合的测验种是最优的测验种，有利等位基因频率比较低的测验种能够准确地测定被测系的配合力，而有利等位基因频率高的测验种则可能掩盖了被测系有利等位基因位点的表达。Beard 认为产量高且所有位点都为杂合的单交种适宜作为测验种。不同研究者利用不同的材料对如何选择适宜的测验种这一问题进行了研究，得出了不同的结论，这可能是由于产量等目标性状在不同遗传研究材料中的遗传机制不同造成的。

在开展配合力测定时，究竟用多少个测验种可以获得比较可靠稳定的配合力测定结果也是玉米育种方法论中长期争论的一个问题。目前大家普遍认为，多个自交系或单交种的测交平均值可以排除测验种与待测系之间的特殊配合力影响，且测验种自身 GCA 的高低对测交结果没有显著影响。但是考虑到育种规模的限制，育种家不能使用过多的测验种去测验待测系的配合力，实际育种过程中是选择少数几个高 GCA 的自交系或由其组成的单交种或双交种作为测验种，测定待测系的配合力。利用高 GCA 的测验种可以将测定待测系配合力与选育优良杂交组合这两大玉米育种目标结合起来，提高了育种资源的利用效率。此外，在选择测验种类型和确定测验种数目多少时，也要考虑当地生产上主要推广与应用的杂交种类型。当前温带玉米区生产上推广的主要杂交种类型为单交种，育种工作者常采用当地 GCA 较高的几个骨干优良自交系作为测验种，将测定待测系配合力与鉴定新杂交组合产量潜力相结合，可以提早确定具有高产潜力的单交种，提高了育种工作效率。为了提高测交的效果，用作测验种的骨干自交系必须是在当地表现优良的、与被测系无亲缘关系的高配合力自交系，同时自交系测验种数目不应过少，这样才能比较可靠地反映被测系的 GCA 和 SCA。热带玉米区主要推广的杂交种类型除了单交种外，三交种和双交种也占有很大的推广面积，因此除了能够利用 GCA 较高的几个骨干优良自交系作为测验种外，还可以利用优良骨干自交系组配的单交种作为测验种。利用单交种作为测验种可以在测定待测系配合力的同时，鉴定出具有高产潜力的三交种，节约了系统资源，提高了育种工作效率。

4. 生物技术育种 生物技术的飞速发展促进了现代玉米育种方法的革新，分子标记辅助选择技术、双单倍体技术和转基因育种技术等得到了快速发展与广泛应用，传统自交系和杂交种选育方法与现代生物技术的结合推动现代玉米育种方法发生了飞跃。遗传连锁图谱构建是开展基因定位和分子标记辅助选择育种的前提，玉米第一张连锁图谱是 Emerson 等于 1935 年构建的包含 62 个形态学标记的遗传图谱。玉米的第一张分子标记遗传连锁图谱构建于 1986 年，该图谱利用 F2 群体作为作图群体，共包含了 117 个限制性片段长度多态性(Restriction Fragment Length Polymorphism)遗传位点，分布于 20 多个连锁群。随后玉米育种家利用基于聚合酶链式反应(Polymerase Chain Reaction)技术的简单重复序列标记(Simple Sequence Repeats)和选择性扩增片断长度多态性标记(Amplified Fragment Length Polymorphism)，对各种作图群体，如 F2、永久 F2 以及重组自交系等，开展了遗传连锁图谱构建。IBM 群体是为提高玉米遗传连锁图谱的精度而创建的一个著名的作图群体，该群体是利用玉米自交系 B73 和 Mo17 作为亲本，在 F2 代开始随机交配 4 个世代后自交产生的重组近交家系，利用该群体创建的遗传连锁图谱饱和性大大提高，包含了大约 1000 个 RFLP 标记和 1000 个 SSR 标记，目前该图谱已经被玉米育种家作为参考图谱使用。与基于聚合酶链式反应技术的第二代分子标记技术相比，以单核苷酸多态性(Single Nucleotide Polymorphism)为代表的第三代分子标记技术有多态性丰富、高通量和成本逐步下降等优势，已经逐步取代了第二代分子标记技术，为育种家构建更为精密的遗传连锁图谱提供了可能。目前，已经有多家生物技术公司开发出了不同规模的单核苷酸多态性芯片，为育种家提供测序服务，这一技术将大大推动玉米全基因组遗传研究和全基因组标记辅助育种研究。

分子标记技术在玉米育种中的应用主要集中在利用分子标记开展遗传多样性和杂种优势群划分，使用连锁分析技术和关联分析技术对复杂数量性状进行基因定位、利用基因定位研究中找到的分子标记对目标性状开展分子标记辅助选择育种、利用全基因组分子标记预测目标性状的育种值开展选择育种等研究。利用分子标记开展遗传多样性和杂种优势群划分研究，可以明确不同材料在分子标记水平上的遗传差异，计算不同材料间的遗传距离、分析各个自交系的一般配合力和不同自交系间的特殊配合力、预测杂种优势群间的最优杂交种，以及确定最适合当地的最优杂种优势模式等。

二、湖北玉米代表性品种选育

(一)普通玉米

1. 禾盛玉 718 禾盛玉 718 是湖北省种子集团有限公司用“H1327”作母本、“H1231”作父本配组育成的杂交玉米品种。2013 年通过湖北省农作物品种审定委员会审定，品种审定编号为鄂审玉 2013003。

品质和产量 2010—2011 年参加湖北省玉米山区组品种区域试验，品质经农业部谷物品质监督检验测试中心测定，容重 721 g/L，粗蛋白(干基)含量 9.03%，粗脂肪(干基)含量 3.13%，粗淀粉(干基)含量 76.23%。两年区域试验平均亩产 701.47 kg，比对照鄂玉 25 增产 11.63%。其中 2010 年亩产 686.33 kg，比鄂玉 25 增产 11.96%；2011 年亩产 716.60 kg，比鄂玉 25 增产 11.32%。

特征特性：生育期 138 d。株型半紧凑。幼苗叶鞘浅紫色，穗上叶 5 片左右，雄穗分枝数 8～12 个，花药浅紫色，花柱紫色。果穗筒形，苞叶覆盖较差，秃尖较长，穗轴白色，籽粒黄色、马齿型。区域试验中株高 294 cm，穗位高 132 cm，空秆率 0.7%，穗长 21.2 cm，穗粗 5.5 cm，秃尖长 2.6 cm，穗行数 16.8，行粒数 34.2，千粒重 390.7 g，干穗出籽率 84.2%，田间大斑病 3 级，小斑病 3 级，灰斑病 3 级，茎腐病病株率 4.3%，穗腐病 3 级，纹枯病病指 19.9、9 级病株率 1.8%。田间倒伏(折)率 3.4%。

栽培要点：适时播种，合理密植。3 月底至 4 月上中旬播种，单作每亩种植 3300 株左右；配方施肥。施足底肥，轻施苗肥，重施穗肥；忌偏施 N 肥；加强田间管理。苗期注意蹲苗，及时中耕除草，培土壅蔸，抗旱排涝；注意防治纹枯病、茎腐病、穗腐病和玉米螟等病虫害。

适宜范围：适于湖北省低山及二高山地区作春玉米种植。

2. 华玉 12 华玉 12 是华中农业大学用“V030”作母本、“V5”作父本配组育成的杂交玉米品种。2013 年通过湖北省农作物品种审定委员会审定，品种审定编号为鄂审玉 2013004。

品质和产量：2010—2011 年参加湖北省玉米山区组品种区域试验，品质经农业部谷物品质监督检验测试中心测定，容重 776 g/L，粗蛋白(干基)含量 10.63%，粗脂肪(干基)含量 3.89%，粗淀粉(干基)含量 75.20%。两年区域试验平均亩产 683.62 kg，比对照鄂玉 25 增产 8.60%。其中 2010 年亩产 682.82 kg，比鄂玉 25 增产 10.99%；2011 年亩产 684.42 kg，比鄂玉 25 增产 6.32%。

特征特性:生育期 140 d。株型半紧凑,植株及穗位偏高。幼苗叶鞘浅紫色,穗上部节间较长,穗上叶 6～7 片,叶片较窄,雄穗分枝数 10～15 个,护颖及花药浅紫色,花柱紫色。果穗筒形,苞叶覆盖较完整,穗轴红色,籽粒黄色、半马齿型,部分果穗顶部有少量穗发芽现象。区域试验中株高 312 cm,穗位高 141 cm,空秆率 1.1%,穗长 17.7 cm,穗粗 5.3 cm,秃尖长 0.8 cm,穗行数 17.1,行粒数 35.7,千粒重 337.9 g,干穗出籽率 86.5%,田间大斑病 3 级,小斑病 3 级,灰斑病 3 级,茎腐病病株率 11.0%,穗腐病 3 级,纹枯病病指 15.5、9 级病株率 0.1%。田间倒伏(折)率 4.9%。

栽培要点:适时播种,合理密植。3 月底至 4 月上中旬播种,单作每亩种植 3500 株左右;配方施肥。施足底肥,轻施苗肥,重施穗肥;忌偏施氮肥;加强田间管理。苗期注意蹲苗,及时中耕除草,培土壅蔸,预防倒伏,抗旱排涝。注意防治纹枯病、茎腐病、穗腐病和玉米螟等病虫害。

适宜范围:适于湖北省低山及二高山地区作春玉米种植。

3. 恩单 105　恩单 105 是恩施土家族苗族自治州农业科学院用“S322”作母本、“CJ1”作父本配组育成的杂交玉米品种。2013 年通过湖北省农作物品种审定委员会审定,品种审定编号为鄂审玉 2013005。

品质和产量:2010—2011 年参加湖北省玉米山区组品种区域试验,品质经农业部谷物品质监督检验测试中心测定,容重 768 g/L,粗蛋白(干基)含量 10.30%,粗脂肪(干基)含量 3.81%,粗淀粉(干基)含量 74.16%。两年区域试验平均亩产 670.82 kg,比对照鄂玉 25 增产 6.75%。其中 2010 年亩产 637.81 kg,比鄂玉 25 增产 4.04%;2011 年亩产 703.83 kg,比鄂玉 25 增产 9.33%。

特征特性:生育期 135 d。株型半紧凑,穗位偏高。幼苗叶鞘紫色,穗上叶 7 片左右,雄穗较发达,分枝数 12～17 个,颖壳及花药紫色,花柱浅紫色。果穗筒形,苞叶覆盖一般,秃尖略长,穗轴白色,籽粒黄色、半马齿型。区域试验中株高 297 cm,穗位高 148 cm,空秆率 1.2%,穗长 19.6 cm,穗粗 5.4 cm,秃尖长 1.8 cm,穗行数 15.8,行粒数 35.6,千粒重 363.2 g,干穗出籽率 84.2%。田间大斑病 3 级,小斑病 3 级,灰斑病 3 级,茎腐病病株率 4.6%,穗腐病 3 级,纹枯病病指 19.5、9 级病株率 1.6%。田间倒伏(折)率 14.4%。

栽培要点:适时播种,合理密植。4 月上中旬播种,单作每亩种植 3000 株左右;配方施肥。施足底肥,轻施苗肥,重施穗肥,忌偏施 N 肥;加强田间管理。苗期注意蹲苗,及时中耕除草,培土壅蔸,预防倒伏,抗旱排涝;注意防治茎腐病、灰斑病、纹枯病、穗腐病和玉米螟等病虫害。

适宜范围:适于湖北省二高山地区作春玉米种植。

4. 腾龙 838　腾龙 838 是华中农业大学和湖北腾龙种业有限公司用“A277”作母本、“A393”作父本配组育成的杂交玉米品种。2015 年通过湖北省农作物品种审定委员会审定,品种审定编号为鄂审玉 2015003。

品质和产量:2012—2013 年参加湖北省玉米山区组品种区域试验,品质经农业部谷物品质监督检验测试中心测定,容重 732 g/L,粗蛋白(干基)含量 9.59%,粗脂肪(干基)含量 4.15%,粗淀粉(干基)含量 73.27%。两年区域试验平均亩产 698.22 kg,比对照鄂玉 25 增产 11.02%。其中 2012 年亩产 682.80 kg,比鄂玉 25 增产 5.24%;2013 年亩产 713.63 kg,比鄂玉 25 增产 17.17%。

特征特性：生育期 129 d。株型半紧凑，植株及穗位较高。幼苗叶鞘浅紫色，成株叶片数 20 片左右，穗上叶 7 片左右，雄穗分枝数 15～19 个，护颖浅紫色，花药、花柱浅紫色。果穗筒形，苞叶覆盖较完整，穗轴红色，籽粒黄色、有白顶、马齿型。区域试验中株高 338 cm，穗位高 154 cm，空秆率 3.3%，穗长 17.9 cm，穗粗 5.5 cm，秃尖长 0.7 cm，穗行数 16.1，行粒数 34.6，千粒重 402.0 g，干穗出籽率 86.5%，田间大斑病 3 级，小斑病 3 级，灰斑病 3 级，茎腐病病株率 1.1%，穗腐病 3 级，纹枯病 9 级病株率 0.9%。田间倒伏(折)率 4.8%。

栽培要点：适时播种，合理密植。4 月上旬播种，单作每亩种植 3500 株左右；配方施肥。施足底肥，轻施苗肥，适时适量追施穗肥。底肥一般亩施复合肥 40 kg；追肥以尿素为主，苗肥、穗肥总追肥量 25～30 kg；加强田间管理。注意蹲苗，适时化调，以控制株高；遇雨及时清沟排渍；注意防治灰斑病、茎腐病、穗腐病、纹枯病和地老虎、玉米螟等病虫害。

适宜范围：适于湖北省低山及二高山地区作春玉米种植。

5. 宜单 7566 宜单 7566 是宜昌市农业科学研究院用“T8266”作母本、“N75”作父本配组育成的杂交玉米品种。2015 年通过湖北省农作物品种审定委员会审定，品种审定编号为鄂审玉 2015005。

品质和产量：2012—2013 年参加湖北省玉米山区组品种区域试验，品质经农业部谷物品质监督检验测试中心测定，容重 771 g/L，粗蛋白(干基)含量 10.05%，粗脂肪(干基)含量 4.62%，粗淀粉(干基)含量 72.52%。两年区域试验平均亩产 680.42 kg，比对照鄂玉 25 增产 8.19%。其中 2012 年亩产 682.01 kg，比鄂玉 25 增产 5.12%；2013 年亩产 678.82 kg，比鄂玉 25 增产 11.46%。

特征特性：生育期 131 d。株型半紧凑。幼苗叶鞘紫色，成株叶片数 19～20 片，穗上叶 6 片左右。雄穗分枝数 8～15 个，花药紫色，花柱浅紫色。果穗锥形，苞叶覆盖较完整，穗轴红色，籽粒黄色、半马齿型。区域试验中株高 287 cm，穗位高 134 cm，空秆率 0.6%，穗长 18.5 cm，穗粗 5.0 cm，秃尖长 0.7 cm，穗行数 15.8，行粒数 38.8，千粒重 341.4 g，干穗出籽率 84.5%。田间大斑病 3 级，小斑病 3 级，灰斑病 5 级，茎腐病病株率 0.4%，纹枯病 9 级病株率 1.8%。田间倒伏(折)率 0.5%。

栽培要点：适时播种，合理密植。4 月上旬播种，单作每亩种植 3600 株左右；配方施肥。底肥一般亩施复合肥 50 kg；追肥以尿素为主，苗肥 5 kg 左右、穗肥 20 kg 左右；加强田间管理。注意蹲苗，适时中耕培土、抗旱排渍；注意防治灰斑病、纹枯病、茎腐病和地老虎、玉米螟等病虫害。

适宜范围：适于湖北省低山及二高山地区作春玉米种植。

6. 汉单 777 汉单 777 是湖北省种子集团有限公司选育的玉米品种，属中熟夏播杂交玉米。来源自 H70202(先锋杂交种 628318 自交选育而成)×H70492(来源于[(齐 319/沈 137)/(178/87-1)]/P138)。审定编号为皖玉 2014005。2012 年参加国家玉米预试，经过专家鉴定，综合表现突出，已进入国家西北和东南区国审正试。东北三省：2013 年已报审山西、陕西、吉林、辽宁、黑龙江预试。

品质和产量：品质经农业部谷物品质监督检验测试中心测定，容重 770 g/L，粗蛋白(干基)含量 9.68%，粗脂肪(干基)含量 4.04%，粗淀粉(干基)含量 72.08%。抗病性经安徽农业大学植保学院抗性接种鉴定：该品种抗南方锈病，中抗小斑病、茎腐病(1 级)，感纹枯病(2 级)。2009 年参加湖北公司多点品比试验，在襄樊夏播试点，该品种亩产为 717.0 kg，较对照浚单 20

增产 18.0%；2009—2012 年参加湖北省春播玉米区试，平均比对照宜单 629 增产 5%；2012 年参加湖北省夏播玉米区试，比对照蠡玉 16 增产 12.56%，排名第一。2010—2012 年参加安徽省玉米区试，两年排名第一，一年排名第三，比对照农大 108 增产 24%，增产极显著；比对照弘大 8 号增产 12%左右，增产极显著，已进入安徽生产试验。2012 年参加河南省玉米预试，各点平均产量 712 kg/亩，比对照郑单 958 增产 9.26%，进入正试。2012 年通过山东预试，已经进入山东区试正试，表现突出。2012 年在内蒙古进行鉴定，均产 926 kg/亩，比当地主推品种丰田 6 号增产 6.2%，综合性状表现突出。

特征特性：春播生育期 109～130 d，夏播生育期 95～105 d。株型半紧凑。幼苗叶鞘紫色，苗势略弱，穗上叶 6 片左右，雄穗分枝数 7～10 个，花药、花柱浅紫色。果穗锥形，苞叶覆盖较完整，穗轴红色，籽粒黄色、半马齿型。该品种适应性较广，因为气候原因，各生态区株型表现略有差异：株高 250～280 cm，穗位高 100～115 cm。穗长 18～22 cm，穗粗 5.0～5.4 cm，穗行数 18，行粒数 35～40，果穗苞叶长度适中。百粒重 31～37 克，出籽率 87%～90%。抗倒性强。

栽培要点：汉单 777 可作春、夏两季种植，春播一般在 3 月下旬至 4 月中旬播种为宜，适宜播种密度每亩 3500～4000 株；夏播一般在 5 月中下旬至 6 月上旬播种为宜，播种密度控制在每亩 3600～4200 株，可采用宽窄行或等行距种植。播种时每亩施氮、磷、钾三元复合肥 30～40 kg 作基肥，大喇叭口期每亩追施尿素 20～25 kg，并注意防治玉米螟。

适宜范围：该品种适应性广，湖北、河南、安徽北部、江苏北部、河北南部、山东东部及东北地区均可引种示范种植。

7. 禾盛玉 618　禾盛玉 618 是湖北省种子集团有限公司针对西南山区复杂而特殊的生态和气候环境选育出的高产、稳产、抗病抗逆的玉米新品种。该品种于 2015 年通过湖北省农作物品种审定委员会审定，审定编号：鄂审玉 2015007。同年通过贵州省农作物品种审定委员会审定，品种审定编号为黔审玉 2015007。

禾盛玉 618(原代号：618)是湖北省种子集团有限公司以“H3703”作母本、“N75”作父本杂交组配而成的玉米单交种。母本 H3703 系湖北省种子集团有限公司 2004 年用 H1231 与 4538 杂交，历经 5 年 8 个世代的自交系统选育至 2008 年育成的玉米自交系；系谱(H1231×4538)-1-1-4-1-1-5-1-1。父本 N75 系湖北省宜昌市农科院育成的玉米自交系，湖北省种子集团公司 2007 年从宜昌市农科院引进。

品质和产量：经农业部谷物品种监督检验测试中心测试：容重 750 g/L，粗蛋白质(干基)10.73%，粗脂肪(干基)4.37%，粗淀粉(干基)71.08%，赖氨酸(干基)0.32%。2013 年省区域试验 B 组平均亩产 624.8 kg，比对照贵单 8 号增产 7.98%；2014 年续试平均亩产 679.1 kg，比对照增产 7.83%。两年平均亩产 652 kg，比对照增产 7.91%，15 个点次 13 增 2 减，增产点达 87.5%。2014 年省生产试验平均亩产 658.5 kg，比对照减产 0.99%，5 个点次 3 增 2 减，增产点达 60%。

特征特性：禾盛玉 618 属普通饲料玉米单交种。全生育期 129 d，与对照贵单 8 号相当。株型半紧凑，株高 259 cm，穗位高 105 cm。幼苗叶鞘淡紫色，成株 20 片叶。雄穗一次分枝 10～12 个，雄穗最低位侧枝以上主轴长 42 cm，最高位侧枝以上主轴长 30 cm，雄花护颖浅紫色，颖基紫红色，花药紫红色；雌穗花柱红色。果穗筒型，穗长 17.6 cm，穗行数 18.7，秃尖 1.3 cm，籽粒排列直，穗轴白色，籽粒黄色，半马齿型，百粒重 31.5 g。经四川省农科院植保所鉴定：抗大斑病、小斑病，感丝黑穗病、纹枯病和穗腐病，高感茎腐病。

栽培要点:宜春播,采用营养块育苗移栽,单株定植,每亩种植密度3500株左右。播种前要犁耙好地,使土壤疏松、平整。施足底肥,每亩施用1000 kg农家肥和50 kg玉米专用复合肥。5叶时进行第一次中耕,结合每亩施尿素10 kg。大喇叭口时进行中耕、培土,结合每亩施尿素20 kg。注意防治丝黑穗病、纹枯病和穗腐病,苗期防治地老虎,大喇叭口期防治玉米螟。成熟后及时收获,脱粒,晾干贮藏。

适宜范围:贵州省贵阳市、安顺市、黔西南州、毕节市和六盘水市海拔1500 m以下的中上等肥力土壤种植。在茎腐病常发区慎用。

8. 华玉15 华玉15是华中农业大学用“2N1064”作母本、“HZ127”作父本配组育成的杂交玉米品种。2016年通过湖北省农作物品种审定委员会审定,品种审定编号为鄂审玉2016001。

品质和产量:2013—2014年参加湖北省玉米丘陵平原组品种区域试验,品质经农业部谷物品质监督检验测试中心测定,容重773 g/L,粗蛋白(干基)含量10.20%,粗脂肪(干基)含量3.85%,粗淀粉(干基)含量73.22%。两年区域试验平均亩产658.07 kg,比对照宜单629增产6.95%。其中2013年亩产641.00 kg,比宜单629增产8.28%;2014年亩产675.13 kg,比宜单629增产5.71%。

特征特性:生育期113 d。株型半紧凑,植株偏高。幼苗叶鞘紫色,成株叶片数19片左右,穗上叶6片左右。雄穗分枝数4～7个,花药紫色,花柱浅紫色。果穗锥形,苞叶适中,穗轴白色,籽粒黄色、半马齿型。区域试验中株高304 cm,穗位高128 cm,空秆率2.1%,穗长19.3 cm,穗粗5.1 cm,秃尖长2.8 cm,穗行数16.1,行粒数33.4,千粒重367.2 g,干穗出籽率86.3%,田间小斑病3级,灰斑病3级,9级纹枯病病株率1.4%,茎腐病病株率0.6%。田间倒伏(折)率3.7%。

栽培要点:适时播种,合理密植。3月下旬至4月上旬播种,单作每亩种植3000～3500株;配方施肥。一般底肥亩施复合肥50 kg、尿素5 kg,穗肥亩施尿素20 kg左右。加强田间管理,注意蹲苗,适时中耕,抗旱排渍,喷施调节剂控制株高,预防倒伏。注意防治纹枯病、茎腐病、小斑病和地老虎、玉米螟等病虫害。

适宜范围:适于湖北省丘陵、平原地区作春玉米种植。

9. 腾龙168 腾龙168是湖北腾龙种业有限公司用“S472”作母本、“S868”作父本配组育成的杂交玉米品种。2016年通过湖北省农作物品种审定委员会审定,品种审定编号为鄂审玉2016002。

品质和产量:2014—2015年参加湖北省玉米丘陵平原组品种区域试验,品质经农业部谷物品质监督检验测试中心测定,容重734 g/L,粗蛋白(干基)含量9.80%,粗脂肪(干基)含量5.19%,粗淀粉(干基)含量70.40%。两年区域试验平均亩产716.71 kg,比对照宜单629增产10.20%。其中2014年亩产708.47 kg,比宜单629增产10.93%;2015年亩产724.94 kg,比宜单629增产9.50%。

特征特性:生育期112 d。株型半紧凑,植株、穗位偏高。幼苗叶鞘紫色,成株茎秆较粗。叶片数20片左右,穗上叶6片左右。雄穗分枝数10个左右,花药浅绿色,花柱浅紫色。果穗锥形,苞叶适中,穗轴红色,籽粒黄色、马齿型。区域试验中株高311 cm,穗位高138 cm,空秆率2.7%,果穗长20.3 cm,果穗粗5.4 cm,秃尖长0.9 cm,穗行数16.9,行粒数39.0,千粒重333.1 g,干穗出籽率87.3%,田间大斑病3级,小斑病3级,锈病5级,9级纹枯病病株率

1.4%，茎腐病病株率 0.7%。田间倒伏(折)率 4.3%。

栽培要点：适时播种，合理密植。3 月下旬至 4 月上旬播种，单作每亩种植 3000～3500 株；配方施肥。施足底肥，因苗追施穗肥；加强田间管理。注意蹲苗，适时中耕培土，抗旱排渍，喷施调节剂控制株高，预防倒伏；注意防治纹枯病、锈病、茎腐病、小斑病和地老虎、玉米螟、蚜虫等病虫害。

适宜范围：适于湖北省丘陵、平原地区作春玉米种植。

10. 丰玉 168 丰玉 168 是湖北丰农种业有限责任公司和华中农业大学用“A258”作母本、“A392”作父本配组育成的杂交玉米品种。2016 年通过湖北省农作物品种审定委员会审定，品种审定编号为鄂审玉 2016004。

品质和产量：2013—2014 年参加湖北省玉米山区组品种区域试验，品质经农业部谷物品质监督检验测试中心测定，容重 788 g/L，粗蛋白(干基)含量 10.39%，粗脂肪(干基)含量 4.09%，粗淀粉(干基)含量 73.31%。两年区域试验平均亩产 650.08 kg，比对照鄂玉 25 增产 6.68%。其中 2013 年亩产 665.93 kg，比鄂玉 25 增产 9.38%；2014 年亩产 634.22 kg，比鄂玉 25 增产 3.98%。

特征特性：生育期 136 d。株型半紧凑，植株偏高。幼苗叶鞘浅紫色，穗上叶 7 片左右。雄穗分枝数 15～23 个，花药浅紫色，花柱紫色。果穗锥形，苞叶适中，穗轴红色，籽粒黄色、马齿型。区域试验中株高 302 cm，穗位高 129 cm，空秆率 0.7%，穗长 17.8 cm，穗粗 5.2 cm，秃尖长 0.5 cm，穗行数 15.4，行粒数 34.0，千粒重 401.0 g，干穗出籽率 86.2%。田间大斑病 3 级，小斑病 3 级，灰斑病 3 级，穗腐病 3 级，茎腐病病株率 1.2%，9 级纹枯病病株率 0.5%。田间倒伏(折)率 1.8%。

栽培要点：适时播种，合理密植。4 月上中旬播种，单作每亩种植 3500 株左右；配方施肥。施足底肥，因苗追施穗肥；加强田间管理。注意蹲苗，适时中耕、抗旱排渍，预防倒伏；注意防治锈病、纹枯病、灰斑病、茎腐病、穗腐病和地老虎、玉米螟等病虫害。

适宜范围：适于湖北省低山及二高山地区作春玉米种植。

11. 郧单 20 郧单 20 是十堰市农业科学院用“WD01”作母本、“T259”作父本配组育成的杂交玉米品种。2016 年通过湖北省农作物品种审定委员会审定，品种审定编号为鄂审玉 2016005。

品质和产量：2013—2014 年参加湖北省玉米山区组品种区域试验，品质经农业部谷物品质监督检验测试中心测定，容重 760 g/L，粗蛋白(干基)含量 11.57%，粗脂肪(干基)含量 4.42%，粗淀粉(干基)含量 70.92%。两年区域试验平均亩产 672.79 kg，比对照鄂玉 25 增产 10.41%。其中 2013 年亩产 651.13 kg，比鄂玉 25 增产 6.95%；2014 年亩产 694.44 kg，比鄂玉 25 增产 13.86%。

特征特性：生育期 134 d。株型半紧凑，植株、穗位偏高。成株叶片数 21 片左右，穗上叶 6 片左右。雄穗分枝数 17 个左右，花药浅绿色，花柱浅紫色。果穗筒形，苞叶适中，穗轴红色，籽粒黄色、马齿型。区域试验中株高 328 cm，穗位高 156 cm，空秆率 2.1%，穗长 18.5 cm，穗粗 5.3 cm，秃尖长 1.9 cm，穗行数 20.4，行粒数 36.1，千粒重 288.4 g，干穗出籽率 87.0%。田间大斑病 3 级，小斑病 3 级，灰斑病 5 级，穗腐病 3 级，茎腐病病株率 3.2%，9 级纹枯病病株率 0.5%。田间倒伏(折)率 2.4%。

栽培要点：适时播种，合理密植。4 月上中旬播种，单作每亩种植 3000～3500 株；配方施肥。施足底肥，因苗追施穗肥；加强田间管理。注意蹲苗，适时中耕、抗旱排渍，预防倒伏；注意防治灰斑病、茎腐病、穗腐病和地老虎、玉米螟等病虫害。

适宜范围：适于湖北省低山及二高山地区作春玉米种植。

12. 恩单 532　恩单 532 是恩施土家族苗族自治州农业科学院用“568-11”作母本、“YA8201”作父本配组育成的杂交玉米品种。2016 年通过湖北省农作物品种审定委员会审定，品种审定编号为鄂审玉 2016006。

品质和产量：2013—2014 年参加湖北省玉米山区组品种区域试验，品质经农业部谷物品质监督检验测试中心测定，容重 733 g/L，粗蛋白（干基）含量 8.80%，粗脂肪（干基）含量 4.34%，粗淀粉（干基）含量 74.93%。两年区域试验平均亩产 655.71 kg，比对照鄂玉 25 增产 7.60%。其中 2013 年亩产 653.08 kg，比鄂玉 25 增产 7.27%；2014 年亩产 658.33 kg，比鄂玉 25 增产 7.94%。

特征特性：生育期 134 d。株型半紧凑，植株、穗位偏高。幼苗叶鞘紫色，穗上部节间较长，成株叶片数 21 片左右，穗上叶 7 片左右。雄穗分枝数 10 个左右，颖壳紫色，花药、花柱紫色。果穗筒形，苞叶适中，穗轴白色，籽粒黄色、马齿型。区域试验中株高 335 cm，穗位高 159 cm，空秆率 0.4%，穗长 18.4 cm，穗粗 5.3 cm，秃尖长 1.0 cm，穗行数 16.3，行粒数 36.8，千粒重 352.0 g，干穗出籽率 86.0%。田间大斑病 3 级，小斑病 3 级，灰斑病 5 级，穗腐病 3 级，茎腐病病株率 6.2%，9 级纹枯病病株率 0.8%。田间倒伏（折）率 5.5%。

栽培要点：适时播种，合理密植。4 月上中旬播种，单作每亩种植 3000～3500 株；配方施肥。施足底肥，因苗追施穗肥；加强田间管理。注意蹲苗，适时中耕、抗旱排渍，预防倒伏；注意防治灰斑病、茎腐病、穗腐病和地老虎、玉米螟等病虫害。

适宜范围：适于湖北省低山及二高山地区作春玉米种植。

13. 汉玉 128　汉玉 128 是湖北省种子集团有限公司和十堰市农业科学院用“MC2”作母本、“H1319”作父本配组育成的杂交玉米品种。2016 年通过湖北省农作物品种审定委员会审定，品种审定编号为鄂审玉 2016007。

品质和产量：2013—2014 年参加湖北省玉米山区组品种区域试验，品质经农业部谷物品质监督检验测试中心测定，容重 789 g/L，粗蛋白（干基）含量 10.01%，粗脂肪（干基）含量 3.80%，粗淀粉（干基）含量 72.53%。两年区域试验平均亩产 656.30 kg，比对照鄂玉 25 增产 7.70%。其中 2013 年亩产 647.45 kg，比鄂玉 25 增产 6.34%；2014 年亩产 665.14 kg，比鄂玉 25 增产 9.05%。

特征特性：生育期 135 d。株型半紧凑，植株、穗位偏高。幼苗叶鞘浅紫色，成株叶片数 20 片左右，穗上叶 6 片左右。雄穗分枝数 15～18 个，花药、花柱浅紫色。果穗锥形，苞叶适中，穗轴白色，籽粒黄色、半马齿型。区域试验中株高 305 cm，穗位高 138 cm，空秆率 0.8%，穗长 18.3 cm，穗粗 5.1 cm，秃尖长 1.4 cm，穗行数 14.8，行粒数 35.9，千粒重 360.2 g，干穗出籽率 84.4%。田间大斑病 3 级，小斑病 3 级，灰斑病 3 级，穗腐病 3 级，茎腐病病株率 1.9%，9 级纹枯病病株率 1.2%。田间倒伏（折）率 4.3%。

栽培要点：适时播种，合理密植。4 月上中旬播种，单作每亩种植 3000～3500 株；配方施肥。一般底肥亩施复合肥 50 kg，穗肥亩施尿素 20 kg 左右；加强田间管理。注意蹲苗，适时中耕、抗旱排渍，预防倒伏；注意防治纹枯病、茎腐病、灰斑病、穗腐病和地老虎、玉米螟等病虫害。

适宜范围：适于湖北省低山及二高山地区肥力中上地块作春玉米种植。

14. 宜单 7588 宜单 7588 是宜昌市农业科学研究院和长江大学用“T4664”作母本、“N75”作父本配组育成的杂交玉米品种。2017 年通过湖北省农作物品种审定委员会审定，品种审定编号为鄂审玉 2017003。

品质和产量：2015—2016 年参加湖北省玉米丘陵平原组品种区域试验，品质经农业部谷物品质监督检验测试中心测定，容重 790 g/L，粗蛋白(干基)含量 9.68%，粗脂肪(干基)含量 5.12%，粗淀粉(干基)含量 70.45%。两年区域试验平均亩产 674.12 kg，比对照宜单 629 增产 6.69%。其中 2015 年亩产 698.54 kg，比宜单 629 增产 5.52%；2016 年亩产 649.69 kg，比宜单 629 增产 7.99%。

特征特性：生育期 112.3 d。株型半紧凑，植株、穗位适中。幼苗叶鞘紫色，成株叶片数 19 片左右，穗上叶 5～7 片。雄穗分枝数 5～14 个，花药紫色，花柱紫红色。果穗锥形，苞叶适中，穗轴白色，籽粒黄色、半马齿型。区域试验中株高 273.5 cm，穗位高 123.5 cm，空秆率 1.2%，穗长 17.8 cm，穗粗 5.1 cm，秃尖长 1.7 cm，穗行数 17.3，行粒数 34.2，千粒重 320.6 g，干穗出籽率 86.3%。田间大斑病 3 级，小斑病 3 级，茎腐病病株率 0.4%，纹枯病 9 级病株率 0.7%。田间倒伏(折)率 0.5%。

栽培要点：适时播种，合理密植。3 月下旬至 4 月上旬播种，单作每亩种植 3500～3800 株；科学施肥。施足底肥，轻施苗肥，看苗追施穗肥；加强田间管理。注意蹲苗，适时中耕、抗旱排渍；防治病虫害。注意防治大斑病、小斑病、褐斑病、纹枯病、茎腐病、锈病和地老虎、玉米螟等病虫害。

适宜范围：适于湖北省丘陵、平原地区作春玉米种植。

15. 惠民 306 惠民 306 是华中农业大学和湖北惠民农业科技有限公司用“DN1”作母本、“DSQ4”作父本配组育成的杂交玉米品种。2017 年通过湖北省农作物品种审定委员会审定，品种审定编号为鄂审玉 2017005。

品质和产量：2015—2016 年参加湖北省玉米山区组品种区域试验，品质经农业部谷物品质监督检验测试中心测定，容重 770 g/L，粗蛋白(干基)含量 11.34%，粗脂肪(干基)含量 5.11%，粗淀粉(干基)含量 73.33%。两年区域试验平均亩产 748.25 kg，比对照双玉 919 增产 11.89%。其中 2015 年亩产 796.23 kg，比双玉 919 增产 13.38%；2016 年亩产 700.25 kg，比双玉 919 增产 10.23%。

特征特性：生育期 135.3 d。株型平展，植株、穗位较高。幼苗叶鞘浅紫色，成株叶片数 23 片左右，穗上叶 7 片左右。雄穗分枝数 8～12 个，花药、花柱浅紫色。果穗筒形，苞叶适中，穗轴红色，籽粒黄色、马齿型。区域试验中株高 326.6 cm，穗位高 150.7 cm，空秆率 0.8%，穗长 19.6 cm，穗粗 5.5 cm，秃尖长 0.5 cm，穗行数 15.9，行粒数 38.7，千粒重 401.8 g，干穗出籽率 85.4%。田间大斑病 3 级，小斑病 3 级，灰斑病 3 级，锈病 3 级，穗腐病 3 级，茎腐病病株率 0.1%，9 级纹枯病病株率 0.3%。田间倒伏(折)率 0.4%。

栽培要点：适时播种，合理密植。4 月上中旬播种，单作每亩种植 3300 株左右；科学施肥。施足底肥，轻施苗肥，重施穗肥；加强田间管理。注意蹲苗，适时中耕、抗旱排渍，喷施生长调节剂控制株高，预防倒伏；防治病虫害。注意防治锈病、纹枯病、灰斑病、茎腐病、穗腐病、大斑病、小斑病和地老虎、玉米螟等病虫害。

适宜范围：适于湖北省低山及二高山地区作春玉米种植。

16. 中农大 7737 中农大 7737 是中国农业大学和武汉隆福康农业发展有限公司用

“LX71”作母本、“H127R”作父本配组育成的杂交玉米品种。2017年通过湖北省农作物品种审定委员会审定，品种审定编号为鄂审玉2017004。

品质和产量：2015—2016年参加湖北省玉米丘陵平原组品种区域试验，品质经农业部谷物品质监督检验测试中心测定，容重798 g/L，粗蛋白质（干基）含量9.78%，粗脂肪（干基）含量4.00%，粗淀粉（干基）含量73.02%。两年区域试验平均亩产682.43 kg，比对照宜单629增产8.65%，其中2015年亩产711.57 kg，比宜单629增产7.49%；2016年亩产653.29 kg，比宜单629增产9.94%。

特征特性：生育期112.2 d。株型半紧凑，植株较高，穗位适中。幼苗叶鞘绿色，成株叶片数18片左右，穗上叶6片左右。雄穗分枝数8～13个，花药、花柱浅紫色。果穗筒形，苞叶包被一般，穗轴白色，籽粒黄色、半马齿型。区域试验中株高290.6 cm，穗位高115.5 cm，空秆率1.1%，穗长17.8 cm，果穗粗5.1 cm，秃尖长1.8 cm，穗行数17.1，行粒数34.2，千粒重320.1 g，干穗出籽率87.6%。田间大斑病3级，小斑病3级，锈病3级，穗腐病3级，茎腐病病株率1.2%，9级纹枯病病株率1.6%。田间倒伏（折）率5.1%。

栽培要点：适时播种，合理密植。3月下旬至4月上旬播种，单作每亩种植3600株左右。科学施肥，施足底肥，因苗追施穗肥，增施有机肥、P肥和K肥，以提高结实率。加强田间管理，注意蹲苗控制株高，适时中耕、抗旱排渍，喷施生长调节剂控制株高，预防倒伏。注意防治穗腐病、茎腐病、大斑病、小斑病、褐斑病、纹枯病、锈病和地老虎、玉米螟等病虫害。

适宜范围：适于湖北省丘陵、平原地区作春玉米种植，但低洼涝渍地块不宜种植。

17. 粒玉2号 粒玉2号是恩施土家族苗族自治州农业科学院用“DC561”作母本、“(FY)DH-15”作父本配组育成的杂交玉米品种。2017年通过湖北省农作物品种审定委员会审定，品种审定编号为鄂审玉2017007。

品质和产量：2015—2016年参加湖北省玉米山区组品种区域试验，品质经农业部谷物品质监督检验测试中心测定，容重766 g/L，粗蛋白（干基）含量11.54%，粗脂肪（干基）含量4.73%，粗淀粉（干基）含量71.86%。两年区域试验平均亩产734.25 kg，比对照双玉919增产9.79%。其中2015年亩产768.50 kg，比双玉919增产9.43%；2016年亩产700.00 kg，比双玉919增产10.19%。

特征特性：生育期134.5 d。株型半紧凑，植株、穗位较高。幼苗叶鞘紫色，成株叶片数21片左右，穗上叶6片左右。雄穗分枝数8～12个，颖壳紫色，花药紫色、花柱紫红色。果穗锥形，苞叶包被较完整，穗轴白色，籽粒黄色、马齿型。区域试验中株高308.1 cm，穗位高144.2 cm，空秆率0.5%，穗长17.7 cm，穗粗5.6 cm，秃尖长0.6 cm，穗行数18.3，行粒数36.4，千粒重356.6 g，干穗出籽率85.6%。田间大斑病3级，小斑病3级，灰斑病3级，锈病3级，穗腐病3级，茎腐病病株率0.8%，9级纹枯病病株率0.7%。田间倒伏（折）率3.5%。

栽培要点：适时播种，合理密植。4月上中旬播种，单作每亩种植3300株左右。科学施肥，施足底肥，轻施苗肥，看苗追施穗肥。加强田间管理，注意蹲苗，适时中耕、抗旱排渍，控制株高，以防倒伏。注意防治穗腐病、鞘腐病、灰斑病、茎腐病、大斑病、小斑病、纹枯病、锈病和地老虎、玉米螟等病虫害。

适宜范围：适于湖北省低山及二高山地区作春玉米种植。

18. 康农玉598 康农玉598是湖北省康农生物育种研究院用“FL021”作母本、“FL3095”作父本配组育成的杂交玉米品种。2017年通过湖北省农作物品种审定委员会审定，品种审定编号为鄂审玉 2017012。

品质和产量:2015—2016 年参加湖北省玉米山区组品种区域试验,品质经农业部谷物品质监督检验测试中心测定,容重 777 g/L,粗蛋白(干基)含量 10.44%,粗脂肪(干基)含量 4.67%,粗淀粉(干基)含量 74.22%。两年区域试验平均亩产 724.19 kg,比对照双玉 919 增产 8.22%。其中 2015 年亩产 779.47 kg,比双玉 919 增产 7.17%;2016 年亩产 668.91 kg,比双玉 919 增产 9.46%。

特征特性:生育期 130.7 d。株型半紧凑,植株中等,穗位偏高。幼苗叶鞘紫色,成株叶片数 20 片左右。穗上叶 6 片左右,雄穗分枝数 8～19 个,花药、花柱浅红色。果穗锥形,苞叶包被较完整,穗轴白色,籽粒黄色、马齿型。区域试验中株高 299.7 cm,穗位高 130.2 cm,空秆率 0.3%,穗长 18.4 cm,穗粗 5.4 cm,秃尖长 0.5 cm,穗行数 18.8,行粒数 35.2,千粒重 343.6 g,干穗出籽率 87.4%。田间大斑病 3 级,小斑病 3 级,灰斑病 5 级,锈病 3 级,茎腐病病株率 0.5%,9 级纹枯病病株率 0.6%。田间倒伏(折)率 2.7%。

栽培要点:适时播种,合理密植。4 月上中旬播种,单作每亩种植 3200 株左右。科学施肥,施足底肥,配方施肥,看苗追施穗肥。加强田间管理,注意蹲苗,适时中耕、抗旱排渍,预防倒伏。注意防治灰斑病、褐斑病、茎腐病、穗腐病、大斑病、小斑病、锈病和地老虎、玉米螟等病虫害。

适宜范围:适于湖北省低山及二高山地区作春玉米种植。

19. 鄂玉 32　鄂玉 32 是湖北省农业科学院粮食作物研究所、宜昌市农业科学研究院和长江大学用“TY6”作母本、“N75”作父本配组育成的杂交玉米品种。2017 年通过湖北省农作物品种审定委员会审定,品种审定编号为鄂审玉 2017015。

品质和产量:2015—2016 年参加湖北省夏玉米组品种区域试验,品质经农业部谷物品质监督检验测试中心测定,容重 782 g/L,粗蛋白(干基)含量 10.59%,粗脂肪(干基)含量 4.12%,粗淀粉(干基)含量 70.67%。两年区域试验平均亩产 541.90 kg,比对照郑单 958 增产 15.26%。其中 2015 年亩产 582.10 kg,比郑单 958 增产 19.96%;2016 年亩产 501.69 kg,比郑单 958 增产 10.26%。

特征特性:生育期 99.1 d。株型平展,植株、穗位较高。幼苗叶鞘紫色,成株叶片数 20 片左右,穗上叶 6 片左右,雄穗分枝数 12 个左右,花药浅紫色,花柱紫色。果穗锥形,苞叶适中,穗轴红色,籽粒黄色、半马齿型。区域试验中株高 265.4 cm,穗位高 128.5 cm,空秆率 3.4%,穗长 17.2 cm,穗粗 4.7 cm,秃尖长 0.5 cm,穗行数 17.5,行粒数 34.0,千粒重 286.4 g,干穗出籽率 79.6%。田间小斑病 3 级,灰斑病 3 级,茎腐病病株率 0.5%,9 级纹枯病病株率 0.5%。田间倒伏(折)率 5.0%。

栽培要点:适时播种,合理密植。6 月上旬前后播种,单作每亩种植 3300 株左右。科学施肥,施足底肥,轻施苗肥,重施穗肥。加强田间管理,注意蹲苗、适时中耕,抗旱排渍,喷施生长调节剂控制株高,预防倒伏。注意防治纹枯病、小斑病、茎腐病、灰斑病和地老虎、玉米螟等病虫害。

适宜范围:适于湖北省丘陵、平原地区作夏玉米种植。

(二)特用玉米

1. 鄂甜玉 4 号(商品名:信甜 501)　sh13×sh34。武汉信风作物科学有限公司选育。2007 年通过湖北省农作物品种审定委员会审定,品种审定编号为鄂审玉 2007001。

品质和产量：春种生育期 90～105 d，秋种生育期 80～95 d。双穗率为 13.0%。抗倒性、抗病性强。鲜穗单产 724.1 kg/亩。商品穗单产 597.4 kg/亩，商品率 82.8%，籽粒单产 479.6 kg/亩，比华甜玉 1 号增产 11.6%，比鄂甜玉 3 号增产 14.4%。果穗外观评分 25 分，蒸煮品质评分 60 分，低于华甜玉 1 号，高于鄂甜玉 3 号。丰产性较好，品质优良。鲜籽粒淡黄，蒸煮后金黄色，色泽光亮。鲜穗含总糖 9.86%，还原糖 1.54%，蔗糖 7.90%，蛋白质 4.24%。生食口感脆甜，皮薄渣少，熟食甜度高，并有玉米浓香。

特征特性：播种至适宜采收期春播为 96 d，生育期偏长。株型半紧凑。植株生长势较强，茎秆粗壮，抗倒性较强。叶片数 18～20 片，叶色绿。雄穗分枝数较多，花粉量充足。果穗长锥形，苞叶覆盖适中，无旗叶，籽粒黄色。果穗去苞叶长 20.4 cm 左右，穗行数 12～14，穗粗 4.6 cm、秆粒深 1.07 cm，籽粒大，穗轴细。品比试验中株高 234.5 cm，穗位高 102.4 cm，穗长 20.4 cm，穗粗 4.5 cm，穗行数 13.0，行粒数 40.5；田间褐斑病 1～2 级，纹枯病 1 级，其他病害发病轻。

栽培要点：本品种栽培管理可参照一般甜玉米。但超甜玉米应与饲料玉米和其他非 sh2 玉米间隔 300 m 以上，或采用时间隔离，错开散粉期 10～15 d。湖北及华中地区一般分春播和秋播两季种植，春种双膜覆盖、两段栽培可在 2 月份播种。地膜覆盖直播在 3 月中旬播种，露地种植在 4 月初播种。秋播在 7 月中旬至 8 月 10 日。保苗密度每亩 3200～3500 株，春季种植略稀，秋季稍密。春季用穴盘或营养块育苗，3 叶 1 心前移栽。加强田间管理。拔节期及时除分蘖，注意中耕除草，培土壅蔸，抗旱排涝。甜玉米生育期较短，尤其秋播一定要注意施足底肥，并且追肥宜早施。出苗后，在三叶期追施尿素，抽雄前后追施催苞肥，株高约 30～40 cm 时中耕培土，抑制杂草，防止倒伏。病虫害的防治，以“预防为主，综合防治”的原则，建议施用低毒、低残留的药剂。甜玉米属于新鲜蔬菜，因此一定要准确判断其成熟度，果穗已充分发育但穗粒仍在浆汁期采收，并尽快处理，以免糖分减低。本品种一般在雌穗授粉后 25 d 左右采收，秋季时间短于春季，适采期为 3～5 d。

适宜范围：适于湖北省平原、丘陵及低山地区种植。

2. 华甜玉 4 号 HZ509×HZ508。华中农业大学选育。2008 年通过湖北省农作物品种审定委员会审定，品种审定编号为鄂审玉 2008008。

品质和产量：2006—2007 年参加湖北省甜玉米品种比较试验，品质经农业部食品质量监督检验测试中心送样测定，可溶性糖含量 11.6%，还原糖含量 1.42%，蔗糖含量 9.67%。两年试验商品穗平均亩产 637.6 kg，比鄂甜玉 3 号增产 13.96%。蒸煮品质较优。

特征特性：从播种到吐丝 69.5 d，比对照鄂甜玉 3 号迟 0.9 d。幼苗叶鞘绿色。雄穗绿色，花药黄色，花柱淡黄色。果穗筒形，苞叶覆盖适中，旗叶较少，穗轴白色，籽粒黄白相间。品比试验中株高 239.0 cm，穗位高 94.2 cm，穗长 19.7 cm，穗粗 4.6 cm，秃尖长 2.2 cm，穗行数 15.4，行粒数 39.0，百粒重 30.3 g。田间大斑病 2.6 级，小斑病 1.7 级，茎腐病病株率 2.2%，穗腐病 1.0 级，纹枯病病指 16.7，抗倒性比鄂甜玉 3 号略差。

栽培要点：隔离种植。选择土质肥沃、排灌方便的田块连片种植，与其他异型玉米品种相隔 300 m 以上，或抽雄吐丝期间隔 20 d 以上。适时播种。春播育苗移栽或地膜覆盖栽培 3 月中下旬播种，露地直播 4 月初播种。每亩种植密度 3000 株。提高播种质量。甜玉米种子干瘪，要特别注意播种质量，宜比普通玉米浅播，播种后用疏松细土盖种。配方施肥。底肥亩施复合肥 50 kg；苗肥亩施尿素 10 kg；11～12 片叶时追穗肥，亩施尿素 15 kg。加强田间管理。

注意蹲苗，及时中耕除草，培土壅蔸，抗旱排涝。综合防治纹枯病和地老虎、玉米螟等病虫害。适时采收，一般在授粉后23～25 d采收。

适宜范围：适于湖北省平原、丘陵及低山地区种植。

3. 华甜玉2号（商品名：金银2000）　183×SN19W。华中农业大学选育。2005年通过湖北省农作物品种审定委员会审定，品种审定编号为鄂审玉2005007。

品质和产量：品质经农业部食品质量监督检验测试中心测定，鲜穗总糖含量11.8%，蔗糖含量9.12%，还原糖含量2.18%。籽粒黄白相间，皮薄味甜，口感较好。2003—2004年在武汉市郊区试验、试种，一般亩产鲜穗600～900 kg，比对照华甜玉1号增产。

特征特性：全生育期春播93 d左右，总叶片16～17叶。株型半紧凑。株高225.8 cm，穗位高80.8 cm。雄花分枝17～19个，颖壳绿色，花药黄色；雌穗花柱淡绿色，有多穗性。果穗筒形，苞叶上生旗叶3～6片。穗长20.7 cm，穗粗4.7 cm，穗行数15，行粒数40左右。试验田间纹枯病病指25.4，大斑病反应型为中感，小斑病反应型为中抗，未见锈病和丝黑穗病。

栽培要点：选择土质肥沃、排灌方便的田块连片种植，且与其他异型玉米品种相隔200 m以上，或播种时间有隔离。适时播种，春播双膜覆盖，两段栽培可在2月下旬播种，地膜覆盖直播在3月中旬播种；露地种植在4月初播种；秋播在7月中旬至8月5日。每亩种植密度3200株。甜玉米种子干瘪，要特别注意播种质量，播种后用疏松细土盖种。科学施肥，底肥亩施饼肥50 kg、磷肥50 kg、钾肥15 kg，或氮、磷、钾复合肥50～60 kg；四叶一心期追苗肥，亩施5～10 kg尿素；拔节期追平衡肥，亩施尿素5～7 kg；大喇叭口期重施穗肥，亩施尿素15～20 kg。加强田间管理，及时中耕除草，培土壅蔸，抗旱防渍。注意防治地老虎、玉米螟、纹枯病等病虫害，收获前20 d禁止使用农药。适时采收，一般在授粉后20 d左右采收。

适宜范围：适于湖北省平原、丘陵及低山地区种植。

4. 彩甜糯6号　T37×WH818。荆州区恒丰种业发展中心选育。2017年通过国家审定，审定编号为国审玉20170044。

品质和产量：2015—2016年东南两年区试平均亩产鲜穗867.8 kg，比对照增产19.7%，西南两年区试平均亩产鲜穗846.6 kg，比对照增产1.6%。

特征特性：南方地区出苗至鲜穗采收80～84 d。株型半紧凑，幼苗叶缘绿色，叶尖紫色，成株叶片数19片左右。雄穗分枝数13个左右。苞叶适中，果穗锥形，穗轴白色，籽粒紫白相间，属甜糯类型。株高210 cm，穗位高80 cm，穗长19 cm，穗粗4.9 cm，秃尖2.2 cm，穗行数14，行粒数33，鲜籽粒百粒重37 g，出籽率63%。2015—2016年东南抗性接种鉴定：感小斑病，感纹枯病，中抗茎腐病；西南抗性接种鉴定：感小斑病，中抗纹枯病。2015—2016年东南品质检测，皮渣率11.0%，支链淀粉/总淀粉97.4%；西南品质检测，皮渣率12.6%，支链淀粉/总淀粉98.1%。

栽培要点：中等肥力以上地块栽培，亩种植密度2800～3000株。隔离种植，适时采收。注意防治纹枯病和小斑病。

适宜范围：适宜在东南的江苏中南部、安徽中南部、上海、浙江、江西、福建、广东、广西、海南、重庆、贵州、湖南、湖北、四川、云南作鲜食玉米品种种植。

5. 福甜玉98

特征特性：生育期87 d。株型平展。幼苗叶鞘绿色，穗上叶5片左右，旗叶中等大小，雄穗分枝数 11 个左右，颖壳绿色，花药、花柱浅绿色。果穗锥形，苞叶覆盖较完整，穗轴白色，籽粒黄白相间。区域试验中株高 207 cm，穗位高 68 cm，空秆率 0.4%，穗长 18.9 cm，穗粗 4.8 cm，秃尖长 1.2 cm，穗行数 13.3，行粒数 35.0，百粒重 38.5 g。田间大斑病 3 级，小斑病 3 级，茎腐病病株率 0.4%，穗腐病 1 级，纹枯病病指 16.6。田间倒伏(折)率 4.6%。

栽培要点：隔离种植。选择土质肥沃、排灌方便的田块连片种植，与其他异型玉米品种空间隔离 300 m 以上，或抽雄吐丝期间隔 20 d 以上。适时播种，育苗移栽或地膜覆盖栽培 3 月中旬播种，露地直播 3 月底至 4 月初播种。每亩种植密度 3000～3300 株。甜玉米种子干瘪，注意精细整地，浅播细土盖种，有条件的采取育苗移栽。配方施肥，施足底肥，增施 K 肥，轻施苗肥，重施穗肥。加强田间管理，注意蹲苗，及时除掉分蘖，中耕除草，培土壅蔸，抗旱排涝。综合防治纹枯病和地老虎、玉米螟等病虫害。适时采收，一般受粉后 21 d 左右采收。

适宜范围：适于湖北省平原、丘陵地区种植。

6. 宏中玉(甜玉米) 0512×0817。王玉宝个人选育。2016 年通过湖北省农作物品种审定委员会审定，品种审定编号为鄂审玉 2016013。

品质和产量：2013—2014 年参加湖北省鲜食玉米品种区域试验，品质经农业部食品质量监督检验测试中心(武汉)测定，可溶性总糖含量 9.40%。两年区域试验商品穗平均亩产 823.37 kg，比对照粤甜 16 增产 5.29%，其中，2013 年亩产 811.01 kg，比粤甜 16 增产 4.15%；2014 年亩产 835.72 kg，比粤甜 16 增产 6.43%。鲜果穗外观品质和蒸煮品质较优。

特征特性：生育期 92 d。株型半紧凑，植株整齐度好，穗上叶 6 片左右，雄穗分枝数 20 个左右。花药、花柱绿色。果穗锥形，苞叶覆盖较完整，穗轴白色，籽粒黄色。区域试验中株高 252 cm，穗位高 106 cm，空秆率 2.2%，穗长 20.8 cm，穗粗 4.8 cm，秃尖长 0.7 cm，穗行数 13.1，行粒数 41.8，百粒重 39.8 g。田间小斑病 3 级，褐斑病 3 级。田间倒伏(折)率 0.6%。

栽培要点：隔离种植。选择土质肥沃、排灌方便的田块连片种植，与其他异型玉米品种空间隔离 300 m 以上，或抽雄吐丝期间隔 20 d 以上。适时播种，地膜覆盖栽培 3 月中旬播种，露地直播 4 月上旬播种。每亩种植 3200 株左右。甜玉米种子干瘪，注意精细整地，浅播细土盖种，有条件的采取育苗移栽。配方施肥，施足底肥，增施钾肥，追施穗肥。加强田间管理，苗期注意蹲苗，及时中耕除草，培土壅蔸，抗旱排涝。综合防治纹枯病和地老虎、玉米螟等病虫害。适时采收，一般授粉后 20～22 d 采收。

适宜范围：适于湖北省平原、丘陵地区种植。

7. 金中玉 YT0213×YT0235。王玉宝个人选育。2008 年通过湖北省农作物品种审定委员会审定，品种审定编号为鄂审玉 2008009。

品质和产量：2006—2007 年参加湖北省甜玉米品种比较试验，品质经农业部食品质量监督检验测试中心对送样测定，可溶性糖含量 11.5%，还原糖含量 2.02%，蔗糖含量 9.01%。两年试验商品穗平均亩产 602.7 kg，比鄂甜玉 3 号增产 7.72%。外观及蒸煮品质较优。

特征特性：生育期偏长，从播种到吐丝 73.2 d，比对照鄂甜玉 3 号迟 4.6 d。株型略紧凑。茎基部叶鞘绿色。雄穗绿色，花药黄色，花柱白色。果穗筒形，苞叶覆盖适中，旗叶较短，穗轴白色，籽粒黄色、较大。品比试验中株高 250.3 cm，穗位高 105.5 cm，穗长 19.2 cm，穗粗 4.4 cm，秃尖长 2.1 cm，穗行数 12.7，行粒数 38.7，百粒重 32.9 g。田间大斑病 1.7 级，小斑病 1.0 级，茎腐病病株率 1.0%，穗腐病 1.0 级，纹枯病病指 12.0，抗倒性与鄂甜玉 3 号相当。

栽培要点：隔离种植，选择土质肥沃、排灌方便的田块连片种植，与其他异型玉米品种相隔 300 m 以上，或抽雄吐丝期间隔 20 d 以上。适时播种，地膜覆盖栽培 3 月中下旬播种，露地直播 4 月初播种。每亩种植 3000～3400 株。注意抢墒播种，宜比普通玉米浅播，播种后用疏松细土盖种。配方施肥，底肥一般亩施复合肥 60 kg；11～12 片叶时追穗肥，亩施尿素 20 kg；加强田间管理，注意中耕除草，培土壅蔸，抗旱排涝。综合防治纹枯病和地老虎、玉米螟等病虫害。适时采收，一般在授粉后 23～25 d 采收。

适宜范围：适于湖北省平原、丘陵及低山地区种植。

8. 华甜玉 1 号　华中农业大学选育。

品质：糖分含量高，籽粒蔗糖含量约占干重的 25%，总糖达到 34%左右，蛋白质品质优良，赖氨酸含量高；果穗整齐、无秃尖现象，正品果穗率 95%以上。果皮特薄，胚乳质地柔嫩，带奶油香味，食口性好。

特征特性：早熟性强，从播种至采收 85 d 左右，秋播 60～90 d，鲜穗可提早上市，并可分季节多期种植。

三、湖北玉米育种成就

见表 2-1，表 2-2。

表 2-1　2012--2018 年度湖北省科学技术奖获奖项目目录(王静制表)

年度	获奖品种	奖种	等级	项目名称	完成人	完成单位
2018	恩单 803、恩单 804、恩单 105	湖北省科学技术进步奖	三等	优质多抗玉米新品种恩单 803、恩单 804、恩单 105 的选育和应用	王黎明、刘传兵、冯春福、邱法展、杨秀乾、朱祥芬、刘好梁	恩施土家族苗族自治州农业科学院、华中农业大学、湖北中种武陵种业有限公司、湖北清江种业有限责任公司、绵阳金稼原农业科技开发有限公司
2018	汉单 777	湖北省科学技术进步奖	三等	高产、稳产、综抗、广适玉米品种“汉单 777”的选育	周广成、王世才、邵仁学、王昌祥、田拓、郭衍龙、伍修伟	湖北省种子集团有限公司
2017	腾龙 1 号	湖北省科学技术进步奖	三等	优质高产抗病玉米新品种“腾龙 1 号”的选育及应用	腾峰、翟立红、钟育海、文聃、李知洪、梅坪、欧阳敦军	湖北腾龙种业有限公司、湖北文理学院、恩施土家族苗族自治州种子管理局、荆州农业科学院
2014	康农玉 901、康农玉 108	湖北省科学技术进步奖	三等	康农玉 901、康农玉 108 玉米新品种选育与推广	彭绪冰、陈仁全、方义、王兴国、张世娟、杨邦贵、李红丽	湖北康农种业有限公司、长阳土家族自治县农业局

续表

年度	获奖品种	奖种	等级	项目名称	完成人	完成单位
2014	鄂玉 23、鄂玉 26、鄂玉 28	湖北省科学技术成果推广奖	二等奖	玉米新品种鄂玉 23、鄂玉 26、鄂玉 28 大面积推广	杜世凯、李希腾、刘传兵、冯春福、向发洪、王黎明、赵青华、刘胜军、刘好梁、杨秀乾、朱祥芬、李永碧、袁明山、李洪胜	恩施土家族苗族自治州农业科学院、湖北清江种业有限公司
2012	宜单 629	湖北省科学技术进步奖	三等	高产稳产型玉米新品种宜单 629	田甫焕、黄声东、许贵明、张明海、向欣、贺丽、唐道廷	宜昌市农业科学研究院

表 2-2　2005—2011 年度湖北省科学技术奖获奖项目目录(王静制表)

年度	获奖品种	奖种	等级	项目名称	完成人	完成单位
2011	鄂玉 25	湖北省科学技术进步奖	三等	玉米新品种 GS 鄂玉 25 选育及应用	刘永忠、宋先信、徐尚忠、周刚、徐涛、李永学、吴承国	十堰市农业科学院
2009	种质 Y8G61	湖北省科学技术进步奖	三等	玉米优异种质 Y8G61 的鉴定及其在育种上的利用	徐尚忠、刘纪麟、吴承国、刘必善、田甫焕、吴高岭、王业民	华中农业大学、十堰市农业科学院、恩施土家族苗族自治州农业科学院、宜昌市农业科学研究院、湖北省清江种业有限责任公司
2008	鄂玉 23	湖北省科学技术进步奖	二等	玉米新品种鄂玉 23 的选育	刘必善、杜世凯、向发洪、庹洪章、田发端、邹清梅、赵青华、郑兴权、王黎明、刘胜军	恩施土家族苗族自治州农业科学院
2006	鄂玉 16	湖北省科学技术进步奖	三等	玉米新品种鄂玉 16 的选育	刘永忠、徐尚忠、谭建国、吴承国、马克军、田纯晶、何邦兴	十堰市农业科学院
2006	华甜玉 1 号、华甜玉 2 号、华甜玉 3 号	湖北省科学技术成果推广奖	二等奖	超甜玉米华甜玉 1 号、华甜玉 2 号、华甜玉 3 号新品种的试验、示范与推	张楚河、万正杰、李国英、胡世桥、刘纪麟、李建生、刘明炎、徐尚忠、魏四洪、刘勋甲	华中农业大学
2005	鄂玉 10 号	湖北省科技成果推广奖	一等奖	玉米新品种 GS 鄂玉 10 号大面积推广应用	刘永忠、宋先信等	十堰市农业科学院

四、湖北玉米品种名录

1. 鄂玉 23

品种来源：N21×N22。

选育单位：恩施土家族苗族自治州农业科学院。

审定编号：恩审玉 003-2002、渝审玉 2005005 号、鄂审玉 2005001。

2. 正大 12

品种来源：CTL34×CL40037-10(CTL12)。

选育单位：襄樊正大农业开发有限公司。

审定编号：鄂审玉 2005002、甘审玉 2008001。

3. 鄂玉 24

品种来源：[唐(双)HZ85 cms×Z069]cms×S7913。

选育单位：华中农业大学、十堰市农科院。

审定编号：鄂审玉 2005003。

4. 鄂玉 25

品种来源：HZ111×美 C。

选育单位：十堰市农业科学院。

审定编号：鄂审玉 2005004、国审玉 2006048。

5. 华玉 5 号

品种来源：HZ127×交 51。

选育单位：华中农业大学。

审定编号：鄂审玉 2005006。

6. 华甜玉 2 号

品种来源：183×SN19W。

选育单位：华中农业大学。

审定编号：鄂审玉 2005007。

7. 鄂玉 26

品种来源：N21×N27。

选育单位：恩施土家族苗族自治州农业科学院。

审定编号：鄂审玉 2005009。

8. 鄂玉 28

品种来源：TDloog×T78512

选育单位：恩施土家族苗族自治州农业科学院。

审定编号：渝引玉 2008005、鄂审玉 2006012。

9. 鄂甜玉 4 号(甜玉米)

品种来源：sh13×sh34。

选育单位：武汉信风作物科学有限公司。

审定编号：鄂审玉 2007001。

10. 鄂玉 30

选育单位：湖北省清江种业有限责任公司利川分公司。

审定编号：渝引玉 2010008、鄂审玉 2007006。

11. 鄂玉 31

选育单位：恩施自治州农业科学院、湖北清江种业有限公司、湖北省农业科技创新中心。

审定编号：渝引玉 2010003、鄂审玉 2007007。

12. 禾盛玉 718

品种来源：H1327×H1231。

选育单位：湖北省种子集团有限公司。

审定编号：鄂审玉 2013003。

13. 恩单 105

品种来源：S322×CJ1。

选育单位：恩施土家族苗族自治州农业科学院。

审定编号：鄂审玉 2013005。

14. 恩单 801

品种来源：d28×d788。

选育单位：恩施土家族苗族自治州农业科学院、湖北清江种业有限责任公司。

审定编号：鄂审玉 2012004。

15. 恩单 636

选育单位：恩施土家族苗族自治州农业科学院

品种来源：用自育自交系 NQ231 作母本，外引自交系 YA8201 作父本组配选育而成。

审定编号：黔审玉 2016012 号。

16. 帮豪玉 108

品种来源：8865×281H。

选育单位：恩施土家族苗族自治州农业技术推广中心。

审定编号：国审玉 2012013。

17. 楚单 139

品种来源：A1041×NA6815。

选育单位：华中农业大学。

审定编号：鄂审玉 2013001。

18. 汉单 777

品种来源：H70202×H70492。

选育单位：湖北省种子集团有限公司。

审定编号：鄂审玉 2013002。

19. 华玉 12

品种来源：V030×V5。

选育单位：华中农业大学。

审定编号：国审玉 20180131。

20. 郧单 19

品种来源：WD01×WD02。

选育单位：十堰市农业科学院。

审定编号：鄂审玉 2013006。

21. 惠民 302

品种来源：D30×02。

选育单位：湖北惠民农业科技有限公司。

审定编号：鄂审玉 2013009。

22. 飞天 358

品种来源：FT0908×FT0809。

选育单位：武汉敦煌种业有限公司。

审定编号：国审玉 2014009。

23. 福玉 198

品种来源：LB958×LF127。

选育单位：武汉隆福康农业发展有限公司。

审定编号：鄂审玉 2015001。

24. 双兴玉 2 号

品种来源：T715×O442。

选育单位：华中农业大学和武汉双兴农业科技有限公司。

审定编号：鄂审玉 2015002。

25. 腾龙 838

品种来源：A277×A393。

选育单位：华中农业大学和湖北腾龙种业有限公司。

审定编号：鄂审玉 2015003。

26. 恩单 116

品种来源：XB22×SZ192。

选育单位：恩施土家族苗族自治州农业科学院。

审定编号：鄂审玉 2015004。

27. 宜单 7566

品种来源：T8266×N75。

选育单位：宜昌市农业科学研究院。

审定编号：鄂审玉 2015005。

28. 峰玉 3 号

品种来源：HL69×HY15-6。

选育单位：五峰土家族自治县农业科学研究所。

审定编号：鄂审玉 2015008。

29. 华玉 15

品种来源：2N1064×HZ127。

选育单位：华中农业大学。

审定编号：鄂审玉 2016001。

30. 腾龙 168

品种来源：S472×S868。

选育单位：湖北腾龙种业有限公司。

审定编号：鄂审玉 2016002。

31. 丰玉 168

品种来源：A258×A392。

选育单位：湖北丰农种业有限责任公司和华中农业大学。

审定编号：鄂审玉2016004。

32. 郧单20

品种来源：WD01×T259。

选育单位：十堰市农业科学院。

审定编号：鄂审玉2016005。

33. 恩单532

品种来源：568-11×YA8201。

选育单位：恩施土家族苗族自治州农业科学院。

审定编号：鄂审玉2016006。

34. 汉玉128

品种来源：MC2×H1319。

选育单位：湖北省种子集团有限公司和十堰市农业科学院。

审定编号：鄂审玉2016007。

35. 湖广123

品种来源：H70202×H10802。

选育单位：湖北省种子集团有限公司。

审定编号：鄂审玉2016008。

36. 汉单063

品种来源：H70202×H10437。

选育单位：湖北省种子集团有限公司和湖北鄂科华泰种业股份有限公司。

审定编号：鄂审玉2016009。

37. 襄玉1317

品种来源：XY2057×XY312。

选育单位：襄阳市农业科学院。

审定编号：鄂审玉2016010。

38. 宏中玉(甜玉米)

品种来源：0512×0817。

选育者：王玉宝。

审定编号：鄂审玉2016013。

39. 彩甜糯6号

品种来源：T37×WH818。

选育单位：荆州区恒丰种业发展中心。

审定编号：国审玉20170044。

40. 勤玉58

品种来源：M78×N75。

选育单位：湖北省农业科学院粮食作物研究所、宜昌市农业科学研究院和长江大学。

审定编号：鄂审玉2017001。

41. 宜单 7588

品种来源：T4664×N75。

选育单位：宜昌市农业科学研究院和长江大学。

审定编号：鄂审玉 2017003。

42. 中农大 7737

品种来源：LX71×H127R。

选育单位：中国农业大学、武汉隆福康农业发展有限公司、中国种子集团有限公司。

审定编号：鄂审玉 2017004、渝审玉 2016004。

43. 惠民 306

品种来源：DN1×DSQ4。

选育单位：华中农业大学和湖北惠民农业科技有限公司。

审定编号：鄂审玉 2017005。

44. 华玉 707

品种来源：DN34×DN164。

选育单位：华中农业大学和合肥丰乐种业股份有限公司。

审定编号：鄂审玉 2017006。

45. 粒玉 2 号

品种来源：DC561×(FY)DH-15。

选育单位：恩施土家族苗族自治州农业科学院。

审定编号：鄂审玉 2017007。

46. 天玉 612

品种来源：T06×T12。

选育单位：武汉金玉良种科技有限公司和武汉天地人种业有限公司。

审定编号：鄂审玉 2017008。

47. 华玉 16

品种来源：DN98×DSQ4。

选育单位：华中农业大学和北京金色农华种业科技股份有限公司。

审定编号：鄂审玉 2017009。

48. 禾盛玉 88

品种来源：H398×H1319。

选育单位：湖北省种子集团有限公司和湖北鄂科华泰种业股份有限公司。

审定编号：鄂审玉 2017011。

49. 康农玉 598

品种来源：FL021×FL3095。

选育单位：湖北省康农生物育种研究院。

审定编号：鄂审玉 2017012。

50. 康农玉 009

品种来源：FLX095×FL0883。

选育单位：湖北康农种业股份有限公司。

审定编号:鄂审玉 2017013。

51. 鄂玉 32

品种来源:TY6×N75。

选育单位:湖北省农业科学院粮食作物研究所、宜昌市农业科学研究院和长江大学。

审定编号:鄂审玉 2017015。

52. 襄玉 431

品种来源:XY1187×昌 7-2。

选育单位:襄阳市农业科学院。

审定编号:鄂审玉 2017016。

53. 金诚 51

品种来源:JC6539×JC2001。

选育单位:湖北扶轮农业科技开发有限公司。

审定编号:鄂审玉 2017017。

54. 汉单 169

品种来源:H120286×H120747。

选育单位:湖北省种子集团有限公司。

审定编号:鄂审玉 2017018。

55. 康农玉 608

品种来源:FL018×FL017。

选育单位:湖北康农种业股份有限公司。

审定编号:鄂审玉 2017019。

56. 利单 5 号

品种来源:M3151×苏 N98。

选育单位:湖北金广农业科技有限公司。

审定编号:鄂审玉 2017020。

57. 正大 658

品种来源:WHGU887×WHLF31313。

选育单位:襄阳正大农业开发有限公司。

审定编号:鄂审玉 2018017。

58. 华玉 20

品种来源:2N1070×2N1063。

选育单位:华中农业大学。

审定编号:鄂审玉 2019001。

59. 腾龙 757

品种来源:Y34×N75。

选育单位:湖北腾龙种业有限公司、宜昌市农业科学研究院。

审定编号:鄂审玉 2019002。

60. 福玉 178

品种来源:K179×F098。

选育单位：武汉隆福康农业发展有限公司。

审定编号：鄂审玉 2019005。

61. 扶单 2 号

品种来源：FL205×FL307。

选育单位：湖北扶轮农业科技开发有限公司。

审定编号：鄂审玉 2019007。

62. 康农玉 868

品种来源：SCL05×FL11144。

选育单位：湖北康农种业股份有限公司、华中农业大学。

审定编号：鄂审玉 2019008。

63. 楚创玉 28

品种来源：M128×N75。

选育单位：武汉金丰收种业有限公司、湖北省农业科学院粮食作物研究所、宜昌市农业科学研究院。

审定编号：鄂审玉 2019010。

64. 福玉 781

品种来源：F1105×F0114。

选育单位：武汉隆福康农业发展有限公司。

审定编号：鄂审玉 2019011。

65. 襄玉 655

品种来源：XY90418×Q2X。

选育单位：襄阳市农业科学院。

审定编号：鄂审玉 2019012。

66. 恩试 529

品种来源：D111×YA8201。

选育单位：恩施土家族苗族自治州农业科学院、长江大学。

审定编号：鄂审玉 2019013。

67. 恩单 525

品种来源：SD12-67×12TY-58。

选育单位：恩施土家族苗族自治州农业科学院、武汉丰乐种业有限公司。

审定编号：鄂审玉 2019014。

68. 福玉 168

品种来源：SD12-14×(FY)DH-15。

选育单位：武汉隆福康农业发展有限公司、恩施土家族苗族自治州农业科学院。

审定编号：鄂审玉 2019015。

69. 汉玉 555

品种来源：H1968×H2812。

选育单位：湖北省种子集团有限公司。

审定编号：鄂审玉 2019016。

70. 宜单 1628

品种来源:YC002×YA8201。

选育单位:宜昌市农业科学研究院。

审定编号:鄂审玉 2019017。

71. 荆恒一号

品种来源:W9238-7×T14-4。

选育单位:荆州区恒丰种业发展中心。

审定编号:鄂审玉 2019018。

72. 腾龙 216

品种来源:L99×L88。

选育单位:湖北腾龙种业有限公司。

审定编号:鄂审玉 2019019。

73. 正大 3665

品种来源:M39×XS-23。

选育单位:襄阳正大农业开发有限公司、恩施土家族苗族自治州农业科学院。

审定编号:鄂审玉 2019020。

74. 禾康 9 号

品种来源:P19865×Y2048。

选育单位:湖北康农种业股份有限公司。

审定编号:国审玉 20180130。

75. 华玉 12

品种来源:V030×V5。

选育单位:华中农业大学。

审定编号:国审玉 20180131。

76. 惠民 207

品种来源:H1×M1。

选育单位:湖北惠民农业科技有限公司。

审定编号:国审玉 20180241。

77. 惠民 157

品种来源:SN44×SN135。

选育单位:湖北惠民农业科技有限公司、河北肃研种业有限公司。

审定编号:国审玉 20180271。

78. 康农玉 508

品种来源:FL310×FL048-3。

选育单位:湖北省康农生物育种研究院。

审定编号:国审玉 20180328。

79. 腾龙 1 号

品种来源:L103×T051。

选育单位:湖北腾龙种业有限公司。

审定编号:黔审玉 2011002 号。

参考文献

毕世敏，陈浪，2004.优质高产杂交糯玉米品种遵糯一号的选育[J].种子，23(7)：75-76.

蔡成雄，陈荣丽，蔡治荣，等，2014.糯玉米新品种玉糯 520 特征特性及高产栽培技术[J].种子，33(6)：97-98.

陈艳，黄纯勇，田霖，等，2017.武陵山区康农玉 999 玉米新品种高产栽培技术[J].中国农业信息(13)：69-70.

陈艳萍，孙扣忠，孔令杰，等，2017.糯玉米新品种'苏科糯 6 号'选育及栽培技术[J].中国农学通报，33(9)：12-16.

程永钢，闫建宾，王瑞钢，等，2015.甜糯玉米品种筛选及栽培技术[J].农业与技术，35(12)：108-109.

戴玄，姚启伦，李昌满，等，2004.武陵山区玉米地方品种评价与利用研究[J].西南农业大学学报(自然科学版)，26(2)：210-213.

杜龙岗，阮关海，谢芳腾，等，2015.甜玉米科甜 13 的选育及栽培技术[J].浙江农业科学，56(5)：635－637.

刘汉琳，杨家伟，王显贵，等，2010.鲜食糯玉米新品种丰糯 33 特征特性及高产栽培技术[J].种子，29(1)：110-111.

秦慧豹，王晓宇，李宝珍，等，2014.超甜玉米新品种鄂甜玉 5 号的选育及栽培技术[J].湖北农业科学，53(8)：1755-1758.

田宏，刘洋，熊海谦，等，2014.适宜湖北中部地区种植的青贮玉米品种筛选试验[J].湖北农业科学，53(12)：2850-2853.

王燕，张士龙，贺正华，等，2013.湖北省玉米地方种质资源的遗传多样性[J].湖北农业科学，52(14)：3253-3256，3263.

吴高岭，魏亚萍，徐尚忠，1998.宜昌地区玉米品种资源的分类研究[J].玉米科学，6(2)：30-34.

晏庆九，张健，许明陆，等，2001.三峡库区 72 份玉米地方品种产量性状的评价[J].植物遗传资源学报，2(1)：12-17.

姚启伦，陈发波，方平，2014.武陵山区玉米地方品种核心种质的遗传多样性与评价[J].湖北农业科学，53(7)：1506-1508.

第三章　玉米栽培的生物学基础

第一节　玉米生长发育

一、生育进程

(一)生育期

从播种(或出苗)到籽粒成熟的全过程即为玉米的生育期。其长短用天数表示。生育期体现了一个完整的生长发育过程。

玉米品种的熟期是反映其生育期长短的指标，即该品种从播种(或出苗)到成熟(或收获)的生育日数。人们要利用一个玉米品种，首先必须了解该品种在适宜的种植区域内的相对熟期。只有选择利用适宜成熟期的品种，才能合理利用当地生态条件，才能既不浪费积温又能获得较好的收成。国外研究表明，玉米的生育期主要受积温的调控(邢江会，2014)，即玉米需要一定的积温值才能完成特定的生育进程。播期变化导致玉米生育期内温度变化进而影响到玉米的生育进程，通过提高夜间平均温度会加快玉米的生育进程。李青松等(2010)对表达玉米熟期类型的指标及其关系进行了分析和研究表明，对某一玉米品种而言，全生育期所需要的活动积温比较稳定，在年度间的变化幅度较小，可以表达一个玉米品种的熟期类型，是表达玉米熟期类型的主因子，生育天数的表达具有直观性，也可以较准确表达熟期类型。邢江会(2014)对山西省 277 种不同玉米品种积温需求研究发现，年度间不同玉米品种生育天数比较稳定，但不同玉米品种播种至成熟的活动积温较生育天数更稳定。

播种至成熟的有效积温是划分玉米熟期类型的主要指标，其次是生育天数。玉米生育天数是出苗到成熟的天数，玉米籽粒出现明显生理黑层则标志着玉米成熟，有效积温是玉米从出苗到成熟过程中日平均气温≥10 ℃累加。人们通过研究实践进一步建立在较仔细地观察对比、测定的基础上，以播种(或出苗)到成熟的所需天数、积温为划分熟期组的依据。

自新中国成立以来，全国并没有形成统一的玉米生育期规范化标准，但是，大致分为极早熟、早熟、中熟、中晚熟、晚熟等类型(方华等，2010)。周武岐等(1998)将中国玉米品种生育期划分为极早熟、早熟、中熟、晚熟和极晚熟 5 个熟期类型(表 3-1)。

联合国粮农组织(FAO)对玉米熟期组划分的依据是播种到开花的天数及其相对应的积温。其将所有玉米品种划分为 8 个熟期类型(表 3-2)。这种划分方法被欧美等国家广泛使用。方华等(2010)根据中国玉米生产实际情况，建议将玉米熟期划分为超早熟、超晚熟等 10 个熟期类型(表 3-3)。

表 3-1　对中国玉米品种生育期的划分(周武岐等,1998)

熟期类型	生育期(d)			≥10 ℃积温(℃·d)	
	北部春播区	春夏交界区	夏播区	春播玉米	夏播玉米
极早熟	<105	<95	<85	<2000	1800～2000
早熟	106～115	96～105	86～95	2200～2400	2000～2200
中熟	116～125	106～115	96～105	2400～2600	2200～2400
晚熟	126～135	116～125	106～115	2600～2800	2400～2600
极晚熟	>135	>125	>115	>2800	2600～2800

表 3-2　FAO 对玉米熟期组的划分

熟期组	从播种到开花天数(d)	从播种到成熟天数(d)	从播种到成熟积温(℃·d)	从播种到成熟有效积温(℃·d)
100	44～49	<110	2600～2700	950～1000
200	55～56	110～115	2700～2800	1000～1100
300	54～58	115～120	2800～2900	1100～1200
400	58～63	120～125	2900～30	1200～1300
500	60～66	125～130	3000～3100	1300～1400
600	66～77	130～135	3100～3200	1400～1450
700	70～80	135～140	3250～3400	1450～1500
800	>80	>140	>3400	>1500

* 积温为播种到生理成熟(籽粒含水量 28%～32%)的每天平均温度(>0 ℃)之和;有效温度为播种到生理成熟的日温度减去 10 ℃之和。

表 3-3　对中国玉米生育期类型的划分(方华等,2010)

熟期类型	生育期(d)		≥10 ℃积温(℃·d)	
	春播区	夏播区	春播玉米	夏播玉米
超早熟	<97	<72	<1900	<1700
极早熟	97～104	72～79	1900～2080	1700～1880
较早熟	105～110	80～85	2081～2220	1881～2020
早熟	111～116	86～91	2221～2400	2021～2190
中早熟	117～120	92～95	2401～2510	2191～2290
中熟	121～124	96～99	2511～2620	2291～2400
中晚熟	125～128	100～103	2621～2750	2401～2520
晚熟	129～132	104～107	2751～2880	2521～2650
极晚熟	133～136	108～111	2881～3200	2651～2800
超晚熟	>136	>111	>3200	>2800

玉米的生育期长短与气温和降水量有着密切关系,如果是高温年份,玉米生育过程较快,器官分化较早,所需积温可能较小;反之,如果是低温年份,玉米生育进程较慢,器官分化较晚,成熟也较晚,所需积温就可能较大。此外,水热联应作用也影响熟期类型指标的变化。而且中国玉米熟期类型复杂,玉米生态区众多,却没有统一的生育期规范化标准,各熟期类型指标标

准差别很大，熟期类型只是笼统以早熟、中熟、晚熟及其交叉类型划分，且各省(区)极不统一，这给品种的示范、推广和管理带来困难。李青松等(2010)建议测定玉米品种的熟期类型及其指标应在一个有全国代表性的区域统一进行，成立专门的专业机构，进行统一发布，形成全国统一的规范和标准。

(二)生育时期

在完整的生育期中，根据植株的形态变化，可以人为地划分为一些“时期”(Stage)。在正期播种条件下，这些时期往往对应着一定的物候现象，故也称物候期。玉米的全生育期划分为(一般大田或试验田，以全田50%以上植株进入该生育时期为标志)：

1. 播种期　玉米播种的日期。

2. 出苗期　幼苗出土高约2 cm的日期。

3. 三叶期　植株第三片叶露出叶心3 cm左右，种子贮藏的营养成分耗尽，称“离乳期”。

4. 拔节期　植株雄穗伸长，茎节总长度达2～3 cm，植株开始旺盛生长，叶龄指数30左右。

5. 小喇叭口期　雌穗进入伸长期，雄穗进入小花分化期，叶龄指数46左右。

6. 大喇叭口期　雌穗进入小花分化期，雄穗进入四分体期，叶龄指数60左右，雄穗主轴中上部小穗长度达0.8 cm左右，棒三叶甩开呈喇叭口状。雄穗已开始进行小花分化，是玉米穗粒数形成的关键时期，这时如果肥水充足有利于玉米穗粒数的增加，是玉米施肥的关键时期。施肥量约占施肥总量的60%左右，主要以氮肥为主，补施一定数量的钾肥也很重要。

7. 抽雄期　植株雄穗尖端露出顶叶3～5 cm。

8. 散粉期　植株雄穗开始散粉。

9. 抽丝期　植株雌穗的花柱从苞叶中伸出2 cm左右。

10. 籽粒形成期　自受精到乳熟初期止。植株果穗中部籽粒体积基本建成，胚乳呈清浆状，亦称灌浆期。一般早、中熟品种约在授粉后15 d左右，晚熟品种约在授粉后20 d左右。此期胚的分化基本结束，胚乳细胞已经形成，籽粒体积迅速增长，其体积约占最大体积的三分之一至二分之一，而干重积累很少，但已初具发芽能力。进入种子形成末期，粒积约达最大体积的75%左右。干物质积累速度慢而数量少，粒重约占籽粒最大干物重的10%左右。这一时期籽粒中水分含量高，在90%～80%；籽粒外形似珠状，呈乳白色，胚乳清浆状，后期稍带白浆，这时果穗轴基本定长、定粗，苞叶呈浓绿色，如果温度等外界条件不良，水分、养分供应不足，易形成膜片状“秕粒”，造成果穗秃顶。

11. 乳熟期　自乳熟初期至蜡熟初期止，为15～20 d。植株果穗中部籽粒干重迅速增加并基本建成，胚乳呈乳状后至糊状。一般早、中熟品种自授粉后15 d起，至30 d或35 d止；晚熟品种约自授粉后20 d起，至40 d左右结束。此期胚乳细胞内各种营养物质迅速积累，籽粒和胚的体积均接近最大值，整个籽粒干物质增长较快，粒重累积干物质总量占最大干物重的70%～80%，阶段绝对累积量占60%～70%。胚的干物质积累亦到盛期，累积总量占成熟期的70%左右，阶段累积量占60%左右，胚已具有正常的发芽能力；籽粒中的水分含量在50%～80%，胚乳逐渐由乳状变为浆糊状。由于在较长时间内籽粒胚乳呈乳白色，故称乳熟期。这一时期如水肥充足，温度适宜，光照良好，保持有较大而稳定的绿叶面积，将有利于籽粒增重，而不良条件容易造成秕粒，影响粒重。

12. 蜡熟期　自蜡熟初期至完熟以前，为期 10～15 d。植株果穗中部籽粒干重接近最大值，胚乳呈蜡状，用指甲可以划破。一般早、中熟品种自授粉后 30 d 或 35 d 起，至 40 d 或 50 d 止，晚熟品种约自授粉后 40 d 起，至 55 d 止。此期籽粒干物质积累速度慢、数量少，其干重累积总量和胚的体积均已达到或接近最大值，故为粒重缓慢增长和定局的时期。阶段累积量占籽粒最大干物重的 20%～30%；籽粒水分含量逐渐下降为 40%～50%，籽粒内的胚乳因失水而由糊状变为蜡状，故称蜡熟期。此期苞叶呈浅黄色，籽粒也呈现该品种固有的形状和颜色，但硬度不大，用指甲仍可掐破。

13. 完熟期　植株籽粒干硬，籽粒基部出现黑色层，乳线消失，并呈现出品种固有的颜色和光泽。完熟期在蜡熟后期，干物质积累已停止，主要是籽粒脱水过程，含水量由 40% 下降到 20%。籽粒变硬，表面呈现鲜明光泽，用指甲已不能掐破，靠近胚的基部出现黑层，苞叶开始枯黄，即称完熟期。完熟期结束时，茎秆往往因其中一部分纤维素、果胶和木质素的分解而倒伏，此期时间较短，故需及时收获。

(三)生育阶段

在玉米生长发育过程中，从营养生长和生殖生长的角度可以分为三个阶段(Phase)。

营养生长阶段：苗期、三叶期。

营养生长和生殖生长共进阶段：拔节期、小喇叭口期、大喇叭口期、抽雄期、散粉期、抽丝期。

生殖生长阶段：籽粒形成期、灌浆期、乳熟期、蜡熟期、完熟期。

二、环境条件和栽培措施对玉米生长发育的影响

(一)环境条件的影响

主要表现为气候条件和海拔的影响。

作物产量和品质主要受遗传因素控制，但在实际生产中，生态环境和栽培措施等非遗传因素对玉米品种的特性也有非常重要的影响，良种必须种植在适宜的生态环境下，加以科学的栽培管理，才能使其品种特性充分表现。因为作物在生长发育过程中，不断地与环境间进行着物质和能量交换，作物体内的生理生化过程以及任何一个受基因控制的品质性状的表达均不同程度地受到环境因素的影响。作物体内的营养成分在最适的环境条件下可能达最高值，而在不良环境条件下可能下降到最低值，甚至失去使用价值。因此，作物产量与品质的形成是作物的遗传潜力在一定的环境条件下的综合表现，要想提高作物产量和品质，不仅可从作物本身入手，也可从环境入手。

生态环境条件改变直接影响农作物的生长、发育和产量形成，同时也与作物的品质优劣密切相关。随着作物生产技术和产量水平的提高，气候因子对玉米生产的作用也显得越来越重要。中国玉米主要种植区分布在地形复杂、气候类型多样的区域内，体现气候生态因子对玉米产量的影响是多方面的。其中日照时数、日均光照、日均温度和气温日较差均是玉米生产最重要的影响因子，它们直接作用于单位面积穗数、穗粒数和千粒重这个玉米产量决定因素。但产量的形成并不是由某一项产量构成要素单独决定，也不是孤立地受某一项生态因子所影响，而是产量构成要素、生态因子综合作用的结果。

海拔高度是温度、日照、降雨等气候因素的综合，影响着各种气候资源的分配与分布。在高寒山区，影响玉米产量的主要因素是温度，而温度在很大程度上受海拔高度的影响。一般情况下，海拔每升高 100 m，温度下降 0.50～0.65 ℃。在垂直生态区域，光照、土壤、降水量、栽培技术等因素基本相同的条件下，随着海拔高度的增加，玉米生育期延长。早在 1918 年霍普金斯定律提出，在其他因素相同的条件下，在北美洲温带内，高度每上升 400 m，植物的开花期延长 4 d；在赤道的几内亚同纬度地带，高度每升高 100 m，玉米成熟期延长 7.6 d。

曹广才等(1995b)的研究表明：在海拔 1101.5～1441.5 m 范围内，高度每升高 100 m，旱地玉米的全生育期延长 3～4 d，播种至拔节天数增加 9～10 d，株高呈逐渐降低的趋势，但果穗长、穗粒数、穗粒重、千粒重等产量性状以及产量主要受土壤类型、肥力水平、栽培管理措施等因素的影响，与海拔高度影响不大。

唐永金等(1997)的研究认为，在海拔 600～1200 m 范围内，不同海拔高度阶段，海拔高度对生育期的影响不同。在海拔 600～800 m 处，海拔增加 100 m，生育期延长 1.9 d；在 800～1000 m 处，海拔增加 100 m，生育期延长 1.5 d；在 1000～1200 m 处，海拔增加 100 m，生育期延长 1.6 d。同时，随着海拔高度的增加，玉米株高降低；海拔每增加 100 m，株高下降 2.28 cm，但海拔高度对产量的影响不明显。在海拔 236～1600 m 范围内，用 4 个热带高山品种和 4 个温带品种在 6 个点进行试验，结果表明，随着海拔高度的增加，热带高山品种产量增加，而温带种质则相反，随着海拔高度的增加产量减少。在高寒山区引入北方温带种质杂交种，由于不适应当地气候条件，在授粉后常出现叶片发黄、感病、枯萎、早衰等现象，不能正常成熟而造成低产、外观品质差，而当地种植的农家品种口感好、外观品质较好。Murariu 等(2002)在高寒山区农家种中寻找耐冷性较好的农家种，结果发现当地农家种的蛋白质含量比杂交种高，从 20 个农家种中检测到一个品种的蛋白质含量高达 13.5%，而且非常耐低温。

李有等(2002)在海拔 800～1500 m 范围设 4 个点对自交系生长发育进行研究表明：玉米各自交系的生育进程随海拔高度的增加而明显推迟；在海拔 800～1000 m 的地带，大部分自交系表现出果穗长、秃尖短、出籽率高和千粒重大等优势。

刘淑云等(2002)在海拔 100～600 m 范围内研究不同海拔高度对玉米籽粒品质的影响，发现随着海拔高度的增加，籽粒蛋白质、赖氨酸及游离氨基酸含量增加，淀粉和可溶性糖含量降低，参试品种表现出共同的趋势，提出玉米籽粒品质由基因型和环境因素共同影响，通过环境调控可以提高玉米品质。同时，不同海拔高度下玉米的茎秆品质也表现出明显差异，随海拔高度的增加，茎秆中蛋白质含量增加，可溶性糖含量降低，品种间变化规律一致。这一结果证明了海拔高度对玉米籽粒品质有着明显的调控作用，生产上应充分利用不同地区的海拔优势，改善籽粒品质。

Neumann 等(2010)认为玉米籽粒产量优势与能充分利用有利的生长季节的杂交种有关，陈国平等(2005)介绍，美国玉米带在选择玉米杂交种时，首先考虑的是熟性能否与当地的气候条件相适应。这意味着在一定范围内，玉米籽粒产量的高低与品种的生育期长短有关，生育期太短，不能充分利用有利的生长季节，生产和积累更多的干物质，因而产量不高；生育期太长，超过某一地区气候条件特别是温度的极限，玉米灌浆期遇低温籽粒不能正常成熟，产量反而更低。

1. 温度的影响 玉米是喜温作物，需要经历不同的生育阶段，对于温度的要求比较严格，整个生育过程都要求有一定的温度保障。玉米生长期内最适宜的温度为日平均气温 20～

26 ℃；低于 20 ℃时，产量下降。因此，日平均气温 20 ℃的终止日，是玉米高产安全成熟期的重要指标。

温度胁迫会引起玉米形态、生理、生长发育和产量等方面的一系列变化。其中，玉米冷害属于低温胁迫下的伤害，主要发生在东北三省和内蒙古地区。当玉米籽粒含水量在 18%以上，温度在−15 ℃以下时，发芽率将降低 20%。在生育期遇到低温冷害和初霜冻对产量将造成很大影响。而热害是高温胁迫下的伤害，除其他异常表现外，还将引起生育期节律紊乱，雌、雄性器官的分化和发育不协调等危害。

郑洪建等(2002)研究发现，温度、光照等生态条件的变化，作物生长发育过程及营养物质的运转分配也相应发生变化，进而影响作物籽粒淀粉、蛋白质的合成和积累。而董钻等(2000)认为，温度对禾谷类作物籽粒蛋白质含量的影响，主要是指土壤温度和气温。刘淑云等(2002)认为，温度对玉米籽粒蛋白质含量浓度的效应主要表现在影响根系对氮的吸收强度和数量；影响蛋白酶活性和蛋白酶降解度；影响光合碳水化合物的积累；影响组织衰老和籽粒灌浆持续期。玉米籽粒蛋白质含量与抽穗至成熟期间的平均气温呈显著正相关。玉米、水稻等作物籽粒蛋白质含量均随着气温的升高而增加。张毅等(1995)试验表明，玉米灌浆期低温引起生理代谢紊乱，使可溶性糖和游离氨基酸含量增加，淀粉、蛋白质含量下降，阻碍籽粒灌浆，降低粒重，进而引起减产。邓洪烈(1978)在探讨玉米低温冷害的生理机制时指出，低温下酶的分解能力强，合成能力弱，其变化大小取决于低温程度和持续时间长短。

胡昌浩(1995)研究表明：温度是影响玉米籽粒形成与灌浆的重要环境条件，一般日平均温度 16 ℃以下，灌浆速度明显下降；14 ℃时完全停止，而灌浆是最终决定玉米产量的一个重要时期。孙月轩等(1994)研究认为：温度对夏玉米的影响主要表现在生育后期，特别是灌浆成熟期。夏玉米籽粒灌浆对温度要求的范围比较宽，在候或旬平均温度 11.7～26.8 ℃范围内都能正常灌浆。

王伟东等(2001)认为，温度是影响玉米籽粒灌浆速率和灌浆持续时间的主要因素，影响胚乳细胞分裂期的时间长短和淀粉快速向胚乳中积累和胚乳细胞中淀粉粒的数目，进而影响籽粒产量的形成；在极端低的温度下，籽粒的发育速度减慢，灌浆持续时间延长，但不能弥补由于籽粒生长速率的慢而造成的影响。王琪等(2009)在研究温度对玉米生长和产量的影响时发现：玉米的生长速率与温度密切相关，平均气温每升高 1 ℃，出苗速率提升 17%，营养生长速率提升 5%，积温每增加 100 ℃·d，玉米最大生物量和产量增加 8%，玉米生长发育期(日平均气温稳定≥10 ℃期间)平均气温降低 0.7 ℃，或有效积温减少 100 ℃·d，玉米成熟期将延迟 7 天，单产减少 8%，气温下降 1 ℃，或积温减少 140 ℃·d，生育期延迟 10 d，减产 10%以上。

Gantarero 等(1999)认为，夜间温度升高加快了玉米籽粒的发育速度，雄穗和花柱均较对照提前出现，灌浆时间缩短了，小穗的形成正常。苏正淑(1990)研究也发现，孕穗期低温胁迫对光合作用和叶面积影响比灌浆期大，对籽粒产量的影响也更显著，主要表现在减少了穗有效粒数，而灌浆期低温主要降低了百粒重。张旭等(2002)在研究温度对玉米生理生化特性的影响时发现：低温下器官分化迟、生长慢，物候期延迟，籽粒灌浆起步晚、速度慢，常造成霜前不能正常成熟，籽粒含水量高，粒重降低。郭文利等(1996)提出，拔节后持续低温寡照和后期冷害，使玉米全生育期热量不足，日照显著减少，光合作用弱，个体不够健壮，生育期明显推迟，灌浆不充分，秃尖严重，粒重较低，减产幅度较大。

(1)三基点温度　玉米是喜温作物，整个生育过程都要求有一定的温度保障。玉米在生长阶段，通常所要求的温度 $T \geqslant 10$ ℃，但是随着玉米的不断生长和发育，对温度的要求也在发生变化。在出苗阶段，要求温度在 10 ℃$\leqslant T \leqslant$25 ℃范围之内。如果温度 $T>35$ ℃，空气中的水分会蒸发，湿度会逐渐降低，使得土壤缺水，并且还会影响玉米的授粉，对玉米的生长产生严重影响，从而降低了玉米的产量。在玉米籽粒形成阶段，温度应该保持在 20 ℃$\leqslant T \leqslant$24 ℃，这时的温度最适合玉米颗粒生长发育。温度太高或太低，玉米籽粒的生长发育都会受到一定的影响，使得玉米籽粒不够饱满，在一定程度上也会对玉米的产量产生影响。

玉米各个生长发育阶段对温度的要求有所不同，在其他环境条件适宜时，只有满足玉米各阶段对温度的不同要求，才能协调并促进其生长发育，最终获得理想的产量。玉米种子发芽的最低温度为 8～10 ℃，最适宜的温度为 30～32 ℃，最高温度为 44～50 ℃；出苗阶段最低温度为 8 ℃，最适宜温度为 30～34 ℃，最高温度为 40 ℃。玉米生长期内最适宜的温度为日平均气温 20～26 ℃，低于 20 ℃时，玉米产量下降明显。因此，日平均气温 20 ℃的终止日，是玉米高产安全成熟期的重要指标。

李长顺(2010)介绍了玉米各生育阶段对温度的要求。玉米籽粒播入土中后，在水分适宜的条件下，温度达到 6～7 ℃时即开始发芽。但发芽极为缓慢，且容易受有害微生物的感染而发生霉烂。所以在田间低温条件下，微生物对种子的危害性比低温更大。玉米种子发芽的最适温度为 28～35 ℃，但在生产上晚播往往耽误农时，而过早播种又易引起烂种缺苗。通常把土壤表层 5～10 cm 的温度稳定在 10 ℃以上时，作为春播玉米的适宜播种期，中国北方春季温度上升缓慢，在正常播期范围内，播种到出苗所需的时间较长，一般为 15～20 d；华北地区 4 月中旬左右播种的，约 10 d 出苗；南方气温较高，夏、秋播玉米仅 5 d 左右即可出苗。

陈民生等(2007)研究的结果是在 27.5～32.5 ℃的范围内，玉米发芽率和活力指数显著升高，幼苗具备较强的根、芽生长能力；而温度高于 35 ℃或低于 20 ℃，玉米种子萌发缓慢，幼苗生长受阻，叶片较小，根系细弱。宗英飞等(2013)研究认为玉米播种期间，日平均气温大于 12 ℃，是玉米出苗的必要条件。在最适宜温度区间内，随着温度的升高种子发芽速率加快，反之发芽速度减慢。

王立志等(2000)研究了不同温度条件下玉米种子发芽的量化模型，结果表明，低温对种子发芽的影响很大，不同品种在不同温度条件下存在很大差异。谢皓(1998)通过对玉米种子发芽与温度相关性的研究，认为种子发芽的最适温度为 24～31 ℃，并且在最适温度范围内，温度越高，萌发的速度越快。但当温度高于一定值时其不同类型玉米种子萌芽与出苗速率也会相应下降。

刘建凤(2004)在不同类型玉米种子萌芽与出苗特性的研究中认为，在所有的类型中除了马齿型外，其他类型在 25 ℃时均有最大萌发速率。硬粒型、高蛋白型、甜质型在低温条件下，也有相对较高的萌发速率，所以这三种类型比较耐低温。而马齿型则在高温条件下也有较好的萌发速率，说明其是耐高温型，高蛋白型与其他类型差异显著。但在 15 ℃和 35～40 ℃条件下所有类型玉米种子均不利于其萌发，大部分类型萌发最适温度在 25～30 ℃，但也有 35 ℃条件下萌发能力最高的种子。有些品种在较高的温度条件下，其 GV(萌发率)值达到最大，如马齿型；其余品种的 GV 值随温度的变化而有所提高，但马齿型在 35 ℃时存在最大萌发值，其他类型在 25 ℃时有最高的萌发值。但从较粗的尺度上看，不同玉米品种种子萌发对温度的反应彼此没有太大差异。

在土壤水分适宜的条件下，土壤温度对播种到出苗所需时间的长短有显著影响。随着播种时土壤温度的升高，玉米出苗、拔节的速度加快，所需的天数减少。玉米苗期温度过高或过低，对其生长发育均不利。由于玉米苗期是以根系生长为主，因此土壤温度状况对根系的生长有很大影响。土壤温度在20～24 ℃时，玉米根系发生较快，且较为健壮。而当土壤温度较低时，即使气温适宜，也会影响玉米根系的代谢活动，影响磷向地上器官的转移和各种含磷有机物的合成。磷素营养不足，又影响植株体内的氮素代谢，致使玉米苗色变黄、变红，同化作用减弱，生长迟缓。当地温下降到4.5 ℃时，玉米根系完全停止生长。中国东北及华北地区，春季地温上升慢，春播玉米早期根系生长迟缓，尤其在地势低洼、土壤水分较多的情况下，更为明显。因此，东北地区玉米采用起垄栽培，使地面充分接受阳光，并于苗期早中耕，这对提高土壤温度、促进根系的发育均有一定意义。

玉米苗期对低温有一定的抵抗能力。如幼苗在－3～－2 ℃时虽然会受到伤害，但如果及时加强管理或低温持续时间短，气温回升快，植株还可恢复生长，对产量影响不会很大。如果后期受到低温冻害，则会导致玉米在成熟前死亡，对产量影响更大。因此，在生长季节短的春播玉米区，早播虽然会使幼苗遭受短期春霜危害，但其对玉米产量的影响要比因晚播而受后期秋霜危害的影响轻得多。

刘啸笑(2016)在研究温度与水分对玉米种子萌发及幼苗生理特性的影响时发现，至少保证温度20 ℃、土壤质量含水率25%，玉米幼苗才能正常生长；当温度降到15 ℃时，种子发芽率急速降低，达不到正常程度，低温对玉米种子发芽影响作用较大。当温度降低到13 ℃、土壤质量含水率25%时，良玉99的发芽率接近50%，土壤质量含水率提高到35%，发芽率低至20%以下，玉米种子的胚乳已经霉烂。当温度相同时，随土壤质量含水率升高，发芽率、发芽指数、活力指数、幼苗叶长、幼苗质量、贮藏物质运转率表现为先增加再降低的走向。在土壤质量含水率25%达最大值。总体来看，先玉335和良玉99在25 ℃、土壤质量含水率25%时出苗率最高、活力指数较高，幼苗较高、根较长，幼苗质量、贮藏物质运转率较高，长势最好。

(2)积温效应　温度是影响玉米正常生长的重要气候条件之一，玉米对温度的细小变化较敏感，其生长期全过程所需的超过10 ℃的温度累计中一般2000～3000 ℃·d，且不同熟性玉米的全生育期对积温的要求也不同。不同熟性玉米的全生育期对积温的要求也不同，见表3-4。

表3-4　不同熟性玉米的全生育期积温(李宁制表)

熟　性	生长期(d)	≥10 ℃积温(℃·d)
特早熟	85～95	<2300
早熟	95～105	2300～2500
中熟	105～120	2500～2800
晚熟	120～130	2800～3000
特晚熟	>130	>3000

李言照等(2001)认为，玉米生育期间的积温、日照与产量及产量因素值呈极显著正相关，积温的直接效应最大。杨文彬(1989)研究表明：日平均温差与积温呈负相关关系，并对千粒重和产量产生负效应。玉米产量形成期只有置于最适热量条件下，才能大幅度提高单产。叶修琪(1992)研究认为，气温对玉米产量的影响主要发生在玉米生育的中后期，气温过高或过低都将造成不同程度的减产。宋世娟(1996)指出，玉米生长后期气象条件匹配，将有利于光合产物

积累,实现稳产,但积温过高,将加速叶片衰老,引起玉米早衰。

赵俊姣等(2017)选用3个玉米品种进行不同播期播种研究积温对玉米生长发育和产量形成的影响,结果表明晚熟和中晚熟品种播种越早,其积温值越高,产量就越高,早熟品种不同播期其产量并无太大差别。玉米出苗和营养生长速率随温度增加而加快,平均气温分别与玉米出苗速率和生长速率呈正相关,气温每升高1 ℃,出苗速率提升17%,营养生长速率提升5%;积温分别与玉米叶面积、生物量积累和产量呈显著相关性。不同播期叶面积指数、生物量和产量均与积温呈线性相关,有效积温每增加100 ℃,玉米最大叶面积指数、生物量和产量分别增加0.4、162 g/m^2 和591 kg/hm^2。

唐谷等(2016)研究黔中地区夏播玉米生长发育与积温关系,通过推迟播种,考察黔中地区≥0 ℃的活动积温对夏播玉米生长发育的影响。结果表明,随着播期的推迟,玉米生长发育期积温降低,导致玉米全生育期缩短,但如果玉米生育后期温度过低则不能正常成熟;同时随着积温的降低,穗长缩短,穗粗减小,秃尖变长,行粒数减少,百粒重降低,从而导致产量下降;但因品种不同,各指标变化程度存在差异;而一些受自身遗传决定的因素则变化不大,如穗行数。通过研究得出各品种积温与产量的函数关系方程式,计算出活动积温每下降100 ℃,安单3号产量降低750 kg/hm^2,安单2号产量降低645 kg/hm^2,顺单7号产量降低675 kg/hm^2,贵单8号产量降低705 kg/hm^2。同时结合历年日平均气温推出各品种产量不低于5250 kg/hm^2 的最晚播种期限,安单3号不能晚于6月16日播种,安单2号不能晚于6月21日播种,顺单7号不能晚于6月19日播种,贵单8号不能晚于6月18日播种。

王庆燕(2017)研究不同积温条件对玉米灌浆期功能叶蔗糖代谢的影响。在黑龙江省哈尔滨市(第Ⅰ积温带,有效积温2800 ℃·d)、绥化市(第Ⅱ积温带,有效积温2600 ℃·d)和齐齐哈尔市(第Ⅲ积温带,有效积温2400 ℃·d)进行。以玉米不同抗冷型品种"丰单3"(抗冷型品种,适宜于≥10 ℃有效积温2300 ℃·d以上区域种植)和"郑单958"(非抗冷型品种,适宜于≥10 ℃有效积温2900 ℃以上区域种植)为材料。不同品种玉米灌浆期功能叶蔗糖代谢受积温的影响不同。其中"丰单3"灌浆期功能叶蔗糖含量与积温高低呈负相关关系。随着积温的降低,"丰单3"灌浆期功能叶蔗糖合成酶和蔗糖磷酸合成酶的活性增高,蔗糖转化酶活性在花后0~20 d随积温降低而显著提高,20~40 d随积温降低呈降低趋势,但差异不显著。而"郑单958"灌浆期功能叶蔗糖含量与积温高低呈正相关关系;不同品种间,非抗冷型玉米品种灌浆期功能叶蔗糖代谢受积温高低影响较大,低温条件下,抗冷型品种玉米叶片蔗糖含量较高,蔗糖代谢较为活跃。

姜丽霞等(2016)研究≥10 ℃积温距平对玉米不同发育期冷害的判定及其与产量的关系时发现,玉米实际单产随积温距平呈"抛物线"型变化,随着积温距平的升高,玉米实际单产也随之升高,当达到峰值后,玉米实际单产随积温距平的升高而下降,当出苗至乳熟期≥10 ℃积温距平即积温值比常年值偏高100~200 ℃·d时,玉米实际单产达到最高,说明充裕的热量利于玉米获得高产(≥10 ℃积温距平是指在作物某生长时段内,≥10 ℃日平均气温的累积值与常年同一时段内≥10 ℃日平均气温平均累积值的差值)。

2. 光照的影响

(1)日长(光周期)的影响　玉米是短日植物。即雄穗的分化和发育以及雌穗的分化和发育需要短日照条件。但玉米又是不典型的短日植物,有的品种对短日条件敏感,有的品种对短日条件钝感。

Birch等(1998)研究表明，光周期延长(16.5 h)延迟玉米抽雄并且增加了玉米的叶片数，Tollenaar(1999)研究表明，光周期由10 h延长为20 h推迟玉米吐丝但对灌浆期没有影响。

抽雄、吐丝是雌雄器官发育形成的标志，而玉米雌雄分化正处于对光照敏感的阶段。日照时数的变化会引起玉米生长点分化为雌雄器官这一过程发生的早晚和营养生长开始向开花结实过渡时间的长短，即影响到抽雄和吐丝的早晚。由于光照对雌雄分化所产生的影响不同，雌穗比雄穗更敏感，导致了雌雄间隔期的加大，雌雄严重不协调，导致ASI(散粉至吐丝间隔天数)值变大。

张凤路(2001)对热带、亚热带、温带和高原玉米品系，采用人工延长光照时间的方法，观测不同生态类型的玉米种质对光周期的敏感性反应。随着光照时间的延长，不同生态型玉米种质表现出相同的变化趋势，株高和穗位高增加，雄花开花期及叶片衰老期延迟，雌雄穗开花间隔加长，单株穗数降低，总叶片数增多。以雄穗开花期和总叶片数为重要考察指标，则不同生态类型种质对长光照的敏感性表现为温带玉米＜高原玉米＜亚热带玉米＜热带玉米。

张建国等(2009)以黑龙江省12个常用玉米品种及其亲本为试验材料，研究其光反应特性，通过对材料的每日阶段遮光处理结果的分析，缩短光照直接影响玉米品种的生育阶段。其中出苗至抽雄期遮光处理与正常光照的叶龄值差异显著，可作为衡量光反应特性的指标性状。缩短光照后使大部分玉米杂交种及自交系的花期提前，其中四早六、龙单21、绥玉7号、1134、龙系85、H172、4F1对光敏感；海玉4号、四单16、本育9号、合3444和自交系347、064、46光反应迟钝。遮光处理对品种形态性状株高、穗位高、叶片数及雄穗分枝数都有不同程度的影响。其影响大小程度依次为：穗位高＞株高＞雄穗分支＞叶片数。

当前对于热带、亚热带玉米种质的利用，常常通过混合选择或采用温带与热带种质的相互渗入杂交或回交选择，在改良外来种质的光周期敏感性的同时转移外来种质中的有利或稀有基因，由于光周期敏感性基因与优良基因的连锁不易打破，或由于种质相互导入引起种质遗传基础的混淆，光周期反应敏感性是利用外来热带、亚热带种质的最大障碍。

温热杂交种在整体上有较强的光敏感性。随着光照长度的增长，其生育期延长，雌雄花期不协调，植株、穗位增高，叶片数增加，果穗略有变长、变细，秃尖增长，单株产量降低。该类杂交种能较好地适应我国南方日照较短的光周期环境，对北方长日照的光周期环境适应性则差。

在高纬度地区，为了充分利用光热资源播期偏早，光温资源的利用率较高，达到90%以上，应当选育一些生育期较短的品种。而在低纬度地区由于光热资源比较充足，播期较晚，对光温资源的利用率偏低，只有60%多，应当选育生育期较长的品种。

(2)光强的影响　王洋等(2008)采用盆栽方法研究了光照强度对不同玉米品种生长发育和产量的影响。结果表明，2个玉米品种在全生育期遮光条件下株高、穗位增高，单株叶面积减小，开花日期延后，雄穗变短；干物质在根、茎、叶、穗等器官内的累积量降低，干物质在各器官中的分配存在差异；由于遮光处理减少行粒数和千粒重，导致玉米单株产量降低，"瑞秋"遮光处理比ck减产26.1%～28.1%，"郑单958"遮光处理比ck减产43.4%～45.9%。在单株水平上，"瑞秋"比"郑单958"具有较强的耐阴性。

甜、糯玉米是一种鲜食作物，为了能使糯玉米提早上市，多采用育苗温室移栽的栽培方式。但是育苗温室的棚膜及所吸附的灰尘有遮挡作用，温室内的光强远远低于棚外的光强，当幼苗移栽到大田后，光环境由低光转换为自然光照条件，幼苗的光合作用就要适应光环境的变化。

因此，玉米进行育苗时，不仅要注意通风降温，还要有适宜的光照强度。

郭建平等(2003)指出，采用简易塑料薄膜棚纸盘育苗法，棚内育苗期日照强度，晴天午间为 8 万 lx 左右，外面为 10 万 lx 左右。正午期间透光率为 75%左右，早、晚透光率为 60%左右，阴雨天气内外差别不大。

柯德森等(2013)在条件可控的密闭培养室中培养玉米幼苗，改变温度、光强及水分等培养条件，动态测量玉米幼苗的光合作用指标以及培养室环境空气中的羟基自由基水平。结果显示，在较低光照强度下，玉米幼苗叶片净光合速率、最大光化学量子产量、实际光化学量子产量、光化学淬灭系数均随着光强的上升而上升；当光强增大到某一程度时，各项指标开始下降，显示高光强下玉米幼苗出现了一定程度的光抑制。无论正常生长条件或低温及渗透胁迫环境下，玉米幼苗生长的培养室空气中羟基自由基水平均明显高于没有植物生长的对照培养室。光照强度没有达到引起光抑制出现的程度时，培养室环境中的羟基自由基水平随光强的变化不明显；当光强上升到引起玉米幼苗出现光抑制时，环境羟基自由基水平明显上升，并且随着光抑制程度的增加而升高。

姜玉娥(2015)认为，与生长在白光下的玉米幼苗相比，生长在遮阴条件下，玉米幼苗植株细长瘦弱，幼苗基部叶鞘颜色变浅，叶片颜色变浅，叶鞘伸长，叶间距增大，叶片长度增长，茎秆细长，株高明显增加。

3. 海拔的影响 玉米已成为湖北省第三大粮食作物，目前主要有鄂西山区春玉米区、鄂北岗地夏玉米区以及平原丘陵玉米区，其中鄂西山区的玉米种植区域在海拔 150～1300 m，在此范围内气温变化很大。有资料显示，不同海拔高度日平均温度稳定通过 12 ℃、16 ℃的日期大致为平均海拔每升高 100 m，日平均温度约向后推 3.0～4.5 d，结束日期向前移 3 d 左右，12 ℃为玉米播种期的下限温度；16 ℃为玉米灌浆阶段的下限温度。海拔愈高，温度愈低，有效积温愈少，玉米的生长期愈长。另外，在同一海拔高度条件下，不同坡向的温度差异也很大。晴天中午，阳坡比阴坡地面温度高 2 ℃以上。陈防等(1997)介绍，鄂西南山区平均海拔高度 1000 m 以上，形成了独特的农业生产环境条件。海拔每升高 100 m，气温下降 0.6 ℃；每升高 300 m，年降水量增加 100 mm。禹代林等(1999)认为，种植地点的海拔差异主要是通过影响气温来影响玉米的生育期，但在西藏地区海拔 3840 m 高处已可种植较早熟玉米。

霍仕平等(1995)研究纬度和海拔对西南春玉米区中熟玉米品种生育期的效应，对我国西南地区不同纬度不同海拔的 8 个中熟玉米品种主要生育阶段的时间变化与纬度和海拔高度的关系进行了分析。结果表明，从出苗至抽雄、出苗至吐丝、吐丝至成熟、播种至成熟的时间随纬度和海拔升高明显延长。当海拔高度不变，纬度每升高 1°，出苗至抽雄平均延长 2.1±0.0050 d，出苗至抽丝平均延长 2.3±0.0076 d，抽丝至成熟平均延长 1.1±0.0025 d，播种至成熟平均延长 3.9±0.0073 d；纬度不变，海拔每升高 100 m，抽丝至成熟和播种至成熟分别平均延长 1.4±0.110 d 和 2.1±0.0089 d，但对延长出苗至抽雄和出苗至抽丝时间的效应年度间可能会因播种期不同或季节性温度有变化而出现明显变异，变异系数分别为 25.5%和 29.7%。

张兴端等(2006)介绍，根据国家武陵山区 2003 年、2004 年玉米区域试验资料，分析了 25 个玉米品种(组合)的生育期和产量表现与海拔高度的对应变化关系。结果表明，生育期和产量与海拔高度的关系可用线性回归方程 $y=a+bx$ 来描述，随着海拔升高，生育期明显延长，产量明显增加。海拔每升高 100 m，2003 年生育期延长 3.55 d，产量增加 314.85 kg/hm^2；2004 年生育期延长 2.95 d，产量增加 193.20 kg/hm^2。

朱凤娟等(2014)介绍，为研究鄂西山区不同海拔高度与播期对甜玉米鄂甜玉4号生长的影响，摸索高山甜玉米种植制度，2012—2013年在湖北省宜昌市长阳县高山蔬菜基地5个不同海拔梯度点安排了鄂甜玉4号分期播种试验。从不同海拔不同播期甜玉米鄂甜玉4号田间物候期调查结果可以看出，同一播期随着海拔的升高，鄂甜玉4号播种至抽雄、播种至吐丝、播种到成熟的天数都逐渐延长。如2012年4月25日播种至成熟的生育期随着海拔的升高，后一个海拔梯度比前一个海拔梯度分别延长11 d、14 d、16 d、14 d。5月25日播种至成熟的生育期随着海拔的升高，后一个海拔梯度比前一个海拔梯度分别延长5 d、12 d、19 d、19 d。6月25日播种至成熟的生育期随着海拔的升高，后一个海拔梯度比前一个海拔梯度分别延长16 d、2 d、27 d、10 d。2013年4月25日播种至成熟的生育期随着海拔的升高，后一个海拔梯度比前一个海拔梯度分别延长5 d、10 d、16 d、7 d。5月25日播种至成熟的生育期随着海拔的升高，后一个海拔梯度比前一个海拔梯度分别延长9 d、5 d、27 d、2 d。6月25日播种至成熟的生育期随着海拔的升高，后一个海拔梯度比前一个海拔梯度分别延长10 d、5 d、26 d、10 d。结果表明，鄂西山区鄂甜玉4号种植适宜海拔为1200 m，适合的播期为4—5月，宜采用不同海拔梯度排开播种技术。

(二)栽培措施的影响

主要表现在播期的影响上。在同一播种季节，随着播种日期的推迟，生育期逐渐缩短，并且主要表现为营养生长阶段的缩短。

玉米产量的提高和品质的提升不仅与品质遗传因子密切相关，也依赖于栽培技术、环境条件，三者相辅相成，互相促进。合理有效的栽培措施不仅可以显著提高玉米的产量，还可以提升玉米的品质。玉米全生育期主要由播种、出苗、拔节、抽雄、成熟等不同时期组成，其中播种时期最为关键，影响着后期一系列生育期。播期对玉米的影响是在生长发育这段时期土壤、光、水和热等生态因素一起作用的结果。不同的品种都有适合自身生长的区域，也有较为适合的播种期。适宜的播种期不仅会使玉米在生长阶段充分利用光、温、水、肥等条件，为生长发育创造良好的外界环境，而且还会使玉米在产量形成的关键时期避开主要病害的高发期，提高适应逆境环境的能力，获得较高的产量。

但随着播期的推迟，玉米的全生育期缩短。刘明等(2009)通过对春玉米的生育期研究发现，相比早播，晚播会使春玉米播种期至拔节期、拔节期至大喇叭口期、开花期至蜡熟期分别缩短6 d、2 d、4 d。而气象条件的变化是使生育期随着播期的推迟而缩短的主要因素。李文科等(2013)利用2年时间研究播期对春玉米生长发育的影响，结果显示，春玉米的播期每延迟1 d，全生育期平均缩短0.8 d，播种至抽雄时间缩短显著。

金照光(2014)研究认为，适当早播增加有效积温延长玉米的有效生长期，实现降低籽粒含水量和充分成熟，是保证春玉米优质、高产、稳产的重要方法之一。播种期越晚玉米的生育期就会越短，随着播期的推迟环境因素也会改变，温度逐渐升高，从播种到出苗的天数也会相应减少，达到特定的生育期所需要的积温天数也会减少，各播期处理的每个生育期依次减短，生育进程也同样会加快。张厚宝(2009)认为，播种的时间越晚，玉米的生育期就越短，但是播种的时间过分提早不等同于会相应的早熟。刘玉兰(2006)介绍，玉米播种时间之间相差的天数与出苗时间相差的天数并不是等同的，它们之间的关系显示正相关；玉米雌雄穗开花时之间相差的天数不等于自交系播种期相差的天数，它们之间的关系呈正相关。通过适当早播、早促早管、适时晚收获，能使春玉米充分的成熟，是提高春玉米品质和产量的重要栽培措施。

王竹等(2006)认为，适时早播可以延长玉米生长发育的时间，植株生长所需物质量大，穗大粒多，根系发达，茎秆粗壮，有利于提升玉米产量。随着播种时间的推迟，节间距离逐渐增长，尽管叶片数量变化甚微，但植株却有明显的增高，穗位也随之升高、成穗概率逐渐降低、穗粒数显著下降、千粒重也呈现直线下降趋势。张云慈等(2014)研究指出，随着播种时间的延迟，玉米的株高、穗位都会有所降低，个体的生产能力有下降，播种越晚，玉米空秆率会逐渐升高。这与生育时期随播种日期推迟而缩短有直接的关系。李玲等(2012)研究指出，不同播种日期的玉米叶面积指数在全部生长时期总的变化为，拔节期到大喇叭口期增速变快，大喇叭口期至开花期增加趋势变得缓慢，在开花期后呈现下降趋势，播种时期较晚的玉米叶面积指数最大值往后推延。

宋凤斌等(2010)认为，播期的早晚会影响干物质的积累与分配，早播会延长生育期，所以早播的植株总的干物质积累量要大于晚播处理的植株，最晚播期的干物质积累量最低，适当早播会增加干物质积累。刘明等(2009)认为，播种时期会通过增长叶面积，也就是改变一部分光有效辐射截获率来增加干物质积累量，随着播期的延迟，春玉米干物质积累量随之减少。研究指出，在吐丝前晚播较早播的干物质积累较快，在吐丝后开始变慢。在吐丝前播种日期较晚处理的植株生长速率相对较快，到吐丝时候植株的生物量也相对较高，主要是因为节间长度、节间数和片数增加。播种越晚，玉米的生长发育越快，叶面积系数越小，植株越小，干物质量越少，玉米到达成熟的时间就越短，百粒重越小，最终产量也会不高。

播种时间对于玉米灌浆特性的影响也很大。冯素伟等(2009)介绍，随着播种日期的延迟，玉米灌浆期的周围环境因素不利于灌浆，灌浆期间日平均气温与粒重呈负相关。播期越晚籽粒灌浆线性增长到来的时间就越晚，灌浆速率变缓，粒重减轻。同时刘宗华等(2010)介绍，晚播处理的灌浆速率不足会出现突尖、空秆等现象，由于晚播生育期短灌浆时间也不够充分，所以晚播处理的产量要比早播处理的低，适当晚收也会增加灌浆时间，一定程度增加产量。曹国军(2011)研究指出，推迟播期不利于对籽粒蛋白质和脂肪的积累，适当早播可以增加籽粒当中的油分含量，而且适当的播期和较低的种植密度配合更能够提高籽粒的蛋白质和淀粉的含量。低密度和晚播会促进籽粒中脂肪的含量增加，而密度过高会对籽粒中脂肪的积累不利。

纪瑞鹏等(2012)指出，不同的播种日期对于玉米穗粒性状的影响非常显著，随着播种日期的延后，每穗的穗行数和每行的籽粒数量随着不断减少，百粒重和出籽率也随之减少。并且播种日期越晚，穗粗和穗长越有下降的趋势。刘战东等(2010)认为，随着播期的推迟玉米经济产量会随之下降，其中最主要原因就是百粒重的不断降低，穗粒数减少。早播处理之后延长了玉米生长发育时间并且使籽粒灌浆期处于较优越的光热条件下，明显提高了产量。陈辰等(2017)研究显示，播期每推迟 1 d，产量减少 0.7%～1.7%。

第二节　玉米生育过程的有关代谢

一、玉米的碳代谢

玉米是高光效 C4 作物，碳代谢不仅影响其生长发育进程，而且关系到产量的高低和品质的优劣。因此合理调控C素营养，对玉米的高产稳产优质至关重要。光合作用是玉米C代谢的一个重要部分。

（一）光合作用

光合作用是绿色植物通过叶绿素吸收日光能，利用CO_2和H_2O合成有机物，并将光能转换为化学能的过程。通常用下列公式表示：

$$6CO_2+6H_2O\xrightarrow[\text{叶绿体}]{\text{光}}C_6H_{12}O_6+6O_2$$

光合作用的意义在于把无机物转变为有机物；把光能转化为化学能，贮存在合成的有机化合物中；调节空气中的CO_2和O_2含量。光合作用是玉米植株生产的物质基础和能量基础，也是籽粒产量形成的物质基础和能量基础。玉米植株的干物质中，矿质元素只占5%左右，其余的95%是有机物质。这些有机物质都直接或间接来自光合作用，是产量形成的基础。从某种意义上说，玉米生产上的各种农业措施，最根本的出发点就是提高光合作用效率，使玉米有较大的光合叶面积，有效地利用太阳能，产生较多的光合产物，提高籽粒生产率，获得较高的产量。

1.光合作用的暗反应　光合作用是绿色植物最基本的生理活动。其全过程包括光反应和暗反应。光反应是水的光解；暗反应是CO_2的固定和循环，在一系列酶的参与下，完成循环过程，生成碳水化合物。

玉米是C4植物。暗反应的初始产物是4碳化合物，在叶肉细胞中完成反应。接着进入C3循环，即卡尔文循环，在一系列酶的作用下，形成最终产物。实现卡尔文循环要经过羧化阶段、还原阶段、再生阶段。C3循环在维管束壳细胞中完成。

（1）碳素同化途径的C4循环　CO_2同化是指植物利用光反应中形成的同化力，将CO_2转化为糖类的过程。高等植物的碳同化途径有三条，即C4途径、C3途径、CAM（景天酸代谢）途径。玉米的碳同化途径为C4途径（包括C3途径），因为C3途径是所有绿色植物光合作用碳素同化的基本途径，玉米是C4植物，也具有这一碳素同化途径。

玉米从外界引入的CO_2，被RUBP（核酮糖二磷酸）固定，在RUBP羧化酶的作用下，产生PGA（磷酸甘油酸），磷酸甘油酸在ATP（三磷腺苷）和$NADPH_2$（烟酰胺腺嘌呤二核苷酸磷酸）的作用下，被还原成GAP（磷酸甘油醛），GAP经过一系列的变化，最后再生成RUBP，往复进行，无机的CO_2即变成有机的碳水化合物。每循环一周，将一个CO_2分子同化为有机化合物，循环6周即可形成1个分子葡萄糖。由于这个循环中的第一个产物是三碳化合物，故称为C3循环。C3循环是在玉米维管束鞘细胞叶绿体中进行的。

玉米叶肉细胞质中的丙酮酸，在酶的作用下，可以产生磷酸烯醇式丙酮酸（PEP）就是C4植物中的CO_2的受体，PEP在磷酸烯醇式丙酮羧化酶的作用下，将来自外界的CO_2固定在PEP上形成草酰乙酸。从丙酮酸到PEP，再从PEP到草酰乙酸，这一循环是在叶肉细胞中进行的。

叶肉细胞经上述反应生成的草酰乙酸被NADPH还原生成苹果酸。苹果酸通过胞浆的胞间连丝从叶肉细胞转移到维管束细胞中，在苹果酸酶催化下脱羧生成丙酮酸和CO_2在维管束鞘细胞中，通过Rubisco进入C3循环。丙酮酸经过胞间连丝又回到叶肉细胞中，在丙酮酸磷酸二激酶催化下，转化成磷酸烯醇式丙酮酸。由于维管束鞘细胞呼吸放出的CO_2，可以被叶肉细胞通过C4途径固定，因此这种利用CO_2的效率特别高。其主要反应是：

$$磷酸烯醇式丙酮酸+CO_2 \longrightarrow 草酰乙酸+Pi$$

反应由磷酸烯醇式丙酮酸羧化酶(phosphoenol pyruvate carboxylase)催化(图 3-1)。

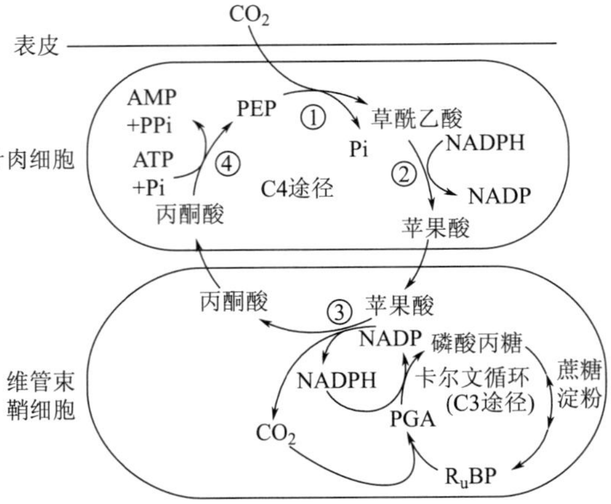

图 3-1 C4 途径与卡尔文循环(C3 途径)相互联系的图解(引自 Hatch,1981)

PEP 磷酸烯醇丙酮酸;AMP 腺苷-磷酸;ATP 腺苷三磷酸;PPi 焦磷酸;①PEP 羧化酶;②NADPH-苹果酸脱氢酶;③NADP-苹果酸酶;④丙酮酸、磷酸双激酶

玉米为了防止过多水分蒸发,常常关闭叶片上的气孔。这样使空气中的 CO_2 不易进入维管束鞘细胞中,Rubisco 不能保持其最大催化速度。玉米磷酸烯醇式丙酮酸羧化酶活性提高对 CO_2 有很高的亲和力,使叶肉细胞有效地固定和浓缩 CO_2,以苹果酸的形式转移至维管束鞘细胞中,使 Rubisco 保持其最大催化活性。玉米叶片气孔关闭不仅防止水分子出去,也防止 O_2 进来,而且产生的 CO_2 迅速被 C4 途径利用,使维管束鞘细胞中 CO_2/O_2 之比永远很高。积累干物质速度很快,光呼吸消耗少,因此玉米常被称为高产作物。

(2)碳素同化的关键酶 C3 途径的化学过程大致可分为三个阶段:即羧化阶段、还原阶段和再生阶段。在这一过程中的酶主要有羧化阶段的核酮糖二磷酸羧化酶(RUBPCase)、加氧酶和还原阶段 β-磷酸甘油酸激酶。C4 途径的主要酶有磷酸烯醇式丙酮酸羧化酶(Pepcase)、NADP-苹果酸脱氢酶和丙酮酸磷酸脱氢酶。

磷酸烯醇式丙酮酸羧化酶(PEPCase)和核酮糖二磷酸羧化酶(RUBPCase)是 C4 植物光合作用过程中最重要的两个酶,RUBPCase 的活性反映了 PSⅡ 的光化学效率,最终限制 CO_2 的固定。PEPCase 在 C4 植物的光合过程起 CO_2"泵"的作用。磷酸烯醇式丙酮酸羧化酶(PEPCase)和核酮糖二磷酸羧化酶(RUBPCase)对 CO_2 的亲和力相差很大,前者是后者的 60 倍,在 CO_2 浓度低时,更显著。

叶肉细胞与维管束鞘中的酶系统也有差别。叶肉细胞含有大量磷酸丙酮酸双激酶和磷式丙酮酸羧化酶,而含 1,5-二磷酸核酮糖羧化酶和乙醇酸氧化酶则较少;维管束鞘细胞所含的酶则与此相反。磷酸丙酮酸双激酶可以催化丙酮酸和三磷腺苷形成磷酸烯醇式酮酸,磷酸烯醇式丙酮酸羧化酶是卡尔文循环中最关键的酶,也是产生磷酸乙醇酸的酶,乙醇酸氧化酶是光呼吸的一种关键酶。

玉米叶片中的过氧化体只存在于维管束鞘细胞中,过氧化体少,乙醇酸氧化酶活性相对低,对有机物的氧化分解低。所有高等植物的光合细胞中都有过氧化物体,但 C3 植物叶肉细胞含过氧化物体较多,C4 植物叶肉细胞含过氧化物体则较少。过氧化物体位于叶绿体附近,它含有乙醇酸氧化酶和过氧化氢酶，能把由叶绿体运来的乙醇酸分解；乙醇酸氧化酶的活性低，光呼吸较弱。

在玉米的维管束鞘中 CO_2 和 O_2 的比值远大于小麦、水稻、大豆等 C3 作物。CO_2 和 O_2 的比值大的优势在于：维管束鞘中的核酮糖二磷酸羧化酶具有同化和异化双重性，在 CO_2 含量高时，同化反应作用强；在 O_2 含量高时，异化反应作用强。玉米维管束鞘中 CO_2 与 O_2 比值大，说明 CO_2 含量高，有利于核酮糖二磷酸羧化酶向合成方向反应。

2. 玉米的光饱和点和补偿点　玉米碳同化途径为 C4 循环，具有光补偿点低、光饱和点高的特点。植物的光合作用，在一定的光照强度范围内，随着光照强度的增大，光合作用强度也增大，吸收的 CO_2 多于放出的 CO_2，光合产物增加。当光照强度增加到一定程度，光合作用强度不再增加，这时的光照强度称为光饱和点。在光饱和点以下，随着光照强度的减弱，光合作用强度下吸收的 CO_2 也减少，当光照强度减弱到一定程度时，植物吸收的 CO_2 量等于呼吸放出的 CO_2 量，这时的光照强度称为光补偿点。

各种作物的光饱和点和光补偿点是不同的。小麦、水稻、大麦、大豆等 C3 植物的光饱和点为 3 万～8 万 lx；玉米等 C4 植物，光饱和点＞8 万 lx。光补偿点在各种植物中也不同，玉米的光补偿点很低，一般为 1000～3000 lx。玉米由于光饱和点高，光补偿点低，因此光能利用率高，有利于干物质积累，故其生长速度较快。

3. 玉米光合作用的影响因素　玉米的碳代谢除受到作物本身的遗传特性影响外，还受到光照、温度、CO_2 浓度、O_2 浓度、水分、矿质营养等环境因素的影响。玉米籽粒品质形成过程的实质即碳、氮及脂肪代谢过程。光合产物合成、转运、籽粒灌浆动态及关键酶作用等与品质形成密切相关。玉米群体光合效率受施 N 量、种植密度、株形以及库源关系等因素的影响。

(1)温度　玉米是喜温作物，尤其是在发育早期对冷害很敏感。当温度低于玉米最适生长温度时，光合速率和一些与光合作用相关的叶绿体合成、酶促反应、光合产物运输等都会受到负面的影响。低温还影响光合作用中光系统的修复能力，加剧光对光合作用的抑制。

光合作用的暗反应是由酶催化的化学反应，其反应速率受温度影响，因此温度也是影响光合速率的重要因素。在强光、高 CO_2 浓度下，温度对光合速率的影响比在低 CO_2 浓度下的影响更大，因为高 CO_2 浓度有利于暗反应的进行。昼夜温差对光合净同化率也有很大的影响。白天温度较高，日光充足，有利于光合作用进行；夜间温度较低，可降低呼吸消耗。因此，在一定温度范围内，昼夜温差大，有利于光合产物的积累。低温、干旱并发对光合效率和光合作用速率的负效应加大，光化效率降幅增大 2.5 倍，光合作用速率增大 15%左右，光化效率与光合作用速率两者呈显著正相关。谷岩等(2015)以玉米品种“东单 213”和“恒宇 709”为试验材料，研究低温对孕穗期玉米叶片气体交换、叶绿素荧光及碳代谢酶活性的影响。结果表明：低温条件下，叶片气体交换参数[光合速率(P_n)、蒸腾速率(T_r)和气孔导度(G_s)]、叶绿素荧光参数[最大光化学效率(F_v/F_m)、实际光化学效率(ΦPSⅡ)和光化学猝灭系数(qP)]、碳代谢相关酶[磷酸烯醇式丙酮酸(PEP)羧化酶、磷酸蔗糖合成酶(SPS)和蔗糖合成酶(SS)]活性均有不同程度的降低，温度越低，降幅越大；在相同温度和胁迫时间，各项指标以“东单 213”降幅最大。15 ℃下，“恒宇 709”的叶片蔗糖含量仅在第 7 d 显著低于对照，“东单 213”则在第 5 d 和 7 d 均显著低于对照。总体看，低温胁迫下玉米光合速率的下降可能与光系统Ⅱ反应中心伤害以及暗反应相关酶活性的降低有关。

高温也会对玉米光合作用造成不利影响。郭文建等(2014)研究了玉米在高温胁迫下叶片内叶绿素a、叶绿素b和类胡萝卜素等生理指标的变化。结果表明，高温胁迫下酶的活性降低，同时叶绿素的生成受抑制，因此，在高温胁迫下会导致叶绿素a、叶绿素b、叶绿素总量含量下降，且随着胁迫时间的增加这种变化愈加明显；伴随胁迫温度的升高，玉米叶片中的类胡萝卜素随着时间的延长而呈总体下降的趋势，当温度超过40 ℃时，下降趋势最为显著。

(2)光照强度　光照强度对玉米光合作用有显著影响。光照是光合作用的能量来源，是影响光合C循环中的光调节酶活性的重要因素，也是形成叶绿素的必要条件。强光下生长的叶片光饱和点和最大光合速率均比弱光下高，同时具有较大的光合潜力活性。

玉米是高光效作物，其群体产量取决于光合系统的大小和效率。玉米群体光合系统的大小和效率主要表现在绿色面积的大小、功能期长短、单位绿叶面积的光合效率、光合产物的干物质积累总量及分配到籽实器官的比例。一定范围内群体密度的调节能力可达35%，而叶面积指数(LAD)的自动调节能力为25%，但其可在一定程度上调节植株干物质的分配比例，从而影响产量。一般认为，较高的籽粒产量与较适宜的消光系数值相对应。玉米叶片的光合速率仅反映叶片的瞬时光合作用强度，棒三叶的净光合速率(P_n)较大，峰值出现在吐丝期。强光条件下，短波光成分多，有利于玉米生长发育，植株健壮，机械组织发达，小穗小花发育加快；长波光使玉米雌穗发育受抑制。密度越大，红、绿光为主；密度越稀，蓝、紫光为主。蓝光对叶绿素和碳水化合物的形成都有促进作用。冯颖竹等(2007)试验结果表明，遮光使玉米叶片的光合速率和蒸腾速率显著降低，但品种间差异不显著。

(3)水分　水分是光合作用的原料之一。但是，用于光合作用的水只占蒸腾失水的1%，因此缺水影响光合作用主要是间接原因。

轻度缺水会导致气孔导度下降，导致进入叶内的CO_2减少；光合产物输出变慢，光合产物在叶片中积累，对光合作用产生反馈抑制作用；光合机构受损，光合面积减少，作物群体的光合速率降低。水分过多也会影响光合作用，土壤水分过多，通气状况不良，根系活力下降，间接影响光合作用。

水分胁迫影响植物体的碳水化合物代谢。通常，源叶中淀粉水平下降，可溶性糖含量增加。水分胁迫对夏玉米各生育期C素代谢的自身规律影响较小，主要是改变C素同化、运转、分配的绝对量和分配率。

水分胁迫使夏玉米叶片叶绿素含量和光合性能降低，叶面积系数和同化物合成减少，显著降低籽粒产量。干旱条件下各营养器官花前贮藏物质运转量(率)和贮藏物质总运转量(率)的变化依器官表现不尽一致，夏玉米乳熟始期光合产物向根、茎、叶、鞘的分配急剧下降，同化物主要供应储藏器官。干旱条件下物质向营养器官分配比例增加，而向生殖器官分配减少。散粉后叶片和茎秆的干物质逐渐向籽粒转移，转移率可达20%左右。茎干物质转移量高于根和叶的转移量。冯晓钰等(2018)试验结果显示，当叶片含水量减小到70.30%时，叶片净光合速率为零，是叶片光合生理活性的一个重要转折点。

(4)CO_2浓度　强光和高浓度CO_2有利于蔗糖和淀粉的形成，而弱光则有利于谷氨酸、天冬氨酸和蛋白质的形成。在低浓度CO_2条件下，CO_2浓度是光合作用的限制因子，在饱和阶段，CO_2受体的量，即RUBP羧化酶的再生速率成了影响光合速率的因素。孙加伟等(2009)以沈糯3号为研究材料，利用开顶式气室(OTCs)法研究了CO_2浓度升高处理下，玉米叶片叶绿素含量、光合生理特性及其籽粒产量的变化，揭示CO_2浓度升高对玉米光合生理特性及籽粒产量的影响机理。结果表明，在整个生育期内，与对照相比，高浓度CO_2处理下，玉米叶片叶绿素 a、叶绿素 b 及叶绿素(a+b)的含量增加，而叶绿素 a/b 的值则先升高后降低；在整个处理期间，净光合速率均高于对照($P>0.05$)，升高幅度为 12.6%～71.1%，气孔导度低于对照($P>0.05$)，其降低幅度为 2.9%～18.8%。处理至抽雄期和灌浆期，胞间 CO_2 浓度分别增加 152%和 161%，均极显著高于对照($P<0.01$)；蒸腾速率的变化较小。高浓度 CO_2 处理下，玉米穗粒数和穗粒重均明显高于对照($P<0.05$)。CO_2 浓度升高在一定程度上促进了玉米的光合作用，从而使玉米籽粒产量增加。

(5)矿质营养　氮素不仅是作物营养的三大要素之一，也是植物体内蛋白质、核酸、酶、叶绿素等以及许多内源激素或其前提物质的组成部分。氮是植物体最重要的结构物质，参与调控植物体生化反应的关键物质酶及其辅基的合成。氮素是植物需求量最大的矿质营养元素，植物叶片氮素含量的 75%用于构建叶绿体，其中大部分参与光合作用，所以氮素缺乏常常会成为植物生长的限制因子。

磷是植物生长发育的必需元素，它参与光合作用各个环节(包括光能吸收、同化力的形成、卡尔文循环、同化产物的运输以及对一些关键性酶活性的影响等)的调节，在提高作物光合能力和缓减逆境胁迫中起重要作用。

(6)种植密度和种植形式　徐庆章等(1995)研究结果表明，同一基因型的不同株形对玉米群体光合速率有显著影响，如株形变得紧凑时，可提高光合速率，且其效应随密度增大而愈加明显。李少昆等(1998)认为，雌穗大小与单叶光合效率之间存在显著正相关关系。单株叶面积(LA)、叶片叶绿素含量、光合速率、呼吸速率均随种植密度增加而降低；而叶面积指数(LAI)、群体叶面积持续期(LAD)则随种植密度增加而增加。去叶改变源库比虽使单叶的 P_n 上升、净同化率增加，但造成群体光合速率下降，可溶性糖降低，去穗后则净光合效率也明显下降。李金凤(2017)通过试验数据分析，表明隔行深松处理能够显著提高玉米叶片光合能力。

(7)施肥　叶面积大小是导致冠层特征变化的主导因子，增施氮肥可增加 LAI 和叶面积持续期(LAD)，进而增加群体光合和籽粒产量。同时，叶片含氮量对光合能力的影响很大，主要是通过羧化作用有关酶的含量而起作用的。氮肥的及时补充特别是保证开花后充足的肥水供应有利于植株光合生理活性的改善。增施氮肥可显著提高旗叶叶绿素含量和光合速率，延长旗叶光合速率高值持续时间，有利于粒重的提高。适量增施氮肥可以促进营养器官贮存性同化物向籽粒的运转，增加占粒重的比例，提高籽粒可溶性糖含量，促进淀粉积累，进而增加粒重。过量施用氮肥虽促进了开花后玉米的碳素同化，但不利于营养器官贮存性同化物向籽粒中的再分配，籽粒可溶性糖含量减少，影响淀粉积累，导致粒重降低。适宜氮、钾用量下，玉米叶片可溶性蛋白质含量高，RUBP 羧化酶和 PEP 羧化酶活性较强。吕静瑶等(2017)以屯玉 99、潞玉 19、先玉 335 三个品种为例，设置 3 个不同施氮水平，通过大田试验和室内指标的测定，分析不同施氮量条件下 3 种氮效率基因型玉米籽粒不同部位碳氮代谢状况。研究结果表明，屯玉 99 和先玉 335 在 240 kg/hm^2 施氮水平下籽粒发育最具优势，潞玉 19 在 160 kg/hm^2 施氮水平下籽粒发育良好，且潞玉 19 顶部籽粒对氮素最为敏感。不同氮效率基因型玉米籽粒碳代谢均表现为施氮>不施氮；中下部>顶部。生产中可通过合理施氮提高玉米籽粒总可溶性糖和蔗糖的含量，促进淀粉的合成，提高玉米产量。赵福成等(2013)研究不同施氮量对甜玉米产量、品质和蔗糖代谢酶活性的影响。结果表明，氮肥对甜玉米质构特性有较大影响，施氮量增多，籽粒的硬度显著增加；脆性随着施氮量的增加表现出先升高后降低的趋势，其中以氮肥用量在纯氮为 225 kg/hm^2 最大。籽粒中蔗糖磷酸合成酶(SPS)和蔗糖合成酶(SS)合成方向活性的变化趋势与蔗糖含量变化一致，SS 分解方向活性随籽粒灌浆进程逐渐变大。合理施氮可提高甜玉米籽粒中 SPS 和 SS 合成方向活性，增加糖分，改善品质。

(8)灌溉　光合作用作为光合物质生产和产量形成的重要因素，是抗旱生理研究的重点之一。大量研究表明，作物光合作用对水分胁迫反应敏感，光合速率随胁迫加强不断下降，是作物后期受旱减产的主要原因。水分胁迫下作物叶片叶绿素含量不仅是衡量作物耐旱性的重要生理指标之一，而且也直接关系着作物的光合同化过程。

玉米充分供水具有最大的干物质累积量和正常的 C 素代谢，合理的水分供应促进玉米植株生育前期总生物量的积累以及生育后期干物质从营养体向籽粒的转移，成熟期营养器官中的非结构性碳水化合物滞留少，向籽粒中的运转彻底，可获得较高籽粒产量。

(二)呼吸作用

呼吸作用是将植物体内的物质不断分解的过程，是新陈代谢的异化作用方面。呼吸作用释放的能量供给各种生理活动的需要，它的中间产物在植物体各主要物质之间的转变起着枢纽作用。

呼吸的生理意义主要表现在下列两方面：

一是呼吸作用提供植物生命活动所需要的大部分能量。呼吸作用释放能量的速度较慢，而且逐步释放，适合于细胞利用。释放出来的能量，一部分转变为热能而散失掉，一部分以 ATP 等形式贮存着。以后当 ATP 等分解时，就把贮存的能量释放出来，供植株生理活动的需要。植株对矿质营养的吸收和运输、有机物的运输和合成、细胞的分裂和伸长、植株的生长和发育等，无一不需要能量。任何活细胞都在不停地呼吸，呼吸停止则意味着死亡。

二是呼吸过程为其他化合物合成提供原料。呼吸过程产生一系列的中间产物，这些中间产物很不稳定，成为进一步合成植物体内各种重要化合物的原料，也就是在植物体内有机物转变中起着枢纽作用。

植物呼吸作用糖的分解代谢途径包括糖酵解途径、三羧酸循环和戊糖磷酸途径。

1. 糖酵解途径　糖酵解亦称为 EMP 途径，指胞质溶胶中葡萄糖在一系列酶作用下逐步降解氧化形成丙酮酸的过程。糖酵解的化学反应如图 3-2，可分为 3 个阶段：

(1)己糖的磷酸化　这个阶段是淀粉或己糖活化，消耗 ATP，将果糖活化为果糖-1，6-二磷酸，为裂解成 2 分子丙糖磷酸做准备。

(2)己糖磷酸的裂解　这个阶段反应包括己糖磷酸裂解为 2 分子丙糖磷酸，即甘油醛-3-磷酸和二羟丙酮磷酸以及两者之间的相互转化。

(3)ATP 和丙酮酸的生成　这个阶段甘油醛-3-磷酸氧化释放能量，经过甘油磷酸、烯醇丙酮酸磷酸，形成 ATP 和 $NADH+H^+$，最终生成丙酮酸，因此这个阶段也称为氧化产能阶段。由于底物的分子磷酸直接转到 ADP 而形成 ATP，所以一般称之为底物水平磷酸化。

糖酵解过程中的氧化分解没有分子氧参与，其所需的氧是来自组织内的含氧物质，即水分子和被氧化的糖分子，因此糖酵解也称为分子内呼吸。

根据上列反应，糖酵解的反应可归纳为：

$$\text{葡萄糖}+2NAD^{+}+2ADP+2Pi \longrightarrow 2\,\text{丙酮酸}+2NADH+2H^{+}+2ATP+2H_2O$$

在无氧条件下糖酵解中形成的丙酮酸常脱羧形成乙醛，后者再被还原成乙醇(酒精)，因而这个过程也称酒精发酵。

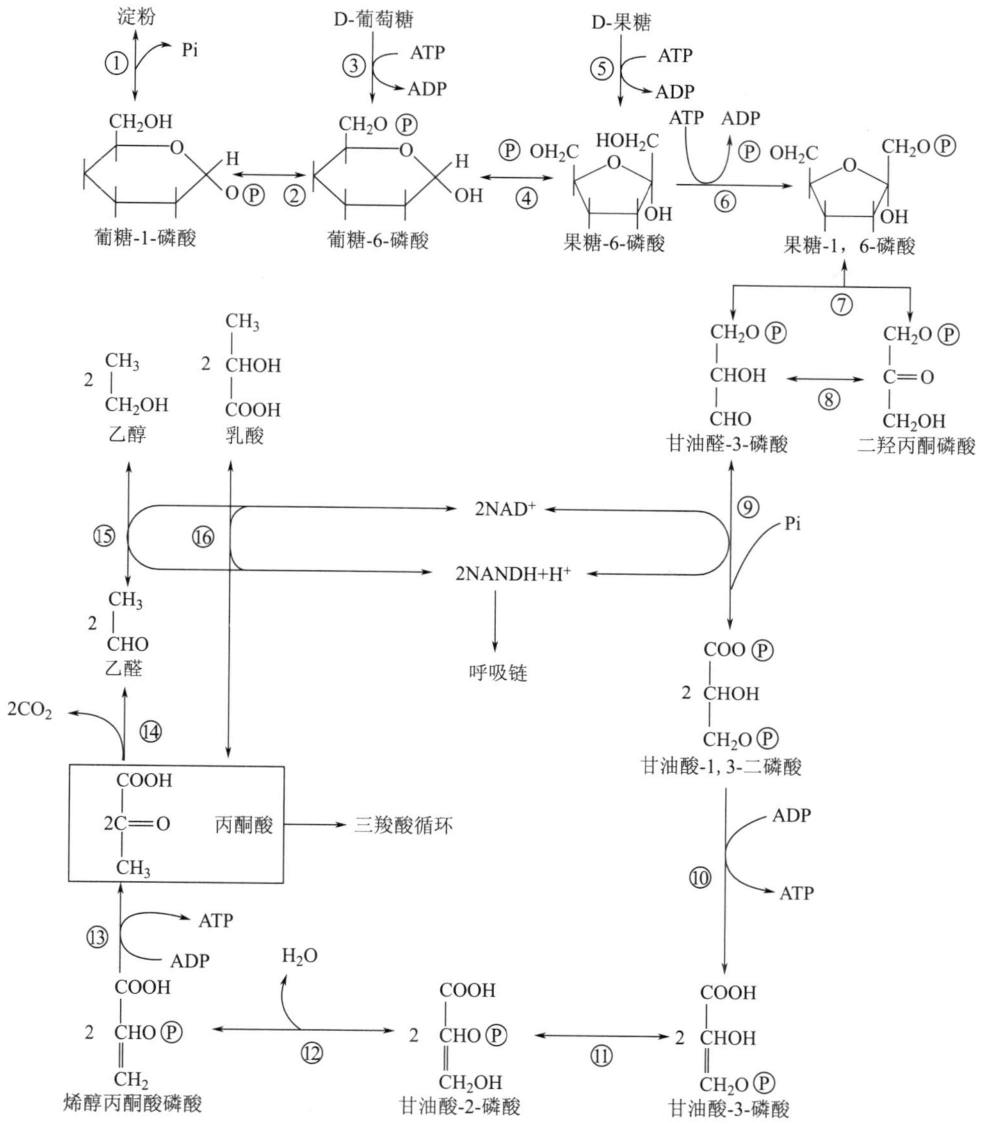

图 3-2　糖酵解和发酵的途径(潘瑞炽,2008)

参加各反应的酶:①淀粉磷酸化酶,②葡糖磷酸变位酶,③己糖激酶,④葡萄糖磷酸异构酶,⑤果糖激酶,⑥果糖磷酸激酶,⑦醛缩酶,⑧丙糖磷酸异构酶,⑨甘油醛磷酸脱氢酶,⑩甘油磷酸激酶,⑪甘油酸磷酸变位酶,⑫烯醇酶,⑬丙酮酸激酶,⑭丙酮酸脱羧酶,⑮乙醇脱氢酶,⑯乳酸脱氢酶

丙酮酸也可在乳酸脱氢酶作用下被还原成乳酸,这个过程称为乳酸发酵。

以上两种还原过程中所需的 NADH 都由糖酵解中甘油醛-3-磷酸脱氢氧化形成的 NADH 提供。丙酮酸也可从细胞溶质转移到线粒体衬质,在有氧条件下进一步氧化分解。

2. 三羧酸循环　三羧酸循环(tricarboxylic acid cycle,TCA 循环,TCA)是呼吸作用的主要代谢途径之一。三羧酸循环也称为柠檬酸循环(citric acid cycle)、Krebs 循环,是用于将乙酰 CoA 中的乙酰基氧化成二氧化碳和还原当量的酶促反应的循环系统,该循环的第一步是由乙酰 CoA 与草酰乙酸缩合形成柠檬酸。反应物乙酰辅酶 A(Acetyl-CoA)是糖类、脂类、氨基酸代谢共同的中间产物，进入循环后会被分解最终生成产物二氧化碳并产生 H，H 将传递给辅酶Ⅰ--烟酰胺腺嘌呤二核苷酸(NAD^+)和黄素腺嘌呤二核苷酸(FAD)，使之成为 $NADH+H^+$ 和 $FADH_2$。$NADH+H^+$ 和 $FADH_2$ 携带 H 进入呼吸链，呼吸链将电子传递给 O_2 产生水，同时偶联氧化磷酸化产生 ATP，提供能量(图 3-3)。

反应式为：

$$\text{Acetyl-CoA}+3NAD+FAD+GDP+Pi+2H_2O \longrightarrow \text{CoA-SH}+3NADH+3H+FADH_2+GTP+2CO_2$$

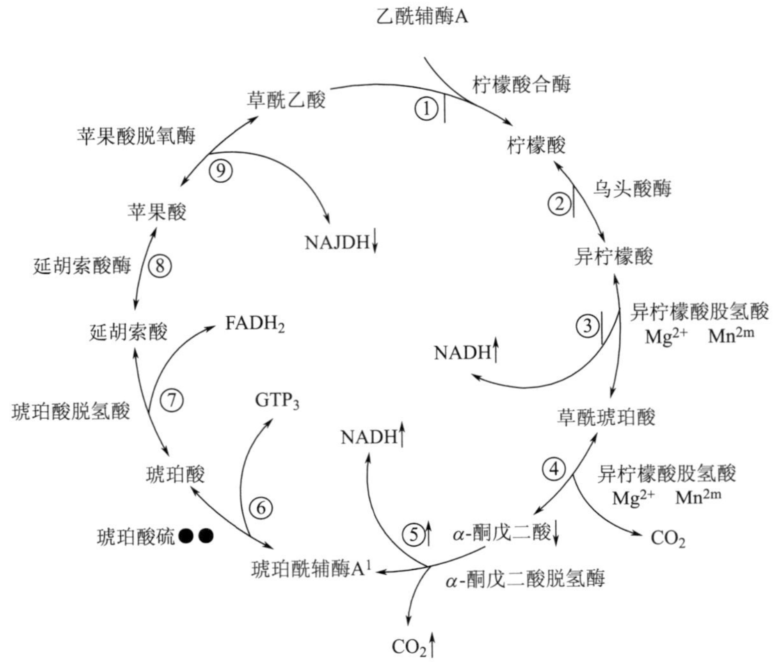

图 3-3　三羧酸循环(Taiz 等，2002)

循环过程如下：

(1)乙酰-CoA 进入三羧酸循环　乙酰 CoA 具有硫酯键，乙酰基有足够能量与草酰乙酸的羧基进行醛醇型缩合。首先柠檬酸合酶的组氨酸残基作为碱基与乙酰-CoA 作用，使乙酰-CoA 的甲基上失去一个 H^+，生成的碳阴离子对草酰乙酸的羰基碳进行亲核攻击，生成柠檬酰-CoA 中间体，然后高能硫酯键水解放出游离的柠檬酸，使反应不可逆地向右进行。该反应由柠檬酸合酶催化，是很强的放能反应。由草酰乙酸和乙酰-CoA 合成柠檬酸是三羧酸循环的重要调节点，柠檬酸合酶是一个变构酶，ATP 是柠檬酸合酶的变构抑制剂，此外，α-酮戊二酸、NADH 能变构抑制其活性，长链脂酰-CoA 也可抑制它的活性，AMP 可对抗 ATP 的抑制而起激活作用。

(2)异柠檬酸形成　柠檬酸的叔醇基不易氧化，转变成异柠檬酸而使叔醇变成仲醇，就易于氧化，此反应由顺乌头酸酶催化，为一可逆反应。

(3)第一次脱氢——异柠檬酸脱氢酶　在异柠檬酸脱氢酶作用下，异柠檬酸的仲醇氧化成羰基，生成草酰琥珀酸的中间产物，后者在同一酶表面，快速脱羧生成 α-酮戊二酸、NADH 和 CO_2，此反应为 β-氧化脱羧，此酶需要镁离子作为激活剂。此反应是不可逆的，是三羧酸循环中的限速步骤，ADP是异柠檬酸脱氢酶的激活剂，而ATP、NADH是此酶的抑制剂。

（4）第二次脱氢——α-酮戊二酸脱氢酶　在α-酮戊二酸脱氢酶系作用下，α-酮戊二酸氧化脱羧生成琥珀酰-CoA、NADH・H^+和CO_2，反应过程完全类似于丙酮酸脱氢酶系催化的氧化脱羧，属于α-氧化脱羧，氧化产生的能量中一部分储存于琥珀酰CoA的高能硫酯键中。α-酮戊二酸脱氢酶系也由三个酶（α-酮戊二酸脱羧酶、硫辛酸琥珀酰基转移酶、二氢硫辛酸脱氢酶）和五个辅酶（tpp、硫辛酸、hscoa、NAD^+、FAD）组成。此反应也是不可逆的。α-酮戊二酸脱氢酶复合体受ATP、GTP、NADH和琥珀酰-CoA抑制，但其不受磷酸化/去磷酸化的调控。

（5）底物磷酸化生成ATP　在琥珀酸硫激酶的作用下，琥珀酰-CoA的硫酯键水解，释放的自由能用于合成ATP，此时，琥珀酰-CoA生成琥珀酸和辅酶A。

（6）第三次脱氢——琥珀酸脱氢酶　琥珀酸脱氢酶催化琥珀酸氧化成为延胡索酸。该酶结合在线粒体内膜上，而其他三羧酸循环的酶则都是存在线粒体基质中的，该酶含有铁硫中心和共价结合的FAD，来自琥珀酸的电子通过FAD和铁硫中心，然后进入电子传递链到O_2，丙二酸是琥珀酸的类似物，是琥珀酸脱氢酶强有力的竞争性抑制物，所以可以阻断三羧酸循环。

（7）延胡索酸的水化　延胡索酸酶仅对延胡索酸的反式双键起作用，而对顺丁烯二酸则无催化作用，因而是高度立体特异性的。

（8）第四次脱氢——苹果酸脱氢酶（草酰乙酸再生）　在苹果酸脱氢酶作用下，苹果酸仲醇基脱氢氧化成羰基，生成草酰乙酸，NAD^+是脱氢酶的辅酶，接受氢成为NADH・H^+。

三羧酸循环实际是糖、脂、蛋白质等有机物在生物体内末端氧化的共同途径。三羧酸循环既是分解代谢途径，但又为一些物质的生物合成提供了前体分子。如草酰乙酸是合成天冬氨酸的前体，α-酮戊二酸是合成谷氨酸的前体。一些氨基酸还可通过此途径转化成糖。呼吸作用之所以能成为植物体内各种物质相互转变的枢纽，也是因此。

戊糖磷酸途径在细胞溶质内进行，是葡萄糖直接氧化，并通过3种戊糖磷酸降解的过程。

糖酵解和三羧酸循环中所产生的NADH＋H^+不能直接与游离的氧分子结合，需要经过电子传递链传递后，才能与氧结合生成水。电子传递链，亦称呼吸链，就是呼吸代谢中间产物的电子和质子，沿着一系列有顺序的电子传递体组成的电子传递途径，传递到分子氧的总过程。组成电子传递链的传递体可分为氢传递体和电子传递体。氢传递体传递氢（包括质子和电子，以$2H^+ + 2e^-$表示），其作为脱氢酶的辅助因子，有以下几种：NAD（辅酶Ⅰ）、NADP（辅酶Ⅱ）、黄素单核苷酸（FMN）和黄素腺嘌呤二核苷酸（FAD），它们都能进行氧化还原反应。电子传递体是指细胞色素体系和铁硫蛋白（Fe-S），它们只传递电子。

戊糖磷酸途径在细胞溶质内进行，是葡萄糖直接氧化，并通过3种戊糖磷酸降解的过程。

以上3条呼吸途径在植物体内可同时进行，但糖酵解-三羧酸循环途径在呼吸作用中常占较大比重。

3. 玉米的CO_2饱和点和补偿点　玉米具有CO_2利用率高的特点。随着CO_2浓度的增高光合速率增加，当光合速率与呼吸速率相等时，外界环境中的CO_2浓度即为CO_2补偿点；当CO_2浓度继续提高，光合速率随着CO_2浓度的增加变慢，当CO_2浓度达到某一范围时，光合速率达到最大值（P_m），光合速率开始达到最大值时的CO_2浓度被称为CO_2饱和点。

玉米在光合作用中要求CO_2的最低浓度即CO_2的补偿点为$5\times10^{-6}\sim10\times10^{-6}$，而C3作物则为$50\times10^{-6}\sim150\times10^{-6}$。通过对不同年代推广的玉米品种研究，有关专家认为，现代品种产量高是因为其个体表现出较高的光合速率与光能利用效率，开花后群体光合速率下降缓慢,具有高值持续期长的特点,叶片光合色素与碳同化关键酶降解缓慢,维持较高生理活性的时间较长。

二、氮代谢

(一)氮素的吸收和同化　氮为玉米结构组分元素,主要构成蛋白质、核酸、叶绿素、酶、辅酶、辅基、维生素、生物碱、玉米激素、酰脲。氮常以硝态氮、铵态氮和酰胺态被玉米吸收。旱田作物以吸收硝酸盐为主,玉米吸收硝酸盐为主动吸收,受载体作用的控制,要有 H 泵、ATP 酶参与。铵态氮的吸收机制目前还不太清楚。

1. 铵态氮的吸收与同化　根系吸收的氮通过蒸腾作用由木质部输送到地上部器官。玉米吸收的铵态氮绝大部分在根系中同化为氨基酸,并以氨基酸、酰胺形式向上运输。

当植物吸收铵盐的氨后,或者当植物所吸收的硝酸盐还原成氨后,氨立即被同化。游离氨(NH_3)的量稍微多一点,即毒害植物,因为氨可能抑制呼吸过程中的电子传递系统,尤其是 NADH。氨的同化包括谷氨酰胺合成酶、谷氨酸合酶和谷氨酸脱氢酶等途径(图 3-4)。

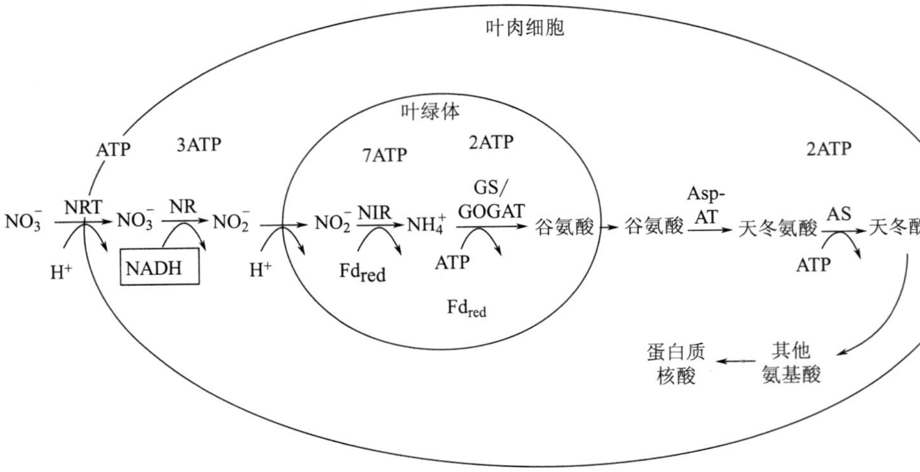

图 3-4　叶片氮同化过程(潘瑞炽,2008)

(1)谷氨酰胺合成酶途径　在谷氨酰胺合成酶(glutamine synthetase,GS)作用下,并以 Mg^{2+}、Mn^{2+} 或 Co^{2+} 为辅因子,铵与谷氨酸结合,形成谷氨酰胺。这个过程是在细胞质、根部细胞的质体和叶片细胞的叶绿体中进行的。

(2)谷氨酸合酶途径　谷氨酸合酶(glutamate synthase)又称谷氨酰胺-α-酮戊二酸转氨酶(glutamine α-ketoglutarate aminotransferase, GOGAT),它有 NADH-GOCAT 和 Fd-GOGAT 两种类型,分别以 NAD＋H^+ 和还原态的 Fd 为电子供体,催化谷氨酰胺与 α-酮戊二酸结合,形成 2 分子谷氨酸,此酶存在于根部细胞的质体、叶片细胞的叶绿体及正在发育的叶片中的维管束。

(3)谷氨酸脱氨酶途径　铵也可以和 α-酮戊二酸结合,在谷氨酸脱氢酶(glutamate dehydrogenase,GDH)的作用下,以 NAD(P)H＋H^+ 为氢供给体,还原为谷氨酸。但是,GDH 对 NH_3 的亲和力很低,只有在体内 NH_3 浓度较高时才起作用。GDH 存在于线粒体和叶绿体中。

(4)氨基交换作用　植物体内通过氨同化途径形成的谷氨酸和谷氢酸胺可以在细胞质、叶绿体、线粒体、乙醛酸体和过氧化物酶体中通过氨基交换作用(transamination)形成其他氨基酸或酰胺。例如，谷氨酸与草酰乙酸结合，在天冬氨酸转氨酶(aspartate aminotransferase, Asp-AT)的催化下，形成天冬氨酸；又如，谷氨酰胺与天冬氨酸结合，在天冬酸胺合成酶(asparagine synthetase, AS)的作用下，合成天冬酰胺和谷氨酸。

2. 硝态氮的吸收与同化　高等植物不能利用空气中的氮气，仅能吸收化合态的氮。植物可以吸收氨基酸、天冬酰胺和尿素等有机氨化物，但是植物的氮源主要是无机氮化物，而无机氮化物中又以铵盐和硝酸盐为主，它们广泛地存在于土壤中。植物从土壤中吸收铵盐后，即可直接利用它去合成氨基酸。如果吸收硝酸盐，则必须经过代谢还原(metabolic reduction)才能利用，因为蛋白质的氮呈高度还原状态，而硝酸盐的氮却是呈高度氧化状态。玉米吸收的硝态氮以硝酸根或在根系中同化为氨基酸再向上运输。韧皮部运输的含氮化合物主要是氨基酸。玉米吸收的硝酸盐在玉米根或叶细胞中利用光合作用提供的能量或利用糖酵解和三羧酸循环过程提供的能量还原为亚硝态氮，继而还原为氨，这一过程称为硝酸盐还原作用，在植株体内参与各种代谢物质的生成。

一般认为，硝酸盐还原是按下列几个步骤进行的，每个步骤增加两个电子。第一步骤是硝酸盐还原为亚硝酸盐，中间两个步骤(次亚硝酸和羟氨)仍未肯定，最后还原成氮。

硝酸盐还原成亚硝酸盐的过程是由细胞质中的硝酸还原酶(nitrate reductase)催化的，它主要存在于高等植物的根和叶子中。硝酸还原酶的亚基数目视植物种类而异，相对分子质量为 $200\times10^3\sim500\times10^3$，也因植物种类而异。每个单体由 FAD、$Cytb_{557}$ 和 MoCo(钼辅因子，molybdenum cofactor)等组成，它们在酶促反应中起着电子传递体的作用。在还原过程中，电子从 NAD(P)H 传至 FAD，再经 Cytb 传至 MoCo，然后将硝酸盐还原为亚硝酸盐。

硝酸还原酶整个酶促反应可表示为：

$$NO_3^- + NAD(P)H + H^+ + 2e^- \longrightarrow NO_2^- + NAD(P)^+ + H_2O$$

硝酸还原酶是一种诱导酶(或适应酶)。所谓诱导酶(或适应酶)，是指植物本来不含某种酶，但在特定外来物质的诱导下，可以生成这种酶，这种现象就是酶的诱导形成(或适应形成)，所形成的酶便叫做诱导酶(induced enzyme)或适应酶(adaptive enzyme)。前人实验证明，水稻幼苗如果培养在硝酸盐溶液中，体内即生成硝酸还原酶；如把幼苗转放在不含硝酸盐的溶液中，硝酸还原酶又逐渐消失，这是高等植物内存在诱导酶的首例报道。亚硝酸盐还原成铵的过程，是由叶绿体或根中的亚硝酸还原酶(nitrite reductase)催化的，其酶促过程如下式：

$$NO_2^- + 6Fd_{red} + 8H^+ + 6e^- \longrightarrow NH_4^+ + 6Fd_{ox} + 2H_2O$$

从叶绿体和根的质体中分离出亚硝酸还原酶，它含有两个辅基，一个是铁-硫簇(Fe_4S_4)，另一个是特异化血红素。它们与亚硝酸盐结合，直接还原亚硝酸盐为铵。

(二)氨基酸的生物合成

氨基酸的生物合成是一种把氮转化为有机化合物的过程。植物从土壤中吸收的硝酸盐首先要被还原为亚硝酸盐，这一过程是在细胞质中由硝酸还原酶(NR)催化进行的，NR 是植物氮同化的限速酶，是植物氮同化的关键步骤。亚硝酸盐进一步在亚硝酸还原酶的作用下转变为铵，该过程是在亚硝酸还原酶(NiR)的作用下在叶绿体和前质体中进行的，亚硝酸还原酶是由 2 个亚基铁硫簇(Fe_4S_4)和西罗血红素组成。在亚硝酸盐的还原过程中，来自光合链的 Fd_{ox}

是电子的供体，将 NO^{2-} 进一步还原为 NH^{4+}。由亚硝酸盐转变而来的 NH^{4+} 立即进入谷氨酸合酶循环转变为可以被植物直接利用的有机态氮，该过程是在谷氨酰胺合成酶和谷氨酸合酶两个关键性酶的催化下进行的。首先，NH^{4+} 在谷氨酰胺合成酶的作用下与谷氨酸结合形成谷氨酰胺，该过程是在叶绿体、细胞质或根细胞质体中进行的。谷氨酰胺进一步在谷氨酸合酶的作用下与 α-酮戊二酸结合形成谷氨酸。谷氨酸合酶有 NADH-GOGAT 和 Fd-GOGAT 两种类型，前者主要存在于高等植物的光合细胞中，以 NADH 为电子供体，活性较高；后者在高等植物光合细胞和非光合细胞中均存在，以还原态的 Fd 为电子供体活性较低。除此之外，NH^{4+} 还可以由存在于叶绿体和线粒体中的谷氨酸脱氢酶由 NADH 提供电子还原为谷氨酸。但是，谷氨酸脱氢酶与 NH^{4+} 的亲和度较低，只有当植物细胞中 NH^{4+} 浓度较高时才会发挥作用。谷氨酸是植物体内其他氨基酸和酰胺的合成前体，它在植物中的过氧化物酶体、叶绿体、线粒体、细胞质等部位通过氨基交换作用合成其他氨基酸和酰胺，最终形成植物可以直接利用的氮素化合物。

(三)蛋白质的生物合成

蛋白质是基因表达的最终产物，它的生物合成是一个复杂的过程，主要包括：

1. 翻译的起始 核糖体与 mRNA 结合并与氨基酰-RNA 生成起始复合物。

2. 肽链的延伸 由于核糖体沿 mRNA5′端向 3′端移动，开始了从氮端向碳端的多肽合成，这是蛋白质合成过程中速度最快的阶段。

3. 肽链的终止及释放 核糖体从 mRNA 上解离，准备新一轮合成反应。核糖体是蛋白质合成的场所，mRNA 是蛋白质合成的模板，转运 RNA 是模板与氨基酸之间的接合体。此外，在合成的各个阶段还有许多蛋白质、酶和其他生物大分子参与。例如，在真核生物细胞中有 70 种以上的核糖体蛋白质，20 种以上的氨酰-RNA 合成酶(AA-tRNA synthetase)，10 多种起始因子、延伸因子及终止因子，50 种左右 RNA 及各种 rRNA、mRNA 和 100 种以上翻译后加工酶参与蛋白质合成和加工过程。蛋白质合成是一个需能反应，要有各种高能化合物的参与。据统计，在真核生物中有将近 300 种生物大分子与蛋白质的生物合成有关，细胞所用来进行合成代谢总能量的 90%消耗在蛋白质合成过程中，而参与蛋白质合成的各种组分约占细胞干重的 35%在真核生物细胞核内合成的 mRNA，只有被运送到细胞质基质才能被翻译生成蛋白质。所谓翻译是指将 mRNA 链上的核苷酸从一个特定的起始位点开始，按每 3 个核苷酸代表一个氨基酸的原则，依次合成一条多肽链的过程。尽管蛋白质合成过程十分复杂，但合成速度却高得惊人，如大肠杆菌只需要 5s 就能合成一条由 100 个氨基酸残基组成的多肽，而且每个细胞中成百上千个蛋白质的合成都是有条不紊地协同进行的。

(四)玉米氮代谢的影响因素

1. 氮素形态对氨代谢的影响 氮肥对提高作物产量和品质以及生产效率是极重要的，通过硝化作用阳离子 NH_4^+ 可化为阴离子 NO_3^-，由于淋溶作用和反硝化作用 NO_3^- 很易损失掉。玉米产量对氮素化肥的反应是随施氮量的变化而变化的。铵态氮和硝态氮为植物氮素营养的重要形态，玉米对二者吸收的相对比例，植株的前期以吸收 NH_4^+ 为主，后期以吸收 NO_3^- 为主，在成熟植株中硝态氮的吸收总量占 90%。也有人认为营养生长期间植株的含氮量不因氮素形态而产生诱导差异，后期施混合氮(NO_3^--NH_4^+)则可诱导生殖潜力的增加。供给不同形态氮素，所产生的效果是不同的，供给高水平 NO_3^- 可提高植物有机酸的水平，形成更大的生长量和产量，相比之下，供应高水平 NH_4^+，将会加快碳水化合物（主要指淀粉不是糖分）的消耗，最终可获得更高的生物产量，施用 NO_3^- 和混合型氮的效果比单一施用 NO_3^- 或单一施用 NH_4^+ 的效果更好，产量更高。

2. 影响氮素同化的关键酶 影响氮素代谢的酶多而复杂，主要有硝酸还原酶、蛋白酶、谷氨酸合成酶、谷酰胺合成酶、谷氨酸酶、谷氨酸脱氢酶、谷草转氨酶、谷丙转氨酶等。

（1）硝酸还原酶（NR） 玉米将从外界吸收的简单无机养料同化为复杂的有机养料的过程叫无机养料的同化。矿质养料的同化包括硝酸盐的同化、硫酸盐的同化、磷酸盐的同化等，其中硝酸盐的同化与农业生产关系最密切。

玉米不能固定空气中的 N_2，土壤 NO_3^- 和 NH_4^+ 是其重要的氮来源。在土壤无机氮中主要是 NO_3^-，因为 NH_4^+ 通常易于被硝酸细菌和亚硝酸细菌氧化成 NO_3^-，因此 NO_3^- 是根系吸收的主要形式。玉米细胞从土壤吸收铵盐后，即在其中合成为氨基酸或酰胺。若玉米吸收 NO_3^-，则必须先同化。根系吸收的 NO_3^- 的还原既可以在根部发生，也可以在地上部分发生。

硝酸盐被还原成铵的反应分别由硝酸还原酶和亚硝酸还原酶催化。其中硝酸还原酶是这一反应的限速酶。硝酸还原酶是一种可溶性的钼黄素蛋白质，在叶肉细胞中存在于细胞质基质中，含有 FAD、细胞色素 bs 和钼复合体（Mo-Co）三种辅基，它们在酶促反应中起电子传递体的作用。电子供体为 NADH（NADPH）。硝酸还原酶是一种诱导酶，诱导物是 NO_3^-，光照可促进硝酸盐的还原过程。亚硝酸盐被还原成铵的过程是由叶绿体中的亚硝酸还原酶催化的。亚硝酸还原酶含有两个亚基，其辅基由一个铁硫原子簇（4Fe-4S）和一个西罗血红素组成。电子供体为还原的铁氧还蛋白。亚硝酸盐的还原需要 O_2。由于铵是氧化磷酸化和光合磷酸化的解偶联剂，对玉米有毒。还原生成的铵和从外界吸收的铵必须及时进一步同化。

催化铵同化的酶主要有：转氨酶、谷氨酸合成酶、谷氨酰胺合成酶、天冬酰胺合成酶、谷氨酸脱氢酶等。这些酶将铵同化为谷氨酸、谷氨酰胺、天冬氨酸和天冬酰胺等氨基酸，其中，谷氨酰胺和天冬酰胺是玉米体内氨的临时贮藏形式，当玉米体内氨多时，氨就形成谷氨酰胺或天冬酰胺，解除游离氨的毒害。谷氨酰胺和天冬酰胺也是玉米体内氮的运输形式。

硝酸还原酶（Nitrate reductase，NR）催化硝酸盐还原为亚硝酸盐。真核生物的 NR 由于来源不同，其亚基组成的数目和大小也不同，小的有 2 个亚基，大的可达 8 个亚基。现在认为硝酸还原酶是一种可溶性的钼黄素蛋白（molybdoflavo protein），它由黄素腺嘌呤二核苷酸（FAD）、细胞色素 b557 和钼复合体（Mo-Co）组成，分子量 200000～500000。硝酸还原酶是一种诱导酶（induced enzyme）。

亚硝酸还原酶（nitrite reductase，NiR）催化亚硝酸盐还原为氨。在正常有氧条件下，由 NR 催化形成的亚硝酸盐很少在玉米体内积累，因为在玉米组织中 NiR 的存在量大。亚硝酸还原酶分子量为 61000～70000，它由 2 个亚基组成，其辅基由西罗血红素（sirohaem）和 1 个 4Fe-4s 簇组成。硝酸盐的还原可在根和叶内进行，通常绿色组织中硝酸盐的还原比非绿色组织中更为活跃。

在绿叶中硝酸盐的还原是在细胞质中进行的，当硝酸盐被细胞吸收后，细胞质中的硝酸还原酶就利用 NADH 供氢体将硝酸还原为亚硝酸，而 NADH 是叶绿体中生成的苹果酸经双羧酸运转器，运送到细胞质，再由苹果酸脱氢酶催化生成的。NO_3^- 还原形成 NO_2^- 后被运到叶绿体，叶绿体内存在的 NiR 利用光合链提供的还原型 Fd 作电子供体将 NO_2^- 还原为 NH_4^+。

硝酸盐在根中的还原与叶中基本相同，即硝酸盐通过硝酸运转器进入细胞质，被 NR 还原为 NO_2^-，但电子供体 NADH 来源于糖酵解。形成的 NO_2^- 再在前质体被 NiR 还原为 NH_4^+。长期以来对根中存在的 NiR 的电子供体不清楚，但最近已从许多玉米根中发现了类似 Fd 的非血红素铁蛋白或 Fd-NADP 还原酶。

硝酸盐在根部及叶内还原所占的比例受多种因素影响，包括硝酸盐供应水平、玉米种类、玉米年龄等。一般说来，外部供应硝酸盐水平低时，则根中硝酸盐的还原比例大。玉米根的硝酸还原能力很强。作物中硝酸盐在根内还原能力依次为燕麦＞玉米＞向日葵＞大麦＞油菜。此外根中硝酸盐的还原比例还随温度和玉米年龄的增加而增大。通常白天硝酸还原速度显著较夜间为快，这是因为白天光合作用产生的还原力能促进硝酸盐的还原。

NO_3^- 是植物吸收氮素的主要形式，硝酸还原酶活性差异较大的玉米杂交种根部吸收 NO_3^- 能力无差异。硝酸还原酶（NR）作为 NO_3^- 同化过程中的第一个关键酶，对作物的光合、呼吸及 C 素代谢有着重要影响，玉米幼苗中可提取的 NR 受从地下部到地上部的硝酸盐含量的影响比受叶片的硝酸盐含量影响更大。单明珠等（1996）对 3 个玉米品种研究表明，不同生育时期硝酸还原酶活性显著不同，其中拔节期强，抽雄期急剧降低。不同生育时期硝酸还原酶活性与产量表现出不同程度的正相关，其中拔节期这种相关性最为密切。赵宏伟等（2004）认为，玉米叶片中 NRA（硝酸还原酶活性）在整个生育期内呈单峰曲线变化。本研究表明，氮肥不同比例分期施用处理下的玉米叶片中 NRA 在整个生育期内呈单峰曲线变化，在孕穗期最高玉米根系中 NRA 在大喇叭口期和灌浆期有两个高峰。总的说来，硝酸还原酶活性高的籽粒蛋白质含量亦高。

植物体内 NRA 的高低直接影响到土壤中氮的利用率。前人研究表明，在一定范围内，NRA 与施肥量呈正相关；叶片和根系中的 NRA 随氮肥在各生育时期的分配比例而发生相应变化。生育前期氮肥施用比例大的玉米植株，在生育后期脱肥而影响碳、氮代谢，容易发生早衰；在生育后期氮肥施用比例大的处理，玉米叶片和根系中的 NRA 含量均较高，决定了硝态氮较高的代谢速度，保障了生育后期碳、氮代谢的高效进行。不同密度下 NRA 的变化情况可知，增加种植密度，NRA 降低，但与产量的相关性却更加显著。

（2）谷氨酰胺合成酶（GS）　大多数玉米虽能吸收 NH_4^+，但在一般田间条件下，NO_3^- 是玉米吸收的主要形式。NO_3^- 进入细胞后，就被硝酸还原酶和亚硝酸还原酶还原成氨。玉米从土壤中吸收铵，或由硝酸盐还原形成铵后会立即被同化为氨基酸。氨的同化在根、根瘤和叶部进行，已确定在所有的玉米组织中，氨同化是通过谷氨酸合成酶循环进行的，在这个循环中有两种重要的酶参与催化作用，它们分别是谷氨酰胺合成酶（glutamine synthetase，GS）和谷氨酸合成酶（glutamate synthetase，GOGAT）。GS 普遍存在于各种玉米的所有组织中。它对氨有很高的亲和力，其 K_m 为 $1\times10^{-5}\sim1\times10^{-4}$ mol/L，因此能防止氨累积而造成的毒害。

（3）谷氨酞胺合成酶（GS）　GS 是参与氨同化和谷氨酞胺形成的关键酶。GS 同工酶因植物种属的不同，乃至同一植物的不同器官而呈现种类和空间分布的差异，故 GS 同工酶在植物氮代谢中起着非重叠的作用。在植物叶片中，存在两种 GS 同工酶，一种定位于细胞质部分，称为胞液（胞质）型 GS（GS1）；另一种定位于叶绿体部分，称为叶绿体型 GS（GS2）。GS1 的功能是参与在种子萌发时储存氮源的转运，在叶片衰老时氮源的转移再利用。GS2 的功能是参与光呼吸氨、还原氨（初级氮）、循环氨的再同化。

（4）谷氨酸合成酶（GOGAT）　GOGAT 也有两种形式。一种是以 NADH 作为电子供体的 NADH-GOGAT，另一种则是以铁氧还蛋白作为供体的 Fd-GOGA，后者在植物叶中处于主导地位，占全部 GOGAT 活性的 95%。

(5)蛋白酶　就籽粒氮的积累而言，叶片中蛋白酶的活性比叶片中硝酸还原酶的活性显得更为重要。叶片内蛋白质含量在衰老过程中减少，在生长后期会逐渐转移用于籽粒蛋白质的合成，但必须在蛋白水解酶作用下分解为氨基酸、酰胺等小分子物质才能在植物体内运输。

3. 施肥对玉米氮素代谢的影响　氮主要以固体形式施入土壤，因此根是最先受到氮肥影响的器官。研究认为施氮增加了根系干重、长度、根长密度、表面积和根系活力。但不同的施氮时期对根系影响不同，施氮时期主要影响玉米的根长、根半径和根系活力。

一些研究发现，施氮后对根的生长有局部刺激作用。局部根系供应氮素时，与低养分条件相比，高养分供应能够促进根系的生长，这种对根系生长的促进作用可以通过分根试验来证明。局部供 NO_3^- 能够使侧根的数目和根长增加，使得在养分富集的区域根系聚集，提高了根系吸收养分的潜力，因而能够提高养分利用效率。主要原因是根系代谢活性提高了，并且增加了同化物向供 NO_3^--N 部分根系的分配，且这种现象还有基因型间的差异。研究人员用氮素分别处理多穗型和非多穗型杂交种发现吐丝期根系长度对施用氮肥反应明显，此期根系的最大长度出现在中等施氮量的处理；施氮量从 56 kg/hm^2 到 140 kg/hm^2，表层根的长度增加，表明增施氮肥会对施肥区域附近的根长有刺激作用；但随施氮量的增加成熟期总根重下降。而另一些研究表明播种时施用硝酸铵对玉米根重的影响发现，施用氮肥增加了玉米根重。

玉米地上部器官是干物质积累和产量形成的重要部位，氮素对干物质积累的影响主要是通过影响叶面积的大小、功能期长短、叶片的光合特性。氮肥施用量和密度对玉米营养体产量的影响研究结果表明，一定范围内增施氮素对玉米营养体产量有显著的增产效应，超过其范围玉米营养体产量随施氮量的增加而下降；总体来说，玉米鲜体风干重产量与施氮量间呈二次抛物线回归关系。申丽霞等(2009)用可见分光光度法对不同施氮水平下玉米穗位叶的碳氮代谢指标进行了检测。结果表明，施氮量在 120～180 kg/hm^2 明显促进玉米穗位叶蔗糖的积累，在 120～240 kg/hm^2 明显促进碳代谢的关键酶蔗糖磷酸合成酶(SPS)、氮代谢的关键酶硝酸还原酶(NR)和谷氨酰胺合成酶(GS)活性的增强。说明适宜的施氮量可明显促进玉米穗位叶碳氮代谢能力的增强，从而积累较多的同化产物满足籽粒灌浆的需求。江院等(2008)于 2005 年 3—7 月，采用盆栽试验，设置 3 个不同光照长度处理和氮素水平，研究了不同光照时数及氮素水平对远缘玉米杂交种华农 1 号青饲玉米碳氮代谢相关酶活性的影响。结果表明，苗期 16 h 光照处理下植株叶片磷酸烯醇式丙酮酸羧化酶、蔗糖磷酸合成酶、蔗糖合成酶、谷氨酰胺合成酶和硝酸还原酶等酶的活性显著低于 13 h 和 10 h 光照处理；至抽雄期和收获期，13 h 和 10 h 处理下植株叶片各种酶的活性下降速率较快，而 16 h 处理下酶活性下降缓慢且显著高于 13 h 和 10 h 处理。在抽雄期或收获期，16 h 处理下叶片各种酶的活性均随施氮量的增加而增加。总的看来，在 16 h 光照处理下，植株苗期碳氮代谢相对较弱，但到中后期代谢能力明显提高，且耐高氮能力也较强，收获期植株叶片酶的活性显著高于 13 h 和 10 h 处理。宋航等(2016)以玉米单交种豫玉 22 为材料，设置 2 个光照处理和 3 个氮肥水平，研究光、氮及其互作下玉米酶活性、干物质生产和产量变化特征及其对玉米氮素吸收利用和物质生产的影响。结果表明，弱光胁迫下玉米叶片硝酸还原酶和谷氨酰胺合成酶活性降低，植株和籽粒氮积累量下降；干物质积累量显著降低；果穗穗长、行粒数和穗粒数减少，导致产量显著降低。但弱光胁迫下增施氮肥可以提高叶片硝酸还原酶和谷氨酰胺合成酶活性，增加干物质积累量，穗长、行粒数和穗粒数增加，产量显著提高，并且随施氮量的增多，产量增加效果也越显著。光、氮及其互作对玉米氮素吸收利用及物质生产具有显著影响，弱光胁迫条件下增施氮肥可以部分缓解其致害效应，减少玉米产量损失。

施氮量与茎鞘干物质积累量及产量呈抛物线性相关。在玉米不同生育时期，氮肥施用量对玉米氮素、干物质积累和分配的影响不一样，氮肥供应充足有利于玉米生长后期同化物的再分配。在土壤碱解氮为 58.2 mg/kg、追施 375 kg/hm^2 的氮量下，玉米在大喇叭口期重施氮肥，植株矮，穗位低，利于抗倒伏，中后期叶片衰亡慢，比叶重高，干物质积累多。王鹏等(2015)通过 4 种不同氮肥处理水平，研究不同施氮量对玉米生长、氮吸收与产量的影响规律。结果表明氮肥对促进植物生长有良好作用，氮肥用量越高，干物质积累越高。从玉米氮分配变化上来看，拔节期茎内氮分配比例表现出随着氮施用量增加而增加的变化，而叶片表现为氮分配比例降低；成熟期氮肥施用量的不同各器官内氮分配比例存在差异，但是差异不显著，表明氮肥施用量不同对氮元素在玉米各器官内分配的影响较小。不同施肥处理的氮肥利用率在不同生育期表现不同，但是在成熟期表现为随着氮肥施用量的增加而降低的变化趋势。

氮素对玉米地上部器官的影响不但表现在整体上，而且表现在茎、叶等其他方面。施氮肥处理较不施氮肥处理夏玉米生长性状良好，表现在株高、茎粗、叶长、叶宽增加，抗病性、抗倒伏性增强。玉米养分供给能力对养分的分配方式有重要影响，在玉米不同生育时期，氮肥用量对玉米氮素和干物质的积累与分配影响不同。

叶面积大小是导致冠层特征变化的主导因子。增施氮肥可增加叶面积指数(LAI)和叶面积持续期(LAD)，进而增加群体光合速率和籽粒产量。叶片是玉米光合作用产生干物质的器官，氮素的供应直接影响到了叶片光合作用的发挥。叶片含氮量与叶绿素仪读数(SPAD)正相关，但也会因为水分胁迫和杂交种的不同而不同；氮胁迫减少叶片含氮量、叶绿素仪读数和扩展抗性。

4. 其他元素对玉米氮素代谢的影响 土壤养分之间、土壤养分与作物酶活性之间存在相互作用。玉米植株代谢是在不同酶机制的相互协调、相互影响的基础上进行的。适宜的氮用量，有利于玉米营养体碳、氮向籽粒转运，可以保持生长后期叶片的高光合能力与根系充足的氮素供应。维持叶片高的含氮量，有利于叶片光合作用，有利于籽粒形成期间的同化作用。磷对氮代谢有重要作用，对氨基化、脱氨基、氨基转换和脱羧基等过程以及蛋白质合成过程中的氨基酸活化和肽键的形成都有重要作用。钾对各种酶系统具有活化作用，它能活化参与蛋白质代谢的多种酶，对玉米的生长具有重要的生理意义。在一定范围内，随着施氮量的增加，玉米籽粒胚乳干重、蛋白氮、非蛋白氮均增加，蔗糖合成酶、醛缩酶、葡萄糖磷酸变位酶等的活性明显增加，但是谷氨酰胺合成酶活性变化不明显。硝酸还原酶和玉米籽粒产量呈负相关关系，GSGOGAT 途径是氮代谢的关键途径，GS 活性和玉米籽粒蛋白质含量呈明显的正相关关系，GDH 途径是氮代谢的一个最重要的支路。

研究结果显示，在两种水分条件下排除钾素营养效果的基础上，进一步证明水分胁迫下施钾具有显著提高两个品种各生育期的硝酸还原酶活性、脯氨酸、甜菜碱和可溶性蛋白质含量的作用。这些作用在不抗旱品种上更为突出。与此相反，适量供水下施钾和不施钾对氮代谢特性无显著效果，脯氨酸含量甚至呈下降趋势。这表明，在作物受到水分胁迫时，增加渗透调节物质脯氨酸、甜菜碱含量，提高硝酸还原酶活性和可溶性蛋白质含量可能是钾改善氮代谢，进而提高作物抗旱性能的主要机理之一。

5. 种植密度对氮代谢的影响　吕丽华等(2008)研究了低、中、高3个种植密度对夏播玉米CF008、郑单958和金海5号碳氮积累、运转及氮肥利用的影响，以期通过密度调控碳氮代谢，实现产量与氮肥效率协同提高。结果表明，吐丝期茎叶总糖、全生育期全氮积累量、茎叶总糖和全氮的运转率均以中密度或高密度下较高，而籽粒产量、氮素吸收效率、氮素利用效率和氮肥利用率均以中或低密度显著高于高密度。吐丝前地上部氮素积累量以中高密度下较高，但成熟期地上部总氮量及籽粒氮量均以中低密度较高，表明吐丝期后植株氮素积累量对玉米籽粒氮贡献较大。在中低密度下，3个品种夏玉米产量达10262～11461 kg/hm^2，氮肥利用率达23.00%～34.11%。Osaki等(1995)认为，营养体过量的氮素转移导致叶片早衰及光合能力下降。在高密度条件下，氮运转率较高，动用了过多的叶和茎中的氮，削弱了营养器官的光合活性，从而限制碳水化合物对茎以及籽粒的供给，最终影响产量和氮素利用率的提高。高密度条件下叶片较早衰老，虽然碳运转率较高，但如果仅仅是光合产物向籽粒分配比例增多，而光合产物的绝对量并没有增加时，也不会达到高籽粒产量和高氮利用率。而适宜的种植密度既可保持较高的叶面积，又有利于糖分的转化，从而提高了籽粒产量。

(五)氮素对玉米产量及品质的影响

1. 氮素对玉米产量的影响　玉米以收获籽粒为主，氮肥对玉米产量的影响研究很多，总体上随施氮量的增加籽粒产量呈单峰曲线。玉米产量构成因素包括单位面积穗数、每穗粒数和百粒重。玉米大多为单穗型，单位面积穗数基本上是可以完全控制的。氮肥主要通过影响穗粒数和百粒重来影响玉米产量。随施氮量增加玉米每穗粒数、穗粒重增加，从而使产量增加。追氮量与玉米灌浆和产量构成因素存在显著的相关，随追氮量增加，平均灌浆速率、最大灌浆速率增大，百粒重增大；每穗粒数在追施尿素量小于231.75 kg/hm^2 时，随追施尿素量增加而增加，反之减少。籽粒败育是影响玉米穗粒数的一个重要因素。氮素作为同化物直接参与玉米籽粒中蛋白质的合成，同时氮素也提高了蔗糖转化酶的活性，减少还原糖的积累，促进淀粉粒的形成，从而提高籽粒的库容、减少玉米籽粒的败育。氮素在玉米生殖生长阶段具有增强籽粒利用碳素的作用。

施氮时期也会对玉米产量造成一定影响。苗期施氮可有效减少秃尖，苗期和拔节期施氮可明显增加穗粒数，拔节期、孕穗期和鼓粒期施氮对千粒重影响较大。施氮通过影响产量构成因素进而影响玉米产量，其中孕穗期和拔节期施氮的效果最好。施氮时期对玉米产量的影响取决于玉米不同时期生长中心的不同。播前氮素水平能改变出苗到果穗形成时间，还能改变果穗形成阶段的持续时间。

玉米不同时期氮素分配对产量也有一定影响。氮肥的分次施用可以提高氮肥的利用率和玉米产量，重施穗肥是玉米获得高产的关键。为防止多雨年份氮素的损失，可以将氮肥追施推迟，甚至推迟至灌浆期仍然有增产作用。氮肥施用方式对玉米产量的影响也与气候因素有关，不同年份中，不同氮肥施用方式下玉米产量有所不同。申丽霞等(2007)以夏玉米杂交种郑单958为材料，对不同施氮水平下玉米产量、产量构成、粒数形成关键期植株体的碳氮代谢及碳氮代谢的关键酶进行了研究。结果表明，氮肥对玉米产量的影响主要体现在对穗粒数、穗粒重的影响上。施氮量为180 kg/hm^2 时，显著促进玉米穗粒数、穗粒重的增加；施氮量增加至240 kg/hm^2 时，促进作用下降。施氮明显促进大喇叭口期至灌浆期植株体的碳氮代谢，使碳氮代谢的关键酶硝酸还原酶(NR)、谷氨酰胺合成酶(GS)和蔗糖磷酸合成酶(SPS)活性提高，增强光合产物的积累和运输，从而满足生殖生长的需求，促进穗粒数的形成，提高产量。刘淑云等(2007)以“国家褐潮土土壤肥力与肥料效益长期监测基地”的大田肥料长期试验为平台，研究了长期施肥对夏玉米叶片中硝酸还原酶(NR)、谷氨酰胺合成酶(GS)、谷氨酸合成酶(GOGAT)和谷氨酸脱氢酶(GDH)活性的影响。结果表明，长期氮、磷、钾化肥配合(氮、磷、钾处理)以及氮、磷、钾化肥与有机肥或秸秆配合施用(NPKM 与 NPKS 处理)，叶片氮代谢酶(NR、GS、GOGAT 和 GDH)在籽粒灌浆期均具有较高的活性，有利于玉米籽粒产量的形成。

2. 氮素对玉米品质的影响 玉米籽粒品质，尤其是营养品质主要与含氮化合物(主要是蛋白质含量及其组分)有关。在玉米籽粒发育过程中，蛋白质合成主要由来自转入的氨基酸，但籽粒中也存在先由 C 骨架合成氨基酸，再由氨基酸立即合成蛋白质。

施氮促进玉米籽粒产量、粒重和籽粒粗蛋白的增加。施氮处理影响到了玉米籽粒的蛋白、油分和淀粉含量。研究发现吐丝期施氮增加了夏玉米的百粒重和粗蛋白含量。氮肥对蛋白质各组分含量的影响程度也不同，玉米籽粒清蛋白和球蛋白含量不易受氮肥影响，而醇溶蛋白含量及比例则随施氮量增加而明显增加。也有研究表明，适量增施氮肥能增加谷醇比和降低醇溶蛋白比例，有利于蛋白质品质的改善，而氮肥过多则使籽粒蛋白质品质变劣。

大多数研究认为，一定氮用量范围内施氮能增加玉米籽粒氨基酸总量，而施氮量对氨基酸组分的影响却存在一定分歧。适量施氮增加了玉米籽粒油分含量；适量施氮能增加高油玉米油分、亚油酸和油酸含量，有利于脂肪酸品质的改善。

三、水分代谢

在中生植物中，玉米是需水较多的作物。水对玉米的生长发育起着决定性作用。在玉米体内，水通常以束缚水和自由水两种状态存在。靠近胶粒并被紧密吸附而不易流动的水分，称为束缚水；距胶粒较远，能自由移动的水分称为自由水。细胞中蛋白质、高分子碳水化合物等能与水分子形成亲水胶体。在这些胶体颗粒周围吸附着许多水分子，已形成很厚的水层。水分子距离胶粒越近，吸附力就越强，反之，吸附力越弱。

自由水参与各种代谢活动，其数量的多少直接影响代谢强度，自由水含量越高，玉米生理代谢越旺盛。束缚水不参与代谢活动，束缚水含量越高，代谢活动越弱，这时的玉米以微弱的代谢活动度过不良的环境条件，如干旱、低温等。束缚水的含量与玉米的抗逆性大小密切相关。通常以自由水/束缚水的比值作为衡量玉米代谢强弱和抗逆性大小的指标之一。

(一)水的生理作用

水对玉米的生理作用主要表现在以下几个方面：

1. 水是玉米细胞原生质的主要组成成分 原生质含水量一般在 80%以上。水是维持细胞原生质胶体状态及其稳定性的重要条件。细胞的生命旺盛程度与水分含量有直接的关系。例如，玉米的嫩叶、根尖和幼粒等部分水分含量达到 70%～90%。

2. 水是玉米许多代谢过程的反应物质 水直接参与一些生理生化过程，如光合作用、呼吸作用等。缺水直接影响这些生理过程的进行。同时，一些蛋白质、淀粉和酶的合成都需要水作为原料直接参加反应。

3. 水是玉米生化反应和对物质吸收运输的溶剂 有机物和无机物只有溶解在水中才能被玉米吸收和利用。水分多少影响生化代谢的过程，当水分缺乏时，会抑制代谢强度。缺水还会引起原生质的破坏，导致细胞死亡。

4. 水能使玉米保持固有姿态　水通过保持细胞的膨压使得玉米保持一定姿态，保证生长发育过程的顺利正常进行。枝叶的挺立有利于充分接受光照和交换气体。玉米体内的水分缺乏时就会出现叶片卷曲、萎蔫和下垂等现象，都与特定部位的细胞吸水膨胀或失水有关。

5. 玉米的细胞分裂及伸长都需要水分　玉米生长发育与本身和环境的水分状况关系密切。细胞的分裂和扩大都需要比较充足的水分，植物的生长就是建立在细胞伸长的基础上。

水除了上述的生理作用之外，还可以通过水的理化性质调节玉米周围的环境。由于水的比热容、汽化热均较高，可以使得玉米的体温在外界环境温度变化较大时，保持较为稳定的状态，在强烈的日光照射下通过蒸腾失水降低温度，避免高温造成的灼伤。如通过蒸腾增加大气湿度、改善土壤及土壤表面大气的温度等，这些都是水对玉米的生理作用。

（二）玉米需水量和需水节律

1. 玉米的需水量　玉米的需水量也称耗水量，是指玉米在一生中土壤棵间蒸发和植株叶面蒸腾所消耗的降水、灌溉水和地下水的总量。玉米全生育期需水量受产量水平、品种、栽培条件、气候等众多因素影响而产生差异，因此需水量亦不尽一致。据研究，中国玉米需水量的变化范围是 2250～5400 m^3/hm^2。

玉米的需水量与产量的高低有着十分密切的关系。在正常的气候条件和一定的范围内，玉米的需水量随着产量的提高而增加。干物质产量的累积和生物产量向籽粒转化效率的高低无不以水为先决条件。在一定范围内玉米的需水量随着籽粒产量水平的提高而逐渐增多，在产量水平较低时，随产量的提高，对水分的消耗量近似呈直线上升，当产量达到一定水平后，耗水量不再随产量的提高而直线增加，其相关曲线趋于平缓。

籽粒产量对水分的利用效率可用耗水系数或水分生产率两种方法表示。耗水系数指每生产 1 kg 籽粒所消耗的水量；水分生产率指单位土地面积上玉米籽粒产量（经济产量）与水分消耗量之比。

随着玉米籽粒产量的增加，耗水系数呈下降趋势，水分生产率呈上升趋势。在产量水平较低时，每毫米降水生产的玉米籽粒相对较少，如每公顷产 6000 kg 时，1 mm 降水生产 1.3 kg 玉米籽粒；每公顷产 9750～10500 kg 时，1 mm 降水生产 1.6～1.7 kg 籽粒。因此在水资源匮缺的地区，以有限的水资源获取高产，在较小的土地面积上，集中用水，通过提高玉米单产、实现增加总产，是对水资源最经济有效的利用。

玉米耗水量受品种影响。品种不同使生育期、株体（如株高、叶片大小、数目等）、单株生产力、株形、吸肥耗水能力、抗旱性等均产生差异，耗水量亦不同。即使在同一产量水平，对水分消耗总量也不同。一般来讲，生育期长的品种，相对叶面蒸腾量大、棵间蒸发和叶面蒸腾持续期相对加长，耗水量也较多。反之，生育期短的品种耗水量则较少。抗旱性强的品种，叶片蒸腾速率低于一般品种，消耗的水分较少。反之，抗旱性弱的品种耗水量多。

2. 玉米的需水节律　玉米不同生育阶段对水分的要求不同。

（1）不同生育阶段对水分的需求　由于不同生育阶段植株大小和田间覆盖情况不同，由此引起的蒸发量和蒸腾都会不同。玉米生育前期，由于植株较小，地面覆盖率低，所以蒸发占很大一部分耗水量。随着玉米植株的壮大，田间覆盖率提高，水分消耗主要以叶面蒸腾为主。在玉米的全生育期，应该尽量减少蒸发耗水，避免水分的无益消耗。玉米抽雄穗前后是需水量最多而且最为敏感的时期，此即玉米的需水临界期，如果这一时期水分不足，就会影响雄穗正常开花和雌穗花柱抽出，进而造成玉米授粉不良，大幅度减产，这一阶段适宜的土壤水分应该保持在田间最大持水量的70%～80%。玉米的乳熟和蜡熟阶段是产量形成的重要时期，需要大量的水分以保证叶片光合作用的顺利进行和干物质的转化及积累。蜡熟以后需水量明显减少，而且对产量的影响也较小。

(2)不同灌溉期和灌溉量的水分利用效率　玉米不同的灌溉期和不同的灌溉量，其水分利用效率不同。抽雄期的水分利用效率最高，对土壤水分的变化最敏感，拔节期次之，灌浆中期最低。平均而言，灌溉量中等的水分利用效率最高，低量的次之，高量的最小。玉米全生育期内水分-产量关系系数的特点是后期小，中间籽粒形成期大，说明此阶段水分的亏缺对夏玉米产量影响最大，是灌溉增产的关键时期。

(3)不同生育阶段水分的生理作用

① 播种至拔节　土壤水分主要供应种子吸水萌动、发芽、出苗及苗期植株营养器官的生长。因此，此期土壤水分状况对出苗能否顺利及幼苗壮弱起了决定作用。底墒水充足是保证全苗、齐苗的关键，尤其高产玉米，苗足、苗齐是高产的基础。夏播区气温高、蒸发量大、易跑墒。土壤墒情不足均会导致不同程度的缺苗、断垄，造成苗数不足。因此，播种时灌足底墒水，保证发芽出苗时所需的土壤水分，并在此基础上，注意苗期中耕等保墒措施，使土壤湿度基本保持在田间最大持水量的65%～70%，既可满足发芽、出苗及幼苗生长对水分的要求，又可培育壮苗。

② 拔节至抽雄、吐丝　此阶段雌、雄穗开始分化、形成，并抽出体外授粉、受精。根、茎、叶营养器官生长速度加快，植株生长量急剧增加。抽穗开花时叶面积系数增至5～6，干物质阶段累积量占总干重的40%左右，正值玉米快速生长期。此期气温高，叶面蒸腾作用强烈，生理代谢活动旺盛，耗水量加大。拔节至抽穗开花阶段耗水量占总耗水量的35%～40%。该阶段耗水量及干物质绝对累积量均占总量的1/4左右，玉米处于需水临界期。因此，满足玉米大喇叭口至抽穗开花对土壤水分要求、对增加玉米产量尤为重要。

③ 吐丝至成熟　开花后进入了籽粒的形成、灌浆阶段，仍需水较多。此期同化面积仍较大，此阶段每亩耗水89～96 m^3，占总耗水量的30%以上。灌浆至成熟阶段耗水较少，每亩仅为28～38 m^3，占总耗水量的10%～30%，但耗水强度平均每日仍达到35.55 m^3/hm^2。后期良好的土壤水分条件，对防止植株早衰、延长灌浆持续期，提高灌浆强度、增粒重，获取高产有一定作用。

总之，夏玉米的耗水规律为“前期少、中期多”的变化趋势。高产水平主要表现有三个特点：一是前期耗水量少，耗水强度小；二是中、后期耗水量多、耗水强度大；三是全生育期平均耗水强度高。原因是苗期控水对产量影响最小。适量减少土壤水分进行蹲苗不仅对根系发育，根的数量、体积、干重的增加有利，还可促进根系向土壤纵深发展，以吸收深层土壤水分和养分。对植株地上部而言，可使体内还原糖、非蛋白氮、无机磷等积量增多，碳氮比提高，为壮秆、大穗奠定了良好基础。在生育后期为玉米良好的受精、减少籽粒败育、扩大籽粒库容量、增加粒数和粒重获得高产，创造一个适宜的土壤水分条件是非常必要的。

(三)玉米体内的水分循环与平衡

水分经由土壤到达植物根系，被根系吸收，通过细胞传输，进入植物茎，由植物木质部到达叶片,再由叶片气孔扩散到静空气层,最后参与大气的湍流变换,形成一个统一的、动态的、互相反馈的连续系统,即 SAPC 系统。

玉米体内的水分循环是在土壤-玉米-大气这样一个整体的环境下进行的,土壤气的水分变化直接影响玉米的水分循环过程。

玉米细胞总是不断地进行水分的吸收和散失,水分在细胞内外和细胞之间总是不断地运动。不同组织和器官之间水分的分配和调节也是要通过水分进出细胞才能实现。水分在玉米体内的循环是玉米完成生理生化过程的需要,保证了玉米的各项代谢活动的顺利进行。因此,水分的循环是了解玉米水分代谢的基础。

1. 根系吸水的动力　玉米根系具有吸收养分和水分、支持植株和合成有机物质的作用。玉米具有强大的根系,吸收水分和养分的能力很强,根系总重量和入土深度均超过其他禾谷类作物。玉米根系发育好坏与产量有密切关系。俗话说"根深叶茂",只有根系发育良好,才能吸收较多的水分和营养物质,充分满足地上部生长的需要,促进植株健壮生长和形成较大的果穗,获得较高的产量。若根系发育不良,则植株瘦弱,果穗小,产量低。

(1)根系吸水　根系是玉米吸收水分的主要器官。根系吸水的主要部位是根的尖端,包括根毛区、伸长区和分生区,以根毛区最大。玉米叶片虽然也能吸收水分,但是吸水量少,在玉米的水分循环中没有重要意义。根系吸水方式分为主动吸水和被动吸水两种方式。玉米的根系吸水以后者为主。

① 主动吸水　由于根系生理活动引起的水分吸收称为主动吸水(active absorption of water)。玉米根系生理活动促使水分从根部上升的压力称为根压(root pressure)。根压的存在可以通过伤流和吐水两种现象证明。

② 被动吸水　被动吸水(passive absorption of water)是由于枝叶蒸腾引起的根部吸水。吸水的动力来自于蒸腾拉力(transpiration pull),与植物根的代谢活动无关。用高温或化学药剂将植物的根杀死,植物照样从环境中吸水。甚至将植物根除去后,玉米被动吸水的速度更快。在这种情况下根只作为水分进入植物体的被动吸收表面。因此,这种吸水方式称为被动吸水。当叶子进行蒸腾时,靠近气孔下腔的叶肉细胞水分减少,水势降低,就会向相邻的细胞吸水,导致相邻细胞水势下降,依次传递下去直到导管,把导管中的水柱拖着上升,结果引起根部的水分不足,水势降低,根部的细胞就从环境中吸收水分。这种由于蒸腾作用产生一系列水势梯度使导管中水分上升的力量称为蒸腾拉力。

主动吸水和被动吸水在根系吸水中所占的比重,因玉米的蒸腾速率而不同。正在蒸腾的玉米其被动吸水所占的比重较大,这时主要是被动吸水。强烈蒸腾的植株其吸水的速度几乎与蒸腾速度一致,此时主动吸水所占的比重非常小。只有蒸腾速率很低的植株,如叶片尚未展开时,主动吸水才占较重要的地位;一旦叶片展开,蒸腾作用加强,便以被动吸水为主。

(2)根系吸水与土壤的关系　玉米的根系分布在土壤中,任何影响土壤水势和根系水势的因素,都会影响根系吸水。

① 土壤水分状况　土壤水分可分为可用水和不可用水。玉米发生永久萎蔫时,土壤中的水分是玉米不可利用的水分。土壤中不可利用水分的指标是萎蔫系数(或永久萎蔫系数)。当玉米发生永久萎蔫时土壤中的水分占土壤干重的百分数即为萎蔫系数。土壤有效水量是指超过永久萎蔫系数而又低于重力水的那部分水量。玉米根系生长最适宜的土壤水分为田间持水量的 60%～80%,其中,生育前期和后期略低,中期较高。当土壤有效水减少时,土壤溶液水

势下降，土壤与根部之间的水势差变小，根部吸水速率变慢。

② 土壤通气状况　土壤中充足的 O_2 一方面能够促进根系发达，扩大吸水表面；另一方面能够促进根的正常呼吸，提高主动吸水能力。土壤缺氧就会使得根系呼吸弱，阻碍吸水，长期缺氧会产生和积累酒精，使根系中毒受伤，缺 O_2 还会产生其他还原物质（如 Fe^{2+}、NO^{2-}、H_2S 等），不利于根系的生长。玉米生产中，强调施用有机肥，改善土壤耕层结构，中耕松土都是为了增加土壤通气性，增强根系的吸收能力。

③ 土壤温度状况　玉米根系吸水适宜的土壤温度为 20～24 ℃，低于 17 ℃和高于 34 ℃吸水速率均显著下降。在最适温度范围内，随着温度升高吸水速率明显加快。低温抑制根系吸水，其主要原因是：(a)低温使根系的代谢活动减弱，尤其是呼吸减弱，影响根系的主动吸水。(b)低温使原生质的黏滞性增加，水分不易透过。还使水分子本身的黏滞性增加，提高了水分扩散的阻力。(c)根系生长受到抑制，使水分的吸收表面减少。在炎热的夏日中午，突然向玉米浇以冷水，会严重地抑制根系的水分吸收，同时，又因为地上部分蒸腾强烈，使玉米吸水速度低于水分散失速度，造成玉米地上部分水分亏缺。所以中国农民有“午不浇园”的经验。温度过高可以导致根细胞中多种酶活性下降，甚至失活，引起代谢失调，还能加速根系的衰老，使根的木质化程度加重，这些对水分的吸收都是不利的。

④ 土壤溶液状况　土壤溶液具有一定的盐分，具有一定的渗透势，一般情况下土壤溶液的渗透势为－0.1 MPa 左右。土壤溶液浓度直接影响到土壤的水势，如果土壤溶液浓度过高，使其水势低于根细胞的水势，则玉米便不能从土壤中吸水，盐碱地上玉米不能正常生长的原因之一就在于此，因盐分过多使土壤的水势很低，玉米吸水困难，形成一种生理干旱。所以，施肥时，不能一次施用过多，造成土壤水势过低，严重时，还可以产生玉米水分外渗而枯死，出现“烧苗”现象。

2. 玉米体内的水分循环与平衡　玉米根系从土壤中吸收的水分，通过一个较为固定的途径在玉米体内循环。具体途径为：根毛→根的皮层→根中柱→根导管→茎导管→叶鞘导管→叶肉细胞→叶肉细胞壁或细胞间隙→气孔下腔，最后散失到空气中。水分在整个的运输过程中，一部分是在活细胞中短距离径向运输，另一部分是通过导管和管胞的长距离运输。径向运输的速率较慢，长距离运输速率较快。

水分在玉米各个器官中的运输速率不尽相同，在根中的运输阻力比在叶片中的大，主要是由于根部皮层具有凯氏带，而叶片中没有这种细胞结构。水分向上运输的动力为根压和蒸腾拉力。蒸腾强烈时蒸腾拉力为主要动力，只有在土壤温度较高、水分充足、大气湿度大等生态条件下，根压才能发挥主要作用。水分在玉米体内的循环过程为玉米完成各项生理代谢活动提供了介质和原料，是玉米生长发育必需的生理过程，没有水分的玉米生长是难以想象的。

3. 水分的蒸发与蒸腾　玉米吸收的水分，只有极少部分用于自身的组成与代谢，大部分水分都以气态的形式散失到大气。据计算，每制造 1 kg 有机物质要向大气散失水分 225 kg 左右。植物用来制造有机物质的水分不到散失水分的 1%。

(1)蒸腾作用的生理作用　玉米在进行光合和呼吸的过程中，以伸展在空中的枝叶与周围环境发生气体交换，然而随之而来的是大量地丢失水分。蒸腾作用消耗水分，这对玉米是不可避免的，它既会引起水分亏缺，破坏玉米的水分平衡，同时，它又对玉米的生命活动具有一定的意义。

① 产生蒸腾拉力　蒸腾拉力是玉米被动吸水与转运水分的主要动力。

② 促进木质部汁液中物质的运输　土壤中的矿质盐类和根系合成的物质可随着水分的吸收而被运输和分布到玉米植株各部分去。

③ 降低植株的温度　水的汽化热高，在蒸腾过程中可以散失掉大量的辐射热能。

④ 有利于 CO_2 的吸收　叶片进行蒸腾作用时，利于 CO_2 进入植株体内。

(2)蒸腾作用的方式　玉米的蒸腾作用有多种方式。幼小的玉米，暴露在地上部分的全部表面都能蒸腾。玉米长大后，茎枝表面形成木栓，未木栓化的部位有皮孔，可以进行皮孔蒸腾(lenticular transpiration)。但皮孔蒸腾的量甚微，仅占全部蒸腾量的 0.1%左右，玉米的茎、花、果实等部位的蒸腾量也很有限，因此，玉米蒸腾作用绝大部分是靠叶片进行的。

叶片的蒸腾作用方式有两种，一是通过角质层的蒸腾，称为角质蒸腾(cuticular transpiration)；二是通过气孔的蒸腾，称为气孔蒸腾(stomatal transpiration)。角质层本身不易让水通过，但角质层中间含有吸水能力强的果胶质，同时角质层也有孔隙，可让水分自由通过。角质层蒸腾和气孔蒸腾在叶片蒸腾中所占的比重，与玉米的生态条件和叶片年龄有关，实质上也就是与角质层厚薄有关。一般玉米成熟叶片的角质蒸腾，仅占总蒸腾量的 3%～5%，气孔蒸腾是玉米蒸腾作用的主要方式，占长成植株蒸腾总量的 80%～90%。

(3)玉米各生育阶段的蒸发蒸腾　玉米需水量主要是由棵间蒸发量和植株蒸腾量的多少所决定的。随着玉米的生长发育，两者之间有明显规律性的变化趋势。从玉米播种期到拔节期，由于玉米植株矮小，叶面积指数较低，所以主要的耗水是棵间蒸发，蒸腾作用的耗水量很少；拔节期至抽雄期，玉米生长日益加快，叶面积指数也迅速增加，郁闭较好，棵间蒸发明显下降，植物蒸腾作用在总耗水的比例逐渐增加，并在抽穗开花期叶面积指数达到最大，加上此时一般处于高温和日照较长的生态条件下，该期是玉米需水临界期，此时的蒸腾作用耗水比例为全生育期最高值，而棵间蒸发为最小值；开花后进入籽粒灌浆阶段，植株的黄叶逐渐增多，叶面积指数减小，棵间蒸发有所增加，但耗水仍以蒸腾耗水为主；灌浆至成熟阶段，叶面积指数下降很快，植株的新陈代谢活动减弱，植株蒸腾降低，棵间蒸发占阶段耗水的比例逐渐增加(郑卓琳等，1994)。

(4)影响蒸腾作用的环境因素　蒸腾速率取决于叶片内外的蒸气压差和扩散途径阻力的大小。所以，凡是影响叶片内外蒸气压差和扩散途径阻力的外界条件，都会影响蒸腾速率的高低。

① 光照　光对蒸腾作用的影响首先是引起气孔的开放，减少气孔阻力，从而增强蒸腾作用。其次，光可以提高大气与叶子温度，增加叶内外蒸气压差，加快蒸腾速率。

② 温度　温度对蒸腾速率影响很大。当大气温度升高时，叶温比气温高出 2～10 ℃，因而，气孔下腔蒸气压的增加大于空气蒸气压的增加，这样叶内外蒸气压差加大，蒸腾加强。当气温过高时，叶片过度失水，气孔会关闭，使蒸腾减弱。

③ 湿度　在温度相同时，大气的相对湿度越大，其蒸气压就越大，叶内外蒸气压差就变小，气孔下腔的水蒸气不易扩散出去，蒸腾减弱；反之，大气相对湿度较低，则蒸腾速度加快。

④ 风速　风速较大时，可将叶面气孔外水蒸气扩散层吹散，而代之以相对湿度较低的空气，既减少了扩散阻力，又增大了叶内外蒸气压差，可以加速蒸腾。强风可能会引起气孔关闭或开度减小，内部阻力加大，蒸腾受到抑制。据测定，空气相对湿度在 40%～48%时，正常叶子的气孔下腔的相对湿度是 91%左右，可以保证蒸腾作用的顺利进行。

⑤ 矿质营养　矿质元素对蒸腾有很大影响。钾能够刺激气孔的开放，钙抑制气孔关闭，

适量的施用氮肥可以促进营养生长，从而增加蒸腾作用的表面积而促进玉米的蒸腾作用。

蒸腾作用的昼夜变化主要是由外界条件所决定的。玉米叶片的蒸腾作用白天大、夜间小。晴朗的天气下，随着气温的升高，气孔逐渐长大，在中午12时到下午2时，蒸腾作用达到顶峰，而后，随着气温的下降，蒸腾作用逐渐减弱，直至夜间几乎停止。蒸腾强度的这种日变化是与光强和气温变化一致的，特别是与光强的关系更为密切。

(5)蒸腾作用的指标　蒸腾作用的强弱，可以反映出玉米体内水分代谢的状况或玉米的水分利用效率。衡量蒸腾作用常用的指标如下：

① 蒸腾速率(transpiration rate)　又称蒸腾强度或蒸腾率。指植物在单位时间内单位叶面积上通过蒸腾作用散失的水量。常用单位：$g/(m^2 \cdot h)$、$mg/(dm^2 \cdot h)$。一般情况下，玉米白天的蒸腾速率是15～250 $g/(m^2 \cdot h)$，夜晚是1～20 $g/(m^2 \cdot h)$。

② 蒸腾效率(transpiration ratio)　指植物每蒸腾1 kg水时所形成的干物质的克数。常用单位：g/kg。一般植物的蒸腾效率为1～8 g/kg。

③ 蒸腾系数(transpiration coefficient)　又称需水量(water requirement)。指植物每制造1 g干物质所消耗水分的克数，它是蒸腾效率的倒数。蒸腾系数越小，表示该植物利用水分的效率越高；反之，则表示利用水分的效率越低。玉米的蒸腾系数在240～320。

(6)适当降低蒸腾的途径　玉米通过蒸腾作用会散失大量的水分，一旦水分供应不足。玉米就会发生萎蔫。因此，在农业生产上，为了维持作物体内的水分平衡，就要“开源”，即采取有效措施，促使根系发达，以保证水分供应。其次还要“节流”，也就是适当减少蒸腾消耗。

① 减少蒸腾面积　在作物生产时，可去掉一些枝叶，减少蒸腾面积，降低蒸腾失水量，以维持植物体内水分平衡，有利其成活。

② 使用抗蒸腾剂　某些能降低植物蒸腾速率而对光合作用和生长影响不太大的物质，称为抗蒸腾剂(antitranspirant)。通过影响保卫细胞的膨胀，减小气孔开度，改变保卫细胞膜透性，使水分不易向外扩散；施用于叶面后形成单分子薄层，阻碍水分散失；增加叶面对光的反射，从而降低叶温，减少蒸腾量等方式达到抗蒸腾的作用。

(四)玉米水分代谢的影响因素

1. 土壤条件　不同的土壤条件下，玉米各生育期需水量各有不同。一是土壤水分状况。在其他条件相对一致时，玉米叶片蒸腾和棵间蒸发量随着土壤含水率的增多而越大，因此其耗水量也相应增多。土壤水分含量与叶片蒸腾强度密切相关。叶片蒸腾强度随土壤含水量的提高而增加。如果土壤含水量高，则叶片蒸腾强度大，因而单位叶面积及单株耗水增多，导致总需水量增多。二是土壤含盐量。与一般壤土相比，盐碱地种植玉米耗水量较多，土壤含盐量高，玉米耗水量大。三是土壤质地。在品种、产量水平等相同的条件下，不同土壤质地，玉米耗水量不相同。土壤保水能力有强弱的差别，黏土透水性差，通气不良，因为其颗粒间隙很小，毛细管作用强，所以降雨或者灌溉后水分很难渗透，以地表径流方式消耗，成为无效耗水。同时，因为黏土蓄水性强，土壤水分含量大，容易增加耗水量。应当注意中耕，避免土壤发生龟裂失水。沙土地通气、透水性强，由于颗粒间孔隙大，毛细管作用弱，故浇水或降雨很易渗至深处。沙土地持水量少，土壤水分很易通过大孔隙蒸发，保水能力差，耗水量也大。

2. 品种　不同的玉米品种，其植株大小、株型、单株生产力、吸肥耗水能力、生育期长短、抗旱性等均存在差异，因此耗水量不同。全生育期间一般晚熟品种需水超过 800 mm，中熟品种需水 500～800 mm，早熟品种需水 300～400 mm。在相同产量水平下，水分消耗总量也不同，但全生育期内不得少于 350 mm。生育期短的品种叶面蒸腾量小，蒸腾持续时间相对较短，因此耗水量较少；而生育期长的品种，耗水总量则更多。品种的抗旱性也是一个重要方面，抗旱性强的，消耗水分较少，因为其叶片蒸腾速率较低。相对杂交品种而言，耐旱的农家品种耗水量较少。

3. 产量水平　籽粒产量取决于经济系数、生物产量等，干物质产量是经济产量的基础，要达到干物质产量的累积，提高生物产量向籽粒转化效率，都与水密切相关。在一定范围内，玉米籽粒产量水平越高，其需水量越大，在产量水平较低时，随产量的提高，对水分的消耗量近似呈直线上升，当产量达到一定水平后，耗水量与产量的相关曲线趋于平缓。

4. 栽培措施　一是控制密度。在一定密度范围内，同一玉米品种随密度增加，群体叶面积增加，则总耗水量也增加。当超过适宜密度，叶片相互重叠严重，致使下部叶片受光少，气孔光调节受限，蒸腾速率大大降低；同时株间环境条件恶化，植株生长不良，耗水量和产量均降低。二是浇水。玉米生育期间耗水量与浇水的次数、数量、方法等密切相关。浇水量较小，次数多，水分集中于表层并未渗透，会加剧地表蒸发，造成土壤板结。旱时浇水有利于提高肥效、增加产量。浇水量越大，次数越多，玉米实际的耗水量越高。在浇水量过大时，易造成水分地表径流，或向土壤深层渗漏，加大农田耗水量，增加无效耗水。三是施肥。增加施肥量可促进植株根、茎、叶等营养器官生长，利于根系吸水，但同时加剧了植株蒸腾作用，使耗水量增加。肥力较高的土壤，或者肥料施用量较大时，玉米植株耐旱性增强。四是中耕。中耕除草能减少水分的无效消耗。可以切断土壤毛细管，避免下层土壤水的蒸发，抑制需水量。玉米生育前期中耕效果好，尤其降雨和浇水后及时中耕，可以显著减少棵间土壤蒸发。后期田间覆盖率高，抑制土壤水分蒸发散失的效果较差。中耕深度方面，与中耕 2 cm 深相比，5～8 cm 深度土壤蒸发量小。

5. 气候条件　气候条件可以影响玉米棵间蒸发和叶面蒸腾，使玉米需水量发生变化。如温度、光照强度、降水量、空气相对湿度、日照时数、风力、气压等。相同栽培措施的玉米，其生育期内空气相对湿度小、气温高、风力大、日照时数长、积温量大、光照强度大，均会导致地面蒸发和叶面蒸腾作用增强，使总耗水量增多。降水量多的年份常使耗水量减少。

参考文献

曹广才，吴东兵，1995a. 高寒旱地玉米熟期类型的温度指标和生育阶段[J]. 北京农业科学(1)：40-43.

曹广才，吴东兵，1995b. 海拔高度对我国北方旱农地区玉米生育天数的影响[J]. 干旱地区农业研究，13(4)：92-98.

曹广才，张建华，杨镇，等，2015. 玉米种植的纬度和海拔效应[M]. 北京：气象出版社.

曹国军，2011. 超高产春玉米氮磷营养特性及养分调控技术研究[D]. 长春：吉林农业大学.

苌建峰，董鹏飞，王秀玲，等，2017. 氮肥运筹对不同夏玉米品种碳氮代谢协调性的影响[J]. 中国农业科学，50(12)：2282-2293.

陈辰，李楠，薛晓萍，等，2017. 播期对山东夏玉米生长发育和产量形成的影响[J]. 江苏农业科学，45(12)：52-55.

陈防，鲁剑巍，万运帆，等，1997. 鄂西山区不同海拔高度玉米施钾锌效果[J]. 植物营养与肥料学报(2)：191.

陈民生,赵京岚,徐守国,2007.玉米种子发芽特性与温度的相关性研究[J].山东农业科学(2):40-43.
陈国平,赵久然,2005.试论超级玉米的育种、栽培模式//玉米栽培研究50年——陈国平先生文集[M].北京:中国农业科学技术出版社.
邓洪烈,1978.玉米低温冷害生理机制的探讨.中国植物生理学会第二次全国会议资料[C].
董钻,沈秀英,2000.作物栽培学总论[M].北京:中国农业出版社.
方华,李青松,郭玉伟,等,2010.中国玉米品种生育期的研究[J].河北农业科学,14(4):1-5.
冯婧,任月梅,杨忠,等,2016.不同播期对谷子产量及主要农艺性状的影响[J].安徽农学通报(2):20-21.
冯素伟,胡铁柱,李淦,等,2009.不同小麦品种籽粒灌浆特性分析[J].麦类作物学报(4):643-646.
冯晓钰,周广胜,2018.夏玉米叶片水分变化与光合作用和土壤水分的关系[J].生态学报,38(1):177-185.
冯颖竹,谢振元,贺立红,等,2007.光强因子对甜糯玉米光合作用和产量构成的影响[J].华北农学报,22(3):132-136.
谷岩,曹梦可,张玉秋,等,2015.低温对孕穗期玉米叶片光合及碳代谢酶活性的影响[J].植物生理学报,51(6):941-948.
关泉杰,张明坤,2013.玉米生育阶段的划分与灌溉制度试验[J].黑龙江水利科技,41(8):174-175.
郭建平,王春乙,马树庆,等,2003.玉米育苗移栽防御低温冷害和春旱试验研究[J].自然灾害学报(1):116-120.
郭文建,刘海,2014.高温胁迫对玉米光合作用的影响[J].天津农业科学,20(4):86-88.
郭文利,白兴云,1996.1995年的低温冷害和阴害对玉米生产的影响[J].北京农业科学,14(3):15-17,36.
胡昌浩,1995.玉米栽培生理[M].北京:中国农业出版社.
黄伟超,范宇博,顾万荣,等,2017.不同氮效率基因型玉米物质积累及氮代谢相关酶活性的差异[J].安徽农业科学,45(34):22-26,36.
霍仕平,晏庆九,黄文章,1995.纬度和海拔对西南春玉米区中熟玉米品种生育期的效应[J].作物学报,3(21):380-384.
霍仕平,晏庆九,黄文章,等,1996.温度和日长对玉米植株性状的效应[J].中国农业气象(5):24-27.
纪瑞鹏,张玉书,姜丽霞,等,2012.气候变化对东北地区玉米生产的影响[J].地理研究(2):290-298.
姜丽霞,王铭,朱海霞,等,2016.≥10 ℃积温距平对玉米不同发育期冷害的判定及其与产量的关系[J].中国农学通报,32(36):152-162.
姜玉娥,2015.玉米幼苗模拟遮阴处理转录组分析[D].泰安:山东农业大学.
江院,张向前,卢小良,等,2008.光周期与氮肥互作对华农1号青饲玉米碳氮代谢相关酶的影响[J].草业学报,17(4):92-101.
金照光,2014.不同播期对冀东地区春玉米生长发育及水分利用效率的影响[D].秦皇岛:河北科技师范学院.
柯德森,杨礼香,巫锦雄,2013.光强对玉米幼苗光合特性及环境羟基自由基水平的影响[J].应用与环境生物学报,19(03):404-409.
李长顺,2010.玉米各生育阶段对温度的要求[J].养殖技术顾问(9):52.
李金凤,2017.深松方式对玉米光合作用的影响[J].农业科技与装备(4):32-34.
李娟,陈鹏心,赵晓彤,等,2018.2017年康平县大田玉米生长发育状况的研究[J].现代农业(10):59-60.
李玲,王永力,杨德光,2012.论气候对玉米生长发育的影响[J].北京农业(27):122.
李青松,方华,郭玉伟,等,2010.春播玉米品种熟期类型划分研究[J].河北农业科学,14(9):8-11,25.
李荣平,周广胜,史奎桥,等,2009.1980—2005年玉米物候特征及其对气候的响应[J].安徽农业科学,37(31):15197-15199,15267.
李瑞莲,2003.玉米育苗移栽技术[J].农民致富之友(3):21-21.
李少昆,赵明,1998.不同基因型玉米光合作用强度的调控研究[J].石河子大学学报(自科版)(3):245-250.
李文科,薛庆禹,王靖,等,2013.播期对吉林春玉米生长发育及产量形成的影响[J].玉米科学,21(5):81-86.

李言照，刘光亮，张海燕，2001. 光温因子与玉米产量的关系[J]. 西北农业学报，10(2)：67-70.
李有，董中强，王谦，等，2002. 不同海拔高度对玉米自交系剩余的影响研究[J]. 河南科学，20(3)：252-256.
刘建凤，2004. 不同类型玉米种子萌芽与出苗特性的研究[D]. 保定：河北农业大学.
刘京宝，田甫焕，杜世凯，等，2018. 中国不同熟制地区玉米栽培[M]. 北京：中国农业科学技术出版社.
刘明，陶洪斌，王璞，等，2009. 播期对春玉米生长发育与产量形成的影响[J]. 中国生态农业学报，17(1)：18-23.
刘宁，邱立宝，石绪海，等，2007. 谈玉米生育期调查记载方法[J]. 中国种业(7)：47.
刘淑云，董树亭，胡昌浩，2002. 生态环境因素对玉米籽粒品质影响的研究进展[J]. 玉米科学，10(1)：41-45.
刘淑云，董树亭，赵秉强，等，2007. 长期施肥对夏玉米叶片氮代谢关键酶活性的影响[J]. 作物学报，33(2)：278-283.
刘树勋，梁新棉，刘晓梅，等，2019. 2018 年河北省籽粒玉米新品种跟踪与评价试验初报[J]. 中国种业(9)：1-5.
刘素玲，2007. 生态因子对玉米产量构成因素的影响分析[J]. 陕西农业科学(4)：43-44.
刘啸笑，2016. 温度与土壤水分对玉米种子萌发及幼苗生理特性的影响[D]. 长春：吉林农业大学.
刘玉兰，2006. 不同玉米自交系播期对出苗率及雌雄穗开花期影响的研究[J]. 吉林农业科技学院学报，15(1)：1-3.
刘战东，肖俊夫，南纪琴，等，2010. 播期对夏玉米生育期、形态指标及产量的影响[J]. 西北农业学报，19(06)：91-94.
刘宗华，张战辉，2010. 玉米籽粒灌浆速率研究进展[J]. 东北农业大学学报(11)：148-153.
吕静瑶，申丽霞，晁晓乐，2017. 施氮对不同氮效率玉米籽粒碳代谢的影响[J]. 江苏农业科学，45(16)：64-68.
吕丽华，陶洪斌，王璞，等，2008. 种植密度对夏玉米碳氮代谢和氮利用效率的影响[J]. 作物学报，34(4)：718-723.
马春红，赵霞，等，2014. 玉米简化栽培[M]. 北京：中国农业科学技术出版社.
马树庆，王琪，徐丽萍，等，2011. 积温对春玉米叶面积、生物量和产量的影响[J]. 现代农业科技(13)：284-285，288.
潘瑞炽，2008. 植物生理学[M]北京：高等教育出版社.
庞分泉，2019. 玉米苗期管理技术[J]. 河北农业(6)：18-19.
单明珠，胡必德，蒋飞彦，1996. 玉米叶片硝酸还原酶消长规律研究初报[J]. 陕西农业科学，(1)：25-26.
申丽霞，王璞，兰林旺，等，2007. 施氮对夏玉米碳氮代谢及穗粒形成的影响[J]. 植物营养与肥料学报，13(6)：1074-1079.
申丽霞，王璞，2009. 玉米穗位叶碳氮代谢的关键指标测定[J]. 中国农学通报，25(24)：155-157.
时成俏，覃永媛，罗桂湘，等，2016. 广西玉米生育时期气候变化特征与产量年际波动[J]. 湖北农业科学，55(12)：3069-3074.
宋凤斌，童淑媛，2010. 不同株型玉米的干物质积累、分配及转运特征[J]. 江苏农业学报(4)：700-705.
宋航，周卫霞，袁刘正，等，2016. 光、氮及其互作对玉米氮素吸收利用和物质生产的影响[J]. 作物学报，42(12)：1844-1852.
宋世娟，1996. 玉米群体光合性能与气象因素及产量的关系[J]. 玉米科学，4(4)：60-62.
苏俊，1991. 国内外玉米熟期组划分情况简介[J]. 黑龙江农业学(2)：51-52.
苏正淑，1990. 低温对玉米光合作用及叶面积和籽粒产量的影响[J]. 辽宁农业科学(5)：22-24.
孙加伟，赵天宏，付宇，等，2009. CO_2 浓度升高对玉米叶片光合生理特性的影响[J]. 玉米科学，17(2)：81-85.
孙月轩，姜先梅，张作木，等，1994. 夏玉米灌浆与温度、籽粒含水率关系的初步探讨[J]. 玉米科学(1)：54-58，80.
孙振国，夏宝训，李振，2017. 气象因子对玉米生长的影响分析[J]. 农村经济与科技，28(24)：7.
唐谷，汪朝明，叶田方，等，2016. 黔中地区夏播玉米生长发育与积温关系研究[J]. 中国种业(2)：40-43.
唐永金，陈见超，侯大斌，1997. 不同生态型玉米生长特性的研究[J]. 玉米科学，7(3)：62-67.

佟屏亚,凌碧莹,1985.关于统一划分玉米生育期的若干建议[J].耕作与栽培(4):55-59.
佟屏亚,程延年,1995.不同株型玉米生长发育进程及产量研究[J].耕作与栽培(2):8-10.
王创云,邓妍,赵丽,等,2015.不同覆膜栽培方式对玉米光合特性及产量形成的影响[J].中国农学通报,31(30):62-67.
王静,2019.玉米高产栽培技术及田间管理[J].农家参谋(14):103.
王镜岩,朱圣庚,徐长法,等,2002.生物化学[M].北京:高等教育出版社.
王立志,王连敏,张国民,等,2000.不同温度条件下玉米种子发芽的量化模型[J].中国农业气象(3):37-39.
王培娟,霍治国,陈鹏狮,2018.东北地区春玉米不同发育阶段热量指数时空特征[J].生态学杂志,37(05):1450-1458.
王鹏,李连冰,焦峰,等,2015.不同施氮量对玉米生长、氮吸收利用及产量的影响[J].湖北农业科学,54(22):5544-5547.
王琪,马树庆,郭建平,等,2009.温度对玉米生长和产量的影响[J].生态学杂志,28(2):255-260.
王庆燕,2017.聚糠萘水剂对黑龙江地区不同积温带春玉米灌浆期功能叶蔗糖代谢的调控研究.第十五届全国玉米栽培学术研讨会会议论文集[C].中国作物学会.
王伟东,王璞,王启现,2001.灌浆期温度和水分对玉米籽粒建成及粒重的影响[J].黑龙江八一农垦大学学报,13(2):19-24.
王晓群,杨彦龙,张宇,等,2015.不同生育阶段气象因子对玉米产量及构成要素的影响分析[J].中国农学通报,31(30):68-73.
王秀萍,刘天学,李潮海,等,2010.遮光对不同株型玉米品种农艺性状和果穗发育的影响[J].江西农业学报(22):5-7.
王洋,齐晓宁,邵金锋,等,2008.光照强度对不同玉米品种生长发育和产量构成的影响[J].吉林农业大学学报,30(06):769-773.
王竹,吴其林,杨文钰,2006.不同播期对套作玉米苗期生长的影响[J].玉米科学,14(3):120-122.
魏湜,曹广才,高洁,等,2010.玉米生态基础[M].北京:中国农业出版社.
吴巍,赵军,2010.植物对氮素吸收利用的研究进展[J].中国农学通报,26(13):75-78.
吴东兵,曹广才,阎保生,等,1999.晋中高海拔旱地玉米熟期类型划分指标[J].华北农学报(1):42-46.
肖登攀,齐永青,王仁德,等,2015.1981—2009年新疆小麦和玉米物候期与气候条件变化研究[J].干旱地区农业研究,33(6):189-194,202.
谢皓,1998.玉米种子发芽与温度相关性的研究[J].种子(2):14-16.
邢江会,2014.山西省277种不同熟性玉米品种积温需求研究[D].晋中:山西农业大学.
徐庆章,王庆成,牛玉贞,等,1995.玉米株型与群体光合作用的关系研究[J].作物学报,21(4):492-496.
杨双,韩晓日,2015.玉米碳代谢关键酶活性的遗传分析[J].核农学报,29(8):1455-1463.
杨文彬,1989.玉米覆膜栽培地积温效应对根系及植株发育的影响[J].植物生态学与地植物学报,13(3):282-288.
叶修琪,1992.气候变化与作物产量[M].北京:中国科技出版社.
禹代林,欧珠,1999.西藏玉米生产的现状与建议[J].西藏农业科技(1):20-22.
袁道华,2018.春玉米的田间管理技术[J].农民致富之友(19):75.
展茗,张胜,李建鸽,等,2013.湖北省不同时期玉米区域生产比较优势分析[J].中国农学通报,29(03):63-68.
张凤路,2001.不同玉米种质对长光周期反应的初步研究[J].玉米科学,9(4):54-56.
张厚宝,2009.玉米品种郑单958在东北春玉米区的生态适应性研究[D].泰安:山东农业大学.
张吉旺,董树亭,王空军,等,2007.大田遮阴对夏玉米光合特性的影响[J].作物学报(2):216-222.
张建国,曹靖生,史桂荣,等,2009.黑龙江省主要玉米品种及其亲本光温反应特性研究Ⅰ.12个玉米品种及其亲本的光反应特性[J].黑龙江农业科学(2):23-26.

张建国,2009.黑龙江省主要玉米品种及其亲本光温反应特性研究Ⅱ.12个玉米品种及其亲本温度反应特性[J].黑龙江农业科学(3):18-21.

张生浩,刘明星,贺志智,等,2015.武陵山区玉米制种气象条件对比分析[J].通讯世界(15):61-62.

张兴端,霍仕平,李求文,等,2006.海拔高度对武陵山区玉米品种生育期和产量的影响[J].玉米科学,14(3):99-101.

张旭,赵明,李连禄,等,2002.温度对玉米生理生化特性的影响[J].玉米科学(3):60-62.

张毅,戴俊英,苏正淑,1995.灌浆期低温对玉米籽粒的伤害作用[J].作物学报,21(1):71-75.

张云慈,李月霞,2014.玉米生长发育和环境的关系[J].现代农业科技(2):87-88.

张泽民,1991.不同生态环境对玉米产量和穗粒性状的影响[J].华北农学报,6(1):28-34.

张志兴,2018.玉米种植的气候条件分析与研究[J].农业开发与装备(3):71-72.

赵福成,景立泉,闫发宝,等,2013.施氮量对甜玉米产量、品质和蔗糖代谢酶活性的影响[J].植物营养与肥料学报,19(1):45-54.

赵宏伟,马凤鸣,李文华,2004.氮肥施用量对春玉米硝酸还原酶活性及产质量的影响[J].东北农业大学学报,35(3):276-280.

赵久然,杨国航,孙世贤,等,2008.国家青贮玉米品种区域试验现状及发展趋势——国家玉米品种区试系列介绍Ⅳ[J].作物杂志(1):85-89.

赵俊姣,钟婷婷,张晔,2017.积温对玉米生长发育和产量形成的影响分析[J].乡村科技(1):57-58.

赵秀萍,2014.玉米的生育期划分及生长发育特性[J].养殖技术顾问(4):85.

郑洪建,董树亭,王空军,等,2002.生态环境因素对玉米籽粒品质影响的研究进展[J].玉米科学,10(1):41-45.

郑卓琳,李伯航,张淑敏,1994.紧凑型夏玉米高产需水规律研究[J].玉米科学,(4):26-32.

周文富,贾良荣,2000.移栽地膜春玉米高产栽培新技术[J].农村实用工程技术(1):18-19.

周武岐,陈占廷,1998.玉米杂交种子生产与营销[M].北京:中国农业出版社.

朱凤娟,邱正明,聂启军,等,2014.鄂西山区不同海拔与播期对甜玉米生长的影响[J].湖北农业科学,53(5):1069-1072.

宗英飞,杨学强,纪瑞鹏,等,2013.播种期温度变化对玉米出苗速率的影响[J].中国农学通报,29(9):70-74.

邹原东,韩振芹,2018.播期对玉米产量及品质的影响研究进展[J].现代农业科技(4):7-8,10.

Birch C J, Hammer G L, Rickert K G, 1998. Temperature and photoperiod sensitivity of development in five cultivars of maize(Zea mays L.) from emergence to tassel initiation[J]. Field Crops Res, 55:93-107.

Borrás L, Maddonni G A, Otegui M E, 2003. Leaf senescence in maize hybrids: plant population, row spacing and kernel set effects[J]. Field Crops Research, 82(1):0-26.

Edreira J I R, Mayer L I, Otegui, María E, 2014. Heat stress in temperate and tropical maize hybrids: Kernel growth, water relations and assimilate availability for grain filling[J]. Field Crops Research, 166:162-172.

Gantarero M G, Cirilo A G, Andrade F H, 1999. Night temperature at silkling affects kernel set in maize[J]. Crop Sci(39):703-710.

Murariu D, Strajeru S, Avramiuc M, 2002. Inventory and evaluation of the local maize Iandraces in Romnian Bucovina(NE Carpathian Mountains). European Association for Research on Plant Breading(EUCARPIA), Wageningen, Netherlands, 24.

Neumann K, Verburg P H, Stehfest E, et al, 2010. The yield gap of global grain production: Aspatial analysis [J]. Agric Syst, 103:316-326.

Osaki M, Makoto L, Toshiaki T, 1995. Ontogenetic changes in the contents of Ribulose-1, 5-Bisphosphate carboxylase/oxygenase, phosphoenolpyruvate carboxylase, and chlorophy Ⅱ in dividual leaves of maize[J]. Soil Sci Plant Nutr, 41:285-293.

Taiz L, Zeiger E, 2002. Plant Physilogy[M]. Massachusetts: Sinauer Associates, Inc. , Publishers.

Tollenaar M, 1999. Duration of the grain-filling period in maize is not affected by photoperiod and incident PPFD during the vegetative phase[J]. Field Crops Res, 62: 15-21.

Zorb C, Stracke B, Tranmitz B, et al, 2005. Does H^+ pumping by plasmalemma ATPase limit leaf growth of maize(*Zea mays*) during the first phase of salt stress[J]. Journal Plant Nutrition Soil Science, 168: 550-557.

第四章　湖北玉米实用栽培技术

第一节　普通玉米栽培

一、生产布局

湖北省玉米种植比较广泛，各市(州)、县(区)都有种植。高广金(2015)依据地理生态、海拔高度、气候特点等条件，将湖北玉米生产区域划分为三大板块，即鄂西山地玉米区、江汉平原及鄂东南丘陵玉米区和鄂北岗地丘陵玉米区。

(一)鄂西山地玉米区

区域范围在东经112°以西、包括恩施自治州全州、十堰市所有县市、神农架林区及宜昌市的夷陵、宜都、长阳、五峰、秭归、兴山、远安和襄阳市的南漳、保康、谷城等25个县市区，海拔700～2000 m，耕地面积1500万亩。鄂西山地玉米区常年玉米种植面积490万亩左右，占全省玉米面积的50%以上，是湖北省的传统玉米主产区，面积相对稳定，本区域以春播玉米为主，部分低山区种植有少量的夏播玉米。

本区大山众多，地势高耸，随着海拔高度的变化，形成显著的立体气候特点，成为不同的生态带。500 m以下的河谷地区，年均气温15～18 ℃，≥10 ℃积温4500 ℃·d以上，年降水量800～1000 mm，土壤以黄棕壤为主，植被为常绿阔叶。该区域小斑病、病毒病重，6月中下旬风灾频繁，气温较高，常有伏旱和秋旱。种植的品种要求中早熟，紧凑、抗倒、抗病毒病及小斑病。500～800 m的低山地区，年均气温12～15 ℃，≥10 ℃积温3800～4900 ℃·d，年降水量900～1200 mm。土壤以黄棕壤为主，植被为常绿阔叶。该区玉米小斑病、纹枯病、茎腐病较重，6月中下旬及7月上旬干旱及强对流天气频繁。虽降水量不少，但在玉米生长期间分布不均匀，常有伏旱。种植的玉米品种要求中早熟，抗茎腐病、小斑病，抗倒性强，耐高温干旱。800～1200 m的二高山地区，年均气温9～14 ℃，≥10 ℃积温3200～4300 ℃·d，年降水量1000～1500 mm，土壤以黄棕壤为主，植被为常绿阔叶、落叶阔叶兼有。该区域玉米大斑病、纹枯病、锈病、穗粒腐病较重，生育前期易遭遇低温冷害，抽雄期易遭遇干旱或冰雹、槽风等强对流天气，灌浆期易遭遇低温寡照或秋寒等恶劣天气。种植的玉米品种要求苗期耐冷性强，抽雄期耐旱及抗倒性强，株型较紧凑，抗大斑病、纹枯病、锈病、穗粒腐病、灰斑病等多种病害，籽粒灌浆速率快，后期植株耐寒性强。该生态带无霜期较长，宜种植偏晚熟高产品种以充分利用有利的光温条件。1200 m以上的高山区，年均气温7～9 ℃，≥10 ℃积温2000～3200 ℃·d，年降水量1200～1700 mm，属温带气候，土壤以山地黄棕壤为主，植被为落叶阔叶、针叶兼有。该区玉米大斑病、茎腐病、纹枯病、穗粒腐病较重，玉米生育前期易遭低温冷害，抽雄期易遭遇冰雹、大风、暴雨等天气，灌浆期易遭遇秋寒等恶劣天气，种植的玉米品种要求熟期早，前期耐冷性好，抽雄期抗倒性好，中后期灌浆速度快，耐寒性强，高抗大斑病、穗粒腐病，抗纹枯病。

(二)江汉平原及鄂东南丘陵玉米区

区域范围在东经 112°以东、北纬 31°以南的长江和江汉平原、鄂中丘陵、鄂东南和鄂东北丘陵地区。海拔 20～100 m，包括武汉、荆州、荆门、黄冈、黄石、鄂州、咸宁、孝感、仙桃、天门、潜江 11 个市及宜昌的东部，共有耕地面积 4125 万亩。平原丘陵玉米区常年玉米种植面积 190 万亩左右，占全省玉米面积的 20%左右，本区域玉米生产以春玉米为主，夏玉米和秋玉米均有不同程度发展。

江汉平原地势较平坦，土层较深厚；光能充足，日照时数 1752.2～2161.5 h；雨量充沛，年降水量在 1300 mm 左右；年均≥10 ℃积温多在 4900～5100 ℃·d；平原区土壤以水稻土、潮土、黄棕壤为主；植被属常绿阔叶。该区无霜期较长，7—8 月气温较高，适宜种植春播或秋播玉米。该区春玉米小斑病重，开花期气温高，影响花粉活力及结实性，种植的春玉米品种要求中熟、抗小斑病、抗倒伏、耐热性强。该区秋玉米小斑病重，要求种植的秋玉米品种中早熟、抗小斑病，灌浆期耐冷性强，灌浆速度快、脱水快。

鄂东南丘陵区热量丰富，雨量充沛，降水量 1400～1600 mm，水田土壤以红黄泥土、潮沙泥土为主，旱地以红黄土为主，本区因高温多雨，矿物质分解彻底，有机质缺乏，pH 在 5.6～6.0，是酸性的红黄壤，植被属常绿阔叶林。本区无霜期较长，适宜种植春播或秋播玉米。该区春玉米小斑病、纹枯病较重，生育前期易遭受滞害，中后期易遭受旱、涝或风灾，要求春播玉米耐滞、耐酸、抗倒性强。该区秋玉米小斑病较重，生育前期易遭受旱灾，中后期易遭遇低温冷害，要求秋播玉米营养生长期及开花期耐热性好，灌浆期耐冷性强，灌浆速度快、脱水快。

(三)鄂北岗地丘陵玉米区

区域范围在东经 112°以东、北纬 31°以北，海拔 250～500 m，包括襄阳市的郊区、襄州、枣阳、宜城、老河口、随州市，共有耕地 495 万亩。鄂北岗地玉米区常年玉米种植面积 280 万亩左右，占全省玉米面积的 30%左右，是近几年发展较快的玉米产区。该区域是湖北省夏播玉米主产区。

鄂北岗地、丘陵玉米区以岗地丘陵地貌为主，地势起伏平缓，土层深厚，温光资源较好，日照时数为 1914.7～2107.3 h，≥10 ℃积温 4800 ℃·d 左右，年降水量 800～900 mm，其中 6—8 月降水量为 400～500 mm。土壤以黄褐土为主，土质较黏重。本区地处北亚热带北缘，植被具有由北向南过渡的特点。因该区 6—8 月光、热、水资源丰富，非常适合夏玉米生长，但夏玉米生育期内经常遭遇高温干旱、狂风暴雨等灾害性天气，种植的玉米品种要求熟期适宜、株型紧凑、耐旱及耐滞性强、抗倒性强、抗小斑病、茎腐病、病毒病强。

(四)湖北玉米产业现状与展望

鄂西山地玉米区是湖北传统玉米产区，常年玉米种植面积 490 万亩左右，面积较为稳定。该区域种植玉米历史较长，农民经验丰富，管理到位，但受地形、地理条件的限制，平均单产 300 kg/亩，基本与全省平均产量持平。随着农业供给侧结构性改革和精准扶贫政策推进，有小部分农民改种高山蔬菜、中药材和水果，该区域玉米种植面积有小幅度调减。丘陵平原地区玉米种植面积190万亩，占湖北玉米种植面积的20%，单产437.90 kg/亩。虽然江汉平原玉米种植面积不大，但生产条件较好，单产水平较高，特别是中东部地区的仙桃、潜江、天门、蔡甸等地单产能达到450 kg/亩以上。随着农业供给侧改革的推进，种植结构调整，该地区将是湖北省玉米种植面积和规模潜力最大的产区。

展茗等(2013)利用2000—2009年湖北省17个市(州、区)农业生产统计资料，采用比较优势理论及分析方法，分析“十五”和“十一五”期间湖北省玉米生产比较优势的区域特点及动态变化。结果表明：湖北省玉米生产存在显著的区域差异，玉米生产具有规模、效率、综合比较优势的市(州、区)分别有5个、10个、5个；其中，十堰、襄阳、武汉、随州、荆门等地规模优势指数呈上升趋势；除荆门和潜江外，其他所有地区的效率优势指数“十一五”期间都高于“十五”期间，呈现上升趋势，说明近年来湖北玉米生产水平在不断提高，且江汉平原各市区玉米生产水平明显高于其他地区。总体来说，湖北省各地区玉米的综合比较优势由大到小排序为：神农架、宜昌、恩施、十堰、襄阳、黄石、武汉、咸宁、荆门、仙桃、荆州、潜江、鄂州、天门、随州、孝感(黄冈)，鄂西山地和鄂北岗地传统玉米产区有明显的综合优势，江汉平原和鄂东生产水平更高，有较大的发展空间，该地区长江和汉江周边还有近百万亩可开发的滩涂面积，可开发种植玉米。近年来由于用工成本、物资费用成本的大幅度提高，农村劳动力的大量转移，在劳动力短缺日益严峻的情况下，玉米生产在减少劳动力投入、提高收益上有明显的发展优势，这有可能促进玉米在当前湖北省一些非优势地区的发展。

二、普通玉米常规栽培技术

(一)选用良种

1. 宜单629

品种来源：宜昌市农业科学研究院用“S112”作母本、“N75”作父本配组育成的杂交玉米品种。2008年通过湖北省农作物品种审定委员会审定，品种审定编号为鄂审玉2008004。

特征特性：该品种属中熟品种，平均生育期108.6 d。该品种出苗快，苗势强，幼苗叶鞘紫色。成株叶片数19～20片，中部叶片较宽大，株型半紧凑，株高246.2 cm，穗位高100.4 cm。雄穗一级分枝数18个左右，花药紫色，雌穗花柱红色。果穗长锥形，穗轴白色，穗长18.2 cm，穗粗4.7 cm，穗行数14.4，行粒数35.3；宜单629结实性极好，结实满尖无秃顶，籽粒半硬粒形，黄色，百粒重33.3 g，干穗出籽率85.5%。经农业部谷物及制品质量监督检验测试中心测定，宜单629品质达到了国标一级水平：容重761 g/L，粗淀粉(干基)含量70.26%，粗蛋白(干基)含量10.49%，粗脂肪(干基)含量3.42%，赖氨酸(干基)含量0.30%。该品种抗倒、抗病表现优异，经鉴定其倒伏率和折断率总和仅为0～2.4%；田间大斑病0.8级，小斑病1.3级，青枯病病株率2.6%，锈病0.8级，穗粒腐病0.3级，丝黑穗病发病株率0.5%，纹枯病病指14.6，无其他玉米病害。

产量水平：宜单629在2006—2007年两年区域试验中平均亩产607.67 kg，比对照华玉4号增产9.58%。其中，2006年亩产620.29 kg，比华玉4号增产6.67%；2007年亩产595.05 kg，比华玉4号增产12.80%，两年均增产极显著。

适宜范围：适于湖北省低山、丘陵、平原地区作春玉米种植。该品种结实性好，稳产高产，抗病、抗倒伏能力强。生产上每亩适宜种植密度3500～4000株，大田管理应及时中耕除草，培土壅蔸，抗旱排涝，防治纹枯病、丝黑穗病、地老虎、玉米螟等病虫害。

2. 蠡玉 16

品种来源：石家庄蠡玉科技开发有限公司用“953”作母本、“91158”作父本配组育成的杂交玉米品种。2008 年通过湖北省农作物品种审定委员会审定，品种审定编号为鄂审玉 2008006。

特征特性：该品种属中熟品种，生育期 109.0 d。该品种出苗快而齐，苗势强，幼苗叶鞘紫红色。株型半紧凑，株高 256.8 cm，穗位高 111.3 cm，成株叶片数 20 片左右，叶片较宽大，叶色浓绿，穗上部叶片上冲，茎秆坚韧，根系较发达。雄穗花药黄色，颖片紫绿色，花柱绿色。果穗筒形，轴白色，长 17.6 cm，粗 5.2 cm，秃尖长 1.0 cm，穗行数 17.3，行粒数 34.1；籽粒黄色，中间型，百粒重 30.51 g，干穗出籽率 86.1%。经农业部谷物及制品质量监督检验测试中心测定，其品质达到国标一级标准，容重 763 g/L，粗淀粉（干基）含量 71.18%，粗蛋白（干基）含量 10.12%，粗脂肪（干基）含量 3.85%，赖氨酸（干基）含量 0.31%。经田间接种鉴定该品种抗病能力强，大斑病 0.6 级，小斑病 0.6 级，青枯病病株率 3.7%，锈病 0.3 级，穗粒腐病 0.5 级，纹枯病病指 15.5。抗倒性优于华玉 4 号。

产量水平：2006—2007 年参加湖北省玉米低山平原组品种区域试验，其平均亩产 615.06 kg，比对照华玉 4 号增产 12.38%。其中，2006 年亩产 654.97 kg，比华玉 4 号增产 15.50%；2007 年亩产 575.15 kg，比华玉 4 号增产 9.03%，两年均增产极显著。

适宜范围：适于湖北省低山、丘陵、平原地区作春玉米种植。生产上每亩适宜种植密度 3000～3500 株，生产上要注意选择地下水位较低、排水通畅的地块，苗期蹲苗，中后期培土壅蔸，抗旱排涝，同时要注意积极防治青枯病、纹枯病、锈病、地老虎、玉米螟等病虫害。

3. 登海 9 号

品种来源：山东莱州市农业科学研究院用“DH65232”作母本、“8723”作父本配组育成的杂交玉米品种。2006 年通过湖北省农作物品种审定委员会审定，品种审定编号为鄂审玉 2006001。

特征特性：该品种属中熟品种，生育期 105.4 d。成株叶片数 19～20 片，株型半紧凑，株高 247.2 cm，穗位高 95.2 cm。茎秆坚韧，根系较发达，抗倒性较强。果穗长筒形，轴红色，长 18.8 cm，穗行数 15.4，行粒数 34.4；该品种秃尖较长，部分果穗基部有缺粒现象，籽粒黄色，中间型，籽粒牙口较深，百粒重 32.49 g，干穗出籽率 86.3%。品质经农业部谷物品质监督检验测试中心测定，其粗淀粉（干基）含量 74.38%，粗蛋白（干基）含量 8.18%，粗脂肪（干基）含量 4.67%，赖氨酸（干基）含量 0.29%。经田间鉴定其抗倒、抗病性较好，倒折（伏）率 18.1%；大斑病 1.7 级，小斑病 2.35 级，青枯病病株率 6.8%，纹枯病病指 29.4。

产量水平：2004—2005 年两年区域试验中登海 9 号平均亩产 576.41 kg，比对照华玉 4 号增产 1.82%。其中，2004 年亩产 561.09 kg，比华玉 4 号增产 7.64%，极显著；2005 年亩产 591.72 kg，比华玉 4 号减产 3.15%，不显著。

适宜范围：适于湖北省低山、平原、丘陵地区作春玉米种植。生产上每亩适宜种植密度 3500 株左右，大田管理应及时中耕除草，培土壅蔸，抗旱排涝，综合防治纹枯病、丝黑穗病、地老虎、玉米螟等病虫害。

4. 中农大 451

品种来源：中国农业大学用“BN486A”作母本、“H127R”作父本配组育成的杂交玉米品种。2009 年通过湖北省农作物品种审定委员会审定，品种审定编号为鄂审玉 2009001。

特征特性：该品种属中熟品种，生育期107.1 d。该品种生长势较强，株型半紧凑，成株叶片数20片左右，株高280 cm，穗位高116 cm。雄穗分枝数5个左右，花药紫色，花柱绿色。果穗筒形，轴红色，长17.0 cm，粗5.2 cm，穗行数16.1，行粒数32.9；苞叶覆盖较差，部分果穗顶部露尖，秃尖长1.4 cm，籽粒黄色，中间型，百粒重33.90 g，干穗出籽率86.4%。经农业部谷物品质监督检验测试中心测定，其品质优良，容重752 g/L，粗淀粉（干基）含量71.42%，粗蛋白（干基）含量9.67%，粗脂肪（干基）含量4.11%，赖氨酸（干基）含量0.26%。中农大451抗倒、抗病性好，田间大斑病0.9级，小斑病1.5级，茎腐病病株率4.3%，锈病1.8级，穗粒腐病1.2级，纹枯病病指17.2；田间倒伏（折）率低于华玉4号。

产量水平：在2007—2008年湖北省区域试验中平均亩产612.31 kg，比对照华玉4号增产11.92%。其中，2007年亩产593.45 kg，比华玉4号增产14.21%；2008年亩产631.17 kg，比华玉4号增产9.84%，两年均增产极显著。

适宜范围：适于湖北省丘陵、平原地区作春玉米种植。生产上每亩适宜种植密度3500株左右，大田管理要注意搞好“三沟”配套，及时中耕除草，培土壅蔸，抗旱排涝，积极防治纹枯病、丝黑穗病、地老虎、玉米螟等病虫害。籽粒成熟后要及时收获，防止烂尖。

5. 汉单777

品种来源：湖北省种子集团有限公司用“H70202”作母本、“H70492”作父本配组育成的杂交玉米品种。2013年通过湖北省农作物品种审定委员会审定，品种审定编号为鄂审玉2013002。

特征特性：该品种属中熟品种，生育期109 d。幼苗叶鞘紫色，上部叶片上冲，成株叶片较宽；株型半紧凑，株高267 cm，穗位高111 cm。雄穗分枝数7～10个，花药、花柱浅紫色。果穗锥形，穗轴红色，穗长17.0 cm，穗粗4.8 cm，穗行数17.2，行粒数35.1；穗柄较长，苞叶覆盖较完整，秃尖长0.6 cm，籽粒黄色、半马齿型，百粒重26.61 g，干穗出籽率85.8%。汉单777外观品质优良，经农业部谷物及制品质量监督检验测试中心测定，其品质达到国标一级水平，容重770 g/L，粗蛋白（干基）含量9.68%，粗脂肪（干基）含量4.04%，粗淀粉（干基）含量72.08%。该品种抗病性较好，经田间鉴定大斑病1级，小斑病1级，茎腐病病株率0.8%，穗腐病3级，纹枯病病指9.4，9级病株率1.6%；田间倒伏（折）率13.0%。

产量水平：2010—2011年两年区域试验平均亩产568.17 kg，比对照宜单629增产3.23%。其中，2010年亩产525.24 kg，比宜单629增产3.63%；2011年亩产611.10 kg，比宜单629增产2.90%。

适宜范围：适于湖北省丘陵、平原地区作春玉米种植。生产上每亩适宜种植密度3600株左右，大田管理需按配方施肥，施足底肥，看苗追施平衡肥，重施穗肥，忌偏施氮肥；苗期注意蹲苗，及时中耕除草，培土壅蔸，预防倒伏，抗旱排涝；注意防治纹枯病、茎腐病、穗腐病和玉米螟等病虫害。

6. 中科10号

品种来源：北京联创种业有限公司用“CT02”作母本、“CT209”作父本配组育成的杂交玉米品种。2008年通过湖北省作物品种审定委员会审定，品种审定编号为鄂审玉2008005。

特征特性：该品种属中熟品种，生育期109 d。幼苗叶鞘紫色，第四展开叶叶缘紫色，部分植株成熟时呈紫红色；株型半紧凑，株高273.9 cm，穗位高120.8 cm。花药、颖片、花柱均为浅紫色。果穗筒形，穗轴红色，穗长18.9 cm，穗粗5.2 cm，穗行数17.2，行粒数34.1；苞叶稍短，秃尖长 2.1 cm，籽粒黄色，中间型，百粒重 28.75 g，干穗出籽率 84.0%。经农业部谷物及制品质量监督检验测试中心测定，容重 774 g/L，粗淀粉（干基）含量 71.32%，粗蛋白（干基）含量 10.18%，粗脂肪（干基）含量 4.14%，赖氨酸（干基）含量 0.30%，品质达到国标一级标准。中科 10 号抗病、抗倒性较好，田间鉴定结果为：大斑病 0.9 级，小斑病 1.4 级，青枯病病株率 7.4%，锈病 1.2 级，穗粒腐病 0.7 级，纹枯病病指 19.9；抗倒性优于华玉 4 号。

产量水平：2006—2007 年两年区域试验平均亩产 607.54 kg，比对照华玉 4 号增产 11.01%。其中，2006 年亩产 648.73 kg，比华玉 4 号增产 14.4%；2007 年亩产 566.35 kg，比华玉 4 号增产 7.37%，两年均增产极显著。

适宜范围：适于湖北省丘陵、平原地区作春玉米种植。生产上每亩适宜种植密度 3000～3500 株，大田管理要搞好“三沟”配套，及时中耕除草，培土壅蔸，抗旱排涝，防治纹枯病、丝黑穗病、地老虎、玉米螟等病虫害；籽粒成熟后及时收获，防止烂尖。

7. 正大 12

品种来源：襄樊正大农业开发有限公司用“CTL34”作母本、“CTL95”作父本配组育成的杂交玉米品种。2005 年通过湖北省农作物品种审定委员会审定，品种审定编号为鄂审玉 2005002。

特征特性：该品种属中熟品种，生育期 108.6 d；成株叶片数 21 片左右，株型半紧凑，株高 250.6 cm，穗位高 114.2 cm。雄穗分枝数 5 个左右，花药紫色，花柱绿色。果穗较短、筒型，穗轴红色，穗长 16.5 cm，穗粗 5.8 cm，穗行数 15.8，行粒数 31.1；籽粒黄色，硬粒至半硬粒型，百粒重 31.36 g，干穗出籽率 84.03%。经农业部谷物及制品质量监督检验测试中心测定，容重 775 g/L，粗淀粉（干基）含量 73.24%，粗蛋白（干基）含量 9.61%，粗脂肪（干基）含量 4.04%，赖氨酸（干基）含量 0.27%。经田间鉴定该品种抗性较好，抗病性鉴定为大斑病 0.65 级，小斑病 0.71 级，青枯病病株率 2%，纹枯病病指 22.5，倒折（伏）率 23.63%。

产量水平：2002—2003 年两年区域试验平均亩产 490.07 kg，比对照华玉 4 号增产 0.89%。其中，2002 年平均亩产 517.94 kg，比华玉 4 号增产 2.19%，不显著；2003 年平均亩产 480.19 kg，比华玉 4 号减产 0.48%，不显著。

适宜范围：适于湖北省低山、平原、丘陵地区作春玉米种植。生产上每亩适宜种植密度 3200 株左右，大田管理要搞好“三沟”配套，及时中耕除草，培土壅蔸，抗旱排涝，注意防治纹枯病、青枯病、地老虎、玉米螟等病虫害。

8. 郁青 272

品种来源：铁岭郁青种业科技有限责任公司用“AM23”作母本、“AS51”作父本配组育成的杂交玉米品种。2012 年通过湖北省农作物品种审定委员会审定，品种审定编号为鄂审玉 2012002。

特征特性：该品种属中晚熟品种，生育期 113 d。幼苗叶鞘紫色，成株茎基部紫色；叶片数 20 片左右，株型半紧凑，株高 295 cm，穗位高 123 cm。雄穗分枝数 15 个左右，花药浅紫色，颖壳紫色，花柱浅紫色，果穗锥形，穗轴红色，穗长 18.2 cm，穗粗 5.0 cm，穗行数 16.2，行粒数 34.7；其穗柄较长，苞叶适中，秃尖长 1.2 cm，籽粒黄色、马齿型，百粒重 29.26 g，干穗出籽率 84.3%。经农业部谷物及制品质量监督检验测试中心测定，其品质为国标二级，容重 699 g/L，粗蛋白（干基）含量 9.65%，粗淀粉（干基）含量 73.22%，赖氨酸（干基）含量 0.31%。经田间调查该品种抗性表现较好，大斑病 1.4 级，小斑病 1.8 级，茎腐病病株率 12.9%，锈病 0.8

级，穗粒腐病 1.5 级，纹枯病病指 20.6，9 级病株率 3.6%；田间倒伏(折)率 3.0%。

产量水平：2009—2010 年两年区域试验平均亩产 589.26 kg，比对照宜单 629 增产 5.21%。其中，2009 年亩产 633.87 kg，比宜单 629 增产 3.36%；2010 年亩产 544.65 kg，比宜单 629 增产 7.46%。

适宜范围：适于湖北省丘陵、平原地区作春玉米种植。生产上每亩适宜种植密度 3500 株左右，大田管理要注意蹲苗，搞好清沟排渍，及时中耕除草，培土壅蔸，抗旱排涝；综合防治纹枯病、茎腐病、穗腐病和玉米螟等病虫害，重点防治蚜虫、飞虱、叶蝉等传毒媒介，预防病毒病。

9. 康农玉 901

品种来源：宜昌盛世康农种子科技有限公司用"FL218"作母本、"FL8210"作父本配组育成的杂交玉米品种。2011 年通过湖北省农作物品种审定委员会审定，品种审定编号为鄂审玉 2011001。

特征特性：该品种属中熟品种，生育期 114 d。幼苗叶鞘紫色，成株叶片数 21 片左右，株型半紧凑，株高 287 cm，穗位高 124 cm。雄穗分枝数 15 个左右，花药浅紫色，颖壳紫色，花柱浅紫色。果穗锥形，穗轴红色，穗长 17.6 cm，穗粗 5.2 cm，穗行数 18.7，行粒数 35.1；苞叶较短，有露尖现象，秃尖长 1.2 cm，籽粒黄色、马齿型，百粒重 28.01 g，干穗出籽率 85.1%。经农业部谷物品质监督检验测试中心测定，容重 720 g/L，粗淀粉(干基)含量 71.89%，粗蛋白(干基)含量 10.02%，粗脂肪(干基)含量 4.01%，赖氨酸(干基)含量 7.31%。田间抗病鉴定，大斑病 0.7 级，小斑病 1.6 级，茎腐病病株率 6.3%，锈病 0.3 级，穗腐病 1.2 级，纹枯病病指 8.5；田间倒伏(折)率 7.6%；空秆率 1.2%。

产量水平：2009—2010 年两年区域试验平均亩产 598.64 kg，比对照宜单 629 增产 7.31%。其中，2009 年亩产 653.94 kg，比对照增产 6.63%；2010 年亩产 543.34 kg，比对照增产 8.14%。

适宜范围：适于湖北省丘陵、平原地区作春玉米种植。生产上宜稀植，每亩适宜密度 3300 株左右。大田管理要早蹲苗，防控倒伏；搞好"三沟"配套，及时中耕除草，培土壅蔸，抗旱排涝；综合预防茎腐病、纹枯病、穗腐病、地老虎、玉米螟等病虫害。

10. 楚单 139

品种来源：华中农业大学用"A1041"作母本、"NA6815"作父本配组育成的杂交玉米品种。2013 年通过湖北省作物品种审定委员会审定，品种审定编号为鄂审玉 2013001。

特征特性：该品种属中晚熟品种，生育期 114 d。幼苗叶鞘浅紫色，株型半紧凑，该品种穗上部节间较长，植株偏高，株高 308 cm，穗位高 125 cm。雄穗分枝数 9 个左右，花药浅绿色，花柱绿色。果穗锥形，轴红色，长 17.3 cm，粗 5.0 cm，穗行数 17.8，行粒数 33.7；果穗苞叶覆盖较完整，秃尖长 1.8 cm，籽粒黄色、半马齿型，百粒重 29.34 g，干穗出籽率 84.9%。楚单 139 品质优良，经农业部谷物及制品质量监督检验测试中心测定，达到了国标一级标准，容重 772 g/L，粗蛋白(干基)含量 10.24%，粗脂肪(干基)含量 4.27%，粗淀粉(干基)含量 71.30%。该品种抗倒、抗病性较好，田间大斑病 1 级，小斑病 3 级，茎腐病病株率 3.7%，穗粒腐病 1 级，纹枯病病指 11.9，9 级病株率 0.5%；田间倒伏(折)率 4.4%。

产量水平：2009—2010 年两年区域试验平均亩产 586.67 kg，比对照宜单 629 增产 4.75%。其中，2009 年亩产 649.43 kg，比宜单 629 增产 5.90%；2010 年亩产 523.91 kg，比宜

单629增产3.36%。

适宜范围:适于湖北省低山、丘陵和平原地区作春玉米种植。生产上每亩适宜种植密度3600株左右,田间管理要强调苗期蹲苗,及时中耕除草,培土壅蔸,预防倒伏,抗旱排涝;注意防治纹枯病、茎腐病、穗腐病、瘤黑粉病和地老虎、玉米螟等病虫害。

11. 创玉38

品种来源:荆州市创想农作物研究所用"CL258"作母本、"CL802"作父本配组育成的杂交玉米品种。2009年通过湖北省农作物品种审定委员会审定,品种审定编号为鄂审玉2009003。

特征特性:该品种属中熟品种,生育期108.5 d。幼苗叶鞘紫色,成株叶片数20片左右,茎秆较粗壮,后期持绿期较长;株型半紧凑,株高275 cm,穗位高117 cm。雄穗分枝数15~20个,花柱浅红色。果穗筒形,穗轴白色,苞叶覆盖较差,秃尖1.5 cm,穗长17.5 cm,穗粗4.8 cm,穗行数16.8,行粒数34.2;籽粒黄色、马齿型,百粒重30.04 g,干穗出籽率85.6%。经农业部谷物及制品质量监督检验测试中心测定,容重763 g/L,粗淀粉(干基)含量68.96%,粗蛋白(干基)含量12.26%,粗脂肪(干基)含量3.64%,赖氨酸(干基)含量0.33%。田间大斑病1.0级,小斑病1.1级,茎腐病病株率4.4%,锈病0.8级,穗粒腐病1.2级,纹枯病病指17.2。

产量水平:2006—2007年两年区域试验平均亩产601.46 kg,比对照华玉4号增产5.97%。2006年亩产616.22 kg,比华玉4号增产5.97%;2007年亩产586.70 kg,比华玉4号增产11.22%,两年均增产极显著。

适宜范围:适于湖北省丘陵、平原地区作春玉米种植。生产上每亩适宜种植密度3500~4000株,大田管理要搞好"三沟"配套,及时中耕除草,培土壅蔸,抗旱排涝,注意防治纹枯病、丝黑穗病、地老虎、玉米螟等病虫害;籽粒成熟后及时收获,防止烂尖。

12. 华玉11

品种来源:华中农业大学用"Q736"作母本、"Q1"作父本配组育成的杂交玉米品种。2012年通过湖北省农作物品种审定委员会审定,品种审定编号为鄂审玉2012003。

特征特性:该品种为晚熟品种,生育期139 d。幼苗叶鞘浅紫色,大喇叭口后期茎秆较软;成株植株清秀,穗位上部节间较长,呈明显"之"字形,穗上叶短而窄。株型半紧凑,株高336 cm,穗位高146 cm,株高穗位偏高。雄穗分枝数13~19个,花药、颖壳浅紫色,花柱浅绿色。果穗筒形,苞叶适中,穗长18.4 cm,穗粗5.3 cm,秃尖长0.3 cm,穗行数14.7,行粒数34.8;穗轴红色,籽粒黄色、马齿型,部分籽粒有白顶,百粒重42.2 g,干穗出籽率86.7%。品质经农业部谷物品质监督检验测试中心测定,容重748 g/L,粗蛋白(干基)含量10.49%,粗淀粉(干基)含量73.75%。田间大斑病1.4级,小斑病1.4级,茎腐病病株率1.6%,锈病1.0级,穗腐病1.3级,纹枯病病指12.6;空秆率1.6%,田间倒伏(折)率3.0%。

产量水平:2010—2011年参加湖北省玉米二高山组品种区域试验,两年区域试验平均亩产706.25 kg,比对照鄂玉25增产12.39%。其中,2010年亩产707.81 kg,比鄂玉25增产15.46%;2011年亩产704.69 kg,比鄂玉25增产9.47%。

适宜范围:适于湖北省二高山地区作春玉米种植。生产上每亩适宜种植密度3500株。该品种产量高,生产管理要注意施足底肥,增施有机肥,轻施苗肥,重施穗肥;搞好清沟排渍,抗旱排涝,及时中耕除草,培土壅蔸,预防倒伏;及时防治纹枯病、茎腐病、灰斑病和地老虎、玉米螟等病虫害。

13. 康农玉 108

品种来源：宜昌盛世康农种子科技有限公司用“FL119”作母本、“FL218”作父本配组育成的杂交玉米品种。2011 年通过湖北省农作物品种审定委员会审定，品种审定编号为鄂审玉 2011004。

特征特性：该品种为晚熟品种，生育期 138 d。幼苗叶鞘紫色，成株叶片数 21 片左右；株型半紧凑，株高 288 cm，穗位高 125 cm。雄穗分枝数 20 个左右，花药浅紫色，颖尖紫色，花柱浅紫色。果穗锥形，苞叶适中，穗长 19.0 cm，穗粗 5.3 cm，秃尖长 1.1 cm，穗行数 17.9，行粒数 39.2；穗轴白色，籽粒黄色、马齿型，百粒重 30.6 g，干穗出籽率 87.9%。品质经农业部谷物品质监督检验测试中心测定，容重 766 g/L，粗淀粉（干基）含量 73.26%，粗蛋白（干基）含量 10.04%，粗脂肪（干基）含量 4.47%，赖氨酸（干基）含量 0.26%。田间大斑病 1.5 级，小斑病 2.3 级，茎腐病病株率 5.4%，锈病 1.4 级，穗腐病 1.7 级，纹枯病病指 13.8。田间倒伏（折）率 18.1%。

产量水平：2009—2010 年参加湖北省二高山组玉米品种区域试验，两年区域试验平均亩产 684.11 kg，比对照鄂玉 10 号增产 12.54%。其中，2009 年亩产 725.14 kg，比对照增产 13.10%；2010 年亩产 643.08 kg，比对照增产 11.86%。

适宜范围：适于湖北省二高山地区作春玉米种植。生产上每亩适宜种植密度 3000 株。生产上要注意施足底肥，增施有机肥，轻施苗肥，重施穗肥；搞好清沟排渍，抗旱排涝，及时中耕除草，培土壅蔸，预防倒伏；及时防治纹枯病、茎腐病、穗腐病和地老虎、玉米螟等病虫害。

14. 双玉 919

品种来源：华中农业大学用“O244”作母本、“O442”作父本配组育成的杂交玉米品种。2012 年通过湖北省农作物品种审定委员会审定，品种审定编号为鄂审玉 2012005。

特征特性：该品种为晚熟品种，生育期 137 d。幼苗叶鞘浅紫色，成株穗上叶上冲，叶片窄、短；株型半紧凑，株高 320 cm，穗位高 142 cm。雄穗分枝数 13～17 个，花柱、花药、颖壳均为浅紫色。果穗较粗、筒形，苞叶略短，穗长 18.5 cm，穗粗 5.6 cm，秃尖长 1.2 cm，穗行数 17.2，行粒数 36.3；穗轴红色，籽粒黄色、半马齿型，百粒重 36.2 g，干穗出籽率 85.6%。品质经农业部谷物品质监督检验测试中心测定，容重 774 g/L，粗蛋白（干基）含量 10.01%，粗淀粉（干基）含量 74.68%。田间大斑病 1.4 级，小斑病 1.4 级，茎腐病病株率 8.5%，锈病 1.0 级，穗腐病 1.4 级，纹枯病病指 16.2，9 级病株率 0.2%。田间倒伏（折）率 7.4%，空秆率 1.1%。

产量水平：2010—2011 年参加湖北省玉米二高山组品种区域试验，两年区域试验平均亩产 712.67 kg，比对照鄂玉 25 增产 13.41%。其中，2010 年亩产 707.62 kg，比鄂玉 25 增产 15.43%；2011 年亩产 717.72 kg，比鄂玉 25 增产 11.49%。

适宜范围：适于湖北省二高山地区作春玉米种植。生产上每亩适宜种植密度 3500 株。该品种产量高，生产管理要注意施足底肥，增施有机肥，轻施苗肥，重施穗肥；搞好清沟排渍，抗旱排涝，及时中耕除草，培土壅蔸，预防倒伏；及时防治纹枯病、穗腐病、灰斑病和地老虎、玉米螟等病虫害。

15. 双兴玉 2 号

品种来源：华中农业大学和武汉双兴农业科技有限公司用“T715”作母本、“O442”作父本配组育成的杂交玉米品种。2015 年通过湖北省农作物品种审定委员会审定，品种审定编号为鄂审玉 2015002。

特征特性：该品种为晚熟品种，生育期 132 d。幼苗叶鞘浅紫色，成株叶片数 20 片左右，穗上叶 6～7 片；株型半紧凑，株高 299 cm，穗位高 123 cm。雄穗分枝数 5～12 个，花柱浅紫色。果穗锥形，苞叶覆盖较完整，穗长 17.5 cm，穗粗 5.5 cm，秃尖长 1.3 cm，穗行数 17.3，行粒数 32.9；穗轴红色，籽粒黄色、半马齿型，百粒重 37.0 g，干穗出籽率 86.4%。品质经农业部谷物品质监督检验测试中心测定，容重 776 g/L，粗蛋白（干基）含量 9.88%，粗脂肪（干基）含量 5.20%，粗淀粉（干基）含量 72.65%。田间大斑病 3 级，小斑病 3 级，灰斑病 3 级，茎腐病病株率 2.1%，穗腐病 3 级，纹枯病 9 级病株率 0.4%。田间倒伏（折）率 0.6%，空秆率 1.3%。

产量水平：2011—2012 年参加湖北省玉米山区组品种区域试验，两年区域试验平均亩产 679.66 kg，比对照鄂玉 25 增产 5.16%。其中，2011 年亩产 680.84 kg，比鄂玉 25 增产 5.65%；2012 年亩产 678.47 kg，比鄂玉 25 增产 4.55%。

适宜范围：适于湖北省低山及二高山地区作春玉米种植。生产上每亩适宜种植密度 3500 株。该品种产量高，生产管理要注意施足底肥，增施有机肥，轻施苗肥，重施穗肥；搞好清沟排渍，抗旱排涝，及时中耕除草，培土壅蔸，预防倒伏；及时防治纹枯病、穗腐病、灰斑病和地老虎、玉米螟等病虫害。

16. 中玉 335

品种来源：四川省嘉陵农作物品种研究中心、四川中正科技有限公司用“2YH1-3”作母本、“SH1070”作父本配组育成的杂交玉米品种。2012 年通过湖北省农作物品种审定委员会审定，品种审定编号为鄂审玉 2012006。

特征特性：该品种为晚熟品种，生育期 140 d。幼苗叶鞘紫色，叶片深绿色，中下部叶片较宽，上部叶片较稀、上冲；株型半紧凑，株高 306 cm，穗位高 137 cm，株高、穗位略高。雄穗分枝数 13 个左右，颖壳浅紫色。果穗筒形，苞叶较长，穗长 19.4 cm，穗粗 5.2 cm，秃尖长 0.9 cm，穗行数 17.8，行粒数 36；穗轴白色，籽粒黄色、半马齿型，百粒重 32.1 g，干穗出籽率 83.9%。品质经农业部谷物品质监督检验测试中心测定，容重 752 g/L，粗蛋白（干基）含量 10.34%，粗淀粉（干基）含量 72.75%，赖氨酸（干基）含量 0.28%。田间大斑病 1.0 级，小斑病 1.8 级，茎腐病病株率 4.2%，锈病 2.3 级，穗腐病 1.4 级，纹枯病病指 9.7，9 级病株率 2.9%。田间倒伏（折）率 6.3%，空秆率 1.0%。

产量水平：2009—2010 年参加湖北省玉米二高山组品种区域试验，两年区域试验平均亩产 659.21 kg，比对照鄂玉 10 号增产 8.44%。其中，2009 年亩产 661.51 kg，比鄂玉 10 号增产 3.20%；2010 年亩产 656.90 kg，比鄂玉 10 号增产 14.27%。

适宜范围：适于湖北省二高山地区作春玉米种植。生产上每亩适宜种植密度 3300 株。该品种产量高，生产管理要注意施足底肥，增施有机肥，轻施苗肥，重施穗肥；搞好清沟排渍，抗旱排涝，及时中耕除草，培土壅蔸，预防倒伏；注意防治灰斑病、纹枯病和地老虎、玉米螟等病虫害，重点防治茎腐病、穗腐病。

17. 华玉 707

品种来源：华中农业大学和合肥丰乐种业股份有限公司用“DN34”作母本、“DN164”作父本配组育成的杂交玉米品种。2017 年通过湖北省农作物品种审定委员会审定，品种审定编号为鄂审玉 2017006。

特征特性：该品种为晚熟品种，生育期 136.2 d。幼苗叶鞘浅紫色，成株叶片数 23 片左右，穗上叶 7 片左右；株型半紧凑，株高 351.6 cm，穗位高 156 cm，植株、穗位较高。雄穗分枝数

9～19 个，花药浅紫色，花柱紫色。果穗筒形，苞叶适中，穗长 19.1 cm，穗粗 5.6 cm，秃尖长 0.4 cm，穗行数 15.7，行粒数 38.8；穗轴红色，籽粒黄色、马齿型，百粒重 40.8 g，干穗出籽率 86.3%。品质经农业部谷物品质监督检验测试中心测定，容重 728 g/L，粗蛋白（干基）含量 10.23%，粗脂肪（干基）含量 5.12%，粗淀粉（干基）含量 73.02%。田间大斑病 3 级，小斑病 3 级，灰斑病 3 级，锈病 3 级，茎腐病病株率 0.4%。田间倒伏（折）率 2.0%，空秆率 0.9%。

产量水平：2015—2016 年参加湖北省玉米山区组品种区域试验，两年区域试验平均亩产 757.56 kg，比对照双玉 919 增产 15.47%。其中，2015 年亩产 792.33 kg，比双玉 919 增产 13.03%；2016 年亩产 722.79 kg，比双玉 919 增产 18.28%。

适宜范围：适于湖北省低山及二高山地区作春玉米种植。生产上每亩适宜种植密度 3300 株。该品种产量高，生产管理要注意施足底肥，增施有机肥，轻施苗肥，重施穗肥；搞好清沟排渍，抗旱排涝，及时中耕除草，培土壅蔸，喷施生长调节剂控制株高，预防倒伏。注意防治锈病、纹枯病、灰斑病、茎腐病、穗腐病、大斑病、小斑病和地老虎、玉米螟等病虫害。

18. 宜单 1628

品种来源：宜昌市农业科学研究院用“YC002”作母本、“YA8201”作父本配组育成的杂交玉米品种。2019 年通过湖北省农作物品种审定委员会审定，品种审定编号为鄂审玉 2019017。

特征特性：该品种为晚熟品种，生育期 136.2 d。幼苗叶鞘紫色，成株叶片数 21 片左右，穗上叶 6 片左右；株型半紧凑，株高 322.5 cm，穗位高 140.5 cm，植株、穗位较高。雄穗分枝数 7～10 个，花药紫色，花柱绿色。果穗筒形，苞叶包被较好，果穗长 19.7 cm，果穗粗 5.2 cm，秃尖长 0.9 cm，穗行数 18.0，行粒数 38.9；穗轴白色，籽粒黄色、马齿型，百粒重 34.2 g，干穗出籽率 87.1%。品质经农业农村部谷物品质监督检验测试中心测定，容重 779 g/L，粗蛋白（干基）含量 10.32%，粗脂肪（干基）含量 3.54%，粗淀粉（干基）含量 74.56%。田间大斑病 3 级，灰斑病 3 级，锈病 3 级，穗腐病 3 级，9 级纹枯病病株率 1.6%，茎腐病病株率 3.6%。田间倒伏（折）率 1.0%，空秆率 0.3%。

产量水平：2017—2018 年参加湖北省玉米山区组品种区域试验，两年区域试验平均亩产 716.03 kg，比对照华玉 11 增产 3.13%。其中，2017 年亩产 731.51 kg，比华玉 11 增产 4.17%；2018 年亩产 700.56 kg，比华玉 11 增产 2.06%。

适宜范围：适于湖北省二高山地区作春玉米种植。生产上每亩适宜种植密度 3300 株。该品种产量高，生产管理要注意施足底肥，增施有机肥，轻施苗肥，重施穗肥；搞好清沟排渍，抗旱排涝，及时中耕除草，培土壅蔸，预防倒伏；注意防治灰斑病、纹枯病和地老虎、玉米螟等病虫害，重点防治茎腐病、穗腐病。

19. 浚单 509

品种来源：鹤壁市农业科学院用“浚 50X”作母本、“浚 M9”作父本配组育成的杂交玉米品种。2015 年通过湖北省农作物品种审定委员会审定，品种审定编号为鄂审玉 2015009。

特征特性：该品种为早熟品种，生育期 99 d。幼苗叶鞘紫色，成株叶片数 20 片左右，穗上叶 6 片左右；株型半紧凑，株高 267 cm，穗位高 97 cm。雄穗分枝数 8 个左右，花药紫色，花柱绿色。果穗筒形，苞叶覆盖较完整，穗长 17.9 cm，穗粗 4.8 cm，秃尖长 1.4 cm，穗行数 15.3，行粒数 34.6；穗轴红色，籽粒黄色、马齿型，百粒重 31.9 g，干穗出籽率 87.7%。品质经农业部谷物品质监督检验测试中心测定，容重 800 g/L，粗蛋白（干基）含量 10.26%，粗脂肪（干基）含量 4.83%，粗淀粉（干基）含量 72.82%。田间小斑病 5 级，锈病 3 级，穗腐病 3 级，纹枯病 9 级病株率 0.4%。田间倒伏(折)率 1.3%,空秆率 2.2%。

产量水平:2011—2012 年参加湖北省夏玉米品种区域试验,两年区域试验平均亩产 594.85 kg,比对照蠡玉 16 增产 18.25%。其中,2011 年亩产 598.79 kg,比蠡玉 16 增产 19.22%;2012 年亩产 590.90 kg,比蠡玉 16 增产 17.29%。

适宜范围:适于湖北省北部岗地作夏玉米种植。生产上每亩适宜密度 4000 株。加强田间管理,按配方施肥,施足底肥,看苗追施平衡肥。注意蹲苗,适时中耕培土、抗旱排渍。注意防治大斑病、锈病、纹枯病、茎腐病、黑粉病和地老虎、玉米螟等病虫害,大斑病重病地不宜种植。

20. 裕丰 303

品种来源:北京联创种业股份有限公司用"CT1669"作母本、"CT3354"作父本配组育成的杂交玉米品种。2017 年通过湖北省农作物品种审定委员会审定,品种审定编号为鄂审玉 2017014。

特征特性:该品种为早熟品种,生育期 97.5 d。幼苗叶鞘紫色,成株叶片数 20 片左右,穗上叶 6 片左右;株型半紧凑,株高 259.2 cm,穗位高 95.6 cm,植株、穗位适中。雄穗分枝数 4~5 个,花药浅紫色,花柱浅紫色。果穗筒形,苞叶偏短、较松,穗长 17.6 cm,穗粗 4.7 cm,秃尖长 1.0 cm,穗行数 15.4,行粒数 34.5;穗轴红色,籽粒黄色、马齿型,百粒重 32.9 g,干穗出籽率 83.0%。品质经农业部谷物品质监督检验测试中心测定,容重 756 g/L,粗蛋白(干基)含量 10.05%,粗脂肪(干基)含量 3.07%,粗淀粉(干基)含量 73.18%。田间大斑病 3 级,小斑病 3 级,锈病 3 级,穗腐病 3 级,灰斑病 3 级,茎腐病病株率 0.5%,9 级纹枯病病株率 1.2%。田间倒伏(折)率 1.3%,空秆率 1.1%。

产量水平:2014—2015 年参加湖北省夏玉米品种区域试验,两年区域试验平均亩产 610.07 kg,比对照郑单 958 增产 16.72%。其中,2014 年亩产 633.9 kg,比郑单 958 增产 13.17%;2015 年亩产 586.24 kg,比郑单 958 增产 20.81%。

适宜范围:适于湖北省丘陵、平原地区作夏玉米种植。生产上每亩适宜密度 4000 株。加强田间管理,按配方施肥,施足底肥,看苗追施平衡肥。注意蹲苗,适时中耕培土、抗旱排渍。注意防治穗腐病、锈病,纹枯病、茎腐病、大斑病、小斑病、灰斑病、鞘腐病和地老虎、玉米螟等病虫害。

(二)整地

1. 常规整地 冬季轮作换茬的空地,应深耕炕土,提高播栽质量;夏季连作种植,采取免耕栽培,有利于抢季节、保墒情,争取全苗。

(1)早春玉米深耕整地 适宜玉米生长的是疏松、肥沃、通透性与排水条件比较好的土壤。早春播(栽)玉米,宜在冬季深翻整地,在前茬作物收获后,用拖拉机深耕 25~28 cm,利用冬季降雪,低温冻凌土壤,经过冻融作用还可使土壤变松,改善土壤结构。冬前整地配合施用基肥,可使土肥相融,提高土壤肥力和蓄水保墒能力,比春施基肥更能发挥增产作用。2 月份用拖拉机旋耕一遍,碎垡保墒,播(栽)前再旋耕一遍,清除未腐烂的前作根茬,按 120 cm 宽定距牵线开沟,将开沟的土放在厢中间,略呈龟背形,达到田间厢沟、腰沟和围沟逐级加深,沟直底平,以利排涝防渍。

(2)晚春玉米少耕栽培 前茬越冬作物收获后,用旋耕机适墒旋耕一遍,按设计的播(栽)规格,开沟整厢。其优点是整地速度快,耕层土壤细碎,上虚下实,保苗土墒,能保季节适时播栽，提高出苗率与成苗率。

（3）青贮玉米整地　湖北省全境皆可种植青贮玉米，主要集中在养殖业比较发达的丘陵、平原地区的荆州、随州、襄州、黄冈、枝江，其中黄冈市的种植面积最大；宜昌市、十堰市和恩施州近年来也在加大青贮玉米的推广力度。春季头茬青贮玉米可以采用早春深耕整地，整地一般耕翻不少于 20 cm，也可以在前一年秋后结合施底肥进行秋翻耕，做到翻、耙、压连续作业，做好保墒，有利于青贮玉米深扎根，提高抗倒伏能力。接茬青贮玉米或夏季复种的青贮玉米可采用少耕或免耕，但要与施底肥同时进行。

2. 免耕　免耕直播技术在茬口紧张时有利于茬口安排和缓解劳动力缺失。在平原地区主要应用于小麦—夏玉米连作模式中的夏玉米生产和早稻—秋玉米连作模式中的秋玉米生产。适宜区域有当阳市草埠湖农场、荆州市、钟祥市、荆门市、随州市、天门市、仙桃市、潜江市、松滋市等地。近年来，十堰市、恩施州、宜昌市西部等山区玉米推广免耕覆膜栽培技术也取得了很好的效果。

（1）夏玉米麦茬免耕直播　夏播玉米，季节紧张，加之伏天易出现雨涝或干旱，下雨不利于耕翻整地，干旱翻耕整地易损失土壤水分。因此，可因地制宜推广免耕栽培。免耕栽培既有利于抢季节，适时播栽，又能抗御雨涝或干旱灾害，提高播栽质量。据湖北省现代农业展示中心 2006—2008 年夏季免耕与翻耕栽培试验示范结果，免耕栽培不但能够充分利用耕作层水分，而且还能减少灌溉浇水渗透损失，使根系与水土迅速、密切结合，提高移栽成活率及田间保苗率，免耕栽培田间存活率达到 99%，比翻耕栽培提高 5～8 个百分点，且幼苗生长整齐。要提高夏玉米免耕栽培质量还需要有配套的小麦收割机、麦秸处理及玉米免耕播种机等配农用机械。

麦秸和残茬处理小麦收获后要及时对麦秸和麦茬进行处理，否则会对夏玉米播种质量及幼苗的生长产生不良影响。小麦收割时要尽可能选用装有秸秆粉碎和抛撒装置的小麦联合收割机，将粉碎后的麦秸均匀的抛洒在地表，形成覆盖。如果使用没有秸秆切抛装置的小麦收割机，秸秆常会成堆或成垄堆放，在播种前需要人工将秸秆挑散并铺撒均匀，或将麦秸清理出农田，否则会严重降低玉米播种质量。另外，小麦机械收获时留茬高度不宜过高，一般应控制在 20 cm 以下，留茬过高，遮光会严重影响玉米幼苗的生长发育，植株长势弱，容易形成高脚苗，抗倒伏能力降低。因此，对留茬较高的地块，可以在播种前用灭茬机械先进行一次灭茬作业，然后再播种玉米。也可在玉米播种时选用带有灭茬功能的免耕播种机，一次性完成秸秆粉碎、灭茬和玉米播种等多项作业。

免耕直播麦秸和残茬处理完后直接在厢面上定距打洞播（栽）夏玉米种（苗），然后喷施玉米专用除草剂。待玉米出苗或移栽成活后，用中耕器对地面及厢沟进行中耕松土和施肥。

抢时早播。麦收后应抢时早播，争取在 6 月 5 日前完成播种，最迟不宜迟于在 6 月 10 日。播种规格可采用 60 cm 等行距或 80 cm×40 cm 宽窄行种植方式。播种时可采用点播器单粒或双粒点播，尽量做到播深一致。在有条件的地方，可选用单粒精量免耕播种机进行精量播种，可同时完成开沟、播种、施肥、覆土、镇压等一系列工序。采用单粒精量免耕播种机播种，保证了出苗一致，且苗间竞争小，幼苗生长一致，可做到苗全、苗齐、苗壮，免去了后续的间苗和定苗工作，高效、省工、省时。利用单粒精量免耕播种机播种时要注意控制好播种速度，一般不超过 4 km/h，以防漏播或重播，保证播种质量。播种后视土壤墒情浇“蒙头水”，以保证正常出苗。

(2)山区玉米免耕直播　洪波(2016)介绍了鄂西山区玉米免耕高产栽培技术。表明山区玉米推广免耕技术可有效缓解劳动力缺失等问题，同时还能协调土壤水、肥、气、热供应，提高土壤保水、保肥、保温能力，玉米生长快、苗情好，有利于争取高产。

播前除草。播种前 12 d 左右要选用高效、安全的除草剂进行喷洒。坚持使用多草重喷，喷光小草或人工拔除的原则。

精细播种。想要实现玉米高产的目的，必须提高玉米播种质量。可以用开沟点播或按需开孔点播方法播种，播种时正确把握好种、肥的量和间距，保证 3～4 cm 的播深，间距要控制在 60 cm 左右，每孔 2～3 粒种子。播种时位置要一致、整齐，行路要直，要做到“每行的间距相一致、深度相一致”，以避免漏播和重复播种。播种时可采用单行或双行播种，采用单行单株播种时，两行之间的距离为 70 cm；双行单株播种时，大行之间的距离为 80 cm，小行之间的距离为 40 cm；根据品种特性调节株距在 17～30 cm，控制密度在 3300～4000 株/亩。

科学施肥。在株与株之间挖穴或者打洞进行深施肥，然后用细土把肥料盖上。施肥策略可以采用基肥、攻秆肥及穗肥分期施肥的方法。

(3)秋玉米稻茬免耕直播

茬口安排：早稻 4 月上旬播种，7 月中旬至 7 月底收获。秋玉米 7 月底至 8 月初播种，10 月底至 11 月收获。

早稻收获及开厢：早稻采取机械收获，稻草均匀留在畦面，并按每厢 1.2 m(包沟)规格开沟。开沟时挖起来的泥土均匀地抛撒在厢中间，厢面整成“龟背”形，以利于排水。早稻收获后当天或第 2 d 及时喷施除草剂杀青灭茬，杀灭杂草。喷药 1 d 后回浅水浸泡，让水自然落干，条施复合肥 50 kg/亩。

秋玉米播种：按 80 cm×40 cm 宽窄行直接在未经翻耕犁耙的稻田厢面打洞播种。栽前在小行距中施混合过磷酸钙 60 kg/亩、氯化钾 10 kg/亩或氮磷钾(15-15-15)复合肥 10 kg/亩开沟施基肥，施基肥后覆土。施肥时肥料离种子 10 cm 左右，以防烧苗。

(三)播种

1. 播种季节　湖北省三大玉米区域因光温条件不同采用的种植制度不一样。鄂西山区以春播玉米为主，有少量夏播玉米；江汉平原及鄂东南丘陵区，不论何种种植制度和种植方式，玉米均可以春播、夏播、秋播；鄂北岗地丘陵区以夏玉米为主，也有部分春玉米。判断播种适期主要依据两个方面：第一看温度，第二看土壤墒情。即播种时气温要稳定通过 8 ℃，土壤表层 5 cm 深处地温稳定在 10 ℃以上，以便达到种子发芽的要求，且出苗后能够避开−3 ℃左右的寒潮低温危害；土壤墒情要满足种子萌发和幼苗生长的需求，一般来讲土壤水分应达到田间土壤持水量的 60%～70%。地膜覆盖可比露地直播适当提早 15～20 d 播种。因此，综合考虑播种时的温度，玉米生长对水分和积温的要求，春播主要集中在 3 月、4 月两月，夏播以 5 月底 6 月初为宜，秋播要在 7 月完成。

2. 不同播季和不同海拔农田的品种熟期类型选择　鄂西山区春玉米因海拔不同，适宜的品种也不同，低海拔 300～500 m 地区以中熟品种为主，主要有宜单 629、宜单 7566、郁青 272、康农玉 901、楚单 139 等，生育期在 110～120 d；中高海拔 800～1500 m 地区以晚熟品种为主，主要有双玉 919、华玉 11、康农玉 108、宜单 1628、恩单 803 等，生育期多在 130～140 d。江汉平原及东南丘陵区春玉米以中熟品种为主，主要有宜单 629、蠡玉 16、登海 9 号、中农大 451、汉单777、创玉38、郁青272、康农玉901、楚单139等,生育期105～120 d。夏玉米、秋玉米以早熟品种为主,主要有郑单958、浚单509、裕丰303等,生育期95～100 d。

3. 种子的播前准备　玉米在播种前,可通过晒种、浸种和药剂拌种等方法,增加种子活力,提高种子发芽势和发芽率,减轻病虫危害,以达到出苗早和苗齐、苗壮的目的。

(1)晒种　在播种前选择晴天,摊在干燥向阳的土场上,连续暴晒2～3 d,并注意翻动,使种子晒均匀,可提高出苗率。但注意包衣种子播前不能暴晒或长时间晾晒,只需摊开晾晒10 min即可。

(2)浸种　在播种前用冷水浸种12 h,或用温汤(水温55～57 ℃)浸种6～10 h。还可用0.15%～0.20%的磷酸二氢钾浸种12 h。用微量元素浸种时,可用Zn、Cu、Mn、B、Mo的化合物配成水溶液浸种;浸种常用的浓度中,硫酸锌为0.1%～0.2%,硫酸铜为0.01%～0.05%,硫酸锰或钼酸铵为0.1%左右,硼酸为0.05%左右,浸种时间为12 h左右。

(3)药剂拌种　为了防止病害,在浸种后晾干,再以用种量0.5%的硫酸铜拌种,可减轻玉米黑粉病的发生;还可用20%的萎锈灵拌种,用药量是种子量的1%,可以防止玉米丝黑穗病。防治地下害虫可用50%辛硫磷乳油拌种,药、水、种子三者的配比为1∶(40～50)∶(500～600);或用40%甲基异柳磷乳油拌种,药、水、种子配比为1∶(30～40)∶400。

(4)种衣剂包衣　种衣剂是由杀虫剂、杀菌剂、微量元素、植物生长调节剂、缓释剂和成膜剂等加工制成的药肥复合型产品,用种衣剂包衣,既能防治病虫,又可促进玉米生长发育,具有提高产量和改进品质的功效。当前生产上应用的20%种衣剂19号是玉米专用种衣剂,可以防治玉米蚜虫、蓟马、地下害虫、线虫以及由镰刀菌和腐霉菌引起的茎基腐病,防止玉米微量元素的缺乏,促进生长发育,实现增产增收。包衣用量1 kg种子需有效成分4 g,1 kg种衣剂可包种子50 kg,药量为种子量的2%。种衣剂要直接用于包衣,不能再加水或其他物质。包衣时间不能太晚,最迟在播种前两周包衣备用,以便于种衣膜固化而不至于脱落。人工包衣时要注意安全,避免中毒。

(5)做好发芽试验　种子处理完成以后,要做好发芽试验,一般要求发芽率达到90%以上,如果略低一些,应酌情加大播种量,如果发芽率太低,就应及时更换,以免播种后出苗不齐,缺苗断垄,造成减产。

4. 适期播种与合理密植

(1)适期播种　江汉平原春玉米适宜播期为3月底至4月初,清明节前完成。玉米和其他作物连作或轮作时,玉米的适播期还需考虑前、后茬作物的熟期和接茬关系,一般而言夏玉米的适播期为5月底至6月初,不宜晚于6月10日;秋玉米适宜播期为7月20日左右。鄂西山区因气温、地温上升慢,播期较平原丘陵地区晚,低海拔300～500 m山区春玉米露地栽培最佳播种期为3月中下旬,夏玉米适播期为5月底;高海拔800～1500 m通常在4月完成播种。鄂北岗地、丘陵区夏玉米要接油菜或小麦茬,播种期为5月底至6月初。

(2)合理密植　已故先锋育种家Duvick分析了不同年代美国新、老杂交种在不同密度下的产量反应,结果表明:老品种在低密度下产量最高,新杂交种在高密度条件下有更好的产量表现;而在低密度条件下新、老品种产量之间没有显著差异;将美国玉米产量持续增长的原因归功于新杂交种提高了对各种逆境条件的抵抗能力,能够适应更高的种植密度。中国学者的研究结果也与之相符,中国2007年玉米总产为1.52亿t,到2016年时玉米总产达到了2.2亿t,增长了44.7%,而播种面积只增加了24.7%,产量增加主要是因为种植密度增加使玉米单产从 338.67 kg/亩提高到了 398.67 kg/亩，增产幅度 17.72%。中国农业科学院作物科学研究所有学者的研究结果也表明，玉米单产的提高对中国玉米总产的增加贡献最大，占 82.1%，而单产的提高主要是因为新品种的株型结构发生了改变，变得更加紧凑，抗倒伏能力更强，能够更耐密，种植密度相对老品种增加了 7500～15000 株/hm^2。因此，合理密植是获得玉米高产的最主要途径。

近几年的生产实践表明，鄂西山区适宜品种的生育期为 135 d 左右，适宜密度 2500～3500 株/亩，比如宜单 1628、华玉 11，既能争取高产，又能避开成熟后期的多雨期，避免穗腐病、穗萌带来的损失。江汉平原及鄂东南丘陵区以春玉米为主，适宜的品种类型为中熟型，生育期 110～120 d，适宜密度 4000～4500 株/亩，比如宜单 629、蠡玉 16。鄂北岗地丘陵区以夏玉米为主，适宜的品种为早熟类型，生育期 95～100 d，适宜密度 4500～5000 株/亩，比如郑单 958、裕丰 303。

(3)播期与密度对玉米生育期和产量的影响

① 播期对玉米生育进程和产量的影响　春玉米自 2 月底至 5 月初春播播种结束，播种至出苗天数随播期的推迟而递减，苗期(出苗—拔节)、生育前期(出苗—吐丝)及后期(吐丝—成熟)都随播期延后而呈现递减现象，每推迟 10 d 播种，生育期缩短 8 d 左右；生育期随着海拔升高而延长，同一品种海拔每升高 100 m，生育期延长 3 d 左右。实验结果表明，玉米种子发芽的最适温度为 24～31 ℃，玉米种子在 6～7 ℃时开始发芽，但发芽极慢，易霉烂；温度在 10～12 ℃时，播种后 8～20 d 出苗，温度 20 ℃以上时仅需 5～6 d。因此，江汉平原及鄂东南丘陵区、鄂北岗地及丘陵区在 2 月底至 3 月上旬早播，如若遭遇持续低温，则因日均温度低，积温少，会使出苗历期延长，容易产生弱苗和造成前期长势差。同时，播后如遇长时间低温阴雨天气，还存在烂种的风险。因而，在 3 月中旬以前播种时，一定要覆膜加强防寒保暖，如遇持续低温冷害时应加强管理。3 月中旬以后气温逐渐升高，光照时长变长，有利于植株生长发育，因而在 3 月中旬及以后播种则出苗较整齐一致，及时田间管理较易培育壮苗。同理，鄂西山区在 4 月中旬至 5 月初播种为宜。

分期播种结果表明，对春玉米而言，早播或晚播都不利于形成高产。原因可能是因为提早播种时日均温度低，积温少，致使出苗历期延长，容易产生弱苗和造成前期长势差，单株干物质积累不够，株高变矮，穗位降低，茎秆变细，导致“源”不足。延迟播种，虽出苗整齐一致，但幼苗前期生长过快，生育期缩短；转入生殖生长后遭遇持续高温，在幼穗分化期时影响雄穗和雌穗分化；雌穗分化时间缩短，小花分化数量减少，导致穗行数和行粒数下降，果穗变小，降低每穗粒数；高温同样不利于花粉形成，开花散粉受阻，主要表现在雄穗分枝变小、数量减少，小花退化，花药瘦瘪，花粉活力降低，受害的程度随温度升高和持续时间延长而加剧。玉米籽粒形成和灌浆成熟期间，适宜的日平均温度为 24～26 ℃，其中早熟品种适宜的日均温高于晚熟品种。高温(＞35 ℃)使籽粒胚乳细胞增长率降低，细胞分裂时间缩短，细胞大小下降，胚乳细胞数最大值出现时间推迟；另外，高温还会使淀粉粒数下降。高温胁迫会导致叶片、根系加速衰老，致使叶片和果穗脱水速率加快，出现高温逼熟现象，降低千粒重导致减产。总而言之，在保证出苗整齐一致的情况下尽可能提早播种，有利于增加干物质累积，为获得丰产奠定基础。

夏玉米播种期为 5 月底至 6 月初，6 月 5 日前最佳，最迟不宜超过 6 月 10 日。播种太早会对夏玉米生产造成四个方面的影响：一是粗缩病发病率提高，主要是因为玉米感病期与灰飞虱种群爆发期和传毒高峰期重叠；二是营养生长向生殖生长转化时易遭遇高温胁迫，导致幼穗分化困难、生长不良，影响后期开花、散粉；三是灌浆期时宜遭遇阴雨天气，光照不足，降低灌浆速率；四是脱水成熟时易遭遇高温逼熟，导致减产。

延迟播种也会对夏玉米生产造成四个方面的影响：第一，前期温度高营养生长过快，拔节期、吐丝期和散粉期提前，全生育期缩短，干物质积累减少，减产风险大；第二，湖北省丘陵平原地区 7 月底 8 月初易发生伏旱，夏玉米播种过晚易遭遇"卡脖旱"。研究表明，干旱对玉米发育后半期的影响大于生育前半期，干旱使发育中的雌穗严重损伤，使玉米的空秆率增高，穗长、穗粒数、千粒重减少及经济系数降低，对"库"的损伤程度极大，导致严重减产；第三，夏玉米播种过晚，后期温度降低，灌浆时遭遇低温会使胚乳细胞分裂时间和胚乳细胞数值最大值出现时间推迟，低温也会使淀粉粒数下降；第四，低温不利于果穗脱水成熟，增加机械化收获时的损失率和烘干成本。高产条件下玉米播期的确定应首先考虑花后的生态条件，玉米产量形成期避开高温胁迫，减轻后期低温影响是夏玉米夺取高产的关键所在。

秋玉米生长季节气温是由高温向低温发展，各个时期生育天数与春播相反，都随播种延后而生育期延长。秋播播种过早时，气温过高，植株发育过快导致节间细长，机械组织欠发达，秆细弱，易折倒；同时，节间变长致使穗位增高，也增加了倒伏的风险。另外，秋玉米播种过早，幼穗分化期、开花散粉期、籽粒灌浆期还处于高温阶段，高温胁迫会导致果穗变小、授粉困难、结实不良、植株早衰过快等问题。播种过迟，后期气温下降、光照不足，致使植株矮小，结实差，灌浆延迟，脱水慢，不利于收获晾干。因此，秋玉米播种过早、过迟均使得秃尖长度增加、穗粒数减少、百粒重下降。

综上可知，决定玉米适宜的播种期，必须要根据当时、当地的温度、墒情和品种特性综合考虑，既要充分利用有效的生长季节和有利的环境条件，又要发挥品种的高产特性。因此，高产条件下玉米适宜播期的确定要从两个方面考虑，首先要考虑花后的生态条件，玉米产量形成期避开高温胁迫，减轻后期低温影响；其次，确保播种后出苗整齐一致，幼苗生长健壮无弱苗。所以，生育期长的中、晚熟品种宜早播，如郁青 272、康农玉 901、楚单 139 等，这些品种的生育期都在 110～120 d。生育期短的早、中熟品种可适当晚播，如宜单 629、蠡玉 16、登海 9 号、中农大 451、汉单 777、创玉 38 等，这些品种的生育期均在 100～110 d。

② 播期对玉米品质的影响　播期对玉米品质影响的研究还不多，只有少数报道表明，播种期推迟，籽粒脂肪、淀粉含量上升，而籽粒蛋白质含量减少。推迟播种期还会引起籽粒硬度下降，籽粒破碎敏感度随之增加，增加机械收获的困难。沈阳农业大学 1996 年在沈阳东陵研究了高油 115 籽粒品质与播期的关系，结果与前述结论一致，晚播的玉米籽粒蛋白质含量比早播的减少了 18.6%，除蛋氨酸和赖氨酸外，其他氨基酸含量均小于早播的玉米籽粒。

③ 密度对玉米产量的影响　王庆成等(1998)通过登海 1 号和鲁单 961 的密度试验，揭示了玉米产量与密度的关系。

生物产量与密度：单株生物产量反映了密度压力对个体干物质积累的影响，一般随着密度压力增大，单株干物重的倒数与密度成直线相关；随着密度的增加，形成每克生物产量所需的植株数逐渐增加，单株干重不断降低，且变化速率在品种之间存在显著差异。试验结果表明登海 1 号的单株生物产量对密度压力更敏感。玉米群体生物产量与密度呈渐进状曲线关系，群体生物产量随密度的提高，最初快速增长，而后增加越来越慢，当密度达到一定限度时，群体产量趋向于一个定值，表现了生物总产量与密度无关。

籽粒产量与密度：玉米生物产量随着密度的提高按一定的模式变化，但其籽粒产量的变化不同于生物产量。单株籽粒产量随密度的提高逐渐降低，不同品种单株籽粒产量随密度的变化趋势相同，但单株产量潜力和对密度反应的敏感程度均有差异；单株籽粒产量的变化反映了品种的耐密性，单株籽粒产量降速越高的对密度反应越敏感，耐密性越差；生产上应选择单株生产潜力高、对密度反应迟钝的品种。玉米群体籽粒产量随着密度的增加呈先上升后下降的曲线变化模式，在低密度条件下，随着单位面积株数增加群体籽粒产量快速增加，但其增加的速度越来越低；当增加的速度为零时，此时群体籽粒产量最高，其对应的密度为最高产量的适宜密度；群体密度再进一步提高，群体籽粒产量逐渐降低，其降低的速度有增大的趋势。高密度下群体籽粒产量快速降低的原因是高密度条件下冠层结构不合理，易造成群体内光、温、水、气等资源分布不均衡，增加植株间竞争强度，促使叶片提早衰老，降低光合性能和持续时间，导致空秆率、秃尖长增加，穗长、行粒数、千粒重减少；另外，增加密度还会使第 3 节茎粗显著变细，穿刺强度显著减弱，增加倒伏率，减少有效穗数，降低产量。

5. 播种方法 不同地区不一样，春玉米和夏玉米、秋玉米也不一样。鄂西山区因为土地分散，单块田地面积不大，实行机械化播种有难度。因此，多采用起垄条播或点播，等行距单行单株播种时行距 70 cm，紧凑耐密品种株距 17～20 cm，半紧凑型品种株距 22～24 cm，平展型品种株距 26～30 cm；如果采用宽窄行双行单株播种时，大行距为 80 cm，小行距为 40 cm，紧凑耐密品种株距 20～22 cm，半紧凑型品种株距 23～25 cm，平展型品种株距 30～34 cm。江汉平原及鄂东南丘陵区和鄂北岗地丘陵区机械化播种水平已经很高了，也有部分人工条播或点播，依据农民个人习惯有采用等行距播种的也有采用宽窄行的；春玉米等行距播种的一般行距在 70～80 cm，夏玉米等行距播种的一般行距在 60 cm，宽窄行播种的一般都采用中等行距宽窄行 80 cm×40 cm。

为适应玉米机械化播种，应尽量选择籽粒中等大小、均匀一致、硬粒或半硬粒、发芽率高、发芽势强、出苗整齐一致的品种。在播种前可选择晴天太阳较好时将种子摊开晾晒 2～3 d，然后进行种子精选，剔除破损粒、霉病粒、虫伤粒、瘪粒和杂粒，提高种子质量，确保一播全苗。

江汉平原地区直播玉米主要采用的是玉米精少量播种机械，目前推广使用的有 2BY、2BEY、2BJD-3 等型号的精少量玉米直播机，还有少量 2BQ-6 型吸气式玉米精播机，重点示范推广的是集播种、施肥、喷洒除草剂等多种功能于一体的播种机。播种时应根据土壤墒情及春季气温状况确定播种深度，适宜播深为 3～5 cm。玉米行距的调节要考虑当地种植规格和管理需要，还要考虑玉米联合收割机的适应行距要求，一般的悬挂式收割机所要求的种植行距为 55～77 cm。

玉米机械化直播优势明显：一是省种、省事、增产，采用机械化直播之后，亩用种量由原来的 2.5～3.5 kg 减少到 1.5 kg，每亩节省用种 1 kg 以上。机械化精量播种可做到“单粒播”，即一穴一粒，无须间苗、定苗，节省用工。单粒播较传统播种，出苗整齐一致，无苗欺苗现象，植株之间竞争小、吸收养分均衡，不会造成弱苗、弱株现象，同时也减少了因间苗、定苗造成的养分损失，一般可增产 10%左右。二是效率高，目前中小型玉米播种机可一次播种 2～3 行，大型播种机可一次播种 4～6 行，每小时可播种 3～5 亩，而传统人工播种每人每天只能播种 1～2 亩。三是规范，玉米精量播种机株距、行距可调，播深可控制在 3～5 cm，误差不超过 1 cm，行内误差不超过 4 cm；玉米机械化直播的规范性还有利于合理密植技术的推广，保证玉米播种的精度、密度、深度，达到苗全、齐、匀、壮。一致的种植规格还有利于机械化中耕、施肥、打药、除草、收获，是推广玉米生产全程机械化的基础。

(四)种植方式

古语有云“湖广熟天下足”，勤劳的湖北农民在长期实践中更是创造了多种多样的种植方式，比如：玉米/甘薯套作、玉米‖大豆间作、玉米/马铃薯套作、玉米/棉花套作、玉米—水稻连作等，充分高效地利用空间、养分、水分、日照以获得更高的产量和经济效益。随着生产力的发展、机械化水平的提高，大大减轻了农民的劳动强度，提高了生产效率，玉米适应机械化生产的优势使得农民种植玉米的热情逐年高涨。因此，高密度、大规模的单作模式就得到迅速发展。

1. 单作

(1)玉米与其他作物茬口关系

① 春玉米—晚粳连作一年两熟　该模式春玉米宜选择半紧凑中早熟普通玉米品种或鲜食玉米品种，例如：掖单 13、郑单 958、美中玉、金中玉、京科甜 183、彩甜糯 6 号、京科糯 2000 等。春玉米采用厢作，厢宽 1 m，沟宽 20 cm，采用宽窄行方式播 2 行，行株距 80 cm×40 cm；在 3 月中旬覆膜播种或 3 月底至 4 月初进行芽播，全生育期 100～120 d，活动积温 2470 ℃·d 左右，7 月 30 日以前收获春玉米。春玉米收获后及时泡田破坏原厢沟模式，旋田整地。晚粳采用传统水育秧、人工移栽模式，于 6 月 25 日前播种，7 月底至 8 月初插秧，一般在 9 月 15 日前能齐穗，10 月下旬收割，能稳产高产。安陆、武穴等地是该模式的典型代表区域。

② 冬小麦—夏玉米连作一年两熟　江汉平原及鄂东南丘陵平原区、鄂北岗地丘陵区一般在 5 月底至 6 月初播种夏玉米，6 月 5 日前最佳，最迟不超过 6 月 10 日，条件允许时夏玉米宜抢时早播，每早播一天可增产 1%。播种密度以 5500～6000 株/亩为宜。夏玉米在 9 月下旬至 10 月上旬收获，从出苗到成熟生育期 100 d 左右。10 月 10 日左右及时抢播冬小麦。采用该模式的主要地区有：襄阳区、枣阳市、老河口市、樊城区、襄城区、宜城市、南漳县、谷城县、保康县、丹江口市、郧县、郧西县、随县、钟祥市以及当阳市草埠湖农场等。

③ 冬油菜—夏玉米连作一年两熟　冬油菜—夏玉米栽培模式与冬小麦—夏玉米模式相似。油菜在 5 月初收获，比小麦早 10 d 左右，下茬夏玉米与麦茬夏玉米相比，播种时间更宽裕，生育期更长，产量更高。

④ 春玉米—秋(冬)蔬菜一年两熟　3 月中旬及时整地，地温稳定在 10 ℃以上时抢墒播种春玉米，7 月底收获，春玉米收获之后接茬播种秋(冬)蔬菜。可供选择的蔬菜种类有：萝卜 8—9 月播种，当年 10—12 月收获；菠菜 8—12 月播种，30 d 以后分批收获；芹菜 9—11 月播种，12 月开始采收；甘蓝、大白菜 9 月中旬播种，小雪前 2～3 d 收获。咸宁市嘉鱼县潘家湾镇是该模式的典型代表。全镇有 5 万亩旱地采用“玉米—甘蓝、大白菜”粮菜连作模式，占全镇旱地面积的 75%。

⑤ 早莴笋—春玉米—秋白菜一年三熟　早莴笋 9 月初播种，11 月初移栽到大田，移栽前整厢开沟，厢宽 1 m，盖地膜，行株距为 50 cm×40 cm，第二年 3 月收获。春玉米于 2 月中旬播种，苗床育苗，3 月下旬莴笋收获后移栽，移栽前整厢开沟，行株距为 50 cm×40 cm，7 月底至 8 月初收获，如种植鲜食玉米则可在 6 月中旬开始采摘鲜穗。8 月上旬玉米收获完后迅速翻地炕田，然后整田播种秋白菜，间苗成行，行株距为 50 cm×23 cm，10 月上旬收获。当阳市正在推广该模式。

⑥ 双季玉米一年两熟　3 月初整地开厢，厢宽 1 m，沟宽 20 cm，同时施足基肥。春玉米

于3月15日—23日覆膜播种，采用宽窄行播种2行，行株距80 cm×40 cm，出苗后及时扣膜放苗，春玉米于7月17—24日收获。春玉米收获后于7月20日至8月2日免耕同行错株播种秋玉米，厢作连作，秋玉米于11月6—26日收获。

(2)玉米—水稻连作效益高

① 资源利用效应　玉米与水稻接茬种植模式目前在长江中游平原地区研究和实践较多，湖北省安陆市在20世纪90年代初就开始了春玉米—晚粳连作模式的研究。近年来，华中农业大学相继展开了多种稻田玉米—水稻连作模式的比较研究，包括春玉米—晚稻(M—R)模式、春玉米—秋玉米(M—M)双季玉米连作模式、早稻—晚稻(R—R)双季水稻连作模式和早稻—秋玉米(R—M)连作模式。种植规格为玉米采用厢作，厢宽1 m，沟宽20 cm，采用宽窄行方式播2行，行株距40 cm×80 cm，水稻移栽密度30.9万穴/hm^2，行株距27 cm×12 cm。春玉米品种要采用中早熟品种，生育期110 d左右；水稻品种要采用已审定的适宜在当地种植的晚稻品种。

春玉米—晚粳(M—R)连作模式对光照、热量、水分和肥料等资源的利用效率远比早晚稻(R—R)连作模式要高，增产效果极显著。与传统早稻—晚稻连作模式比较，春玉米—晚粳(M—R)连作模式产量和物质生产效率分别提高了20.0%和23.2%；土地资源利用率、光、温、水资源生产效率和光能利用率分别提高了9.75%、14.7%、20.4%、12.1%和19.1%；周年总产值和产投比分别提高了16.7%和8.04%，氮肥吸收利用率(RE)增加了13.0%～20.3%，体现了春玉米—晚稻(M—R)模式高产高效和资源高效利用的特点。春玉米与早稻相比，产量、积温生产效率、水分利用率和经济效益分别高出30.6%、29.5%、57.2%和96.1%，是春玉米—晚稻(M—R)模式周年产量差异的主要源。

② 经济效益　春玉米—晚稻模式周年产量可达21280.8 kg/hm^2，总产值40797.3元/hm^2，远高于双季稻连作模式的17174.6 kg/hm^2和32998.1元/hm^2，扣除掉两者的成本13154.5元/hm^2、7805.7元/hm^2，春玉米—晚稻模式周年纯收入为27642.8元/hm^2，双季稻的周年纯收入为25192.9元/hm^2，春玉米—晚稻模式增收2449.9元/hm^2，效益增加9.72%。

③ 生态效益　通过春玉米与晚稻水旱轮作能够有效地改善稻田的土壤生态环境，干湿交替，有利于减轻病虫害的发生和危害，从而减少农药的使用量，降低生产成本，有利于保护稻田生态环境和粮食产品的安全。

(3)特色栽培技术　除了上述种植模式之外，各地农技部门还探索了一些有特色的高产栽培技术，其中比较典型的是一窝双株高产栽培技术。

罗时勇等(2014)介绍了荆州市农业技术推广中心安排的一组5个密度的一窝双株高产栽培比较试验，结果显示：在每亩密度4300～5500株范围内，产量随着密度增加而增加；同一密度中，双株处理产量比单株处理产量高15.6%；每亩6000株密度时，因单株处理千粒重高而产量比双株处理产量高2.7%。所以江汉平原紧凑型玉米种植密度在5500株/亩以上时，宜推广宽等行单株栽培方式；种植密度在5500以下(含5500株)时，宜推广双株栽培方式，可以获得玉米高产。

黎银忠等(2014)报道了在鄂东南丘陵区一穴双株与一穴单株的对比试验。结果表明，在密度相同的情况下，无论是宽窄行还是等行宽行，采用双株种植的平均每株果穗产量均高于单株种植的产量，高出的产量范围为333.3～1428.6 kg/hm^2，高出的百分比范围为3.4%～42.4%。比如在密度为6.75万株/hm^2宽等行种植时，一穴双株的单株产量为193.1 g，一穴单株的单株产量为 165.9 g，双株比单株高 27.2 g，增幅为 16.4%；在同为 9 万株/hm^2 密度宽等行种植时，一穴双株单株产量是 158.8 g，一穴单株的产量是 134.1 g，双株比单株增加 18.42%，此时单产达到最高值 11285.7 kg/hm^2。其产量高的原因是一穴双株种植的玉米果穗的行粒数、穗粒数、穗长、穗粗及千粒重均高于一穴单株的玉米果穗。

一穴双株高产模式在湖北省全境皆可推广实施，特别是在山区或地形较复杂的丘陵、岗地，因不能实现机械化生产，种植密度也较低，推广一穴双株高产模式增产效果明显，有利于农民增产增收。

2. 间套作　赵建华等（2013）研究表明，玉米与其他作物的间、套作土地当量比（LER）均大于 1，表现出明显的间套作产量优势，不同作物与玉米的共生期越短，其模式的 LER 越大。相对于单作玉米，与蒜苗、甘蓝、豌豆间作的玉米穗粒数和百粒重均显著提高，增加了经济效益。

（1）玉米/棉花　畦宽 2 m 开沟作畦，1 行玉米、2 行棉花，畦中间种玉米，两边种棉花。玉米密度 3333 株/亩，株距 10 cm；棉花密度 1480 株/亩，株距 45 cm。

玉米播种与管理：1—2 月翻耕冬炕，3 月上、中旬整地、播种，每穴 2～3 粒，播种深度 3～5 cm，播后足墒时盖膜；出苗后及时松土、治虫防病，4 月上旬定苗；7 月上、中旬收获玉米，玉米收获后及时砍除秸秆，以方便棉花生长和收获。

棉花播种与管理：4 月 8 日前后营养钵苗床播种，5 月初移栽；移栽后及时防虫、防病；9 月底至 12 月采收籽棉。

（2）冬马铃薯/春玉米　马铃薯冬播以前施肥整地开厢，厢面宽 106 cm，厢沟宽 27 cm，每厢播种 4 行马铃薯；次年春在两边马铃薯行间各播（栽）1 行玉米。马铃薯行株距为 33 cm×20 cm，玉米行株距为 67 cm×27 cm。马铃薯在“大雪”到“冬至”间播种，3 月上旬出苗，5 月下旬收获；春玉米在 3 月中下旬播种育苗，4 月上旬在马铃薯行间移栽，7 月中下旬至 8 月初收获。

（3）辣椒/玉米‖棉花一年三熟立体栽培　头年年底翻耕炕地，整地作厢，全部实行统一规格，厢宽 167～173.3 cm，其中沟宽 33.3 cm。辣椒头年 10 月中旬播种，大棚套小棚进行育苗，3 月下旬至 4 月上旬进行移栽定植，提倡用地膜覆盖，移栽时可栽于每厢中间，窄行距 33.3 cm，两边各预留棉行 50 cm，株距 30 cm，每公顷栽 3.3 万～3.7 万株，6 月下旬采收完毕，全生育期 220 d，辣椒收获后及时拔出植株。玉米在 3 月中旬进行营养钵育苗，地膜覆盖，4 月中旬移栽，移栽时可栽于厢沟边，注意以玉米叶向顺沟即棉行向为宜，每公顷栽 1.2 万～1.5 万株，6 月下旬采收完毕，全生育期 110 d。棉花 3 月下旬播种，小钵育苗，塑膜覆盖，4 月下旬移栽至预留棉行，栽培技术与常规相同。

（4）马铃薯/玉米‖大豆—红薯　马铃薯选用马铃薯 5 号等中晚熟品种，高山地区于 11 月上中旬，二高山地区于 11 月下旬至 12 月上旬，低山地区于 12 月下旬播种，当薯芽长到 1.5 cm 顶端呈绿色时，及时连同种薯挖起，移栽到大田。马铃薯采用宽窄行种植，宽行 120 cm，窄行 40 cm，错口栽 2 行马铃薯，穴距 17～20 cm，栽 3.15 万～3.75 万穴/hm^2。玉米选用鄂玉 26、帮豪玉 509 等大穗型品种，3 月上旬开始采用营养钵、营养块、塑料软盘育苗，高海拔地区播期应相应推迟。2 叶 1 心开始移栽，不超过 3 叶 1 心，移栽时施足底肥，配施锌肥 30 kg/hm^2，在预留行栽 2 行玉米，株距 24 cm，栽 5.25 万株/hm^2 左右。大豆选择六月黄、恩 86-49、中豆 32 等中晚熟春大豆品种，玉米播种或移栽时可同时播种大豆，以同穴播种最佳。为了保证一次全苗，每穴播种精选大豆 4～5 粒，并注意精细盖土。出苗后及时定苗，一般每穴留苗 2～3 株，如与紧凑型玉米杂交种同穴种植，则每穴留苗 2 株。红薯选用早薯地里的嫩壮藤栽插，其组织幼嫩，生长和结薯快，剪藤前追施尿素 90～120 kg/hm²，促藤蔓长新叶，发新枝，每根藤只剪顶端 5～6 节，以保证秋薯的顶苗栽插。秋薯栽插时气温高并常伴干旱，宜在下午采用埋叶的方法扦插，将 5～6 节长的薯苗，覆土埋入 3～4 节，只留 2 节带叶露出地表面，栽插 3 万～3.75 万株/hm²。初霜前及时抢晴收获。

(5)冬马铃薯‖春玉米—秋花菜三种三收　马铃薯冬播以前施肥整地开厢，厢面宽 106 cm，厢沟宽 27 cm，每厢播种 4 行马铃薯。次年春在两边马铃薯行间各播(栽)1 行玉米。马铃薯株行距为 20 cm×33 cm，玉米行株距为 67 cm×27 cm。马铃薯 1 月下旬进行切块催芽，在 2 月中旬播种，3 月上旬出苗，5 月下旬至 6 月初收获。春玉米在 3 月中下旬播种育苗，4 月上旬在马铃薯行间移栽，7 月中下旬可收获。马铃薯收获后播种秋花菜(6 月下旬至 7 月初)，7 月下旬至 8 月上旬定植，株行距 40 cm×40 cm，9 月底至 10 月底采收完毕。

(6)春玉米/五季豆　春玉米分育苗移栽和点播两种方法。采用育苗移栽法时茬口安排：3 月 9 日播种春玉米进行育苗，此时地温低，播种后采用小拱膜覆盖保温，以利出苗；种子完全出土后逐步拆去覆盖膜以炼苗，玉米苗 2 叶 1 心时定植到大田，每亩栽植玉米苗 3500 株。8 月上旬移栽的春玉米已完全成熟，及时收获玉米果穗，将玉米秆留置田间不砍，于 8 月 7 日在玉米秆旁的空地里点播秋五季豆，每穴点播种子 6～7 粒；8 月中下旬当五季豆有真叶出现时立即砍除玉米秆，每亩穴施复合肥 8 kg＋尿素 4 kg，并浇水抗旱保苗；在五季豆开花结荚期每亩穴施复合肥 15 kg＋尿素 5 kg，并浇水抗旱 2 次。其他田间管理同常规操作。

采用点播法时茬口安排：3 月 31 日大田直播春玉米，8 月 7 日在玉米果穗即将成熟前，在玉米行间空地点播秋五季豆；8 月中下旬玉米果穗成熟后立即掰去，并及时砍除玉米秸秆，同样也在真叶出现时追施复合肥和沼液水粪，并浇水抗旱保苗，促进幼苗生长(方法同上)。8 月 28 日豆苗甩蔓期及时插架绑蔓。其他管理同常规操作。

(五)田间管理

1. 科学施肥

(1)氮、磷、钾的生理效应及吸收特点

① 氮　氮是玉米进行生命活动所必需的重要元素，对玉米生长发育影响最大。氮是组成蛋白质中氨基酸的主要成分，占蛋白质总量的 17%左右。玉米植株营养器官的建成和生殖器官的发育是蛋白质代谢的结果。所以，没有氮玉米就不能进行正常的生命活动；氮又是构成酶的重要成分，酶参加许多生理生化反应；氮还是形成叶绿素的必需成分之一，而叶绿素则是叶片制造“粮食”的工厂；构成细胞的重要物质——核酸、磷脂，以及某些激素(如激动素、吲哚乙酸等)也含有氮，这些生理活性物质对许多生理生化过程的作用至关重要；此外，植株体内一些维生素和生物碱如果缺少了氮也不能合成。所以氮是玉米生长发育过程不可缺少的。

玉米不同阶段吸收氮素的规律是受玉米自身生长发育特性制约的。从阶段吸收量来看，玉米一生中有两个重要阶段吸氮最多，即拔节至大喇叭口期(占 37.27%)和吐丝至籽粒建成期(占 31.62%)，从拔节至籽粒建成期占全生育期的 1/2，但吸氮量占总吸收量的 80%以上。每日吸收强度，拔节以后逐日增多，以大喇叭口期到籽粒建成期，即抽雄前 10 d 到抽雄后 20 d 的 1 个月左右时间内最大，这就是高产玉米重施大喇叭口肥的科学依据。玉米吸氮素的特点是苗期较少，穗期最多，粒期其次。因此，氮肥施用方式即不同时期施肥比例，要因地力、产量水平和栽培管理任务的不同而有所侧重。

② 磷　玉米对磷的需求量较氮、钾要少，但磷对玉米的生长发育非常重要。磷是细胞的重要成分之一。磷进入根系后很快转化成磷脂、核酸和某些辅酶等，对根尖细胞的分裂生长和幼嫩细胞的增殖有显著的促进作用。因此，磷素有助于苗期根系的生长。磷素还直接参与糖、蛋白质和脂肪的代谢，对玉米生长发育和各种生理过程均有促进作用。因此，提供充足的磷不仅能促进幼苗生长，并能增加后期的籽粒数，在玉米生长的中、后期，磷还能促进茎、叶中糖和淀粉的合成及糖向籽粒中的转移，从而增加千粒重，提高产量，改善品质。同时，磷还可以提高细胞原生质的黏滞性、耐热性和保水能力，降低玉米在高温下的蒸腾强度，从而可以增加玉米的耐旱能力。磷能使玉米植株对干旱有较强的忍受能力和恢复能力。干旱胁迫可导致玉米根系导水率急剧降低，但供磷处理的导水率仍然大于无磷处理。沈玉芳等（2002）利用 $HgCl_2$ 处理证明了磷可通过影响水通道蛋白活性或表达量来调节根系导水率。

玉米不同生育时期吸收磷素的规律与氮素类似，但也有差异。从阶段吸收量来看，玉米一生中有两个重要阶段吸磷最多，拔节至大喇叭口期（占总吸收量的 26.07%）和灌浆中期（占 35.87%），显然磷的后期吸收高峰比氮吸收推迟。抽雄前磷吸收的积累量占总吸收量的 36.98%，抽雄后约占 63.02%，表明玉米前期吸磷量较少，后期吸磷量较多。磷日吸收强度在玉米拔节以后逐渐增多，大喇叭口期达第一个吸收高峰，以籽粒建成期到灌浆中期出现第二个吸收高峰，且日吸收量达到最大。因此，为满足后期磷素需要，生产上灌浆期进行根外施磷有利于产量的提高。

③ 钾　玉米对钾的需要量仅次于氮。钾在玉米植株中完全呈离子状态，不参与任何有机化合物的组成，但钾几乎在玉米的每一个重要生理过程中起作用。钾主要集中在玉米植株最活跃的部位，对多种酶起活化剂的作用，如钾可激活呼吸过程中的果糖磷酸激酶、丙酮酸磷酸激酶等，因此，钾能促进呼吸作用。钾能促进玉米植株糖的合成和转化。钾素充足时，有利于单糖合成更多的蔗糖、淀粉、纤维素和木质素，茎秆机械组织发育良好，厚角组织发达，增强植株的抗倒伏能力。若缺钾再加上重施氮肥，则会引起根倒伏和茎倒伏。钾能促进核酸和蛋白质的合成，调节细胞内的渗透压，促使胶体膨胀，使细胞质和细胞壁维持正常状态，保证新陈代谢和其他生理生化活动的顺利进行。钾还可以调节气孔的开闭，减少水分散失，提高叶水势和叶片持水力，使细胞保水能力增强，从而提高水分利用率，增强玉米的耐旱能力。

玉米不同生育时期钾素的吸收规律与氮、磷有差异。从阶段吸收量来看，玉米一生中拔节期至大喇叭口期吸钾最多，占植株总吸收量的 71.62%，显著高于氮和磷在此期的吸收比例。到抽雄期，已吸收了总量的 86.54%。若施肥量少，至抽雄期，几乎吸收积累了全部的钾素。表明钾素主要在抽雄期以前（尤其在大喇叭口期）吸收的，后期吸钾很少。日吸收强度呈一单峰曲线，拔节以后逐渐增多，到大喇叭口期达最高点，以后下降，至灌浆末期不再吸收。因此，根据此吸收特点，钾肥作为基肥及早期（拔节）追肥施用效果较好。

（2）根据土壤肥力状况平衡施肥

① 玉米需肥特点　在不同的生长时期，玉米对养分的需求比例不同。从出苗到拔节，吸收氮素 2.5%、有效磷 1.12%、有效钾 3%；从拔节到开花，吸收氮素 51.15%、有效磷 63.81%、有效钾 97%；从开花到成熟，吸收氮素 46.35%、有效磷 35.07%、有效钾 0%。在整个生育期内，玉米需要从土壤中吸收多种矿质营养元素，其中以氮素最多，钾次之，磷居第三位。一般每生产 100 kg 籽粒大体上需从土壤中吸收纯氮 2.5 kg、P_2O_5 1.2 kg、K_2O 2.0 kg。

② 测土配方施肥　测土配方施肥是以肥料田间试验、土壤测试为基础，根据作物需肥规

律、土壤供肥性能和肥料效应，在合理施用有机肥料的基础上，提出大量元素氮、磷、钾及中微量元素等肥料的施用品种、数量、施肥时期和施用方法。测土配方施肥技术的核心是调节和解决作物需肥与土壤供肥之间的矛盾，有针对性地补充作物所需的营养元素，作物缺什么元素就补充什么元素，需要多少补多少，实现各种养分平衡供应，满足作物的需要；达到提高肥料利用率和减少施用量，提高作物产量、改善品质、节省劳力、保护环境的目的。

(3)玉米营养特征与配方施肥　施肥的主要目的是满足玉米的营养需要。玉米通过根系从土壤中吸收养分的整个时期叫营养期，包含若干营养阶段，不同阶段对营养条件都有不同的要求，这就是玉米营养的阶段性。

玉米植株营养临界期指玉米对某种养分需求十分迫切，过多过少都会造成损失，过少时即使以后大量地补施也无法纠正或弥补特殊营养阶段。玉米磷的临界营养期在三叶期，氮的营养临界期在幼穗分化期，钾的临界营养期在大喇叭口期。

① 玉米植株强度营养期和高效营养期　强度营养期是指对养分需求绝对数量和相对数量都最多的时期。这一时期植株一般处在旺盛生长阶段，玉米强度营养期为孕穗期。高效营养期是指植株吸收养分最多、肥料营养效果最好的时期。一般而言，高效营养期略晚于强度营养期，玉米高效营养期在喇叭口期至抽雄期。

② 玉米根系的营养特点　玉米为须根系，大部分根系分布在地表至 40 cm 土层，植株要生长良好，根系就必须发达，分布广泛，以利于更大范围内吸收水分和养分，根深才能叶茂。根系生长除受遗传特性的制约外，主要受土壤、水分、空气、温度、养分种类及含量的影响。一般在临界值以内，干长根，湿长苗；有氧长根，无氧长苗；冷长根，热长苗；瘦土长根，肥土长苗；磷促长根，氮促长苗。根据根系具有趋水、好气、喜冷、厌肥的生长特点及其分布规律，选择对路肥料品种，采取合适的施肥技术，将所需肥料施入根系密集层，才能快速充分地发挥其增产效果。

③ 土壤条件与配方施肥　土壤质地、结构、pH 值等均影响土壤的保肥供肥性能与施肥方案。

土壤质地：玉米植株在整个生长过程中，要求土壤能够稳定地、持续不断地、适时足量地供应养分，才能满足优质、高产的需要。好的土壤应当是保肥与供肥协调，吸收与释放养分自如的土壤。土壤保肥性和供肥性与土壤有机质，特别是腐殖质的品质、数量及黏粒矿物类型、数量有关。土壤有机质含量高，则阳离子代替量增加，保肥性好；同时，土壤有机质作为良好的胶结剂，可促使形成团粒结构，改善土壤孔隙状况，调节水气比例，使土壤中的好气性微生物和嫌气性微生物各得其所，从而协调土壤养分的吸收与释放，使土壤的保肥性和供肥性有效地统一起来。黏土地黏粒矿物含量高，保肥性好，供肥性较差。沙土地黏粒矿物含量少，质地粗，本身所含养分少，又漏水跑肥，养分保不住。壤土地黏粒矿物含量适中，既有较好的保肥性，也能协调供应养分。

土壤反应：土壤反应即土壤酸碱性，可直接影响植株的生长和养分的转化与吸收。在酸性反应条件下，作物吸收阴离子多于阳离子；在碱性条件下，作物吸收阳离子多于阴离子。土壤反应既能直接影响土壤中养分的溶解或沉淀(化学作用)，又能影响土壤微生物的活动(生物作用)，从而影响养分的有效性。

土壤酸碱度在 pH 值为 6～8 时，土壤中有效氮含量最多，土壤的磷素一般在 pH 值为 6～7.5 时有效性最高。这时，由根系分泌的有机酸和微生物分解有机质产生的碳酸促进了难溶性磷酸盐向可溶性转化。当 pH 值<6 时，土壤中有效钾、钙、镁含量急剧减少；硫在酸性土壤中常表现为短缺，其他微量元素如铁、锰、锌、铜、钴等有效含量较多。当 pH 值<5 时，铁离子过多，往往造成毒害。同时，铝离子也游离出来，不仅使土壤中的磷素成为难被植物利用的形态，而且植物细胞内的磷也会成为沉淀，直接影响代谢。在石灰性或碱性土壤中，有效铜的含量增加，硼的有效性就下降。总之，土壤反应对合理选择肥料，科学配方是一个非常重要的参考因素。如酸性土壤上施碱性或生理碱性肥料，石灰性土壤上施酸性或生理酸性肥料，铵态氮肥不撒施地表，酸性土壤撒施钙、镁、磷肥都可以提高肥效等。

④ 气候条件与配方施肥　气候条件会影响土壤养分状况的变化和玉米吸收养分的能力，从而影响施肥效果。影响肥效的气候条件主要是温度和降雨。高温多雨的地区或季节，有机肥分解快，可施半腐熟的有机肥料，化肥追施一次施用量不宜过大，玉米更不能一次施足易流失的氮肥等。湖北省春玉米生育后期正是降水量大且集中的时候，选择化肥品种时就应避免使用硝态氮肥，以防随地表径流流失或进入地下水造成养分损失和水质污染，在肥料的分配上也不应将硝态氮肥分配到低洼易涝区。因为一旦降水过多，就会造成土壤中的还原条件，使硝态氮经反硝化作用而大量损失。秋玉米生长中后期，温度较低，雨量较少，有机质分解较缓慢，肥效迟，应施腐熟程度高的有机肥料和速效性的化肥，而且还应适当早施。

⑤ 肥料性质与配方施肥　肥料性质包括养分含量、溶解度、酸碱度、稳定性、在土壤中的移动性、肥效快慢、后效大小等，均对玉米的营养吸收产生影响。有机肥料养分全，肥效迟，后效长，有改土作用；化肥养分浓，成分单一，肥效快而短，便于调节玉米不同营养阶段的养分需求。

氮肥可分为铵态氮肥、硝态氮肥和酰胺态氮肥三类。

铵态氮肥：主要品种有碳酸氢铵、硫酸铵、氯化铵和氨水。共同的特点都是含有铵离子（NH_4^+），都易溶于水，是速效养分，施入土壤后很快溶解于土壤溶液中并解离释放出铵离子，作物能直接吸收利用，肥效快。这些铵离子可与土壤胶粒上原有的各种阳离子进行交换而被吸收保存，免受淋失，故肥效相对较长。遇碱遇热分解挥发，氮素损失；在土壤通气良好时，可在微生物作用下发生硝化作用而转变成硝态氮（NO_3^-），增大在土壤中的移动性；被作物吸收后剩余阴离子，可与土壤中的钙镁离子结合，生成碳酸钙、硫酸钙和氯化钙，存留于土壤空隙中，造成土壤板结。铵态氮肥可作底肥，也可作追肥，施入土壤后未转变成硝态氮前移动性小，应施于根系集中的土层中。铵态氮肥不宜施于地表，以免挥发损失，尤其是石灰性土壤上更应深施并立即覆土。

硝态氮肥：常用的硝态氮肥有硝酸钠、硝酸钙、硝酸铵和硝酸钾等。共同特点是易渗于水，可直接被植物吸收利用、速效；吸湿性强，易结块，在雨季甚至会吸湿变成液体，硝酸根离子（NO_3^-）带负电荷，不能被土壤胶粒吸附，易随水移动；当灌溉或降雨量大时，会发生淋失或流失。因此，硝态氮肥不宜作底肥、种肥，只能作追肥施用。

酰胺态氮肥：尿素是化学合成的酰胺态有机化合物，在土壤溶液中呈分子态存在。绝大部分尿素分子需在尿酶的作用下转变成碳酸铵或碳酸氢铵（7 d 左右）后，才能被作物大量吸收利用和被土壤吸附保存。尿素转化后的性质与碳酸氢铵完全一样，具有铵态氮的基本性质，所以尿素的肥效比一般化学氮肥慢。尿素不含副成分，对土壤性质没有不利影响，适合在各类土壤上使用。

磷肥可分为水溶性磷肥、弱酸溶解性磷肥和难溶性磷肥三类。

水溶性磷肥：包括普通过磷酸钙、重过磷酸钙和三料磷肥以及硝酸磷肥、磷铵、磷酸二氢钾。共同特点是肥料中所含磷素养分都是以磷酸二氢盐形式存在，能溶解于水，施入土壤后能离解为磷酸二氢根离子（$H_2PO_4^-$）和相应的阳离子，易被作物直接吸收利用，肥效快。但水溶性磷肥在土壤中很不稳定，易受各种因素的影响而转化成为作物难以吸收的形态。如在酸性土壤中，水溶性磷能与铁、铝离子结合，生成难溶性的磷酸铁、铝盐而被固定，失去对作物的有效性；在石灰性土壤中，除少量与铁、铝离子结合外，绝大部分与钙离子结合，转化成磷酸八钙和磷酸十钙（磷灰石），一般作物难以吸收利用。水溶性磷肥在土壤溶液中移动性很小，一般不超过 3 cm，大多数集中在施肥点周围 0.5 cm 范围内。

弱酸性磷肥：指难溶于水，能溶于弱酸的一类肥料，包括钙镁磷肥、脱氟磷肥和钢渣磷肥等。基本性质是肥料中所含磷酸盐不溶于水，不能被植株直接吸收利用；物理性状良好，不吸湿，不结块，肥效慢而长，要发挥肥效，必须具备酸和水，在酸性土壤中使用能逐步转化为作物可以吸收的形态。另外，弱酸性磷肥都含有钙、镁、硅等多种成分，能为植物提供较多的营养元素。

难溶性磷肥是指所含磷酸盐大部分只能溶于强酸的磷肥，包括磷矿粉、骨粉、磷质海鸟粪。难溶性磷肥均须转化成磷酸二钙和磷酸一钙后才能被作物吸收，肥效缓慢而持久，为迟效性磷肥。当季作物的施用效果决定于原料来源和类型，磷酸盐结晶性质等因素，常采用撒施作基肥，与水溶性磷肥和其他酸性或生理酸性肥料配合施用，与有机肥料混施，均可提高其肥效。

目前，广泛使用的钾肥有氯化钾和硫酸钾，二者的许多性质是相同的，都溶于水，作物可以直接吸收利用，是速效性肥料，养分含量较高，氯化钾含 K_2O 为 60%左右，硫酸钾含 K_2O 为 50%左右；都是化学中性，生理酸性肥料，施入土壤后作物吸收快，而留下氯离子和硫酸根离子，增加土壤酸度，故称为生理酸性肥，最适宜在中性或石灰性土壤中施用。施入土壤后，钾离子能被土壤胶粒吸附，移动性小，不易随水流失或淋失。氯化钾含有氯离子，不宜在盐碱地或忌氯作物上施用；硫酸钾含有硫酸根离子，虽然可以为作物提供硫素营养，但是与钙结合后合成溶解度较小的硫酸钙，长期施用会堵塞土壤孔隙，造成板结，应与有机肥配合使用。钾肥施用时应掌握施在缺钾土壤上，施在高产地块上，隔茬、隔年施用。

复合肥料有化学复合肥料和复混肥料之分。复合肥料如磷酸一铵、磷酸二铵、硝酸钾、磷酸二氢钾等，都是经过化学合成工艺制造而成的；复混肥料一般指用单质肥料和复合肥料经二次加工而成的肥料，与单质肥料相比，具有有效成分含量高、养分种类全面、副成分少、成本低、物理性状好和配比多样化等特点，近年来在配方施肥中发展较快。

微肥种类多，品种也多，施用时注意“三性”，即针对性、高效性和毒害性。坚持“缺啥补啥，缺多少补多少”和经济有效的原则。施用方法上尽量采用叶面喷施、浸种、拌种以减少土壤固定。

⑥ 栽培技术条件与配方施肥　玉米是否高产、稳产，是各种生态因子综合作用的结果。施肥是否经济有效，与耕作、灌溉、轮作制度、种植密度以及病虫害防治等农业技术条件密不可分。

精耕细作是中国传统农业的特点。通过耕作不仅可以改变土壤的理化性状和微生物的活动，进而影响土壤中的环境条件，促使土壤养分的分解和调节土壤养分供应状况，而且还能促控作物根系的伸展和对养分的吸收能力。春播玉米，土壤经过深耕，配方施足基肥；夏播玉米，多采用免耕播种，宜在齐苗后配方施好追肥，然后中耕埋肥，提高肥效。

玉米单株生产力比较高，合理密植是夺取高产的基础。玉米密度增加后，配方施肥数量也要相应增加，不然土壤养分不足，单株所得到的营养份额就会减少，反而造成减产。要因玉米品种特征特性确定合理的种植密度，掌握紧凑型品种比平展型品种适当密植，夏播比春播种植适当密植，单作比套作适当密植，干旱地块比水灌地块适当密植，土壤肥力水平低的比肥力水平高的适当密植。

病虫防治科学施肥可以促进作物个体强壮生长，增强抗逆能力。相反，若施肥不当，不仅会引起植株代谢失调，还会导致病虫危害，反过来影响肥料的施用效果。如施氮量过多时，玉米植株柔嫩多汁，体内游离氮增加，可诱发病虫害。施用高锰酸钾不仅可以防治某些植物病毒病，还可为其提供钾元素和锰元素，起到药肥双效的作用。

(4)玉米施肥原则　玉米对氮肥很敏感，需要量大，利用率高，与农家肥和磷肥配合使用时，在 3～10 kg/亩范围内，每增施 1 kg 尿素可增产 6～11 kg 玉米。玉米需磷较少，但不能缺，三叶期时缺磷，将导致以后的空秆秃顶。玉米需钾量仅次于氮，尤其对马铃薯、玉米间套地块，增施钾肥不容忽视。玉米施肥原则是以有机肥为基础，重施氮肥、适施磷肥、增施钾肥、配施微肥。采用有机肥与磷、钾、微肥混合作底肥，氮肥以追肥为主。

春玉米追肥应前轻后重，夏玉米则应前重后轻。比如，直播露地春玉米追拔节肥(6～7 叶期)时氮素肥料需占施氮总量的三分之一，喇叭肥(10～11 叶期)占三分之一；直播夏玉米因农活忙、农时紧，多数是白籽下种，追肥显得十分重要，拔节肥(5～6 叶期)应占总施氮量的三分之二，喇叭肥(10～11 叶期)占三分之一。

玉米施肥量的确定因土壤肥力不同，达到的目标产量也不同，所需的投肥量也不一样。一般情况，高肥力地块通过投肥提供的产量占总产量的 30%以上，中等肥力地块占总产量的 40%以上，低肥力地块占计划产量的 50%左右。也就是说，土壤肥力低的地块，施肥增产效果显著。试验、示范表明：在中等肥力地块上，每增产 100 kg 玉米需要施氮 5 kg、磷 2 kg、钾 3 kg。这种施肥量的运用十分简便，只需将增产的百千克数乘以百千克粮食需要的肥料数量即可。这仅是一个参照的计算方法，具体运用还应因地、因品种不同而作适当调整。亩产千斤玉米的参考施肥量为：有机肥 80～100 kg，氮肥 9～11 kg，磷肥 4～5 kg，钾肥 5～6 kg，锌肥 1 kg。

① 施足底肥　播种前施用的肥料为底肥。底肥可培肥地力，改良土壤结构，在玉米的整个生育期间源源不断地供给养分，以保证玉米的正常生长发育。底肥应以有机肥料或者生物菌肥为主，化学肥料为辅。一般每亩施有机肥料 40～80 kg，尿素 6～7 kg，磷肥的三分之二可以作底肥，钾肥可将绝大部分或全部作底肥施入。

底肥的施用方法应根据底肥的数量、种类和播种期的不同而灵活掌握。如果数量不多，应开沟条施，这样可提高根系土壤的养分浓度，农谚有“施肥一大片，不如一条线”的说法。底肥数量较多时，可在耕前将肥料均匀地撒在地面上，结合耕地翻入土内。钾肥、磷肥和锌肥等化肥最好与有机肥料混合施用。套种玉米可于播种前破背条施底肥，也可将肥过筛，用耧施入。

种肥是在播种时施在种子附近的肥料，也称口肥。种肥应以幼苗容易吸收的速效肥料为主。施肥时要注意肥料不要与种子接触，施用数量也不能过多，否则会影响出苗。每亩可施用氮肥 1.0～1.5 kg，P_2O_5 或 K_2O 各 0.8～1.0 kg；锌肥则适宜作拌种，方法是锌肥 10 g 加水 50 g，拌种 1.5～2.0 kg，堆闷 1 h、摊开阴干即可播种。

② 合理追肥　在制定玉米施肥方法时，需综合考虑玉米需肥规律、土质、气候、土壤肥力、肥料种类和耕作制度等多种因素。在玉米生长、发育过程中，吸收氮、磷、钾的比例是比较固定

的，吸收比例大约为 3∶1∶2.8，前期吸收磷、钾比较多，后期吸收氮比较多。因此，磷、钾肥宜作底肥或种肥，氮肥的 2/3 宜作追肥。

追肥要掌握好追肥的时间、方法、数量以及根据缺素情况追施肥料种类是影响玉米产量的几个主要因素。因此，为提高玉米单位产量，实现高产优质的目的，掌握追肥最佳时间、肥料数量、追施肥料种类是非常重要的。

追肥种类：追肥的种类主要以速效氮为主，比如尿素；以钾肥、磷肥为辅，比如硫酸钾、过磷酸钙或磷酸二氢钾。

追肥数量：高产田、地力基础好、底肥数量多的宜采用轻追苗肥、重追穗肥和补追粒肥的追肥法。苗肥用量约占总追氮量的 30%，穗肥约占 50%，粒肥约占 20%。中产田、地力基础较好、底肥数量较多的宜采用施足苗肥和重追穗肥的二次追肥法，苗肥约占 40%，穗肥约占 30%。低产田、地力基础差、底肥数量少的采用重追苗肥、轻追穗肥的追肥法，苗肥约占 60%，穗肥约占 40%。

掌握最佳追肥时间，实现科学施肥、经济施肥，为玉米增产增收打下坚实的基础。

苗肥：一般在定苗后至拔节期(叶龄指数 30%左右)追施。即将过去的提苗肥和拔节肥合为一次施用，有促根、壮苗和促叶、壮秆的作用，为穗多、穗大打好基础。苗肥除施用速效氮肥外，还可同时施入磷肥和钾肥，也可施入腐熟的有机肥。

拔节肥：拔节肥能促进中上部叶片增大，增加光合面积，延长下部叶片的光合作用，为促根、壮秆、增穗打好基础。追施拔节肥以氮肥为主，每亩可用 10～15 kg 尿素沟施或穴施，避免大雨前追施，以防被雨水淋溶。对于土壤中磷、钾肥不足的田块，追肥时也可掺入三元素复合肥，用量 7.5～10.0 kg/亩。

穗肥：玉米在大喇叭口期追施穗肥，既能满足穗分化的养分需要，又能提高中上部叶片的光合生产率，使运入果穗的养分多，粒多而饱满，穗肥追施以速效氮肥为主，每亩以追施尿素 15～20 kg 为宜。

粒肥：粒肥是指玉米抽雄以后追施的肥料，一般在灌浆期追施为宜。玉米抽雄以后至成熟期，还要从土壤中吸收氮、磷总量的 40%左右的养分。同时籽粒产量的 80%左右是靠后期叶片制造光合产量。因此，后期一般应施入一定数量的速效化肥，保证无机营养的充分供给，延长叶片功能期，提高光合效率，增加光合产物积累，促进粒多、粒重，以获得优质高产。

在追施磷肥时需要把握住两个时期，以提高追肥效果：一个是作苗肥与速效氮一起追施，防止红苗；一个是作为粒肥，在开花、灌浆期追施或叶面肥喷施。叶面喷施时，一般每亩用磷酸二氢钾 250 g 兑水 75～100 kg，在授粉后 5～10 d 抢晴均匀喷叶。

根外施肥：根外施肥就是将氮、磷、钾等化学肥料及微量元素肥料溶解于水，喷在作物叶面上，使作物吸收利用，所以也叫叶面施肥。根外施肥的好处很多，主要表现在：肥效快，喷施叶面肥 10 多分钟后即可进入叶肉，数小时后即可发挥肥效；肥效高，叶面喷施化肥的当季利用率可高达 90%；用量少，施肥匀。根外施肥，如尿素每亩用量只需 1.0～1.5 kg；方法简便，根外施肥只需将肥料溶解于水即可，还可以结合防治病虫害与化学药剂混合喷施，一举多得；增产效果明显。玉米开花、灌浆期喷施磷酸二氢钾、过磷酸钙，可促进灌浆，提高千粒重 5～10 g，增产 5%～7%，投资少，收益大。但需要注意的是，根外施肥效果虽好，但施肥的数量毕竟有限，且叶面的吸肥力也不如根部，因而它不能代替作物生长前期的根部追肥，只可作为应急或补救措施，加以补充运用。

机械化中耕施肥：在玉米拔节或小喇叭口期，采用高地隙中耕施肥机具或轻小型田间管理机械，进行中耕追肥机械化作业，一次完成开沟、施肥、培土、镇压等工序。追肥机各排肥口施肥量应调整一致。追肥机具应具有良好的行间通过性能，追肥作业应无明显伤根，伤苗率<3%，追肥深度6～10 cm，追肥部位在植株行侧10～20 cm，肥带宽度>3 cm，无明显断条，施肥后覆土严密。中耕施肥机具可选用铁牛-55拖拉机配2BQ-6型气吸式精量播种中耕追肥机，中耕机上安装单翼铲、双翼铲、大小杆齿。也可自制施肥、中耕机械。

（5）控释肥的应用　控释肥是一种具有肥效长、稳定、利用率高等特点的新型肥料。控释肥作为一种新型的复合肥料，可以通过外层包膜材料的控制，避免肥料因空气蒸发、雨水淋溶、地下渗透等原因引起的流失，同时能够控制肥料释放养分的速度与作物需要养分的量相一致，因此能够满足植物在整个生长期对养分的需求，减少了营养元素的损失，使肥效利用率达到80%以上。此外，施用控释肥减少了作物施肥的次数，减少了人工劳动成本的投入，节约了成本，起到了高产节能减排、省时省工环保的效果。

综合各方面的研究结果，控释肥最佳的施用方法是：在整地时作底肥旋耕翻施或播种时作底肥沟施，用量为常规肥料的60%～80%，即40～50 kg/亩，一次性施入，施肥深度10～15 cm，能够保障玉米正常生长需求，能够显著提高玉米籽粒产量，增加籽粒中蛋白质、游离脂肪酸和粗脂肪的含量。

葛均筑等（2013）曾通过大田试验，研究了一次性施肥方式对长江中游春玉米产量及养分吸收、转运和利用的影响。结果表明，一次性施肥方式与农民常规施肥方式相比，一次性施肥方式对春玉米全生育期内干物质积累、氮素转运和利用效率的影响不显著；一次性施肥能减少磷素和钾素的投入，但并不影响春玉米整个生育期磷素和钾素的积累和转运，同时显著提高了磷素和钾素的养分利用效率，产量差异不显著，但经济效益提高1429～1725元/hm^2。

卫丽等（2010）、赵斌等（2012）分别研究了控释肥一次性施肥对夏玉米生长和品质的影响。结果表明，在等养分量条件下，与常规施肥技术相比，控释肥能有效协调吐丝期至成熟期植株体碳、氮代谢，叶片可溶性蛋白的含量增加2.20%～10.39%，硝酸还原酶（NR）活性提高3.22%～32.10%，植株叶片和茎鞘可溶性总糖分别增加6.78%～46.71%和1.26%～35.99%，全氮含量分别增加0.50%～10.69%和1.09%～41.92%；而可溶性总糖和氮素转运率均小于常规施肥。说明控释肥能较好满足夏玉米在吐丝期至成熟期的生长需要，协调其碳、氮代谢。一次性施肥的玉米籽粒的粗蛋白和可溶性糖含量及产量都显著高于等量普通复合肥；淀粉的含量，施肥量少的处理要高于施肥量多的处理，但差异不显著；控释肥与普通肥间淀粉支/直比差异均未达到显著水平，缓释肥一次性施肥能提高和改善玉米品质。

（6）湖北省土壤肥力和施肥效果　胡劲红（2011）曾从江汉平原选取6个县市的耕地土壤作为研究对象，测试了取样区21 071个土样，代表总面积143 631 hm^2。通过对土壤主要养分属性测试和结果的统计分析，得出土壤肥力状况。区域耕地土壤碱解氮、有效磷和有机质含量水平，均以中度缺乏至轻度缺乏为主，所占面积比例分别为81.5%、73.1%和73.6%，平均含量分别为115 mg/kg、12.7 mg/kg和23.79 g/kg，均为轻度缺乏；区域土壤速效钾缺乏普遍且严重，严重缺钾、中度缺钾和轻度缺钾面积所占比例分别为22.1%、54.7%和16.1%，平均含量为96 mg/kg，为中度缺乏；区域耕地土壤pH值含量水平总体主要集中在4.0～7.5，酸性较重和偏酸性田块所占面积比例分别为18.4%和49.0%，酸碱适中（或适宜）的面积仅占28.1%，平均pH值为6.1，为偏酸性。

鄂东南海拔 800 m 以下低山、丘陵或垄岗和鄂西南海拔 500 m 以下丘陵、丘陵台地或盆地，包括咸宁地区和鄂西自治州各县市，以及黄石、鄂州、武昌、汉阳、洪山、圻春、浠水、武穴、黄梅、石首、公安、松滋、枝域等县(市、区)，以红壤土为主，有机质含量较低，严重缺磷、硼，大部分缺氮、钾，局部缺锌、铜、锰、铁。

鄂西山地以黄壤土和棕壤土为主。黄壤土分布于鄂西自治州和宜昌地区海拔 500～1200 m 的中山区，土壤层次分异明显，呈酸性，有机质含量较高，平均比红壤高 22.4%，其他矿质养分与红壤相近或略丰。棕壤土主要分布于鄂西自治州和郧阳地区各县、市和神农架、长阳、五峰、秭归、兴山、保康等县(区)，土壤呈酸性，肥力较高，但矿物质淋失较多，普遍缺钾、铁、钙、锰。

鄂北襄樊、郧阳及荆州北部，海拔 800 m 以下的低山、丘岗、盆地及平坝阶地，黄褐土集中分布于此，质地较为黏重，整个土体结构紧实，难犁难耙，不易拿墒情，土壤有机质、速效磷、钾的含量及保肥性能尚可。

刘芳等(2016)、杨利等(2016)抽样分析比较了湖北省 30 年来耕地地力变化。结果表明，湖北省全省耕地总面积减少 17.43%；"占优补劣"导致大量优质耕地减少，其中一等地面积减少 28%，而六等地面积增加 225%。对 30 年来耕地土壤肥力变化的分析表明，全氮含量整体趋于 1.01～1.50 g/kg 的中量范围，呈上升趋势，尤以山区提高幅度较大；耕地土壤有效磷加权平均值为 15.48 mg/kg，提高了 7.15 mg/kg，提高幅度为丘陵略高于山区，山区高于平原，说明湖北省耕地土壤有效磷含量已经趋于合理；各类耕地土壤速效钾含量平均值为 111.36 mg/kg，且除平原有所增加外，其他各类耕地速效钾含量减少幅度为 1.46%～19.47%，减幅大小为山地＞丘陵；耕地土壤有机质平均含量由 24.40 g/kg 下降到目前的 23.40 g/kg，土壤中有机质含量中等或略低的耕地面积依然较大；土壤酸度增加了 0.5～0.9 个 pH 单位，耕地土壤酸化形势严峻，尤以江汉平原和鄂北岗地最为突出。

因此，湖北省今后需要大力推广应用测土配方施肥技术，实行平衡施肥，要稳施或适当少施氮肥，适施磷肥，增施钾肥；合理利用与管理耕地土壤，达到耕地土壤养分协调、均衡供给；还应该发展有机肥料，培肥耕地地力。

① 施氮　氮素对玉米器官建成具有重要作用。早期施氮肥或氮素营养充足，可显著地促进叶面积的扩大，延长叶片功能时间，防止叶片早衰，提高植株净同化率和干物质增长速率。早期施氮可以促进根系迅速建成，提高根系重量和数量，促使根系向纵深发展。中后期(如大喇叭口期、抽雄吐丝期)施氮有利于根系在灌浆期保持较高水平的生理机能，延缓根系衰老，从而为地上部分的生长提供较多的水分和养分。籽粒形成至生理成熟是玉米产量形成的关键期，施氮肥较高时，多穗品种的双穗率提高，果穗大小也增加，随施氮量增加，双穗株比例增大，籽粒产量提高。

申丽霞等(2007)以郑单 958 为材料，研究了不同施氮水平对玉米产量、产量构成、粒数形成的影响。结果表明，氮肥对玉米产量的影响主要体现在对穗粒数、穗粒重的影响上。施氮明显促进大喇叭口期至灌浆期植株体的碳氮代谢，使碳氮代谢的关键酶硝酸还原酶(NR)、谷氨酰胺合成酶(GS)和蔗糖磷酸合成酶(SPS)活性提高，增强光合产物的积累和运输，从而满足生殖生长的需求，促进穗粒数的形成，提高产量。施氮量为 180 kg/hm^2 时能显著促进玉米穗粒数、穗粒重的增加。

王鹏等(2015)测试了 0 kg/hm^2、120 kg/hm^2、150 kg/hm^2、180 kg/hm^2 四个施氮量对玉

米生长和产量的影响，结果表明：施氮肥 150 kg/hm^2 时产量最高，达到 14 458.51 kg/hm^2，分别比 0 kg/hm^2、120 kg/hm^2、180 kg/m^2 高 196.08 kg/hm^2、757.80 kg/hm^2、326.42 kg/hm^2，而可溶性糖、蛋白质、淀粉、可溶性糖含量不同施氮量处理之间无显著差异。

② 施磷、钾　研究表明在合理的范围内增施磷、钾肥能够促进玉米健康生长，提高抗逆性，增产增收效果显著。

陈防等(1997)的研究结果表明，鄂西山区不同海拔高度玉米施钾、锌效果显著。随着海拔高度由高到低，增产的效果由小变大。因此，钾肥和锌肥应优先施在低山土壤上。从施钾肥的量来看，施 K_2O 每亩 12 kg 的处理产量较高，但每千克 K_2O 的增产量低于施 K_2O 每亩 6 kg 的处理。

鲁剑巍等(2004)在江汉平原地区布置了 3 个玉米磷肥用量试验，以确定该地区种植玉米施磷效果和适宜的磷肥用量。结果表明：施磷对植株的生长发育有明显的促进作用，可使玉米叶片数增加 2～3 片，株高增高 8～20 cm；施磷增产效果明显，3 个施磷点最高分别增产 865 kg/hm^2、1097 kg/hm^2 和 1710 kg/hm^2，增产幅度分别为 15.4%、18.8%、39.9%。

徐祥玉等(2010)在固定氮肥用量情况下研究了鄂西北山区磷、钾不同配比组合对玉米产量及养分累积的影响。结果表明，在 45～75 kg/hm^2 磷肥用量下，增施钾肥有利于提高功能叶面积；在 75～120 kg/hm^2 钾肥用量下，增施磷肥可以提高株高和穗位高；钾肥可通过提高穗位叶宽来提高穗位叶面积。

但需要注意的是，施磷量并不是越多越好。在一定施磷量范围内，春玉米叶片数、株高和产量随着施磷量的增加而增加，但当施磷量达到一定值后，再继续增加施肥量，产量反而开始下降。磷肥过量导致负效应的原因很多，主要有三点：造成土壤中养分失衡，进而导致玉米营养失调，最终导致减产；导致其他营养元素的有效性降低，如磷过量会造成锌、钼(Mo)等营养元素缺乏，最终导致减产；促进作物呼吸作用，消耗的干物质大于积累的干物质，造成繁殖器官提前发育，引起作物过早成熟，籽粒小，产量低。

③ 配比施肥　不同营养元素配比施用影响玉米雄穗和雌穗的分化时间、果穗小穗数、穗长、单穗粒数及籽粒产量。据李冬梅等(1994)研究，从出苗到雄穗发育受施肥影响。不施肥处理的雄穗开始发育到抽雄期延续时间较长，比氮、磷配施延迟了 2～6 d，单施氮肥或磷肥的处理也比氮、磷配施的雄穗发育晚 4～8 d。不同肥料和施肥水平不仅改变了玉米从出苗到果穗形成的时间，还对果穗形成的持续时间产生影响。单施氮肥或磷肥的处理比氮、磷不同配施的处理的雌穗开始发育时间延迟 3～6 d，氮、磷配施的雌穗发育到吐丝延续时间较未施肥的和单施一种肥料的缩短 1～3 d。玉米雌穗小穗的分化发育、成熟受施肥的影响尤为突出。氮、磷肥配施的处理中，成熟粒占雌穗小穗分化数的 85%左右，施氮肥的处理为 72%～77%，施磷处理为 54%，未施肥处理为 52%。说明氮肥对玉米雌穗小穗的分化、籽粒形成起主导作用。其次是磷肥，只有氮、磷配施，才能使雌穗小穗的分化达到最高，形成较高籽粒产量。玉米生育后期氮、磷肥也直接影响籽粒性状。不同肥料处理的玉米籽粒鲜重在吐丝后 15 d 就表现出明显差别，氮、磷配施的玉米吐丝后 15 d 籽粒鲜重达到 26.7～31.0 g/100 粒。单施氮处理的为 18.6～24 g/100 粒，单施磷肥处理的为 16.6～17.3 g/100 粒，未施肥处理的只有 16.3 g/100 粒。在籽粒的发育过程中，氮、磷肥配施的籽粒鲜重增长速度快，且灌浆时间长，在 43～50 d 籽粒达最大值，以后缓慢降低。而偏施一种或不施肥的籽粒鲜重增长速度较慢，灌浆时间短，抽穗后 26～43 d 鲜重达最大值，比氮、磷配施的籽粒发育短 1～2 周。不同肥料处理对籽粒体

积的影响表明，充足的肥料供应可使玉米籽粒体积增大，奠定丰产的库容基础。

据赵利梅等（2000）研究，氮、磷、钾平衡施肥提高灌浆平均速率 20%，百粒鲜重最大速率比对照延后 1.3 d，最大增长速率比对照增加 13.8%。在籽粒整个灌浆期间，氮、磷、钾平衡施肥处理百粒鲜重平均高出对照 4.75 g，到成熟期差距最大，高出对照 9.13 g，差异达极显著水平。因此，氮、磷、钾平衡施肥能提高籽粒灌浆速率、籽粒鲜重、干重、干重平均增长速率和最大增长速率，并提高成熟时籽粒脱水速度，降低籽粒含水率，即氮、磷、钾平衡施肥对籽粒建成有积极作用。

④ 施肥对青贮玉米的影响　施肥可明显降低青贮玉米的茎叶比，提高营养品质。青贮玉米品种一生需氮量较多，增施氮肥能够促进青贮玉米的生长发育，在一定范围内，随着氮肥、磷肥施用量的增大青贮玉米生育期延长，因此，施氮量也应较粮用玉米和粮饲兼用玉米为多；施用磷肥还能显著提高青贮玉米粗蛋白等高能营养物质的含量与产量。增施钾肥对青贮玉米生育期影响不明显，增施钾肥可以使青贮玉米茎秆粗壮，增强抗倒伏能力，同时增加产量，但是需要注意的是，钾肥施用过量或施用不合理可使青贮玉米酸性洗涤纤维（ADF）含量增加，品质下降。青贮玉米四叶期叶面喷施磷和锌，能显著增加叶片的叶绿素含量，提高光合强度和光合作用效率，可显著提高收获时青贮玉米淀粉含量，使穗重增加 15.6%，穗秆比提高 13.5%，增加青贮玉米品质。

2. 水分管理

（1）季节性缺水　西部山区雨热同季，玉米生长期降水丰富，喀斯特地貌不利于蓄水，同样也不会存在滞害。因此，需要水分管理的区域主要是江汉平原地区及鄂东南岗地和鄂北岗地。江汉平原地区及鄂东南岗地和鄂北岗地雨量充沛，年降水量 800～1300 mm，4—10 月玉米活跃生长期占全年降水量的 70%以上，加上地下水位高，一般不需灌溉，即使每年 8 月份可能发生伏旱，但此时春玉米已经收获，只有夏玉米、秋玉米需要灌溉，灌溉也比较方便。反而因为雨水较多，降雨日数多、雨量大，易出现渍涝灾害，必需开好田间排水沟和田外排水渠，确保暴雨期间无渍灾，雨后田间无积水。开沟标准：坪堳地中间开“十字沟”，沟深 25～30 cm，四边开围沟，沟深 35～40 cm，沟沟相通，沟直底平，排水通畅。

（2）渍涝　江汉平原地区涝害多发时期，正是春玉米和夏玉米生长前期，对涝害反应敏感，研究表明三叶期、拔节期和雌穗小花分化期时淹水 3 d 将使单株产量分别降低 13.2%、16.2% 和 7.9%。

① 涝害的主要表现

抑制根系发育：受淹后玉米根系生长缓慢，根变粗、变短，几乎不生根毛，吸收能力下降。但水淹可刺激次生根生长，次生根弯曲反向向上生长，出现“翻根”现象。

降低光合作用：受涝后玉米常出现“头重脚轻”现象。玉米叶色褪绿，光合能力降低，植株软弱，基部呈紫红色并出现枯黄叶，造成生长缓慢或停滞，严重的全株枯死。

降低土壤有效养分含量：涝灾发生后，一方面土壤速效养分随土壤重力水或地表径流而损失；另一方面，土壤好气型微生物活动受到抑制，分解有机物释放养分的活动减弱；而厌氧型微生物还会通过反硝化作用，将硝态氮还原成氧化亚氮、氧化氮和氮气挥发掉。

引起根系中毒：在淹水条件下，厌氧型微生物为了维持呼吸，会从氧化物中夺取氧，产生硫化氢、甲烷、氨等有毒物质，并使氧化亚铁和低价锰等还原性物质过量积累，致使根系中毒，发黑、腐烂，出现“黑根”现象。

影响穗的分化和发育：雄穗分枝数减少，雌穗吐丝期推迟，造成雌-雄间隔期拉长，授粉困难，降低穗粒数。

持续的强降雨常导致玉米倒折、倒伏严重。

播种出苗期涝害、渍害加重疯顶病、丝黑穗病发生，后期涝害、渍害使感茎腐病品种发病严重。

② 应对措施

选用耐涝品种，调整播期，适期播种：涝害多发地区可选择近地面根系及根组织气腔发达的品种，这样的品种一般耐涝性强。在播种时调整播期，使播种期及涝害敏感期避开当地雨涝汛期。

排水降滞，垄作栽培：玉米种植要尽量避免在低洼易涝、土质黏重和地下水位偏高的地块种植。防御涝害首先要因地制宜地搞好农田排灌设施，低洼易涝地内应疏通田头沟、围沟和腰沟，及时排除田间积水，降低土壤湿度。在低洼易涝地区，通过农田挖沟起垄或做成“台田”，在垄台上种植玉米，可减轻涝害。

中耕松土：涝害过后易使土壤板结，通透性降低，影响玉米根系的呼吸作用及营养物质的吸收。降水后地面泛白时要及时中耕松土，或起垄散墒，或破除土壤板结，促进土壤散墒透气，改善根际环境，促进根系生长。倒伏的玉米苗，应及时扶正，壅根培土。

及时追肥：玉米是需肥量较大的作物，涝害导致土壤养分流失，根系生长受阻，吸收养分能力降低，苗势弱，叶黄、秆红、迟迟不发苗，要及时追提苗肥。提苗肥可施用含氮、磷、钾及各类微量元素的速效复合肥，帮助幼苗恢复生长，促进根系发育，增强茎秆的抗倒伏能力，减轻涝害损失。

3. 防病治虫除草

（1）常见病虫害　湖北省属亚热带气候，光、热、水资源丰富，种植制度复杂多样，病虫草害因玉米播种季节、发育时期和种植制度不同而呈现多样化。春玉米幼苗以地下害虫危害为主，如地老虎、旋心虫、蛴螬、蝼蛄等；如若春季长期低温多雨，土质黏重板结，易引起苗枯病流行。大喇叭口期至抽雄期以玉米螟、黏虫、菜青虫取食叶片、蛀蚀茎干为主，刺吸式害虫以灰飞虱常见；病害主要有粗缩病、北方炭疽病、弯孢菌叶斑病等。开花散粉期至成熟常见害虫有玉米螟、桃蛀螟、玉米夜蛾、棉铃虫、蝗虫、蚜虫；主要病害有大斑病、小斑病、褐斑病、纹枯病、茎腐病、穗粒腐病等。夏玉米苗期易发生粗缩病；后期常见玉米螟、黏虫、菜青虫、蚜虫，病害以锈病、茎腐病为主。

病虫害防治以预防为主，坚持早防、早治。可采用农业、物理、生物、化学等多种方法综合防治，如选用抗性品种，与其他作物轮作，挂诱虫灯，放赤眼蜂，选用阿维菌素、甲维盐等低毒低残留农药。

（2）常见草害　危害玉米的主要杂草种类有旱稗、狗尾草、牛筋草、马唐、狗牙根、蓼、苍耳、刺儿菜、苦苣菜、鸭跖草、车前草等。玉米除草的传统办法是中耕，但中耕除草的效果易受气候影响；现在常用的除草方法是喷施化学除草剂，可更快速、有效地杀死或控制杂草的生长和蔓延，并显著地减少劳动量。玉米化学除草剂分芽前除草剂和苗后除草剂两大类。芽前除草剂，即在玉米播种后到出苗前喷雾封闭土壤，比如施田补、禾耐斯阿拉特津等。苗后除草剂，即在玉米出苗后3～5叶期喷雾杀死杂草，比如烟嘧磺隆、硝磺草酮等。喷施除草剂前一定要仔细阅读说明书，严格按照说明书操作，以免对人、畜、玉米苗或后茬作物造成危害。

(六)适时收获

1. 籽粒成熟标准 每一个玉米品种都有一个相对固定的生育期,只有满足其生育期要求,在玉米正常成熟时收获才能实现高产、优质。判断玉米是否正常成熟不能仅看外表,而是要着重考察籽粒灌浆是否停止,以生理成熟作为收获标准。玉米籽粒生理成熟的主要标志有两个:一是籽粒基部黑色层形成,二是籽粒乳线消失。玉米成熟时是否形成黑色层,不同品种之间差别很大,有的品种成熟以后再过一定时间才能看到明显的黑色层。因此最简单的判断方法是当全田90%以上的植株茎叶变黄,果穗苞叶枯白,籽粒变硬(指甲不能掐入),显出该品种籽粒的固有色泽时即表明已经成熟可收获了。

适时晚收有利于提高产量、降低收获时籽粒含水量。玉米灌浆时间越长、灌浆强度越大,产量就越高,所以在玉米生长后期延长灌浆期是提高产量的重要途径。据试验资料,玉米自蜡熟开始至完熟期,每晚收1 d,千粒重会增加3~4 g,亩增产5~7 kg,如按晚收10 d计算,亩增产可达50 kg以上。另外,推迟收获的玉米籽粒饱满、均匀,小粒、秕粒减少,籽粒含水量较低,蛋白质含量高,商品性好,也便于脱粒储存。特别是持绿性好的品种如宜单629,适时晚收增产效果更明显;另外,利用机械化收获时,推迟5~8 d收获更合适。

2. 晾晒和脱粒 玉米收获时,可人工收获果穗晾干后脱粒,也可用机械收获。玉米机械化收获可分为摘穗型和籽粒直收型,相较于传统人工收获更高效、省事,特别是籽粒直收型,可一次性实现摘穗、剥皮、脱粒、清粒、集装、自卸、粉碎秸秆等作业。目前长江中游平原使用较多的玉米收获机机型有山东大丰、河北农哈哈和山东金亿春雨等4YW系列。

果穗晾晒和脱粒:玉米果穗机械收获或人工采摘回来后在晒场上直接平铺晾晒,厚度为25~30 cm,半天翻动一次,太阳晴好时晾晒3~4 d即可脱粒。脱粒后籽粒在晒场上继续平铺晾晒,厚度1~2 cm,天气晴好时3 d即可干燥至安全贮藏水分以下。

籽粒直收和干燥利用联合收割机在田间直接收获玉米籽粒,湿玉米运到干燥厂后,通过提升机从干燥塔上端进入,加热空气通过上部的湿玉米部分,冷空气通过干燥塔下部的热玉米,从底部卸出的玉米已完成了干燥和冷却,能够直接装袋、贮藏。这一过程能在干燥塔内连续、自动完成,很适合大型的自动化作业。

3. 秸秆处理

(1)秸秆还田 玉米秸秆还田增加土壤有机质含量,改良土壤结构,培肥地力,增强土壤保水保肥性,同时减轻劳动强度,既节省了人力,提高了工效,又降低了作业成本。秸秆还田注意事项:

粉碎长度:收获时使用联合收割机可同时进行秸秆粉碎作业,将秸秆切成3~6 cm的短节或粉碎,均匀抛撒到地表。

还田的数量:秸秆还田数量要根据水源和耕作条件而定,原则上应保证当年还田秸秆充分腐烂,不影响下茬耕作,每亩还田秸秆以300~400 kg为宜。

足墒还田:秸秆还田后,由于秸秆本身吸水和微生物分解吸水,会降低土壤含水量,因此,要及时浇水,以加速土壤沉实,促使秸秆与土壤紧密接触,防止架空。

增施氮肥:土壤微生物在分解作物秸秆时,需要一定的氮素,易出现与作物幼苗争夺土壤中速效氮素的现象,所以,要按秸秆与碳酸氢铵10:1的比例补施氮肥,以加快秸秆腐烂。

旋耕或耙茬:用重型圆盘耙耙两遍,以进一步切碎秸秆和根茬,耙后要及时深翻和压盖,以碎土保墒，使秸秆、肥料与土壤混合，并分布在 3～10 cm 的土层中。要做到不漏翻、覆盖严密，以免养分散失。耕后要耙平，以利于播种。

（2）饲料

青贮：有塑料袋青贮和窖式青贮两种，把收获的青玉米秸秆铡成 1～2 cm 长小段，并将含水量控制在 67%～75%（即以手握原料，从指缝中可见到水珠，但不滴水为宜），装入塑料袋或窖中，压实，密封保存 40～50 d 即可开袋（窖）喂用。

黄贮：先将干玉米秸秆铡短为 3～4 cm 长小段，装进缸中，加适量温水闷 2 d 即可。

氨化：有堆贮和窖贮两种。堆贮时可选用 1 块塑料薄膜铺在地上，把铡短为 3～4 cm 长的玉米秸秆堆在上面，然后盖上一层塑料薄膜，四边用土压实。每 100 kg 玉米秸秆加注氨水 10～12 kg。窖贮时先挖 1 个长形、方形或圆形的窖，在窖底层铺上塑料布，把铡短的玉米秸秆装入后，用塑料薄膜盖严封好，每 100 kg 加注氨水 15 kg。气温 20 ℃时贮 7 d，15 ℃时贮 10 d，6～10 ℃时贮 20 d，0～5 ℃时贮 30 d，当秸秆变成棕色时揭去顶层薄膜，放净氨味后饲喂牛羊，最大用量可占日粮的 40%。

糖化：将玉米秸秆铡短为 3～4 cm 长小段，先将酵母用水化开，加入到 100 kg 水中搅拌均匀，冬天可用 30～40 ℃温水。将酵母液均匀喷洒在铡短的玉米秸秆上，松散堆成 30～60 cm 厚的方形垛或装缸，封闭 1～3 d 即可取用。

菌糠饲料：把玉米秸秆磨成粉后，加入食用菌培养料，培养食用菌后，下脚料即成菌糠饲料，喂小猪时可占日粮的 10%，喂育肥猪可占其日粮的 20%～30%，喂牛时可占其日粮的 30%～50%。

三、普通玉米育苗移栽技术

（一）应用条件

玉米育苗移栽技术是充分利用光热、争取农时季节、调节茬口矛盾、防御自然灾害、获取玉米高产的技术措施。该技术适宜于复种指数高、前茬收获较迟和玉米生长期不足、后期常遭遇低温冷害的地区。湖北省西部山区海拔 800 m 以上地区倒春寒、秋寒发生频率高，春季气温回暖慢，生产上采用育苗移栽，可以前抗倒春寒、后躲秋寒造成的危害，既是夺取玉米高产的主要措施，又是玉米生产上减灾避灾的一项重要增产措施。结合保温育苗，不仅可提早播种时间，同时还可以防止苗期低温造成的烂种死苗现象，达到培育壮苗，延长营养生长期，促进高产的目的。采用育苗移栽的方法一般可使玉米增产 10%～20%，有的高达 30%以上。其增产的原因有四点：一是育苗移栽比直播可提早 15～20 d 播种，提早成熟 10 d 左右，有效地躲过后期恶劣天气的危害，充分利用光热资源；二是保证苗全、苗齐、苗匀、苗壮；三是控制茎基部节间伸长，降低植株高度，增强抗倒性和增加种植密度；四是缓解前后作物茬口衔接的矛盾。育苗移栽要想获得高产需处理好两个问题：一是采用适当的育苗方法，二是合理安排茬口。

（二）技术措施

1. 育苗　常用的育苗方法可分为肥团育苗、苗床育苗、营养钵育苗和水育苗。

（1）肥团育苗　具体方法和措施详见鲜食玉米栽培技术。

（2）苗床育苗　具体方法和措施详见鲜食玉米栽培技术。

(3)营养钵育苗　要严格把控营养土配制。一般用 40%～50%腐熟农家肥以及 50%～60%的肥沃细土，加水适量，混匀后手工或机械做成高 6～8 cm、直径 6 cm、中间留一播种孔的圆形钵。配制营养土要注意四点：一是不能掺尿素等化学氮肥，以免烧芽烂根不出苗；二是不能掺黄土和煤渣，以免形成死黄泥坨，影响扎根发苗；三是不能用未腐熟的猪、牛粪土，以防烧苗伤根；四是不能掺谷壳、麦麸，以防鼠害伤钵损种。

(4)水育苗　先在育苗盘内铺四层卫生纸浇水至湿润后，把事先催芽好的种子按一定距离摆在盘中，为防止水分蒸发，在种子上浮盖一层 0.5～1.0 cm 厚的稻草。

育苗方法和时间选择要根据当时、当地气温和地温来选择。2 月初至 3 月中旬育苗时，因为温度较低，宜采用肥团育苗、苗床或营养钵育苗。苗床要选在背风向阳的地方，或做成半地下式苗床，并要加盖好薄膜。5 月及以后育苗时，温度较高，采用水育苗更省事、方便。无论采用哪种育苗方法，都要加强苗床(盘)管理，严格控制水分和温度，以免发生烂根死苗现象，这样才能育出好苗和壮苗。

2. 移栽

(1)移栽玉米的苗期管理　育苗移栽主要有三个好处：一是出苗整齐一致，苗匀、苗壮；二是茬口衔接更灵活，在上茬作物收获前 7～10 d 育苗即可很好地与前茬作物相衔接；三是可灵活安排播种、移栽时间，调节上市时间。

采用大棚苗床或营养钵育苗时，出苗前至二叶期的管理重点是保温，膜内温度通常控制在 20～25 ℃，若超过 30 ℃，要揭开膜的两端通风降温。膜内湿度掌握泥土不发白，如果表土发白，要及时揭膜浇水，并及时盖严，常保持土壤湿润。二叶期至炼苗前，重点是防止幼苗徒长，控制床内温度保持在 20 ℃左右，并经常喷水保持土壤湿润。炼苗，移栽前 7 d 左右，根据气温情况，逐渐增加揭膜面积，第一天揭膜 1/3，第二天 2/3，第三天即可全部揭开，移栽前一天浇足清粪水，以利定根成活。

移栽时通常选择 2～3 叶生长健壮的幼苗，在晴天下午太阳辐射稍弱或阴天时移栽较好，不宜在雨天移栽。移栽的关键是保护根系，缩短缓苗期，提高成活率。起苗时按苗大小、强弱分级，分片移栽；同时，要尽量多带土，少伤根，特别要注意不要抖落根部残籽，否则降低幼苗成活率。运苗时，幼苗摆放不宜过挤，尽量减少振动，防止散土落籽伤根。移栽时实行定向移栽，即叶片与行向垂直，移栽深度以齐茎上绿白分界处为佳。移栽前 6～10 d 大田开沟施入腐熟的有机肥 1500 kg/亩、尿素 10 kg/亩、过磷酸钙 25～35 kg/亩、氯化钾 5～20 kg/亩，混合作底肥，并覆土。移栽后随即浇定根粪水，使根土自然紧密，再于其上盖一层干土，以减少蒸发。缓苗后，再浇一次返青水。及早追提苗肥与中耕松土，促使发根壮苗。

(2)移栽后的苗期管理措施

查苗、补苗：栽后 5～7 d 选晴天下午进行田间检查，将病苗、虫咬苗及发育不良的幼苗淘汰剔除，及时补上健壮苗，然后淋上定根水。

中耕除草：玉米苗期一般进行 1～2 次中耕。第一次中耕在 3～4 叶进行，宜浅中耕，深度以 3～5 cm 为宜，苗旁宜浅，行间宜深，避免压苗。此次中耕虽会切断部分细根，但可促发新根，控制地上部分旺长。第二次中耕在定苗后到拔节前进行，逐渐加深。

排水防涝：玉米苗期有耐旱怕涝的特点，适当干旱有利于促根壮苗。玉米苗期特别注意防涝，如果土壤中水分过多，空气缺乏，容易形成黄苗、紫苗等。因此，一是保证土壤不渍水，二是理好四边沟，保证沟内不积水。苗期如遇大雨要注意及时排水防涝。

轻施提苗肥：苗肥以氮肥为主，在幼苗移栽成活后结合中耕施一次提苗肥，施清粪水1200～1500 kg/亩，尿素 5～10 kg/亩。

防治地老虎（地蚕）：用 50%锌硫磷乳油 1000 倍液或 2.5%溴氰菊酯或 10%氯氰菊酯或20%速灭杀丁 1500 倍液喷雾。或用 50%辛硫磷乳油配制成 1%溶液逐株灌根，效果可达100%。也可用辛拌硫粉剂 1 kg 掺细土或细沙 100～125 kg，配成毒土，撒施在幼苗根际，对地老虎和蝼蛄防治效果较好。

第二节　糯玉米与甜玉米栽培

一、糯玉米栽培

（一）品种选用

湖北省糯玉米种植面积小，生产发展缓慢。湖北省糯玉米育种研究起步晚，研究的单位较少。到 21 世纪初，以湖北省农业科学院为代表的科研单位和湖北省种子集团有限公司开始糯玉米育种。目前育成品种较少，推广面积和范围也有限。湖北省审定的糯玉米品种及在本省有种植的糯玉米品种见表 4-1。

表 4-1　湖北省审定的糯玉米品种（李文品制表）

品种名称	审定编号	品种来源	选育（申报）单位
禾盛糯玉 1 号	鄂审玉 2009007	EN6535×EN6587	湖北省种子集团有限公司
农科糯 1 号	鄂审玉 2010004	EWL2×EWL3	湖北省农科院粮作所
白金糯玉	鄂审玉 2010005	HBN558×HBN2272	湖北省种子集团有限公司
彩甜糯 6 号	国审玉 2017044 鄂审玉 2011012	T37×WH818	荆州市恒丰种业发展中心
渝糯 7 号	国审玉 2003032 国审玉 2003069	S147×S181	重庆市农业科学院
京科糯 2000	国审玉 2006063	京糯 6×BN2	北京市农林科学院玉米研究中心
渝糯 3000	国审玉 2010019	A505×S181	重庆市农业科学院
渝科糯 1 号	国审玉 2010020	B4301×S181	重庆市农业科学院
万糯 2000	国审玉 2015032 国审玉 2016008	W67×W68	河北省万全县华穗特用玉米种业有限责任公司
苏玉糯 5 号	国审玉 2003067	通系 5×366	江苏沿江地区农业科学研究所

1. 禾盛糯玉 1 号　湖北省种子集团有限公司用“EN6535”作母本、“EN6587”作父本配组育成的杂交糯玉米品种。2009 年通过湖北省农作物品种审定委员会审定，审定编号为鄂审玉 2009007。

特征特性：株型半紧凑。幼苗叶鞘紫红色，成株叶片数 20 片左右。雄穗分枝数 14 个左右，护颖淡红色，花药黄色，花柱浅紫色。果穗锥形，穗轴白色。苞叶适中，旗叶少、短，籽粒白色。区域试验中株高 260 cm，穗位高 107 cm，穗长 19.9 cm，秃尖长 1.4 cm，穗粗 5.0 cm，穗行数 15.1，行粒数 37.5，百粒重 32.3 g，播种至吐丝 71.5 d，比中糯 1 号迟 1.5 d。

抗性表现：田间大斑病 1.4 级，小斑病 1.4 级，纹枯病病指 7.3，茎腐病病株率 0.3%，穗腐病 1.0 级，玉米螟 1.4 级。田间倒伏(折)率低于中糯 1 号。

品质和产量：经农业部食品质量监督检验测试中心对送样测定，总淀粉(干基)含量 66.5%，支链淀粉占总淀粉含量的 98.1%。2007—2008 年参加湖北省鲜食糯玉米品种区域试验，两年区域试验商品穗平均亩产 795.7 kg，比对照中糯 1 号增产 36.50%。其中，2007 年亩产 767.5 kg，比中糯 1 号增产 36.3%；2008 年亩产 823.9 kg，比渝糯 7 号增产 36.68%。果穗蒸煮品质较优。

栽培要点：选择土质肥沃、排灌方便与其他非糯玉米品种隔离的田块连片种植。双膜覆盖栽培 2 月下旬播种，育苗移栽或地膜覆盖栽培 3 月中下旬播种，露地直播 4 月初播种。每亩种植密度 3000～3300 株。底肥亩施腐熟农家肥 2000 kg，三元复合肥 40 kg 左右，5 叶期追施尿素。加强田间管理，注意防虫除草，防旱防渍。适时采收，一般在授粉后第 22～26 天采收。

适宜范围：适宜湖北省平原、丘陵及低山地区种植。

2. 农科糯 1 号 湖北省农业科学院粮食作物研究所以自选系“EWL2”作母本，自选系“EWL3”作父本选育出来的杂交糯玉米新品种。2010 年通过湖北省农作物品种审定委员会审定，品种审定编号为鄂审玉 2010004。

特征特性：株型半紧凑。幼苗叶鞘浅紫色。成株叶片数 20 片左右，穗上叶 6 片。雄穗分枝数 20 个左右，花药黄色，花柱浅紫色。果穗锥形，穗轴白色，苞叶适中，旗叶少，籽粒白色。株高 244.3 cm，穗位高 116.0 cm，穗长 18.8 cm，秃尖长 0.3 cm，穗粗 4.7 cm，穗行数 15.3，行粒数 34.7，百粒重 31.2 g，鲜穗出籽率 70%，籽粒深度 0.93 cm。出苗至吐丝 63.6 d，比渝糯 7 号早 0.5 d。

抗性表现：田间大斑病 1.3 级，小斑病 1.9 级，纹枯病病指 9.7，茎腐病病株率 0.4%，穗腐病 1.0 级，玉米螟 1.9 级。田间倒伏(折)率与渝糯 7 号相当，空秆率 0.6%。

品质和产量：2008—2009 年参加湖北省鲜食糯玉米品种区域试验。经农业部食品质量监督检验测试中心(武汉)对送样测定，支链淀粉占总淀粉含量的 97.5%。两年区域试验商品穗平均每公顷产量 10 540.20 kg，比对照渝糯 7 号增产 5.73%。其中，2008 年商品穗每公顷 10 300.50 kg，比渝糯 7 号减产 1.59%；2009 年商品穗每公顷 10 799.75 kg，比渝糯 7 号增产 9.38%。果穗外观品质和蒸煮品质较优。

栽培要点：隔离种植，选择土质肥沃、排灌方便的田块连片种植，与其他异性玉米品种空间距离相隔 300 m 以上，或抽雄吐丝期间隔 20 d 以上。适时播种，地膜覆盖栽培或育苗移栽于 3 月中下旬播种，露地直播于 4 月初播种。每公顷种植密度 49500～52500 株。配方施肥，施足底肥，轻施苗肥，重施穗肥，补施微肥。加强田间管理，注意蹲苗，及时中耕除草，培土壅蔸，抗旱排涝。综合防治纹枯病、茎腐病和地老虎、玉米螟等病虫害。适时采收，一般在授粉后第 22～26 天采收。

适宜范围：适宜湖北省平原、丘陵及低山地区种植。

3. 白金糯玉 湖北省种子集团有限公司用“HBN558”作母本、“HBN2272”作父本配组育成的杂交糯玉米品种。2010 年通过湖北省农作物品种审定委员会审定，品种审定编号为鄂审玉 2010005。

特征特性：株型半紧凑。幼苗叶鞘紫红色。雄穗分枝数 12～18 个，护颖淡红色，花药浅紫色，花柱紫红色。果穗锥形，穗轴白色。苞叶适中，籽粒白色，区域试验中株高 233 cm，穗位高 93.8 cm，穗长 18.3 cm，秃尖长 1.4 cm，穗粗 4.6 cm，穗行数 14.1，行粒数 37.6，百粒重 32.6 g，鲜穗出籽率 68.8%，籽粒深度 0.98 cm。播种至吐丝 69.8 d，比渝糯 7 号早 2～3 d。

抗性表现：田间大斑病 1.0 级，小斑病 1.8 级，纹枯病病指 4.0，茎腐病病株率 0，穗腐病 1 级，玉米螟 0.8 级。田间倒伏率 0.7%，倒折率 0.2%。

品质和产量：经农业部食品质量监督检验测试中心（武汉）对送样测定，支链淀粉占总淀粉含量的 97.4%。2008—2009 年参加湖北省鲜食糯玉米品种区域试验，两年区域试验商品穗平均亩产 739.7 kg，比对照渝糯 7 号增产 0.77%。其中，2008 年亩产商品穗 702.3 kg，比渝糯 7 号减产 0.64%；2009 年亩产商品穗 777.1 kg，比渝糯 7 号增产 2.01%。果穗外观品质和蒸煮品质较优。

栽培要点：选择土质肥沃、排灌方便与其他非糯玉米品种隔离的田块连片种植。双膜覆盖栽培 2 月下旬播种，育苗移栽或地膜覆盖栽培 3 月中下旬播种，露地直播 4 月初播种。每亩种植密度 3000～3300 株。底肥亩施腐熟农家肥 2000 kg，三元复合肥 40 kg 左右，5 叶期追施尿素 5～6 kg 作苗肥，10～11 片叶时追施尿素 15 kg 作穗肥。加强田间管理，注意蹲苗，及时中耕除草，培土壅蔸，抗旱排涝。综合防治纹枯病、茎腐病和地老虎、玉米螟等病虫害。适时采收，一般在授粉后第 22～26 d 采收。

适宜范围：适宜湖北省平原、丘陵及低山地区种植。

4. 彩甜糯 6 号 湖北省荆州市恒丰种业发展中心用“T37×WH818”选育而成的玉米品种。2011 年通过湖北省农作物品种审定委员会审定，2017 年通过国家农作物品种审定委员会审定，品种审定编号为国审玉 2017044。

特征特性：熟期属中熟类型。全生育期 85 d。株型半紧凑，成株叶片数 19 片左右。幼苗叶缘绿色，叶尖紫色。株高 221 cm，穗位高 95 cm。雄穗分枝数 13 个左右；穗长 19.9 cm，穗粗 4.9 cm，秃尖长 2.2 cm，穗行数 13.6，行粒数 34.4，百粒重 37.6 g，出籽率 63%。果穗锥形，苞叶适中，穗轴白色，籽粒紫白相间。

抗性表现：中抗大斑病、小斑病、纹枯病，高抗茎腐病，中抗玉米螟。

品质和产量：经农业部食品质量监督检验测试中心（武汉）测定，支链淀粉占总淀粉含量的 97.8%，鲜果穗外观品质和蒸煮品质优，属于甜糯类型。2009—2010 年参加湖北省鲜食糯玉米品种区域试验，2009 年商品穗亩产 791.79 kg，比对照渝糯 7 号减产 0.17%，2010 年商品穗亩产 768.06 kg，比对照渝糯 7 号增产 0.51%。两年商品穗亩产 770.93 kg，比对照渝糯 7 号增产 0.17%。

栽培要点：中等肥力以上的地块栽培，种植密度 2800～3000 株/亩，隔离种植，适时采收。

适宜范围：适宜在江苏中南部、安徽中南部、上海、浙江、江西、福建、广东、广西、海南和西南的重庆、贵州、湖南、湖北、四川、云南种植。注意防治纹枯病和小斑病。

5. 渝糯 7 号 重庆市农业科学院玉米研究所用自选系“S147”与“S181”杂交选育而成。2000 年通过重庆市农作物品种审定委员会审定，2003 年通过国家农作物品种审定委员会审定，是全国玉米三大区（西南、东南、黄淮海）审定的糯玉米品种。为双国审品种，审定编号为国审玉 2003032、国审玉 2003069。

特征特性：黄淮海区：株高 263 cm，穗位高 131 cm，双穗率 4.7%。株型半紧凑，保绿度 67%。果穗圆锥形，籽粒白色，排列整齐。穗长 17.3 cm，穗粗 4.7 cm，穗行数 16.1 cm，行粒数 32.1，秃尖长度 1.2 cm。最适采鲜果穗期 78 d 左右，生育期 93 d；西南区：株型半紧凑，株高 243.8 cm，穗位高 110.3 cm，保绿度 73.1%，抗倒性能中等。穗长 16.9 cm，穗粗 4.7 cm，秃尖长 1.2 cm，穗行数 16.2，行粒数 31.9，百粒重 25.5 g，出籽率 67.3%。果穗圆锥形，籽粒白色，半硬粒型。生育期 103 d；东南区：幼苗叶鞘紫色，叶色深绿，叶缘绿色。株型半紧凑，株高 232 cm，穗位高 105 cm，成株叶片数 19 片。花药浅紫色，颖壳浅紫色，花柱红色。果穗长锥形，穗长 18 cm，穗行数 16，穗轴白色，籽粒白色，粒型为硬粒，百粒重 30 g。出苗至成熟 94 d，比苏玉糯 1 号晚 3 d，需有效积温 2200 ℃・d。

抗性表现：四川省农业科学院植物保护研究所鉴定，中抗大斑病、茎腐病、纹枯病，感小斑病、黑粉病，高感矮花叶病，感玉米螟。

品质和产量：外观品质好，饱满度、柔嫩度好，蒸煮食味口感好，黏度高，皮薄。经农业部谷物品质监督检验测试中心（哈尔滨）检测，粗蛋白 9.63%，粗脂肪 5.52%，粗淀粉 70.64%，赖氨酸 0.3%，支链淀粉占总淀粉的 97.94%。达到糯玉米标准（NY/T524-2002）。黄淮海区：2000—2001 年参加黄淮海特种玉米 B 组区域试验，两年平均鲜果穗亩产量 805.4 kg。西南区：2000—2001 年参加西南特种玉米 B 组区域试验，两年平均鲜果穗亩产量 963 kg。2001—2002 年参加东南鲜食糯玉米品种区域试验，2001 年平均鲜果穗亩产 858.2 kg，比苏玉糯 1 号增产 16.1%；2002 年平均鲜果穗亩产 799.1 kg，比苏玉糯 1 号增产 19.8%。

栽培要点：黄淮海和西南区注意隔离种植，春、夏、秋播均可，秋播最迟须保证鲜穗采收期在 18 ℃以上，亩栽 3200～4000 株，重施拔节孕穗肥，吐丝后 23～25 d 及时采收。作东南鲜食糯玉米种植每亩适宜密度 3200～4000 株，注意防治矮花叶病、黑粉病、小斑病、玉米螟等病虫害。

适宜范围：适宜在浙江、上海、广西、安徽南部种植。矮花叶病重发地块慎用。还适宜在重庆、四川、云南、贵州、广西、湖北的平坝或浅丘地区和河北、河南、山东、江苏北部、安徽北部、陕西夏玉米区作鲜食糯玉米种植。

6. 京科糯 2000 北京市农林科学院玉米研究中心用“京糯 6”×“BN2”选育的糯玉米品种，母本“京糯 6”来源于“中糯 1 号”；父本“BN2”来源于“紫糯 3 号”。2006 年通过国家农作物品种审定委员会，审定编号为国审玉 2006063。

特征特性：熟期属中熟品种。在西南地区出苗至采收期 85 d 左右，与对照渝糯 7 号相当。幼苗叶鞘紫色，叶片深绿色，叶缘绿色，花药绿色，颖壳粉红色，花柱粉红色。株型半紧凑，株高 242 cm，穗位高 108 cm，成株叶片数 19 片。果穗长锥形，穗长 20 cm，穗行数 14，百粒重（鲜籽粒）36.1 g，籽粒白色，穗轴白色，粒深 1.1 cm，出籽率 62%，平均鲜穗重 350 g 左右。

抗性表现：在西南区域试验中平均倒伏（折）率 6.9%。经四川省农业科学院植物保护研究所两年接种鉴定，中抗大斑病和纹枯病，感小斑病、丝黑穗病和玉米螟，高感茎腐病。经西南鲜食糯玉米区域试验组织专家品尝鉴定，达到部颁鲜食糯玉米二级标准。

品质和产量：经四川省绵阳市农业科学研究所两年测定，支链淀粉占总淀粉含量的 100%，达到部颁糯玉米标准（NY/T524-2002）。经扬州大学检测，支链淀粉占总淀粉的 98.52%，皮渣率 8.31%。2004 年平均亩产 891.1 kg，比对照增产 30.3%，产量居第 1 位。2005 年 19 个试点，平均亩产 867.8 kg，比对照增产 34.1%，产量居第 1 位；两年 39 点次，39 点增产，平均亩产 879.5 kg，比对照渝糯 7 号平均增产 32.1%。

栽培要点：选择中等肥力以上地块种植，4 月下旬至 5 月上旬播种，清种公顷保苗 4.50 万株，间种公顷保苗 5.0 万株。施足农家肥，一般公顷施底肥磷酸二铵 50～100 kg、尿素 50～100 kg、硫酸钾 100～150 kg，种肥磷酸二铵 100 kg，追肥尿素 300 kg 左右。在生产上通常采用空间隔离或时间隔离种植，空间隔离的地块要与其他玉米地间隔 300 m 以上；时间隔离应确保花期彻底错开，一般花期间隔 25 d 以上。种植密度 3500 株/亩。

适宜范围：适宜在北京、四川、重庆、湖南、湖北、云南、贵州作鲜食糯玉米品种种植。茎腐病重发区慎用，注意适期早播和防止倒伏。

7. 渝糯 3000　重庆市农业科学院用品种“A505”×“S181”选育而成的玉米品种。2010 年通过国家农作物品种审定委员会审定，品种审定编号为国审玉 2010019。

特征特性：西南地区出苗至采收期 92 d，比渝糯 7 号晚 1 d。幼苗叶鞘绿色，叶片绿色，叶缘绿色，花药黄色，颖壳绿色。株型半紧凑，株高 222 cm，穗位高 98 cm，成株叶片数 19 片。花柱绿色，果穗中间型，穗长 17 cm，穗行数 16～18，穗轴白色，籽粒白色、糯质，百粒重（鲜籽粒）32.25 g。

抗性表现：经四川省农业科学院植物保护研究所两年接种鉴定，中抗茎腐病，感大斑病、小斑病、纹枯病、丝黑穗病和玉米螟。

品质和产量：经西南鲜食糯玉米品种区域试验组织的专家品尝鉴定，达到部颁鲜食糯玉米二级标准。经四川省绵阳市农业科学研究所测定，支链淀粉占总淀粉含量的 100%，皮渣率 8.96%，达到部颁糯玉米标准（NY/T524-2002）。2008—2009 年参加西南鲜食糯玉米品种区域试验，两年平均亩产（鲜穗）968.7 kg，比对照渝糯 7 号增产 9.7%。

栽培要点：在中等肥力以上地块栽培，每亩适宜密度 2800～3600 株，注意防治丝黑穗病，采用隔离种植、适时采收。

适宜范围：适宜在重庆、四川宜宾、贵州、云南、湖北作鲜食糯玉米春播种植。

8. 渝科糯 1 号　重庆市农业科学院用“B4301”×“S181”选育的糯玉米品种。2010 年通过国家农作物品种审定委员会审定，品种审定编号为国审玉 2010020。

特征特性：在西南地区出苗至采收期 93 d，比渝糯 7 号晚 2 d。幼苗叶鞘紫色，叶片深绿色，叶缘浅紫色，花药黄色，颖壳紫绿色。株型半紧凑，株高 269 cm，穗位高 116 cm，成株叶片数 19 片。花柱浅红色，果穗长锥形，穗长 20 cm，穗行数 18，穗轴白色，籽粒白色、糯质，百粒重（鲜籽粒）35.5 g。

抗性表现：经四川省农业科学院植物保护研究所两年接种鉴定，中抗大斑病和小斑病，感丝黑穗病、纹枯病和茎腐病，高感玉米螟。

品质和产量：经西南糯玉米品种区域试验组织的专家品尝鉴定，达到部颁鲜食糯玉米二级标准。经四川省绵阳市农业科学研究所测定，支链淀粉占总淀粉含量的 100%，皮渣率 8.88%，达到部颁糯玉米标准（NY/T524-2002）。2008—2009 年参加西南鲜食糯玉米品种区域试验，两年平均亩产（鲜穗）1004.4 kg，比对照渝糯 7 号增产 16.0%。

栽培要点：在中等肥力以上地块栽培，每亩适宜密度 2800～3600 株，注意防治玉米螟，采用隔离种植、适时采收。

适宜范围：适宜在重庆、四川、贵州、云南、湖北、湖南作鲜食糯玉米春播种植。

9. 万糯 2000　河北省万全县华穗特用玉米种业有限责任公司用“W67”和“W68”选育的玉米品种。双国审糯玉米新品种，品种审定编号为国审玉 2015032、国审玉 2016008。

特征特性：东华北春玉米区出苗至鲜穗采摘期 90 d，比垦黏 1 号晚 6 d。幼苗叶鞘浅紫色，叶片深绿色，叶缘白色，花药浅紫色，颖壳绿色。株型半紧凑，株高 243.8 cm，穗位高 100.3 cm，成株叶片数 20 片。花柱绿色，果穗长筒形，穗长 21.7 cm，穗行数 14～16，穗轴白色，籽粒白色、硬粒型，百粒重（鲜籽粒）44.1 g。

黄淮海夏玉米区出苗至鲜穗采摘期 77 d，比苏玉糯 2 号晚 3 d。株高 226.8 cm，穗位高 85.9 cm。成株叶片数 20 片。果穗长锥形，穗长 20.3 cm，穗行数 14～16，百粒重（鲜籽粒）41.3 g。

西南地区春播出苗至鲜穗采收期 86 d，比渝糯 7 号晚 1 d。幼苗叶鞘浅紫色，叶片深绿色，叶缘白色，花药浅紫色，颖壳绿色。株型半紧凑，株高 207.7 cm，穗位 80.3 cm。穗长 19.3 cm，穗行数 14～16，百粒重（鲜籽粒）37.2 g。

抗性表现：东华北春玉米区：接种鉴定，抗丝黑穗病，感大斑病。黄淮海夏玉米区：接种鉴定，高抗茎腐病，感小斑病、瘤黑粉病，高感矮花叶病。西南地区：接种鉴定，感小斑病和纹枯病。

品质和产量：东华北春玉米区：专家品尝鉴定 87.1 分，达到鲜食糯玉米二级标准。支链淀粉占总淀粉含量的 98.72%，皮渣率 3.86%。黄淮海夏玉米区：品尝鉴定 88.35 分，达到鲜食糯玉米二级标准。粗淀粉含量 63.86%，支链淀粉占总淀粉含量的 99.01%，皮渣率 9.09%。西南地区：品尝鉴定 87.5 分。支链淀粉占总淀粉含量的 98.9%，皮渣率 12.7%。2013—2014 年参加东华北鲜食糯玉米品种区域试验，两年平均亩产鲜穗 1160 kg，比对照垦黏 1 号增产 16.3%；2014 年生产试验，平均亩产鲜穗 1201 kg，比垦黏 1 号增产 9.0%。2013—2014 年参加黄淮海鲜食糯玉米品种区域试验，两年平均亩产鲜穗 861.1 kg，比对照苏玉糯 2 号增产 10.9%，2014 年生产试验，平均亩产鲜穗 928.1 kg，比苏玉糯 2 号增产 8.1%。2014—2015 年参加西南鲜食糯玉米品种区域试验，两年平均亩产鲜穗 848.6 kg，比渝糯 7 号增产 4.2%。

栽培要点：中等肥力以上地块栽培，亩种植密度 3500 株，隔离种植，及时防治苗期地下害虫。

适宜范围：适宜江苏中南部、安徽中南部、上海、浙江、江西、福建、广东、广西、海南和重庆、贵州、湖南、湖北、四川、云南作鲜食糯玉米品种春播种植。注意防治小斑病和纹枯病。

10. 苏玉糯 5 号 江苏沿江地区农业科学研究所用母本“通系 5”和父本“366”选育的玉米新品种，品种审定编号为国审玉 2003067。

特征特性：幼苗叶鞘紫红色，叶片绿色，叶缘紫色。株型半紧凑，株高 204 cm，穗位 95 cm，成株叶片数 19 片。果穗圆锥形，穗长 17 cm，穗行数 14，花药淡黄色，颖壳绿色，花柱紫红色。穗轴白色，籽粒白色，硬粒型，百粒重 28.7 g。出苗至成熟 93 d，比苏玉糯 1 号晚 2 d，需有效积温 2200 ℃·d。

抗性表现：经中国农业科学院作物科学研究所两年接种鉴定，中抗大斑病，感小斑病，高感茎腐病，高感矮花叶病，高感玉米螟。

品质和产量：鲜穗感官品质、色泽、糯性为 1 级；气味、风味、柔嫩性、皮薄厚均为 2 级。品质总评 2 级。经农业部谷物品质监督检验测试中心（北京）测定，籽粒容重为 784 g/L，粗蛋白（干基）含量 10.79%，粗脂肪（干基）含量 4.51%，粗淀粉（干基）含量 75.74%，赖氨酸（干基）含量 0.32%，直链淀粉占粗淀粉总量 0.72%。达到糯玉米（NY/T524-2002）国家标准。2001—2002 年参加东南鲜食糯玉米品种区域试验，2001 年平均鲜果穗亩产 809.4 kg，比苏玉糯 1 号增产 9.5%；2002 年平均鲜果穗亩产 749.0 kg，比苏玉糯 1 号增产 12.3%。

栽培要点：适宜密度为 4500～5000 株/亩，注意防治茎腐病、小斑病、矮花叶病毒病、玉米螟等病虫害。

适宜范围：适宜在广东、福建、浙江、江西、上海、广西、江苏南部、安徽南部种植。矮花叶病、茎腐病重发地块慎用。

（二）地块选择和整地

1. 保证隔离条件　因为糯玉米和普通玉米分属不同胚乳类型，如果相互串粉会影响糯玉米的口感，所以糯玉米和普通玉米不能种在一起，要相互隔离，常见的隔离方法有空间隔离、时间隔离、高秆作物隔离和障碍物隔离。

空间隔离：糯玉米种植在选地时，必须与普通玉米或其他类型的甜玉米隔离 200～400 m，防止串粉影响品质和口感。在多风地区，特别是隔离区设在其他玉米的下风或地势低洼处，应适当加大隔离距离。

时间隔离：糯玉米与其他玉米种植时，播种时间应相差 20 d 以上。

高秆作物隔离：在隔离区周围种植高粱、红麻、黄麻等高秆作物可起到隔离作用。高秆作物隔离时两田块之间的距离可减少到 50～100 m，且高秆作物要适当早播，加强管理，以保证在糯玉米抽穗时高秆作物的株高超过糯玉米的高度。

障碍物隔离：利用山岭、房屋、林带等自然屏障作隔离带，达到防止外来花粉串粉混杂的目的。

2. 精细整地　整地质量的好坏直接关系玉米的生长、发育和种植收益。玉米种植茬口多样，前茬地为水田和旱地兼有，不同的前茬整地要求不尽相同。

（1）水稻茬口种植玉米　由于涉及水田改旱地，对玉米播种前整地质量要求较高。一般要求整地要精细，耕后反复耙地，要耙碎、耙平、耙细，疏松土壤，提高土壤透水性和通气性，促使潜在肥力活化，为种子萌发和幼苗生长创造良好的土壤条件。整地后应开好厢沟，做到旱能灌、涝能排。

（2）旱地作物茬口种植玉米　一般在整地前首先清除地上部分上季作物废弃物和杂草（除草可在播种前 8～10 d 选用高效、安全除草剂），然后施底肥翻土整地，整地要达到碎、平、细的要求，最后开沟作厢。为减少开沟劳动力，可直接在原有厢面上翻土、整地、施肥，对原有水沟稍作清理即可应用。

（3）免耕直播　主要应用于冬小麦—夏玉米连作模式中的夏玉米生产和早稻—秋玉米连作模式中的秋玉米生产。

① 麦茬夏玉米免耕直播　小麦收获后要及时对麦秸和麦茬进行处理，否则会对夏玉米播种质量及幼苗的生长发育产生不良影响。小麦收割时要尽可能选用装有秸秆粉碎和抛撒装置的小麦联合收割机，将粉碎后的麦秸均匀地抛撒在地表，形成覆盖。如果使用没有秸秆切抛装置的小麦收割机，秸秆常会成堆或成垄堆放，在播种前需要人工将秸秆挑散并铺撒均匀，或将麦秸清理出农田，否则会严重降低玉米播种质量。另外，小麦机械收获时留茬高度不宜过高，一般应控制在 20 cm 以下。留茬过高，遮光会严重影响玉米幼苗的生长发育，植株长势弱，并容易形成高脚苗，抗倒伏能力降低。因此，对留茬较高的地块，可以在播种前用灭茬机械先进行一次灭茬作业，然后再播种玉米；也可以在玉米播种时选用带有灭茬功能的免耕播种机，一次性完成秸秆粉碎、灭茬和玉米播种等多项作业。

② 稻茬秋玉米免耕直播　其整地一般要求低割禾蔸，采取齐泥割或留 5 cm 以下的禾桩，防止再生苗的发生，水稻收割后及时把稻草搬出稻田。如果整地前田间积水严重应修好排水沟，做到明水能排，暗水能滤，确保水改旱后土壤疏松、不湿、不潮。杂草较多时应进行播前除草，在播种前 8～10 d 选用高效、安全除草剂对田间稻桩再生稻苗和杂草进行叶面喷雾，然后直接在未经翻耕犁耙的稻田打洞种植，与传统稻茬秋玉米栽培相比，稻田秋玉米免耕栽培具有省时、省钱、省力、操作简便等特点。

③ 春玉米茬口秋玉米免耕直播　即利用春玉米田的厢和沟直接播种秋玉米，以免去翻耕作厢等田间作业，具有省时、省工、节本增收等优点。播种要求清理干净田间杂草和上季玉米秆。

有些前茬作物为地膜覆盖种植，前茬作物收获、清理后可直接在原有地膜上进行打洞种植秋玉米，利用原有作物的地膜、厢、沟，不翻土、不整地，达到种植轻简化的目的。

(三)播种

1. 品种选择及种子处理　品种应选择适合本地种植的优良杂交种，玉米种子的净度不低于 98%，发芽率不低于 85%，纯度 96%以上。

(1)选种原则

① 选择合法品种　选择通过国家或本省审定的品种，种子经销商应三证(种子生产许可证、经营许可证和种子质量合格证)齐全。种子包装完整，包装袋上应标明品种名称、审定编号、生产企业、品种种植技术简要说明、二维码追溯等，字迹清晰。

② 根据用途选择品种　以生产鲜食为主的糯玉米要选择口感、色泽、风味俱佳而且商品率高的品种；以生产支链淀粉为主的糯玉米应选择籽粒产量高的品种。

③ 根据气候和季节选择适宜熟期品种　根据当地气候条件，选择适宜当地种植的品种。春播、秋播宜选择中早熟品种；夏播宜选择中晚熟品种，错开糯玉米上市高峰期，以获得较高的经济效益。

④ 根据品种特性选择　要选择发芽率高、糯性好、抗病抗倒性强的品种。

(2)种子处理技术

① 晒种　选择晴朗微风的天气，把种子摊在干燥向阳的地上或席上，连续晒 2～3 d，经常翻动种子，晒匀，白天晒晚上收，防止受潮。经过晾晒后可提高种皮的透气性，使种子发芽率提高，出苗率可提高 13%～28%。同时日光中的紫外线可以杀死种皮表面的病菌，减少玉米丝黑穗病的危害。

② 浸种　浸种分为水浸种法和化学浸种法。水浸种法主要有冷水浸种 12～24 h；温水浸种 12 h；活性水(排除气体的水)浸种 12 h；磁化水浸种 12 h。化学浸种法主要有 ABT 生根粉浸种，用 15～20 mg/kg 溶液净种 6～8 h；磷酸二氢钾浸种，用 0.15%～0.2%溶液浸种 12 h；微肥浸种，分别选用硼肥、锌肥或锰肥 10～20 g 各兑水 50 kg 浸种 24 h；三十烷醇浸种，用 0.2%～0.4%溶液浸种 6 h；芸薹素内酯浸种，用 0.3～0.5 mg/kg 净种 12 h；石油助长剂浸种，用 0.3%～0.4%溶液浸种 12～24 h；复硝钠浸种，用 6 mg/kg 溶液浸种 8～12 h；叶面宝浸种，5 ml 兑水 15～20 kg 浸种 12～18 h；矮壮素浸种，用 1%的矮壮素浸种 6 h；抗旱剂浸种，用 0.05%～0.10%的溶液浸种 24 h。另外，鲜尿液浸种、米醋浸种都能起到一定的增产作用。浸种一般在播前 2 d 进行。浸种时，籽粒饱满、硬粒型种子浸种时间可长些；籽粒软、马齿型种子

浸种时间可短些。无论哪种浸种方法，浸种后必须将种子放在阴凉处晾干，然后才能播种。浸过的种子不能日晒，不能堆成大堆，不能装塑料袋。天气干旱、土壤墒情差又没有浇水条件的不宜浸种，以免造成萌动的种子出现“芽干”不能出苗。

③ 药剂拌种　为了防治和减轻玉米病虫害，在浸种后晾干，用种子量 0.5%的硫酸铜拌种，可减轻玉米黑粉病的发生；还可用 20%的萎锈灵拌种，用药量是种子量的 1%，可以防治玉米丝黑穗病。防治地下害虫可用 50%辛硫磷乳油拌种，药、水、种子的配比为 1∶(40～50)∶(500～600)。

④ 种子包衣　种子包衣是浸种和拌种的进一步完善。采用人工或机械用种衣剂包衣种子，是防治苗期地下害虫、苗期病害，提供肥源、防丝黑穗病的有效措施。种衣剂是由杀虫剂、杀菌剂、复合肥料、微量元素、植物生长调节剂、缓释剂、成膜剂等加工制成。可按一定的药种比(一般 2%)处理种子，种衣剂在种子表面 3～5 s 迅速固化成一层药膜，好像给种子穿上“防弹背心”。对丝黑穗病常年发生的地块，宜选择含戊唑醇的种衣剂，同时正确使用含烯唑醇成分的种衣剂(播种深度超过 3 cm 产生药害)。对丛生苗较多的地块可选用克百威含量 7%以上的种衣剂。

2. 播种季节　不论何种种植制度和种植方式，糯玉米均可以春播、夏播、秋播。判断播种适期主要依据第一看温度、第二看土壤墒情。即播种时气温要稳定通过 10 ℃，土壤表层 5 cm 深处地温稳定在 12 ℃，以便达到种子发芽的要求，且出苗后能够避开－3 ℃左右的寒潮低温危害；土壤墒情要满足种子萌发和幼苗生长的需求，一般来讲土壤水分应达到田间土壤持水量的 60%～70%。春播糯玉米的适宜播期为 3 月底至 4 月初，地膜覆盖可比露地直播适当提早 10～15 d，双覆膜早熟栽培的播期比常规地膜栽培提早 15～20 d，可提早至 2 月初。夏播糯玉米播种期为 5 月底至 6 月初，6 月 5 日前最佳，最迟不宜超过 6 月 10 日。秋播糯玉米一般 7 月底至 8 月初播种。

湖北省春播玉米播期为 3 月 20 日至 4 月 20 日，秋播玉米播期为 7 月中旬至 8 月上旬。春播一般要求土壤温度稳定在 12 ℃。如为了提早上市，武汉地区在 2 月下旬播种，双膜保护地栽培。也可选用早熟品种，采用地膜覆盖栽培技术，3 月中旬播种。武汉地区秋播在 7 月中旬至 8 月 5 日播种。

无论春播还是秋播，播期对糯玉米植株性状影响较小，但对果穗性状影响较大。随播期推迟，秃尖增长，行粒数、穗粗、百粒鲜重、籽粒深度减小，从而影响产量。穗粒数和籽粒鲜重均随播期的推迟而有所降低。由于粒数、粒重均为产量构成的要素，它们的下降会导致果穗鲜重降低，进而影响糯玉米的商品性状和产量。

3. 播种方法　一般有直播和育苗移栽两种。玉米单作时常用直播，育苗移栽常用于茬口比较紧或有重叠的连作栽培方式，多见于鲜食玉米一年三熟或玉米与其他作物连作一年三种三收。

(1)直播　在露地直播时一定要精细整地、足墒浅播、细土盖种。一般播种深度为 3 cm 左右。糯玉米春季露地直播适宜时间为清明前后。

(2)育苗移栽　在鲜食玉米生产上用得较多，主要有三个好处：一是出苗整齐一致，苗匀、苗壮；二是茬口衔接更灵活，在上茬作物收获前 7～10 d 育苗即可很好地与前茬作物相衔接；三是可灵活安排播种、移栽时间，调节上市时间。

① 育苗方法　常用的育苗方法可分为苗床育苗、肥团育苗、营养钵育苗和水育苗。

苗床育苗：苗床应选择在背风向阳、管理方便、距大田近的田角地边、房头或小麦预留行内，苗床与大田面积比为1∶50，苗床做成宽1.2～1.5 m的小畦，底部铺厚的基质或细沙作隔离层，再铺10 cm厚的营养土，耙平后分割成5 cm^2的方块。播种前一天浇透水，结合浇水进行土壤消毒。播种时每个方块播一粒种子，覆土3～4 cm厚，稍压实后浇水，保证床土湿润。畦上覆盖地膜，再加拱棚，薄膜用泥土压实。幼苗2叶1心时开始蹲苗促壮，防止徒长。移栽前5～7 d开始炼苗，随温度调节揭膜面积，第一天揭1/3，第二天揭2/3，第三天可全揭，遇0 ℃以下低温，夜间应盖膜防冻；同时，控制浇水量，保持苗床干燥，以幼苗不萎蔫为标准，使幼苗接受寒冷和干旱锻炼，以利于移栽成活。

肥团育苗：苗床应选择地势平坦、背风向阳、管理方便、距大田近的田间地头作为苗床地。苗床采用低畦式，即低15～20 cm、宽40～50 cm、长5～7 m的浅畦坑，整平畦面，地块要做到疏松平整略有一些拱起，以利排水，用于摆放肥团。采用腐熟的家畜粪，按99%的农家肥、1%的化肥（0.3%尿素、0.5%普钙、0.2%钾肥）过筛后充分混合均匀，沤制2～3 d后备用。将沤制混合好的肥团营养土兑水充分拌匀。调制要求手握成团，落地即散，再用手把营养土捏成拳头大小的肥团。做肥团时，大小要一致，边做边摆进育苗床。在精选好的苗床地块上，放置一层薄膜，再将捏好的肥团均匀整齐地摆放在薄膜上，要做到摆齐摆匀，使肥团高矮一致，表面平整，肥团之间的空隙用细土填平，净种每亩需制作4000～4300个肥团。也可将沤制好的营养土平铺在薄膜上，用铲子将营养土摊平，厚4～5 cm，再用铲子将铺好的营养土均匀划分为2～4 cm的小格子。用小木棒将已做好的肥团或是已画好的小格，每个插2 cm深的小孔，再将已精选浸种后的种子，凹口朝天放入肥团中，每个孔中放置1粒。种子摆放完后，用筛过的细土均匀撒在已放入种子的肥团上，厚约1 cm，使种子不外漏；浇水后，上盖草席、稻草、松毛、地膜等以利保湿，确保出苗整齐一致。水分管理以幼苗不出现萎蔫为准，不干不浇、干则浇水，浇水时要用喷壶喷洒。在移栽前3～5 d少浇或停浇水以促蹲苗。播种后，一周需加盖薄膜保温催芽，重点是护膜保温，膜内温度保持在30～35 ℃，当出苗达80%左右时，苗温应控制在20～25 ℃，但要注意晴天高温时及时揭膜防止烧苗或形成高脚苗，幼苗出齐后，逐渐扩大通风口，炼苗促壮，移栽前3～4 d揭膜炼苗。如遇寒潮天气仍要加盖薄膜保温，以防冻苗。

营养钵育苗：要严格把控营养土配制，一般用40%～50%腐熟农家肥以及50%～60%的肥沃细土，加水适量，混匀后手工或机械做成高6～8 cm、直径6 cm、中间留一播种孔的圆形钵。配制营养土要注意4点：一是不能掺尿素等化学氮肥，以免烧芽烂根不出苗；二是不能掺黄土和煤渣，以免形成死黄泥坨，影响扎根发苗；三是不能用未腐熟的猪、牛粪，以防烧苗伤根；四是不能掺谷壳、麦麸，以防鼠害伤钵损种。

水育苗：先在育苗盘内铺4层卫生纸至湿润后，把事先催好芽的种子按一定距离摆在盘中，为防止水分蒸发，在种子上覆盖一层0.5～1.0 cm的稻草。

无论采用哪种育苗方法，都要加强苗床（盘）的管理，严格控制水分和温度，这样才能育出好苗和壮苗。育苗方法和时间要根据当时、当地气温和地温来选择。2月初至3月中旬育苗时，因为温度较低，宜采用肥团育苗、苗床或营养钵育苗。苗床要选在背风向阳的地方，或做成半地下式苗床，并要加盖薄膜。5月及以后育苗时，温度较高，采用水育苗更省事、方便。

② 移栽方法　苗龄20 d或叶龄3叶1心，第一层次生根已经形成时移栽为好。移栽时苗龄短、秧苗小，虽易成活，但增产效果不明显；苗龄过长、幼苗过大，移栽时伤根多，成活率较低，且移栽期离幼穗分化期的时间过短，会明显抑制单株的发育，降低单株产量。春播玉米移栽期

间，常有寒潮低温天气，应根据土壤温度和天气情况，选择晴天无风天气带水移栽，有利于新根生长，还可以防止土壤板结，促进成活。移栽时采取宽窄行栽培，以利于通风透光，提高光合效率。一般宽行距 60～70 cm、窄行距 40 cm、株距 30～40 cm、栽植密度 5.25 万～6.00 万株/hm^2 为宜，根据移栽密度，确定株行距，可挖穴点栽或开沟摆栽，深度以埋没营养钵为宜，与原苗床生长的深度一致。

栽前放风炼苗。移苗时要尽可能保持营养钵完整不裂，严防断根、跑墒；要淘汰瘦小弱苗、颜色和形态异样的杂苗；选择均匀一致的茎扁、叶宽、色绿的壮苗移栽。在移栽过程中，要将同级大小苗移栽到一处，严防苗龄不一，移栽时不能栽得太深，幼苗根部不能直接与底肥接触，幼苗叶片向沟，边栽边浇足定根水，待水渗透，覆土保墒，随后覆盖地膜压严、压实。移苗后第二天再浇一次水，放置幼苗脱水。有条件的也可能灌跑马水。考虑到早春气温低且不稳定，有的地方应适当推迟至玉米苗 4～6 叶时，将整个营养土保持完好移入大田畦内，尽快浇一遍腐熟的稀人粪尿或活棵水，用湿土封好口，覆膜或加盖小拱棚。

4. 合理密植　合理的种植密度与鲜食玉米品种、肥水和气候条件有关。晚熟品种单株生产能力强，适当稀植；反之，植株矮小的早熟品种应适当密植。肥力较高的地块可适当密植；肥力较差的应适当稀植。在低纬度和高海拔地区可适当密些。

糯玉米品种在低密度稀植条件下，双穗率较高，但第二果穗易出现畸形，难以形成有效产量。在高密度条件下，糯玉米产量较高，但果穗短，秃顶长，商品外观性差。只有在适宜密度条件下，糯玉米的叶面积指数才会在合理范围内，既能保证糯玉米高产，又能保证糯玉米果穗达到加工或鲜食的要求。

播种密度依据品种特征特性以及收获方式而定。单作、紧凑、耐密性春播糯玉米品种，适宜播种密度为 3500～4000 株/亩；半紧凑型品种适宜密度为 3300～3600 株/亩；稀植大穗型品种适宜密度为 3000～3300 株/亩；间(套)作可适当降低密度 30%左右，以每亩 2000～2500 株为宜。

(四)种植方式

1. 单作

(1)春糯玉米—秋(冬)蔬菜　3 月中旬及时整地，地温稳定在 12 ℃以上时抢墒播种春玉米，7 月底收获。春糯玉米收获之后接茬播种秋(冬)蔬菜。可供选择的蔬菜种类有：萝卜、菠菜、芹菜、甘蓝、大白菜等。该模式适合城郊及山区蔬菜生产区域。

(2)冬小麦(油菜)—夏播糯玉米　上年 10 月 10 日左右及时抢播冬小麦或油菜，小麦、油菜收获后及时播种糯玉米。一般在 5 月底至 6 月初播种，6 月 5 日前最佳，最迟不超过 6 月 10 号，9 月下旬至 10 月上旬收获。该模式主要适合于江汉平原夏玉米种植区域。

(3)春玉米—晚粳　在 3 月中下旬盖地膜播种或 4 月上旬露地直播，7 月上中旬收获玉米，紧接着栽插晚粳，10 月下旬收割。

(4)春糯玉米—秋糯玉米　春季糯玉米在 3 月初至 4 月初地温稳定在 10～12 ℃时即可播种，其中 3 月上旬播种实行地膜覆盖育苗移栽，3 月下旬后播种可露地直播，6 月初至 6 月底收获，生育期 90 d 左右。秋糯玉米 7 月下旬至 8 月上旬播种，10 月 1 日前后收获，生育期 80 d 左右。

(5)一年三熟鲜食糯玉米　胡少华等(2006)介绍，2004—2005 年在江汉平原四个试点进行了春、夏、秋一年种植三季鲜食玉米的试验(结合塑料大棚)。结果表明,在江汉平原地区中部或南部选择合适的品种类型,采用相应的栽培技术,一年种植三季鲜食玉米是可行的,效益明显。

刘先远(2007)介绍了江汉平原一年三熟鲜食玉米的栽培要点。第一茬春玉米在2月上旬播种。采用塑料大棚、营养钵育苗,3~4叶期移栽,移栽前用70 cm宽的微膜覆盖厢面,移栽后及时用2 m长的竹弓子和2 m宽的地膜搭成小拱棚对玉米进行防寒保暖。待玉米心叶长至小拱棚的顶端,选择阴天或下午4:00后将地膜揭去。由于采用保护地栽培措施,第一茬春玉米一般在5月底至6月初即可上市。第二茬夏玉米在5月下旬播种,前茬收获前5~7 d套种在行间,或提前7~10 d用营养钵育苗,待苗长至3~4片叶时移栽。春玉米采收后及时灭茬,以免影响幼苗生长。第二茬夏玉米到8上旬可上市。第三茬秋玉米在8月上旬播种,到10月中、下旬上市。

早春种植的第一茬玉米选用早熟类型的糯玉米品种,争取提早上市。第二茬夏玉米和第三茬秋玉米可根据市场需求,选用耐高温、品质优、适口性好的糯玉米中熟或中迟熟品种。

(6)春糯玉米—秋糯玉米—冬青菜

春季糯玉米:一般于3月15—20日播种,6月底至7月初采收结束。

秋糯玉米:采用免耕露地直播在7月初播种,9月上中旬可采收。

冬青菜:可采用免耕直播,也可育苗移栽。

(7)春播甜玉米—夏播糯玉米—秋播蔬菜

春播甜玉米:2月下旬大棚内营养钵或塑料软盘育苗,3月上旬移栽到大田,地膜+小拱棚膜覆盖,5月底至6月上旬采收鲜穗。

夏播鲜食糯玉米:夏播鲜食糯玉米免耕育苗移栽,7月中下旬播种育苗,7月底移栽到大田,10月上、中旬采收鲜穗。

秋播蔬菜:以秋播冬收的甘蓝、莴苣、萝卜、大白菜、红菜薹为主,9—10月播种或育苗,10—11月移栽,12月至次年2月收获。

(8)春播糯玉米—夏栽中稻—秋播油菜

春播糯玉米:2月中旬在大棚或小拱棚内播种育苗,2月下旬移栽到大田,5月下旬至6月初采收鲜穗。

夏播中稻:选用中熟水稻品种,5月中旬播种育秧,6月上旬插秧,9月上中旬收获稻谷。

秋播油菜:8月底至9月初播种育苗,9月底至10月初移栽,12月下旬采摘主菜薹,次年1月底至3月初采摘分枝薹,5月中旬收获油菜籽。

(9)秋冬播蔬菜—春播西瓜—秋播鲜食玉米

秋冬播蔬菜:9月播种甘蓝、莴苣、萝卜,次年1—2月采收。

春播西瓜:2月上旬播种育苗,3月中旬移栽到大田,用地膜和弓棚农膜覆盖,5月下旬至7月初采收。

秋播鲜食玉米:7月中旬播种育苗,2叶1心育苗移栽,10月上中旬采收鲜穗。

(10)早莴笋—春糯玉米—秋白菜

早莴笋9月初播种,11月移栽到大田,移栽前整厢开沟,厢宽1 m,盖地膜,行株距为50 cm×40 cm,第二年3月收获。春糯玉米于2月下旬播种,苗床育苗,3月下旬莴笋收获后移栽,移栽前整厢开沟,行株距为50 cm×40 cm,6月中旬开始采摘鲜穗。然后8月上旬翻地炕田，整田播种秋白菜，间苗成行，行株距为 50 cm×23 cm，10 月上旬收获。

2. 连作（连续种植）和间套作

（1）冬马铃薯/春播糯玉米—夏播鲜食大豆（毛豆）

冬播马铃薯：1 月上旬播种，4 月中旬收获。马铃薯与糯玉米套种，起垄种植，开沟条穴播种。200 cm 一带，马铃薯按 80 cm 宽开沟起垄，每垄条穴播种 2 行，穴距 20 cm，播种盖土 8 cm 厚，用地膜覆盖，有条件的地方上面再加盖弓膜，待幼苗出齐后，掀开弓棚农膜，用竹签对准马铃薯幼苗，把地膜破个小孔，将苗放出，并用细土封严膜孔，同时在株间打洞追施苗肥，每亩施尿素 6～8 kg，用土盖严洞口，覆盖好弓棚农膜。待气温稳定后揭掉弓棚农膜，马铃薯茎叶变黄，地下块茎膨大到 50～80 g 时抢早收获上市。

春播糯玉米：3 月上旬播种育苗，3 月下旬移栽，6 月中下旬采收鲜穗。

夏播鲜食大豆：7 月中旬播种，10 月上中旬采收鲜豆荚。

（2）冬马铃薯/春播糯玉米—秋播花菜　马铃薯冬播以前施肥整地开厢，厢面宽 106 cm，厢沟宽 27 cm，每厢播种 4 行马铃薯。第二年春，在马铃薯行间各播（栽）1 行玉米。马铃薯株行距为 20 cm×33 cm，玉米株行距为 27 cm×67 cm。马铃薯 1 月下旬进行切块催芽，2 月中旬播种，3 月上旬出苗，5 月下旬至 6 月初收获。春玉米 3 月中旬播种育苗，4 月上旬在马铃薯行间移栽，7 月中下旬可收获。马铃薯收获后播种秋花菜（6 月下旬至 7 月初），7 月下旬至 8 月上旬定植，株行距 40 cm×40 cm，9 月底至 10 月底采收完毕。

（3）马铃薯/鲜食玉米—晚稻/油菜　马铃薯 1 月上旬播种，4 月中下旬收获。鲜食玉米于 3 月初播种，3 月中旬移栽大田，6 月中下旬收获鲜穗。晚稻 6 月上中旬播种育秧，7 月上中旬移栽到大田，10 月中旬收获。油菜于 10 月上旬免耕套播在晚稻林中，次年 5 月上旬收获。

（4）鲜食玉米/棉花—冬蔬菜　2 m 开沟作畦，1 行玉米，2 行棉花，畦中间种玉米，两边种棉花。玉米在 3 月上旬整地、播种，播种深度 3～5 cm，播后足墒时盖膜，出苗后及时松土、治虫防病，4 月上旬间苗、定苗，玉米授粉后将雄穗和基部老叶打掉，提高田间通风透光率，为套种的棉苗生长营造良好的环境条件，7 月上中旬收获玉米。棉花于 4 月中下旬营养钵育苗，5 月上中旬移栽到大田，10 月中旬至 11 月初收完棉花，秸秆粉碎还田，或拔杆腾茬，整地种植秋冬蔬菜。

（5）春播花生（大豆）‖春播鲜食玉米—夏播甘蓝（大白菜）　花生或春大豆 3 月上旬播种，7 月中下旬收获。鲜食玉米于 3 月上旬育苗，3 月下旬移栽于花生或大豆的两边，6 月下旬至 7 月上旬收获鲜穗。甘蓝于 7 月上旬育苗，8 月中旬移栽，11 月下旬至 12 月收获。

（6）鲜食玉米‖大豆/甘薯　鲜食玉米、大豆带状间作技术是采用玉米与大豆 2∶2 带状间作模式，充分利用玉米、大豆形态、生理差异互补，充分利用光能。春季糯玉米、大豆收获前 20～25 d 分别在玉米、大豆畦两边套作早熟甘薯，甘薯应选择藤蔓生长少、单株薯块多而小、早熟、品质好的迷你型品种。

（五）田间管理

1. 科学施肥

（1）施肥原则　糯玉米对肥料需求与普通玉米存在差异，需氮水平较低，对磷和钾需求较高。为获取最优施肥方案，各地应根据土壤养分测定结果，进行配方施肥。一般 pH 值 6.5～7.0 的中性土壤、在中等肥力水平下，每生产 900～1000 kg 糯玉米鲜穗，需生物有机肥 800～

1000 kg，纯氮 4.17～9.09 kg，P_2O_5 3.39～9.29 kg，K_2O 4.66～8.99 kg；肥力较低的地块，每生产 1000 kg 糯玉米鲜穗，需吸收纯氮 20～24 kg，P_2O_5 6～7 kg，K_2O 8～14 kg，$ZnSO_4$ 1 kg。

氮肥即可以作基肥也可以作追肥，一般作追肥用得多。氮肥主要用于苗期和拔节期。苗期氮肥一般用于田间灌水后点施或下雨后穴施，也可淋水浇根。拔节期氮肥一般通过中耕培土时沟施，然后壅土压根。磷肥一般用作基肥，不用作追肥。

钾肥既可以作基肥也可以作追肥，一般作追肥用得多。钾肥主要用于拔节期、穗期和吐丝期。苗期追施钾肥跟氮肥一起点施或穴施。拔节期、穗期和吐丝期一般通过沟施作追肥。

以施用磷肥为例。陆虎华等(2016)报道，以苏玉糯 5 号和渝糯 7 号为试材，研究不同磷肥施用量和施用时期对糯玉米籽粒产量及磷素积累分配的影响。结果表明，糯玉米成熟期籽粒产量随施磷量的增加而增加，苏玉糯 5 号在基施和拔节期分别追施 $P_2O_5$75 kg/hm^2 处理籽粒产量最高；渝糯 7 号一次性基施 $P_2O_5$150 kg/hm^2 的处理籽粒产量最高。随着生育进程的推进，两个品种植株磷素积累量均逐渐增加；同一生育时期下，两个品种植株磷素积累量随着施磷量的增加而增加。成熟期苏玉糯 5 号和渝糯 7 号两个品种在各施磷处理下籽粒中磷素占植株整体的分配比例均最高，达 70%左右；雄穗和苞叶中磷素含量相对最低，各仅占植株整体含磷量的 2%左右。植株磷素利用效率在基施和拔节期分别追施 $P_2O_5$75 kg/hm^2 处理下较低。综合两个品种产量、磷素积累和分配在不同处理的变化趋势，以基施和拔节期分别追施 P_2O_5 75 kg/hm^2 较优。

(2)施肥方法

① 底肥　底肥可培肥地力，改良土壤结构，在玉米的整个生育期源源不断地供给养分，以保证玉米的正常生长发育，应施足底肥。底肥应以有机肥料或生物菌肥为主，化学肥料为辅。一般每亩施有机肥料 40～80 kg，尿素 6～7 kg，磷肥的 2/3 可以作底肥，钾肥可绝大部分或全部作底肥施入。

② 种肥是在播种时施在种子附近的肥料，也称口肥。种肥应以幼苗容易吸收的速效肥料为主。施肥时要注意不要与种子接触，施用数量也不能过多，否则影响出苗。

③ 追肥　为提高玉米单位产量，实现高产优质的目的，掌握追肥最佳时间、肥料数量、追施肥料种类是非常重要的。要根据玉米吸肥规律、产量水平、地力基础、底肥和种肥施用情况等决定。

追肥种类：追肥的种类主要以速效氮为主，比如尿素；以钾肥、磷肥为辅，比如硫酸钾、过磷酸钙或磷酸二氢钾。

追肥数量：高产田、地力基础好、底肥数量多的宜采用轻追苗肥、重追穗肥和补追粒肥的追肥法。苗肥用量约占总追氮量的 30%，穗肥约占 50%，粒肥约占 20%。中产田、地力基础较好、底肥数量较多的宜采用施足苗肥和重追穗肥的二次追肥法，苗肥约占 40%、穗肥约占 30%。低产田、地力基础差、底肥数量少的采用重追苗肥、轻追穗肥的追肥法，苗肥约占 60%，穗肥约占 40%。

苗肥：一般在定苗后至拔节期(叶龄指数 30%左右)追施。即将过去的提苗肥和拔节肥合为一次施用，有促根、壮苗和促叶、壮秆的作用，为穗多、穗大打好基础。苗肥除施用速效氮肥外，还可同时施入磷肥和钾肥，也可施入腐熟的有机肥。磷肥作为苗肥与速效氮一起追施，可防止红苗。

拔节肥：拔节肥能促进中上部叶片增大，增加光合面积，延长下部叶片的光合作用，为促根、壮秆、增穗打好基础。追施拔节肥以氮肥为主，每亩可用 10～15 kg 尿素沟施或穴施，避免大雨前追施，以防被雨水淋溶。对于土壤中磷、钾肥力不足的田块，追肥时也可以掺入三元素复合肥，每亩可用 7.5～10.0 kg。

穗肥：玉米在大喇叭口期追施穗肥，既能满足穗分化的养分需要，又能提高中上部叶片的光合生产率，使运入果穗的养分多，粒多而饱满。穗肥追施以速效氮肥为主，每 6 亩可用 15～20 kg 尿素为宜。

粒肥：粒肥是指玉米抽雄以后追施的肥料，一般在灌浆期追施为宜。玉米抽雄以后至成熟期，还要从土壤中吸收氮、磷总量 40%左右的养分。同时籽粒产量的 80%左右是靠后期叶片制造光合产量。因此，后期一般应施入一定数量的速效化肥，保证无机营养的充分供给，延长叶片功能期，提高光合效率，增加光合产物积累，促进粒多、粒重，以获得优质高产。

根外施肥：就是将氮、磷、钾等化学肥料、微量元素肥料等溶解于水，喷在作物叶面上，使作物吸收利用，所以也叫叶面施肥。根外施肥的好处很多，主要表现在肥效快、肥效高。叶面喷施化肥的当季利用率可高达 90%，用量少，施肥匀，方法简单。如尿素每亩用量只需 1.0～1.5 kg。根外施肥只需将肥料溶解于水即可，还可以结合防治病虫害与化学试剂混合喷施，一举多得，增加粒重，增产效果明显。玉米开花、灌浆期喷施磷酸二氢钾、过磷酸钙，可促进灌浆，增加粒重，增产 5%～7%。但需要注意的是，根外施肥效果虽好，但施肥的数量毕竟有限，且叶面的吸肥力也不如根部，因而它不能代替作物生长前期的根部追肥，只可作为应急或补救措施，加以补充运用。

机械化中耕施肥：在玉米拔节或小喇叭口期，采用高地隙中耕施肥机具或轻小型田间管理机械，进行中耕追肥机械化作业，一次完成开沟、施肥、培土、镇压等工序。追肥机各排肥口施肥量应调整一致。追肥机具应具有良好的行间通过性能，追肥作业应无明显伤根，伤苗率<3%，追肥深度 6～10 cm，追肥部位在植株行侧 10～20 cm，肥带宽度>3 cm，无明显断条，施肥后覆土严密。中耕机上安装单翼铲、双翼铲、大小杆齿。也可自制施肥、中耕机械。

2. 及时间苗、定苗、中耕　及时间苗、定苗是减少弱株率、提高群体整齐度、保证合理密度的重要环节。间苗、定苗要掌握好时机，3 片可见叶时间苗，5 片可见叶时定苗。间苗、定苗过早时，苗势两极分化不明显，定苗后会继续出现病株、弱株、残株等。间苗、定苗过晚，一方面幼苗拥挤，争肥争水，形成弱苗；另一方面间苗时根系交错易伤苗。定苗时应做到去弱留壮；去过大苗和弱小苗，留大小一致的苗；去病残苗、虫咬苗，留健苗；去杂苗，留纯苗。

中耕可以疏松土壤，流通空气，破除板结，提高地温，消灭杂草及病虫害，减少水分养分的消耗，促进土壤微生物活动，满足玉米生长发育的要求。苗期一般中耕两次。定苗前后中耕应浅，一般 5 cm 左右，拔节期前后中耕应深些，行间可达 10 cm 左右。大喇叭口期中耕应结合追施穗肥进行，此时还需剔除植株下部的无效分蘖，只保留第一果穗，以减少分蘖对养分水分的消耗，保证第一果穗的正常生长。培土壅蔸也应同时进行，防止倒伏。

糯玉米比普通玉米更易产生分蘖，而且分蘖一般不能或很少结实，在生产上毫无意义。为了保证主茎果穗有充足的水分、养分，促早熟，改善田间通风透光条件，可将分蘖及时去除。但去蘖必须及时，一见长出，就要彻底去除，不留痕迹，而且要进行多次。

3. 节水灌溉　玉米全生育期要保持土壤湿润，在灌水措施上，头水适当晚浇，以利蹲苗，促进玉米根系深扎。二水、三水要及时跟上，一般玉米全生育期灌水 5 次左右，即苗期、拔节期、大喇叭口期、抽雄期、灌浆期灌水，灌水则以不漫过畦面为准，以保证玉米生长发育对水分的需要。

与灌水时期紧密相关的是灌溉方法。播前若遇到旱情，无法正常播种，可采用以下灌溉方法：一是坐水种植法，即播种后对土壤畦面进行人为浇水，此法即可节水，又可保全苗。二是沟灌法，玉米地采用沟灌非常方便，而且能较好地保持耕层土壤团粒结构，改善土壤通气情况，促进玉米根系发育，增强抗倒伏能力。这种方法既省工又节水。三是畦田分段灌溉法，灌溉水进入畦田，在畦田面上的流动过程中，靠重力作用渗入土壤，当水流达到畦长的八九成时把水改往其他畦，具有明显的节水效果，既可提高田块内灌溉水的均匀度，又可减少田间深层渗漏和土壤养分流失。四是管道输水灌溉法，用管道输水可减少渗漏损失，提高水的利用率。目前采用的一般有地下硬塑料管，地上软塑料管，一端接在水泵口处，另一端延伸到玉米畦田远端，灌水时，挪动管道出水口，边灌边退。这种移动式管道灌溉，不仅省水，功效也较高。五是间歇灌溉法，利用间歇灌前次放水湿润了土面，使表层土壤形成了密实的表面，降低了田间粗糙度和水流阻力，加快后一次的水流速度；另外在前次灌水的消退过程中，由于毛细管的作用在土壤表层空隙中产生了一些气泡，使得后续灌水的土壤入渗率减少，保证了水流的快速推进，从而提高了灌水效率，达到了节水目的。

玉米对水分特别敏感。遇涝害时要及时采取田间管理措施，做到及时清理"三沟"，排出田间积水，防止玉米涝渍。

4. 防病、治虫、除草 详见第五章。

（六）适时收获

1. 收获标准 糯玉米的适时收获是保证其商品质量的关键环节。采收时间不适宜，果穗商品性质就会大打折扣。若早收，籽粒含水量过多，干物质太少，味淡，糯性不强，产量低，不易保存。迟收则籽粒内的糖分转化成淀粉，种皮加厚，吃起来皮厚，糯而不甜，香味降低，因此要适期收获。鲜食糯玉米的采收期要根据品种特性、种植地区、用途及当时气候特点来确定。品种类型不同，生育期长短不一，春夏播期不同，种植地区不同，采收时间也不同。

近年来根据授粉后天数和籽粒含水率、含糖量结合风味食味来确定糯玉米的最适宜采收期，一般为授粉后 23～25 d。此时，糯玉米含水率在 62%左右，吃起来甜糯清香，风味食味最佳。应特别注意的是糯玉米灌浆速度快，采收要抓紧时间。最好在 2～3 d 采收完毕。判断适采期还可凭经验看果粒，一般颜色呈正常的色泽，粒饱满，挤破时籽粒中流出乳状或糊状物质即是适宜采收期。

栾春荣等(2004)介绍，2000—2002 年连续 3 年对鲜食糯玉米的适宜采收期与有效积温的关系开展研究。结果表明：不同年份不同播种期玉米适宜采收期在吐丝授粉后的天数存在较大差异，且受制于授粉后有效积温的变化。适宜采收期的有效积温随播期推迟有下降趋势，其中春播高于夏播，夏播高于秋播。根据有效积温的变化，春播玉米采收期正值高温的 7 月份，适宜的采收期提前且缩短，秋播玉米采收期正值凉爽的 10 月份，适宜采收期延迟且变宽。

2. 收获方法 糯玉米收获一般以收获果穗为主，为了防止水分流失以带苞叶收获为主。零星种植、小面积种植的中、高海拔丘陵、山区以人工采摘为主。江汉平原种植主产区因为适用于普通玉米收获的玉米联合收割机并不能完全适用于糯玉米鲜穗采摘，现阶段采摘方式还是以人工采摘为主。为了提高糯玉米的采摘效率，适用于糯玉米收获的自走乘坐式高地隙糯玉米果穗采摘车正在初步推广中，价格较高，功能还不很成熟。目前比较好的国产鲜食玉米收获机是雷肯 4YET-4 型。

(七)贮存保鲜

鲜食糯玉米本身含水量高,在采收后仍然是一个活的生命体,自然条件下存放,会发生一系列的生理生化变化,糖分和蛋白质迅速转化导致其品质下降。同时因为其营养价值高而易遭受微生物、霉菌浸染。其鲜穗保鲜难度大,货架寿命短,一定程度上影响鲜食玉米销售。所以若想长年供应市场,必须采用适当的保鲜加工方法,既要保持鲜食糯玉米原有的色、香、味和营养成分,又要延长其货架寿命。目前国内外主要有 4 种鲜食糯玉米保鲜方法:常温保鲜、速冻保鲜、真空包装保鲜、气调保鲜。

1. 常温保鲜方法

(1)干藏法

工艺流程:原料挑选→去外皮→浸渍→沥干水分→储存。

操作要点:①挑选,原料进入乳熟期时进行采收,挑选老嫩适中、籽粒饱满的鲜糯玉米。②去外皮,保留 1～2 层内皮,以不裸露籽粒为好。③浸渍,采用 0.5%甘澡聚糖溶液浸渍鲜糯玉米,以 5～10 min 为宜。④储藏,采用沙藏的方法,或者直接置于室内(空气流通、无阳光直射)储存。

(2)湿藏法

工艺流程:原料挑选→剥皮去丝→切头→清洗→浸泡储存。

操作要点:①挑选,原料进入乳熟期时进行采收,挑选老嫩适中、籽粒饱满而未硬化、无虫害、无霉烂的鲜糯玉米。②清洗,除去苞叶、花柱,洗净后浸泡于保鲜液中。③浸泡,保鲜液宜用氯化钙、氯化锌、山梨酸钾、硫酸镁等作为保鲜组分,也可将苯甲酸钠、有机酸、肌醇六磷酸酯、维生素 C 等作为保鲜组分。

(3)半熟半干法

工艺流程:原料挑选→剥皮去丝→蒸煮→浸渍冷却→晒干或烘干。

操作要点:①挑选,原料进入乳熟期时进行采收,挑选老嫩适中、籽粒饱满、无虫害、无霉烂的鲜糯玉米。②剥皮去丝、蒸煮,除去苞叶,洗净,在保鲜液煮沸 5～7 min,使鲜糯玉米处于半熟状态。③浸渍,置于常温保鲜液中冷却,然后采用晒干或者烘干的方法使糯玉米呈现半干状态,在通风避光的房间内储存。

2. 速冻保鲜加工技术　速冻保鲜的基本原理:新鲜糯玉米果穗是含有大量水分的植物体,在快速冻结时,细胞间隙的水分能同时在很短时间内形成数量多、分布均匀的晶核,继而形成细小的晶体,使糯玉米果穗的细胞组织在来不及产生异常变化时就迅速通过了冰晶形成阶段,保护了细胞壁不受破坏。利用水分冻结来抑制微生物的生长繁殖(不是杀死微生物),延缓糯玉米及微生物中的各种生化反应,抑制各种酶类的活性,以达到保藏食品的目的。保质期为 12 个月。速冻加工技术的优点是保障鲜食糯玉米常年供应市场,缺点是采收后加工、运输和销售都要在冷链下进行,一定程度上影响速冻加工技术在鲜食糯玉米上的应用。

糯玉米速冻保鲜加工的工艺流程为:原料采收→剥皮→去花柱→选穗→清洗→漂烫→预冷→速冻→装袋→低温冻藏。

适期采收鲜嫩玉米,要求采收时间务必准确,不同地区、不同年份、不同播种期,其采收时间均有所不同;将适期采收的玉米棒剥去苞叶,去掉花柱;挑选品质鲜嫩、形态完整、颗粒饱满、排列整齐、粒色正常一致、无病虫、无机械损伤、穗长 15 cm 以上的果穗;将挑选的果穗进行清洗；漂烫也即蒸煮，蒸煮时间要视糯玉米的成熟度而定，一般在100 ℃的沸水中蒸煮25 min，冷点温度达到90 ℃以上；将漂烫后的玉米果穗进行预冷。采用冷水冲淋的方法冲淋2次，使果穗温度达到10 ℃以下；将预冷却的果穗迅速送入冻结库；将充分冻结的果穗，在低温度条件下进行装袋、装箱。按照对包装材料的基本要求，即耐低温性、耐高温性、不移味性、热封口性、不透气性、透明性、耐油性、印刷性以及价格合理等条件，选择聚丙烯材料作内包装袋；将包装好的玉米迅速送入低温贮藏库，库温必须在－18 ℃左右，以使果穗长期处于冻结状态。

3. 真空包装保鲜加工技术 真空包装糯玉米是将包装袋内的空气抽走，使糯玉米果穗处于与外界相对无氧的环境中，从而防止糯玉米果穗发生氧化反应，大大减少微生物滋生繁衍的机会，有效防止糯玉米果穗出现干缩、串味、污染和失重等情况。真空包装工艺保质期为12个月，是投资最小、对外界条件要求最低的保鲜技术，也是目前使用最广泛的技术。

糯玉米真空包装保鲜加工的工艺流程为：原料采收→剥皮→去花柱→选穗分级→清洗→装袋→真空密封→检验→装笼→杀菌→冷却→检验→贮藏。

原料采收、剥皮、去花柱、清洗采用人工作业，主要是保证果穗的清洁卫生和商品性状。注意清洗速度要快，做到着水一穗，清洗一穗，并经常更换清洗水；将采收后的糯玉米穗进行分级，选取形态和籽粒饱满、排列整齐、无病虫害、无串粉现象、穗长度不小于15 cm的鲜嫩果穗；装填量与蒸煮袋的容量要相适宜。若装填量过多，封口时容易污染袋口，最终影响封口强度。应根据装填袋容量和果穗级别将果穗整理成基本一致，过长的果穗要切割齐整，以免造成割袋；将同级标准的鲜玉米穗装入蒸煮袋中，整齐地摆放在真空包装机上抽真空、热合封口、冷却放气。封口条件是：脉冲电压15 V，真空度0.095 MPa，脉冲时间0.5 s，预封温度150 ℃。经真空包装好的产品要进行检验，观察封口处有无皱折或明显的凸凹现象，不合格的产品应撕袋重新抽真空包装，合格后方可进入下道工序；袋封口后要尽快杀菌，其间隔时间不得超过30 min。将合格的玉米袋推入杀菌锅中进行高温、高压蒸汽杀菌。杀菌过程是真空保鲜技术的一道关键工序，掌握不好常常会因杀菌不彻底而导致胀袋、破袋及果穗颜色变褐等现象的发生，降低产品的合格率；杀菌冷却后的产品要进行检验，确认合格后要放入恒温车间进行7～10 d的恒温（28～30 ℃）处理，同时观察有无胀袋及霉变现象；将恒温保存合格的产品装箱，贮存于常温、避光、无鼠害的库房内待销售。

4. 气调保鲜技术 气调保鲜又称气调贮藏法或气调冷藏法。主要是通过降低贮藏温度和调节空气中的成分（如O_2、N_2、CO_2、水蒸气以及乙烯），达到抑制呼吸作用，从而达到最佳的保鲜效果（保鲜寿命和保鲜质量），这种调节环境气体成分的保鲜方法称为气调保鲜。

目前气调保鲜玉米和气调贮藏新鲜水果蔬菜的原理一样，通过调节库内气体含量比例（O_2浓度为8%～10%，CO_2浓度为3%～5%），降低青糯玉米的呼吸作用，最大限度地保持其原有的状态及营养价值。

气调保鲜技术起步较晚，投资大、费用高、耗能大，贮藏时间不宜过长，不宜远距离运输，不适合在湖北省推广。

二、甜玉米栽培

（一）品种选用

湖北省甜玉米生产发展较快，玉米种植面积增加很快，加工产业发展迅速。湖北省甜玉米育种研究起步早，研究的单位较少，但是育种水平提高很快，湖北省一直开展甜玉米区域试验和甜玉米联合体试验，审定品种较多。湖北省审定及推广的甜玉米品种见表 4-2。

表 4-2　湖北省审定的甜玉米品种情况表(李文品整理)

品种名称	审定编号	品种来源	选育(申报)单位
华甜玉 2 号	鄂审玉 2005007	183×SN19W	华中农业大学
华甜玉 3 号	鄂审玉 2006004	S167×Z85	华中农业大学
鄂甜玉 3 号	鄂审玉 2006005	YT0204×YT0221	武汉庄鑫种苗有限责任公司
鄂甜玉 4 号	鄂审玉 2007001	Sh13×sh34	武汉信风作物科学研究有限公司
金中玉	鄂审玉 2008009	YT0213×YT0235	武汉庄鑫种苗有限责任公司
华甜玉 4 号	鄂审玉 2008008	HZ509×HZ508	华中农业大学
堰甜玉 28	鄂审玉 2008007	3P285×3P291	十堰市农业科学院
福甜玉 18	鄂审玉 2009006	NSL03×NSL02	武汉隆福康农业发展有限公司
京科甜 183	京审玉 2005014 鄂审玉 2010003	双金 11×SH-251	北京市农林科学院玉米研究中心
鄂甜玉 5 号	鄂审玉 2011010	Sh17×sh34	武汉信风作物科学研究有限公司
鄂甜玉 6 号	鄂审玉 2012009	T421×T486	武汉汉龙种苗有限责任公司
福甜玉 98	鄂审玉 2013007	K533×F020	武汉隆福康农业发展有限公司
蜜脆 68	鄂审玉 2014003	ESL1×S499	湖北省农科院粮作所
宏中玉	鄂审玉 2016013	0512×0817	武汉庄鑫种苗有限责任公司
粤甜 16 号	国审玉 2010022	华珍-3×C5	广东省农业科学院

1. 华甜玉 2 号　华中农业大学用“183”作母本、“SN19W”作父本配组育成的杂交甜玉米品种。2005 年通过湖北省农作物品种审定委员会审定，品种审定编号为鄂审玉 2005007。

特征特性：株型半紧凑。株高 225.8 cm，穗位高 80.8 cm。雄花分枝 17～19 个，颖壳绿色，花药黄色。雌穗花柱淡绿色，有多穗性。穗型中筒形，苞叶上生旗叶 3～6 片。穗长 20.7 cm，穗粗 4.7 cm，每穗 15 行，每行 40 粒左右。全生育期春播 93 d 左右，总叶片 16～17 叶。

抗性表现：试验田间纹枯病病指 25.4，大斑病反应型为中感，小斑病反应型为中抗，未见锈病和丝黑穗病。

品质和产量：品质经农业部食品质量监督检验测试中心测定，鲜穗总糖含量 11.8%，蔗糖含量 9.12%，还原糖含量 2.18%。籽粒黄白相间，皮薄味甜，口感较好。2003—2004 年在武汉市郊区试验、试种，一般亩产鲜穗 600～900 kg。

栽培要点：选择土质肥沃、排灌方便的田块连片种植，且与其他异型玉米品种相隔 200 m 以上，或采用时间隔离。适时播种，春播双膜覆盖，两段栽培可在 2 月下旬播种，地膜覆盖直播在 3 月中旬播种；露地种植在 4 月初播种；秋播在 7 月中旬至 8 月 5 日，每亩种植密度 3200 株。提高播种质量，甜玉米种子干瘪，要特别注意播种质量，播种后用疏松细土盖种。科学施肥，底肥亩施饼肥 50 kg、磷肥 50 kg、钾肥 15 kg，或氮、磷、钾复合肥 50～60 kg。4 叶 1 心期追苗肥，亩施 5～10 kg 尿素；拔节期追平衡肥，亩施尿素 5～7 kg；大喇叭口期重施穗肥，亩施尿素 15～20 kg。加强田间管理，及时中耕除草，培土壅蔸，抗旱防渍，注意防治地老虎、玉米螟、纹枯病等病虫害，收获前 20 d 禁止使用农药。适时采收，一般在授粉后 20 d 左右采收。

适宜范围：适宜湖北省平原、丘陵及低山地区种植。

2. 华甜玉 3 号　华中农业大学用“S167”作母本、“Z85”作父本配组育成的杂交甜玉米品种。2006 年通过湖北省农作物品种审定委员会审定，品种审定编号为鄂审玉 2006004。

特征特性：株型半紧凑。根系发达，茎秆粗壮，节间较短，抗倒性较强。品比试验中株高 200 cm，穗位高 75 cm。雄花分枝 16～19 个，颖壳、花药浅黄色。花柱绿色。果穗筒形，穗轴白色，籽粒黄白色，穗粗 5.0 cm，穗长 18 cm，秃尖较长，每穗 16～18 行，每行 34 粒左右。播种至适宜采收期在武汉地区春播一般为 92 d，秋播为 79 d。

抗性表现：田间病毒病发株率 1.1%，轻感灰斑病，其他病害发病轻。

品质和产量：品质经农业部食品质量监督检验测试中心测定(抽样)，鲜穗籽粒总糖含量 9.12%，蔗糖含量 7.33%，还原糖含量 1.4%。籽粒黄白相间，皮薄渣少，口感好。2004—2005 年在武汉市试验、试种，一般亩产鲜穗 550～900 kg。

栽培要点：种植密度 3200 株/每亩。

适宜范围：适宜湖北省平原、丘陵及低山地区种植。

3. 鄂甜玉 3 号　武汉庄鑫种苗有限责任公司王玉宝用“YT0204”作母本、“YT0221”作父本配组育成的杂交甜玉米品种。2006 年通过湖北省农作物品种审定委员会审定，品种审定编号为鄂审玉 2006005。

特征特性：茎基部叶鞘绿色。雄穗绿色，花药黄色，花柱白色，果穗筒形，穗轴白色，籽粒黄白相间。品比试验中株高 220 cm，穗位高 70 cm。穗长 18 cm，穗粗 5 cm，穗行 14 行，每行 37 粒。播种至适宜采收期在武汉地区春播一般为 90 d，秋播为 80 d。

抗性表现：田间病毒病病株率 0.5%，轻感灰斑病，其他病害发病轻。

品质和产量：品质经农业部食品质量监督检验测试中心测定(抽样)，鲜穗籽粒总糖含量 9.89%，蔗糖含量 8.48%，还原糖含量 0.96%。籽粒黄白相间，皮薄味甜，清香可口。2004—2005 年在武汉市郊区试验、试种，一般亩产鲜穗 600～850 kg。

栽培要点：种植密度 2800～3400 株/亩。

适宜范围：适宜湖北省平原、丘陵及低山地区种植。

4. 鄂甜玉 4 号　由武汉信风作物科学有限公司用“sh13”作母本、“sh34”作父本配组育成的杂交甜玉米品种。2007 年通过湖北省农作物品种审定委员会审定，品种审定编号为鄂审玉 2007001。

特征特性：株型半紧凑。植株生长势较强，茎秆粗壮，抗倒性较强。叶片数 18～20 片，叶色绿。雄穗分枝数较多，花粉量充足。果穗长锥形，苞叶覆盖适中，无旗叶，籽粒黄色。果穗去苞叶长 20.4 cm 左右，每穗 12～14 行，穗粗 4.6 cm、籽粒深 1.07 cm，籽粒大，穗轴细。品比试验中株高 234.5 cm，穗位高 102.4 cm，穗长 20.4 cm，穗粗 4.5 cm，每穗 13.0 行，每行 40.5 粒；播种至适宜采收期春播为 96 d，生育期偏长。春种生育期 90～105 d 左右，秋种生育期 80～95 d。

抗性表现：田间褐斑病 1～2 级，纹枯病 1 级，其他病害发病轻。双穗率为 13.0%。抗倒性、抗病性强。

品质和产量：鲜穗单产(亩产量，下同)724.1 kg。商品穗单产 597.4 kg，商品率 82.8%，籽粒单产 479.6 kg，比华甜玉 1 号增产 11.6%，比鄂甜玉 3 号增产 14.4%。果穗外观评分 25

分，蒸煮品质评分 60 分，低于华甜玉 1 号，高于鄂甜玉 3 号。丰产性较好，品质优良。鲜籽粒淡黄，蒸煮后金黄色，色泽光亮。鲜穗含总糖 9.86%，还原糖 1.54%，蔗糖 7.90%，蛋白质 4.24%。生食口感脆甜，皮薄渣少，熟食甜度高，并有玉米浓香。

栽培要点：种植密度 3200～3500 株/亩。

适宜范围：适宜湖北省平原、丘陵及低山地区种植。

5. 金中玉　武汉庄鑫种苗有限责任公司王玉宝用"YT0213"作母本、"YT0235"作父本配组育成的杂交甜玉米品种。2008 年通过湖北省农作物品种审定委员会审定，品种审定编号为鄂审玉 2008009。

特征特性：株型略紧凑。茎基部叶鞘绿色。雄穗绿色，花药黄色。花柱白色。果穗筒形，苞叶覆盖适中，旗叶较短，穗轴白色，籽粒黄色、较大。品比试验中株高 250.3 cm，穗位高 105.5 cm，穗长 19.2 cm，穗粗 4.4 cm，秃尖长 2.1 cm，每穗 12.7 行，每行 38.7 粒，百粒重 32.9 克。生育期偏长，从播种到吐丝 73.2 d，比对照鄂甜玉 3 号迟 4.6 d。

抗性表现：田间大斑病 1.7 级，小斑病 1.0 级，茎腐病病株率 1.0%，穗腐病 1.0 级，纹枯病病指 12.0，抗倒性与鄂甜玉 3 号相当。

品质和产量：2006—2007 年参加湖北省甜玉米品种比较试验，品质经农业部食品质量监督检验测试中心对送样测定，可溶性糖含量 11.5%，还原糖含量 2.02%，蔗糖含量 9.01%。两年试验商品穗平均亩产 602.7 kg，比鄂甜玉 3 号增产 7.72%。外观及蒸煮品质较优。

栽培要点：隔离种植。选择土质肥沃、排灌方便的田块连片种植，与其他异型玉米品种相隔 300 m 以上，或抽雄吐丝期间隔 20 d 以上。适时播种，地膜覆盖栽培 3 月中下旬播种，露地直播 4 月初播种，每亩种植 3000～3400 株。提高播种质量，注意抢墒播种，比普通玉米浅播，播种后用疏松细土盖种。配方施肥，底肥一般亩施复合肥 60 kg；11～12 片叶时追穗肥，亩施尿素 20 kg。加强田间管理。注意中耕除草，培土壅蔸，抗旱排涝。综合防治纹枯病和地老虎、玉米螟等病虫害。适时采收，一般在授粉后 23～25 d 采收。

适宜范围：适宜湖北省平原、丘陵及低山地区种植。也可在广东、云南、广西、浙江、海南等地引种示范种植。

6. 华甜玉 4 号　华中农业大学用"HZ509"作母本、"HZ508"作父本配组育成的杂交甜玉米品种。2008 年通过湖北省农作物品种审定委员会审定，品种审定编号为鄂审玉 2008008。

特征特性：幼苗叶鞘绿色。雄穗绿色，花药黄色。花柱淡黄色。果穗筒形，苞叶覆盖适中，旗叶较少，穗轴白色，籽粒黄白相间。品比试验中株高 239.0 cm，穗位高 94.2 cm，穗长 19.7 cm，穗粗 4.6 cm，秃尖长 2.2 cm，每穗 15.4 行，每行 39.0 粒，百粒重 30.3 g。从播种到吐丝 69.5 d，比对照鄂甜玉 3 号迟 0.9 d。

抗性表现：田间大斑病 2.6 级，小斑病 1.7 级，茎腐病病株率 2.2%，穗腐病 1.0 级，纹枯病病指 16.7，抗倒性比鄂甜玉 3 号略差。

品质和产量：2006—2007 年参加湖北省甜玉米品种比较试验，品质经农业部食品质量监督检验测试中心对送样测定，可溶性糖含量 11.6%，还原糖含量 1.42%，蔗糖含量 9.67%。两年试验商品穗平均亩产 637.6 kg，比鄂甜玉 3 号增产 13.96%。蒸煮品质较优。

栽培要点：隔离种植，选择土质肥沃、排灌方便的田块连片种植，与其他异型玉米品种相隔 300 m 以上，或抽雄吐丝期间隔 20 d 以上。适时播种，春播育苗移栽或地膜覆盖栽培 3 月中下旬播种，露地直播 4 月初播种，每亩种植密度 3000 株。提高播种质量，甜玉米种子干瘪，要特别注意播种质量，宜比普通玉米浅播，播种后用疏松细土盖种。配方施肥，底肥亩施复合肥50 kg；苗肥亩施尿素10 kg，11～12片叶时追穗肥，亩施尿素15 kg。加强田间管理，注意蹲苗，及时中耕除草，培土壅蔸，抗旱排涝。综合防治纹枯病和地老虎、玉米螟等病虫害。适时采收，一般在授粉后23～25 d采收。

适宜范围：适宜湖北省平原、丘陵及低山地区种植。

7. 堰甜玉28 十堰市农业科学院用"3P285"作母本、"3P291"作父本配组育成的杂交甜玉米品种。2008年通过湖北省农作物品种审定委员会审定，品种审定编号为鄂审玉2008007。

特征特性：株型半紧凑，生长势较强。幼苗叶鞘绿色，第一片叶椭圆形，叶缘白色，成株叶片数21片。雄穗较大，分枝数17.6个，颖片绿色，花药黄色。花柱绿色。果穗锥形，略弯曲，苞叶覆盖较差，旗叶较少，秃尖较长，穗轴白色，籽粒黄色。品比试验中株高259.3 cm，穗位高112.0 cm，穗长21.2 cm，穗粗4.7 cm，秃尖长3.0 cm，每穗15.6行，每行39.3粒，百粒重33.9 g。从播种到吐丝74.1 d，比对照鄂甜玉3号迟5.5 d。

抗性表现：田间大斑病1.0级，小斑病1.0级，茎腐病病株率1.0%，穗腐病1.0级，纹枯病病指8.7，抗倒性比对照差。

品质和产量：2006—2007年参加湖北省甜玉米品种比较试验，品质经农业部食品质量监督检验测试中心对送样测定，可溶性糖含量12.8%，还原糖含量6.54%，蔗糖含量5.98%。两年试验商品穗平均亩产741.2 kg，比对照鄂甜玉3号增产32.48%。蒸煮品质较优。

栽培要点：种植密度3000～3500株/亩。

适宜范围：适宜湖北省平原、丘陵及低山地区种植。

8. 福甜玉18 武汉隆福康农业发展有限公司用"NSL03"作母本、"NSL02"作父本配组育成的杂交甜玉米品种。2009年通过湖北省农作物品种审定委员会审定，品种审定编号为鄂审玉2009006。

特征特性：株型平展，幼苗叶鞘、叶缘绿色，成株叶片数18片左右。雄穗分枝数12个左右。果穗锥形，穗轴白色，苞叶适中，旗叶中等，秃尖较长，籽粒黄色。区域试验中株高201 cm，穗位高63 cm，穗长19.0 cm，秃尖长1.8 cm，穗粗4.9 cm，每穗14.4行，每行34.8粒，百粒重38.1 g。播种至吐丝65.9 d，比鄂甜玉3号早3.5 d。

抗性表现：田间大斑病1.8级，小斑病3级，纹枯病病指17.3，茎腐病株率2.0%，穗腐病1.0级，玉米螟2.2级。田间倒伏(折)率与鄂甜玉3号相当。

品质和产量：品质经湖北省农业科学院农业测试中心测定，可溶性糖含量10.0%。2007—2008年参加湖北省鲜食甜玉米品种区域试验，两年区域试验商品穗平均亩产639.21 kg，比对照鄂甜玉3号增产10.65%。

栽培要点：隔离种植，选择土质肥沃、排灌方便的田块连片种植，与其他异型玉米品种空间相隔300 m以上，或抽雄吐丝期间隔20 d以上。适时播种，育苗移栽或地膜覆盖栽培3月中下旬播种，露地直播4月初播种。种植密度3000～3500株/亩。提高播种质量。甜玉米种子干瘪，播种深度2 cm左右，播种后用疏松细土盖种。配方施肥，底施每亩三元复合肥50 kg，4～5片叶时追施尿素10 kg作苗肥，10～11片叶时追施尿素10 kg、氯化钾10 kg作穗肥。加强田间管理。注意蹲苗，拔节期及时中耕除草，培土壅篼，抗旱排涝；综合防治纹枯病和地老虎、玉米螟等病虫害。适时采收，一般在授粉后22～24 d采收。

适宜范围：适宜湖北省平原、丘陵地区种植。

9. 京科甜 183　北京市农林科学院玉米研究中心用“双金 11”×“SH-251”杂交组培的玉米新品种。2005 年通过北京农作物品种审定委员会审定，品种审定编号为京审玉 2005014。2010 年通过湖北省农作物品种审定委员会审定，品种审定编号为鄂审玉 2010003。

特征特性：超甜型玉米单交种。北京地区春播播种至鲜穗采收平均 84 d，株型平展，花柱绿色，花药绿色，雄穗分枝 20～25 个，株高 189 cm，穗位高 60 cm，单株有效穗数 0.99 个，空秆率 2.49%。穗长 19.2 cm，穗粗 4.6 cm，穗行数 12～16，秃尖 2.4 cm，出籽率 63.4%，粒色黄白，粒深 0.9 cm，鲜籽粒千粒重 315.2 g。

抗性表现：自然条件下抗多种病害。抗倒性较好。

品质和产量：区试鲜穗平均亩产 876.5 kg，比对照甜单 8 号增产 17.9%。鲜籽粒平均亩产 550.3 kg，比对照甜单 8 号增产 21%。生产试验鲜穗平均亩产 806 kg，比对照甜单 8 号增产 13.1%。鲜籽粒平均亩产 516 kg，比对照甜单 8 号增产 13.6%。

栽培要点：一般种植密度 3000～3500 株/亩为宜，套种或直播均可，肥水管理上以促为主，施好基肥（有机肥）、小喇叭口追施氮肥及钾肥，及时防治病虫害，授粉后 23 d 左右采收鲜果穗。应通过包衣或拌种预防丝黑穗病。

适宜范围：适宜北京地区春播或夏播种植；湖北省平原、丘陵地区种植。

10. 鄂甜玉 5 号　武汉信风作物科学有限公司用“sh17”作母本、“sh34”作父本配组育成的杂交甜玉米品种。2011 年通过湖北省农作物品种审定委员会审定，品种审定编号为鄂审玉 2011010。

特征特性：株型半紧凑。成株叶片数 19 片左右。雄穗分枝较多，28 个左右。苞叶覆盖基本完整，旗叶较少，秃尖略长，果穗锥形，穗轴白色，籽粒黄白色。区域试验平均株高 220 cm，穗位高 93 cm，空秆率 1.2%，穗长 19.8 cm，穗粗 4.8 cm，秃尖长 2.3 cm，穗行数 12.7，行粒数 39.2，百粒重 38.2 g，生育期 94 d。

抗性表现：田间大斑病 1.7 级，小斑病 1.7 级，纹枯病病指 13.0，茎腐病病株率 0.4%，穗腐病 1.0 级，玉米螟 1.2 级。田间倒伏（折）率 2.14%。

品质和产量：2009—2010 年参加湖北省鲜食甜玉米品种区域试验，品质经农业部食品质量监督检验测试中心（武汉）测定，总糖含量 9.92%。两年区域试验商品穗平均亩产 752.54 kg，比对照鄂甜玉 4 号增产 6.63%。其中，2009 年商品穗亩产 778.09 kg，比鄂甜玉 4 号增产 5.67%；2010 年商品穗亩产 726.98 kg，比鄂甜玉 4 号增产 7.68%。鲜果穗外观品质和蒸煮品质较优。

栽培要点：种植密度 3000～3300 株/亩。

适宜范围：适宜湖北省平原、丘陵及低山地区种植。

11. 鄂甜玉 6 号　武汉汉龙种苗有限责任公司用“T421”作母本、“T486”作父本配组育成的杂交甜玉米品种。2012 年通过湖北省农作物品种审定委员会审定，品种审定编号为鄂审玉 2012009。

特征特性：株型半紧凑，植株较繁茂，穗位略高。幼苗叶鞘绿色，成株叶片较宽，叶片数 19 片左右，穗上叶间距较小。雄穗分枝多，25 个左右，花药浅绿色。花柱绿色。果穗锥形，穗轴白色，苞叶适中，旗叶小而少，籽粒黄色。区域试验中株高 247 cm，穗位高 110 cm，空秆率 1.0%，穗长 20.1 cm，穗粗 4.8 cm，秃尖长 1.6 cm，穗行数 13.1，行粒数 39.8，百粒重 37.2 g，生育期 94 d。

抗性表现：田间大斑病 1.4 级，小斑病 1.7 级，纹枯病病指 14.8，穗腐病 1.0 级，玉米螟 1.2 级。田间倒伏(折)率 5.0%，与鄂甜玉 4 号相当。

品质和产量：2009—2010 年参加湖北省鲜食甜玉米品种区域试验，品质经农业部食品质量监督检验测试中心(武汉)测定，总糖含量 8.45%。两年区域试验商品穗平均亩产 768.58 kg，比对照鄂甜玉 4 号增产 8.90%。其中，2009 年商品穗亩产 770.12 kg，比鄂甜玉 4 号增产 4.59%；2010 年商品穗亩产 767.03 kg，比鄂甜玉 4 号增产 13.61%。鲜果穗外观品质和蒸煮品质较优。

栽培要点：隔离种植，选择土质肥沃、排灌方便的田块连片种植，与其他异型玉米品种空间相隔 300 m 以上，或抽雄吐丝期间隔 20 d 以上。适时播种，育苗移栽或地膜覆盖栽培 3 月中旬播种，露地直播 3 月底至 4 月初播种。单作每亩种植 3000～3300 株。提高播种质量，甜玉米种子干瘪，注意精细整地，浅播，细土盖种，提倡育苗移栽。配方施肥，施足底肥，增施钾肥，轻施苗肥，重施穗肥。加强田间管理，注意蹲苗，拔节期及时除分蘖，中耕除草，培土壅蔸，抗旱排涝。综合防治纹枯病和地老虎、玉米螟等病虫害。适时采收，一般授粉后 20 d 左右采收。

适宜范围：适宜湖北省平原、丘陵地区种植。

12. 福甜玉 98 武汉隆福康农业发展有限公司用“K533”作母本、“F020”作父本配组育成的杂交甜玉米品种。2013 年通过湖北省农作物品种审定委员会审定，品种审定编号为鄂审玉 2013007。

特征特性：株型平展。幼苗叶鞘绿色，穗上叶 5 片左右，旗叶中等大小，雄穗分枝数 11 个左右，颖壳绿色，花药浅绿色。果穗锥形，苞叶覆盖较完整，穗轴白色，籽粒黄白相间。区域试验中株高 207 cm，穗位高 68 cm，空秆率 0.4%，穗长 18.9 cm，穗粗 4.8 cm，秃尖长 1.2 cm，穗行数 13.3，行粒数 35.0，百粒重 38.5 g，生育期 87 d。

抗性表现：田间大斑病 3 级，小斑病 3 级，茎腐病病株率 0.4%，穗腐病 1 级，纹枯病病指 16.6。田间倒伏(折)率 4.6%。

品质和产量：2010—2011 年参加湖北省鲜食甜玉米品种区域试验，品质经农业部食品质量监督检验测试中心(武汉)测定，总糖含量 9.30%。两年区域试验商品穗平均亩产 684.24 kg，比对照鄂甜玉 4 号增产 5.89%。其中，2010 年商品穗亩产 713.14 kg，比鄂甜玉 4 号增产 5.63%；2011 年商品穗亩产 675.34 kg，比鄂甜玉 4 号增产 6.16%。鲜果穗外观品质和蒸煮品质较优。

栽培要点：种植密度 3000～3300 株/亩。

适宜范围：适宜湖北省平原、丘陵地区种植。

13. 蜜脆 68 湖北省农业科学院粮食作物研究所用“ESL1”作母本、“S499”作父本配组育成的杂交甜玉米品种。2014 年通过湖北省农作物品种审定委员会审定，品种审定编号为鄂审玉 2014003。

特征特性：株型半紧凑。幼苗叶鞘紫色，穗上叶 5～6 片，雄穗分枝数 18～22 个，花药浅绿色。果穗筒形，苞叶覆盖较完整，穗轴白色，籽粒黄白相间。区域试验中株高 251 cm，穗位高 109 cm，空秆率 0.3%，穗长 19.4 cm，穗粗 4.6 cm，秃尖长 1.1 cm，穗行数 14.3，行粒数 39.7，百粒重 32.9 g，生育期 87 d。

抗性表现：田间小斑病 3 级，大斑病 3 级，褐斑病 3 级。田间倒伏(折)率 0.4%，轻于鄂甜玉 4 号。

品质和产量：2011—2012 年参加湖北省鲜食玉米品种区域试验，品质经农业部食品质量监督检验测试中心（武汉）测定，可溶性总糖含量 9.12%。两年区域试验商品穗平均亩产 794.48 kg，比对照鄂甜玉 4 号增产 18.56%。其中，2011 年亩产 750.81 kg，比鄂甜玉 4 号增产 18.03%；2012 年亩产 838.14 kg，比鄂甜玉 4 号增产 19.03%。鲜果穗外观品质和蒸煮品质较优。

栽培要点：种植密度 3000～3300 株/亩。

适宜范围：适宜湖北省平原、丘陵地区种植。

14. 宏中玉　武汉庄鑫种苗有限责任公司王玉宝用“0512”作母本、“0817”作父本配组育成的杂交甜玉米品种。2016 年通过湖北省农作物品种审定委员会审定，品种审定编号为鄂审玉 2016013。

特征特性：株型半紧凑，植株整齐度好，穗上叶 6 片左右，雄穗分枝数 20 个左右，花药绿色。果穗锥形，苞叶覆盖较完整，穗轴白色，籽粒黄色。区域试验中株高 252 cm，穗位高 106 cm，空秆率 2.2%，穗长 20.8 cm，穗粗 4.8 cm，秃尖长 0.7 cm，每穗 13.1 行，每行 41.8 粒，百粒重 39.8 g，生育期 92 d。

抗性表现：田间小斑病 3 级，褐斑病 3 级。田间倒伏（折）率 0.6%。

品质和产量：2013—2014 年参加湖北省鲜食玉米品种区域试验，品质经农业部食品质量监督检验测试中心（武汉）测定，可溶性总糖含量 9.40%。两年区域试验商品穗平均亩产 823.37 kg，比对照粤甜 16 增产 5.29%。其中，2013 年亩产 811.01 kg，比粤甜 16 增产 4.15%；2014 年亩产 835.72 kg，比粤甜 16 增产 6.43%。鲜果穗外观品质和蒸煮品质较优。

栽培要点：种植密度 3200 株/亩。

适宜范围：适宜湖北省平原、丘陵地区种植。

15. 粤甜 16 号　广东省农业科学院作物研究所用品种“华珍-3/C5”选育而成的玉米品种。2010 年通过国家农作物品种审定委员会审定，品种审定编号为国审玉 2010022。

特征特性：在西南地区出苗至采收期 91 d，比绿色超人早熟 2 d；在东南地区出苗至采收期 84 d，与粤甜 3 号相当。幼苗叶鞘绿色，叶片绿色，叶缘绿色，花药黄绿色，颖壳绿色。株型半紧凑，株高 220 cm，穗位高 95 cm，成株叶片数 18～20 片。花柱浅绿色，果穗筒形，穗长 18 cm，穗轴白色，籽粒黄色、甜质，百粒重（鲜籽粒）34.8 g。

抗性表现：经四川省农业科学院植物保护研究所两年接种鉴定，中抗茎腐病，感大斑病、小斑病、纹枯病和玉米螟，高感丝黑穗病。经中国农业科学院作物科学研究所两年接种鉴定，高抗茎腐病，感大斑病、小斑病和纹枯病，高感矮花叶病和玉米螟。

品质和产量：经西南和东南鲜食甜玉米品种区域试验组织的专家品尝鉴定，达到部颁甜玉米二级标准。经四川省绵阳市农业科学研究所测定，皮渣率 11.82%，水溶性糖含量 15.60%，还原糖含量 6.34%；经扬州大学农学院测定，皮渣率 12.73%，水溶性糖含量 18.49%，还原糖含量 6.07%。均达到部颁（NY/T523-2002）甜玉米标准。2008—2009 年参加鲜食甜玉米品种区域试验，西南区两年平均亩产（鲜穗）932 kg，比对照绿色超人增产 7.3%；东南区两年平均亩产（鲜穗）912.6 kg，比对照粤甜 3 号增产 6.6%。

栽培要点：适宜种植密度 3200～3600 株/亩。

适宜范围：适宜在湖北、四川、重庆、贵州遵义、广西、广东、安徽南部、浙江、江苏中南部、上海、福建作鲜食甜玉米春播种植，注意防治丝黑穗病和玉米螟，矮花叶病重发区慎用。

（二）地块选择和整地

1. 保证隔离条件 因为甜玉米和普通玉米分属不同胚乳类型，如果相互串粉会影响甜玉米的口感，所以甜玉米和普通玉米不能种在一起，要相互隔离。常见的隔离方法有空间隔离、时间隔离、高秆作物隔离和障碍物隔离。

（1）空间隔离 甜玉米种植在选地时，必须与普通玉米或其他类型的甜玉米隔离 200～400 m，防止串粉影响品质和口感。在多风地区，特别是隔离区设在其他玉米的下风或地势低洼处，应适当加大隔离距离。

（2）时间隔离 甜玉米与其他玉米种植时，播种时间应相差 20 d 以上。

（3）高秆作物隔离 在隔离区周围种植高粱、红麻、黄麻等高秆作物可起到隔离作用。高秆作物隔离时两田块之间的距离可减少到 50～100 m，且高秆作物要适当早播，加强管理，以保证在甜玉米抽穗时高秆作物的株高超过甜玉米的高度。

（4）障碍物隔离 利用山岭、房屋、林带等自然屏障作隔离带，达到防止外来花粉串粉混杂的目的。

2. 精细整地 整地质量的好坏直接关系玉米的生长、发育和种植收益。玉米种植茬口多样，前茬地为水田和旱地兼有，不同的前茬整地要求不尽相同。

（1）水稻茬口种植玉米 由于涉及水田改旱地，对玉米播种前整地质量要求较高。一般要求同稻田秋玉米免耕直播，但整地要精细，耕后反复耙地，要耙碎、耙平、耙细，疏松土壤，提高土壤透水性和通气性，促使潜在肥力活化，为种子萌发和幼苗生长创造良好的土壤条件。整地后应开好厢沟，做到旱能灌、涝能排。

（2）其他旱地作物茬后种植玉米整地 一般在整地前首先清除地上部分上季作物废弃物和杂草（除草可在播种前 8～10 d 选用高效、安全除草剂），然后施底肥翻土整地，整地要达到碎、平、细的要求，最后开沟作厢。为减少开沟劳动力，可直接在原有厢面上翻土、整地、施肥，对原有水沟稍作清理即可应用。

（3）免耕直播技术 主要应用于冬小麦—夏玉米连作模式中的夏玉米生产和早稻—秋玉米连作模式中的秋玉米生产等。

① 麦茬夏玉米免耕直播 小麦收获后要及时对麦秸和麦茬进行处理，否则会对夏玉米播种质量及幼苗的生长发育产生不良影响。小麦收割时要尽可能选用装有秸秆粉碎和抛撒装置的小麦联合收割机，将粉碎后的麦秸均匀地抛撒在地表，形成覆盖。如果使用没有秸秆切抛装置的小麦收割机，秸秆常会成堆或成捆堆放，在播种前需要人工将秸秆挑散并铺撒均匀，或将麦秸清理出农田，否则会严重降低玉米播种质量。另外，小麦机械收获时留茬高度不宜过高，一般应控制在 20 cm 以下。留茬过高，遮光会严重影响玉米幼苗的生长发育，植株长势弱，并容易形成高脚苗，抗倒伏能力降低。因此，对留茬较高的地块，可以在播种前用灭茬机械先进行一次灭茬作业，然后再播种玉米；也可以在玉米播种时选用带有灭茬功能的免耕播种机，一次性完成秸秆粉碎、灭茬和玉米播种等多项作业。

② 稻茬秋玉米免耕直播 其整地一般要求低割禾蔸，采取齐泥割或留 5 cm 以下的禾桩，防止再生苗的发生，水稻收割后及时把稻草搬出稻田。如果整地前田间积水严重应修好排水沟，做到明水能排，暗水能滤，确保水改旱后土壤疏松、不湿、不潮。杂草较多时应进行播前除

草，在播种前8～10 d选用高效、安全除草剂对田间再生稻苗和杂草进行叶面喷雾，然后直接在未经翻耕犁耙的稻田打洞种植，与传统稻茬秋玉米栽培相比，稻田秋玉米免耕栽培具有省时、省钱、省力操作简便等特点。

③ 春玉米茬口秋玉米免耕直播　即利用春玉米田的厢和沟直接播种秋玉米，以免去翻耕作厢等田间作业，具有省时、省工、节本增收等优点，播种要求清理干净田间杂草和上季玉米秆。

有些前茬作物为地膜覆盖种植，前茬作物收获、清理后可直接在原有地膜上进行打洞种植秋玉米，利用原有作物的地膜、厢、沟，不翻土、不整地，达到种植轻简化的目的。

(三)播种

1.品种选择及种子处理技术　应选择适合本地种植的优良杂交种，玉米种子的净度不低于98%，发芽率不低于85%，纯度96%以上。

(1)品种选择　与普通玉米相比，甜玉米生长势相对较弱，对光、温条件更敏感。因此，必须选择在当地试验过，并且通过审定的品种。

选用甜玉米品种，第一要兼顾品种的丰产性和品质性状。一般要求亩产鲜穗600 kg以上，同时具备甜度适宜，香味纯正，质地柔嫩，果穗长度应达16 cm以上，大小均匀，籽粒饱满、排列整齐，种皮较薄等特点。以鲜果穗作水果、蔬菜上市为主的，应选用超甜玉米或加强甜玉米品种；以作罐头制品为主的，应选用普通甜玉米或加强甜玉米品种，并按厂家要求的果穗大小、重量选择合适的品种。第二要求品种的生育期符合当地生产生态条件，并注意早、中、晚熟期品种搭配，不断为市场和加工厂提供原料。第三要求所选品种对当地的主要病害有较强的抗性，特别要能抗粒腐病。第四要求用于加工罐头的品种应具有较大粒深、出籽率高的特点。

(2)玉米种子处理技术　甜玉米种子含糖量高，为微生物提供了生长基质，比普通玉米和糯玉米更易受到病原微生物的侵染，要进行选种、晒种、浸种消毒、催芽、药剂拌种、种子包衣等处理。

① 选种　甜玉米要精选种子，剔出虫咬、病粒、杂粒、草籽、杂物等。有条件的可以利用精选机进行精选，没有条件的可人工手拣或人工分选。甜玉米种子顶土力弱，精选种子有助于提高田间出苗率。

② 晒种　甜玉米种子于播种前3～7 d，选择晴朗微风的天气，把种子摊在地上或席上，连续晒1～3 d，可提高发芽势和发芽率，出苗率可提高13%～28%，同时日光中的紫外线可以杀死部分病原菌。高温季节切忌把种子摊晒在水泥地或金属板上，以免温度过高烫伤种子。

③ 浸种消毒　经过挑选的甜玉米种子播前可进行浸种消毒处理，浸种可以促进种子的酶活性，促进种子萌发，缩短出苗时间，有助于减少烂种；消毒可以消灭种子上所带的病菌。浸种方法有冷水和温汤浸种两种。冷水浸种就是用清水浸12～24 h，然后取出晾干备用，浸种时水面高出种子9～12 cm。为起防腐作用，可用1%的石灰水澄清液浸种，效果更好。温汤浸种就是用55～58 ℃的温水浸6～8 h，水量高于种子10 cm。浸种完后，把水滴干再进行消毒。消毒可用50%多菌灵1000倍液(100 g的50%多菌灵兑水100 kg)浸种10 min；或用0.02%的高锰酸钾溶液(20 g的高锰酸钾颗粒兑水100 kg，搅拌均匀)浸种2～5 min；或用甲基托布津125～160 g，兑水100 kg，浸种消毒5 min。

④ 催芽　灌溉条件好的地方，种子消毒处理后，可以进行催芽，经过催芽萌动的种子播种

后，出苗快且整齐。催芽以芽刚刚露出为宜。催过芽的种子，播种后要及时浇水，保持土壤湿润。若土壤干旱，又不能及时灌溉的地方，一般不进行浸种或催芽，以免造成闷芽，影响出苗。浸种后若遇雨等不能及时播种，可把浸过的种子薄薄地摊晾在席上，放在阴凉处，防止生芽过长。

⑤ 药剂拌种　孙建军等(2005)采用 3 种杀虫剂、2 种杀菌剂以及它们的不同复配组合对郑甜 X61、郑甜 2 号拌种，研究药剂对甜玉米出苗的影响，结果表明：单用杀虫剂 40%增效对硫磷乳油、杀菌剂多菌灵及复配杀虫杀菌剂对硫磷＋多菌灵、克百威＋乙膦铝 2 种组合的适宜剂量进行药剂拌种，对甜玉米的出苗均有促进作用。但不同的玉米品种对药剂拌种的敏感程度不同，对农药的剂型、剂量的要求不同。

⑥ 种子包衣　购买甜玉米种子时，用户可看包装上说明的包衣药剂成分，选择能预防本地常发病虫害的包衣种子。对未处理过的种子可根据防治对象选择正规的拌种剂按标签说明处理，以有效降低苗期发病率和死苗率，提高防病保苗效果。

2. 播种季节　甜玉米可以春播、夏播、秋播。判断播种适期主要依据两个方面：第一看温度，第二看土壤墒情。即播种时气温要稳定通过 10 ℃，土壤表层 5 cm 深处低温稳定在 13～14 ℃，以便达到种子发芽的要求，且出苗后能够避开－3 ℃左右的寒潮低温危害；土壤墒情要满足种子萌发和幼苗生长的需求，一般来讲土壤水分应达到田间土壤持水量的 60%～70%。春玉米的适宜播期为 3 月底至 4 月初，地膜覆盖可比露地直播适当提早 10～15 d，双覆膜早熟栽培的播期比常规地膜栽培提早 15～20 d，可提早至 2 月初。夏玉米播种期为 5 月底至 6 月初，6 月 5 日前最佳，最迟不宜超过 6 月 10 日。秋玉米一般 7 月底至 8 月初播种。

湖北省春播玉米播期为 3 月 20 日至 4 月 20 日，秋播玉米播期为 7 月中旬至 8 月上旬。春播一般要求土壤温度稳定在 12 ℃以上。如为了提早上市，武汉地区在 2 月下旬播种，同时采用双膜保护地栽培。也可选用早熟品种，采用地膜覆盖栽培技术，3 月中旬播种。武汉地区秋播在 7 月中旬至 8 月 5 日播种。

不同播季、不同播期对鲜食甜玉米的植株生长发育具有一定程度的影响，对茎粗、株高、穗重、穗粒数、百粒重、出籽率等产量性状都有影响。不同播种日期对甜玉米穗粒数和百粒重影响最大，玉米适期播种会使秃尖减少，穗粒数增加、百粒重提高。秋播播种过早时，气温过高，植株发育过快而瘦弱，影响孕穗、授粉及结实，表现为空秆率高，穗行数减少，果穗形成阶段昼夜温差小，不利于可溶性糖分的积累，甜度和风味要差些，自然产量也会有所降低。播种较晚时，光、温有所下降而生物产量减少，气温逐渐降低，生育期也相对较长，有利于可溶性糖及其他营养成分的积累，可溶性糖和营养成分增加，甜度和风味更佳，若加强管理，可获得相对较高的产量。春播正好与之相反，播种早的产量较高，播种较晚的产量较低。

3. 播种方法　播种方法一般有直播和育苗移栽两种。玉米单作时常用直播，育苗移栽常用于茬口比较紧或有重叠的连作栽培方式，多见于鲜食玉米一年三熟或玉米与其他作物连作一年三种三收。

(1)直播　甜玉米种子顶土能力差、出苗率低、幼苗瘦弱，很难达到一播全苗和苗齐、苗壮、苗匀。因此，在露地直播时一定要精细整地、足墒浅播、细土盖种。一般播种深度为 3 cm 左右。甜玉米春季露地直播适宜时间为清明前后。

(2)育苗移栽　甜玉米种子干瘪、皱缩、出苗困难。育苗移栽可保证出苗整齐，培育壮苗，同时节约种子，降低生产成本。育苗移栽还有利于鲜食玉米的提早上市，从而达到增收的目的。育苗时期的确定是由气温或低温来决定的，一般双覆膜早熟栽培的播期比常规地膜栽培提早 15～20 d 至 2 月中下旬。

① 育苗技术　常见的育苗方法可分为苗床育苗、肥团育苗、营养钵育苗和水育苗。具体方法和措施同糯玉米育苗技术，详见第二节糯玉米栽培技术。

② 移栽方法　移栽时期、移栽前炼苗、移栽时栽培管理措施同糯玉米一样，详见第二节糯玉米栽培技术。

4. 合理密植　合理的种植密度与鲜食玉米品种、肥水和气候条件有关。晚熟品种单株生产能力强，适当稀植；反之，植株矮小的早熟品种应适当密植。肥力较高的地块可适当密植；肥力较差的应适当稀植。在低纬度和高海拔地区可适当密些。一般以 5.25 万～6.00 万株/hm^2 为宜。

甜玉米品种在高密度和低密度条件下产量差别不大或者说增、减产不显著。甜玉米品种密度的增加会使其商品率降低，空秆、倒伏情况发生，造成商品性差，有效产量增加不明显，甚至减产。因此，甜玉米从目前品种来看，种植密度以 5.25 万株/hm^2 为宜。

(四)种植方式

1. 单作

(1)春甜玉米—秋甜玉米　春季甜玉米在 3 月初至 4 月初地温稳定在 10～12 ℃时即可播种，其中 3 月上旬播种实行地膜覆盖育苗移栽，3 月下旬后播种可露地直播，6 月初至 6 月底收获，生育期 90 d 左右。秋甜玉米 7 月下旬至 8 月上旬播种，10 月 1 日前后收获，生育期 80 d 左右。

(2)春甜玉米—秋(冬)蔬菜　3 月中旬及时整地，地温稳定在 10 ℃以上时抢墒播种春甜玉米，7 月底收获。玉米收获之后接茬播种秋(冬)蔬菜。可供选择的蔬菜种类有：萝卜 8—9 月播种，当年 10—12 月收获；菠菜 8—12 月播种，30 d 以后分批收获；芹菜 9—11 月播种，12 月开始采收；甘蓝、大白菜 9 月中旬播种，小雪前 2～3 d 收获。

(3)冬小麦(油菜)—夏玉米　5 月底至 6 月初播种夏玉米，6 月 5 日前最佳，最迟不超过 6 月 10 日，9 月下旬至 10 月上旬收获；10 月 10 日左右及时抢播冬小麦或油菜。

(4)春玉米—晚粳　3 月中下旬播种盖地膜或 4 月上旬露地直播，7 月上中旬收获玉米，紧接着栽插晚粳，10 月下旬收割。

(5)一年三熟鲜食甜玉米　早春种植的第一茬玉米选用早熟类型的甜玉米品种，争取提早上市。第二茬夏玉米和第三茬秋玉米可根据市场需求，选用耐高温、品质优、适口性好的甜玉米中熟或中晚熟品种。第一茬春玉米在 2 月上旬播种，采用塑料大棚、营养钵育苗，3～4 叶期移栽，移栽前用 70 cm 宽的微膜覆盖厢面，移栽后及时用 2 m 长的竹弓和 2 m 宽的地膜搭成小拱棚对玉米进行防寒保暖。第一茬春玉米一般在 5 月底至 6 月初即可上市。第二茬夏玉米在 5 月下旬播种，前茬收获前 5～7 d 套种在行间，或提前 7～10 d 用营养钵育苗，待苗长至 3～4 片叶时移栽，第二茬夏玉米到 8 月上旬可上市；第三茬秋玉米在 8 月上旬播种，至 10 月中上旬上市。

(6)春甜玉米—秋甜玉米—冬青菜　春季甜玉米一般于 3 月 15—20 日播种，6 月底至 7 月初采收结束。秋甜玉米采用免耕露地直播在 7 月初播种，9 月上中旬可采收。冬青菜可采用免耕直播，也可育苗移栽。

(7)春播甜玉米—秋播糯玉米—秋播蔬菜

春播甜玉米:2 月下旬大棚内营养钵或塑料软盘育苗,3 月上旬移栽到大田,地膜+小拱棚膜覆盖,5 月底至 6 月上旬采收鲜穗。

秋播糯玉米:秋播鲜食糯玉米免耕育苗移栽,7 月中下旬播种育苗,7 月底移栽到大田,10 月上中旬采收鲜穗。

秋播蔬菜:以秋播冬收的甘蓝、莴苣、萝卜、大白菜、红菜薹为主,9—10 月播种或育苗,10—11 月移栽,12 月至次年 2 月收获。

(8)秋冬播蔬菜—春播西瓜—秋播甜玉米

秋冬播蔬菜:9 月播种甘蓝、莴苣,10 月初移栽萝卜,次年 1—2 月采收。

春播西瓜:2 月上旬播种育苗,3 月中旬移栽到大田,用地膜和弓棚农膜覆盖,5 月下旬至 7 月初采收。

秋播甜玉米:7 月中旬播种育苗,2 叶 1 心育苗移栽,10 月上中旬采收鲜穗。

(9)早莴笋—春甜玉米—秋白菜

早莴笋:9 月初播种,11 月移栽到大田,移栽前整厢开沟,厢宽 1 m,盖地膜,行株距为 50 cm×40 cm,第二年 3 月收获。

春甜玉米:于 2 月下旬播种,苗床育苗,3 月下旬莴笋收获后移栽,移栽前整厢开沟,行株距为 50 cm×40 cm,6 月中旬开始采摘鲜穗。

秋白菜:8 月上旬翻地炕田,然后整田播种秋白菜,间苗成行,行株距为 50 cm×23 cm,10 月上旬收获。

2. 连作和间套作

(1)冬马铃薯/春播甜玉米—夏播鲜食大豆(毛豆)

冬播马铃薯:1 月上旬播种,4 月中旬收获。马铃薯与甜玉米套种,起垄种植,开沟条穴播种。200 cm 一带,马铃薯按 80 cm 宽开沟起垄,每垄条穴播种 2 行,穴距 20 cm,播种盖土 8 cm 厚,用地膜覆盖,有条件的地方上面再加盖弓膜,待幼苗出齐后,掀开弓棚农膜,用竹签对准马铃薯幼苗,把地膜破个小孔,将苗放出,并用细土封严膜孔,同时在株间打洞追施苗肥,每亩施尿素 6~8 kg,用土盖严洞口,覆盖好弓棚农膜。待气温稳定后揭掉弓棚农膜,马铃薯茎叶变黄,地下块茎膨大到 50~80 g 时抢早收获上市。

春播甜玉米:3 月上旬播种育苗,3 月下旬移栽,6 月中下旬采收鲜穗。

夏播鲜食大豆:7 月中旬播种,10 月上中旬采收鲜豆荚。

(2)冬马铃薯/春播甜玉米—秋播花菜　马铃薯冬播以前施肥整地开厢,厢面宽 106 cm,厢沟宽 27 cm,每厢播种 4 行马铃薯。第二年春,在马铃薯行间各播(栽)1 行玉米。马铃薯株行距为 20 cm×33 cm,玉米株行距为 27 cm×67 cm。马铃薯 1 月下旬进行切块催芽,2 月中旬播种,3 月上旬出苗,5 月下旬至 6 月初收获。春玉米在 3 月中旬播种育苗,4 月上旬在马铃薯行间移栽,7 月中下旬可收获。马铃薯收获后播种秋花菜(6 月下旬至 7 月初),7 月下旬至 8 月上旬定植,株行距 40 cm×40 cm,9 月底至 10 月底采收完毕。

(3)鲜食玉米/棉花—冬蔬菜　2 m 开沟作畦,1 行玉米,2 行棉花,畦中间种玉米,两边种棉花。玉米在 3 月上旬整地、播种,播种深度 3~5 cm,播后足墒时盖膜,出苗后及时松土、治虫防病,4 月上旬间苗、定苗,玉米授粉后将雄穗和基部老叶打掉,提高田间通风透光率,为套种的棉苗生长营造良好的环境条件,7 月上中旬收获玉米。棉花于 4 月中下旬营养钵育苗,5

月上中旬移栽到大田，10 月中旬至 11 月初收完棉花，秸秆粉碎还田，或拔杆腾茬，整地种植秋冬蔬菜。

(4)春播花生(大豆)‖春播鲜食玉米—夏播甘蓝(大白菜) 花生或春大豆 3 月上旬播种，7 月中下旬收获。鲜食玉米于 3 月上旬育苗，3 月下旬移栽于花生或大豆的两边，6 月下旬至 7 月上旬收获鲜穗。甘蓝于 7 月上旬育苗，8 月中旬移栽，11 月下旬至 12 月收获。

(5)鲜食玉米‖大豆/甘薯间套作 鲜食玉米、大豆带状间作技术是采用玉米与大豆 2∶2 带状间作模式，充分利用玉米、大豆形态、生理差异互补，充分利用光能。春季甜玉米、大豆收获前 20～25 d 分别在玉米、大豆畦两边套作早熟甘薯，甘薯应选择藤蔓生长少、单株薯快多而小、早熟、品质好的迷你型品种。

(6)萝卜—甜玉米 李鹏程等(2016)介绍，为改善长阳高山白萝卜种植效益不高、连作障碍严重等问题，在长阳 1000 m、1200 m、1400 m、1600 m 四个海拔点进行了高山白萝卜—甜玉米地膜覆盖试验。试验小区面积 0.1 亩。第一茬播种白萝卜，4 月 10 日播种，第二茬播种甜玉米，6 月 5 日播种。调查结果表明，同一时间播种，不同海拔下白萝卜和甜玉米的生育期不同，海拔 1000 m、1200 m 白萝卜的成熟期为 60 d，而海拔 1400 m 白萝卜的成熟期为 61 d，海拔 1600 m 白萝卜的成熟期为 64 d。海拔 1000 m、1200 m 甜玉米的成熟期均为 75 d，而海拔 1400 m 甜玉米的成熟期为 79 d，海拔 1600 m 甜玉米的成熟期为 85 d，较正常成熟期分别延长 4 d 和 10 d。产量表现：海拔 1000 m 的白萝卜、甜玉米小区平均产量分别为 340.3 kg、107.6 kg；海拔 1200 m 的白萝卜、甜玉米小区平均产量分别为 390.6 kg、111.8 kg；海拔 1400 m 的白萝卜、甜玉米小区平均产量分别为 388.3 kg、111.2 kg；海拔 1600 m 的白萝卜、甜玉米小区平均产量分别为 374.0 kg、108.0 kg。

(五)田间管理

1. 科学施肥

(1)施肥原则 甜玉米对肥料需求与普通玉米存在差异，需氮水平较低，对磷和钾需求较高。为获取最优施肥方案，各地应根据土壤养分测定结果，进行配方施肥。一般 pH 值 6.5～7.0 的中性土壤、在中等肥力水平下，每生产 900～1000 kg 甜玉米鲜穗，需生物有机肥 800～1000 kg，纯氮 4.17～9.09 kg，P_2O_5 3.39～9.29 kg，K_2O 4.66～8.99 kg；肥力较低的地块，每生产 1000 kg 甜玉米鲜穗，需吸收纯氮 20～24 kg，P_2O_5 6～7 kg，K_2O 8～14 kg，$ZnSO_4$ 1 kg。

氮肥既可以作基肥也可以作追肥，一般作追肥用得多。氮肥主要用于苗期和拔节期。苗期氮肥一般用于田间灌水后点施或下雨后穴施，也可淋水浇根。拔节期氮肥一般通过中耕培土时沟施，然后壅土压根。磷肥一般用作基肥，不用作追肥。钾肥既可以作基肥也可以作追肥，一般作追肥用得多。钾肥主要用于拔节期、穗期和吐丝期。苗期追施钾肥跟氮肥一起点施或穴施。拔节期、穗期和吐丝期一般通过沟施作追肥。

(2)施肥方法

① 底肥 施足底肥。底肥可培肥地力，改良土壤结构，在玉米的整个生育期源源不断地供给养分，以保证玉米的正常生长发育。底肥应以有机肥料或生物菌肥为主，化学肥料为辅。一般每亩施有机肥料 40～80 kg，尿素 6～7 kg，磷肥的 2/3 可以作底肥，钾肥可绝大部分或全部作底肥施入。

② 种肥 是在播种时施在种子附近的肥料，也称口肥。种肥应以幼苗容易吸收的速效肥

料为主。施肥时要注意不要与种子接触，施用数量也不能过多，否则影响出苗。

③ 追肥 为提高玉米单位产量，实现高产优质的目的，掌握追肥最佳时间、肥料数量、追施肥料种类是非常重要的。要根据玉米吸肥规律、产量水平、地力基础、底肥和种肥施用情况等决定。

追肥种类：追肥的种类主要以速效氮为主，比如尿素；以钾肥、磷肥为辅，比如硫酸钾、过磷酸钙或磷酸二氢钾。

追肥数量：高产田、地力基础好、底肥数量多的宜采用轻追苗肥、重追穗肥和补追粒肥的追肥法。苗肥用量约占总追氮量的 30%，穗肥约占 50%，粒肥约占 20%。中产田、地力基础较好、底肥数量较多的宜采用施足苗肥和重追穗肥的二次追肥法，苗肥约占 40%、穗肥约占 30%。低产田、地力基础差、底肥数量少的采用重追苗肥、轻追穗肥的追肥法，苗肥约占 60%，穗肥约占 40%。

苗肥：一般在定苗后至拔节期（叶龄指数 30%左右）追施。即将过去的提苗肥和拔节肥合为一次施用，有促根、壮苗和促叶、壮秆的作用，为穗多、穗大打好基础。苗肥除施用速效氮肥外，还可同时施入磷肥和钾肥，也可施入腐熟的有机肥。磷肥作为苗肥与速效氮一起追施，可防止红苗。

拔节肥：拔节肥能促进中上部叶片增大，增加光合面积，延长下部叶片的光合作用，为促根、壮秆、增穗打好基础。追施拔节肥以氮肥为主，每亩可用 10～15 kg 尿素沟施或穴施，避免大雨前追施，以防被雨水淋溶。对于土壤中磷、钾肥力不足的田块，追肥时也可以掺入三元素复合肥，每亩可用 7.5～10 kg。

穗肥：玉米在大喇叭口期追施穗肥，既能满足穗分化的养分需要，又能提高中上部叶片的光合生产率，使运入果穗的养分多，粒多而饱满。穗肥追施以速效氮肥为主，每亩可用 15～20 kg 尿素为宜。

粒肥：粒肥是指玉米抽雄以后追施的肥料，一般在灌浆期追施为宜。玉米抽雄以后至成熟期，还要从土壤中吸收氮、磷总量 40%左右的养分。同时籽粒产量的 80%左右是靠后期叶片制造光合产量。因此，后期一般应施入一定数量的速效化肥，保证无机营养的充分供给，延长叶片功能期，提高光合效率，增加光合产物积累，促进粒多、粒重，以获得优质高产。

根外施肥：就是将氮、磷、钾等化学肥料、微量元素肥料等溶解于水，喷在作物叶面上，使作物吸收利用，所以也叫叶面施肥。根外施肥的好处很多，主要表现在肥效快、肥效高。叶面喷施化肥的当季利用率可高达 90%，用量少，施肥匀，方法简单。如尿素每亩用量只需 1.0～1.5 kg。根外施肥只需将肥料溶解于水即可，还可以结合防治病虫害与化学试剂混合喷施，一举多得，增加粒重，增产效果明显。玉米开花、灌浆期喷施磷酸二氢钾、过磷酸钙，可促进灌浆，增加粒重，增产 5%～7%。但需要注意的是，根外施肥效果虽好，但施肥的数量毕竟有限，且叶面的吸肥力也不如根部，因而它不能代替作物生长前期的根部追肥，只可作为应急或补救措施，加以补充运用。

机械化中耕施肥：在玉米拔节或小喇叭口期，采用高地隙中耕施肥机具或轻小型田间管理机械，进行中耕追肥机械化作业，一次完成开沟、施肥、培土、镇压等工序。追肥机各排肥口施肥量应调整一致。追肥机具应具有良好的行间通过性能，追肥作业应无明显伤根，伤苗率＜3%，追肥深度 6～10 cm，追肥部位在植株行侧 10～20 cm，肥带宽度＞3 cm，无明显断条，施肥后覆土严密。中耕机上安装单翼铲、双翼铲、大小杆齿。也可自制施肥、中耕机械。

2. 及时间苗、定苗、中耕　及时间苗、定苗是减少弱株率、提高群体整齐度、保证合理密度的重要环节。间苗、定苗要掌握好时机，3 片可见叶时间苗，5 片可见叶时定苗。间苗、定苗过早时，苗势两极分化不明显，定苗后会继续出现病株、弱株、残株等。间苗、定苗过晚，一方面幼苗拥挤，争肥争水，形成弱苗；另一方面间苗时根系交错易伤苗。定苗时应做到去弱留壮；去过大苗和弱小苗，留大小一致的苗；去病残苗、虫咬苗，留健苗；去杂苗，留纯苗。

甜玉米比普通玉米更易产生分蘖，而且分蘖一般不能或很少结实，在生产上毫无意义。为了保证主茎果穗有充足的水分、养分，促早熟，改善田间通风透光条件，可将分蘖及时去除。但去蘖必须及时，一见长出，就要彻底去除，不留痕迹，而且要进行多次。

中耕可以疏松土壤，流通空气，破除板结，提高地温，消灭杂草及病虫害，减少水分养分的消耗，促进土壤微生物活动，满足玉米生长发育的要求。苗期一般中耕两次。定苗前后中耕应浅，一般 5 cm 左右，拔节期前后中耕应深些，行间可达 10 cm 左右。大喇叭口期中耕应结合追施穗肥进行，此时还需剔除植株下部的无效分蘖，只保留第一果穗，以减少分蘖对养分水分的消耗，保证第一果穗的正常生长。培土壅蔸也应同时进行，防止倒伏。

3. 节水灌溉　玉米全生育期要保持土壤湿润，在灌水措施上，头水适当晚浇，以利蹲苗，促进玉米根系深扎。二水、三水要及时跟上，一般玉米全生育期灌水 5 次左右，即苗期、拔节期、大喇叭口期、抽雄期、灌浆期灌水，灌水则以不漫过畦面为准，以保证玉米生长发育对水分的需要。

与灌水时期紧密相关的是灌溉方法。播前若遇到旱情，无法正常播种，可采用以下灌溉方法：一是座水种植法。即播种后对土壤畦面进行人为浇水，此法即可节水，又可保全苗。二是沟灌法。玉米地采用沟灌非常方便，而且能较好地保持耕层土壤团粒结构，改善土壤通气情况，促进玉米根系发育，增强抗倒伏能力。这种方法既省工又节水。三是畦田分段灌溉法，灌溉水进入畦田，在畦田面上的流动过程中，靠重力作用渗入土壤，当水流达到畦长的八九成时把水改往其他畦，具有明显的节水效果，既可提高田块内灌溉水的均匀度，又可减少田间深层渗漏和土壤养分流失。四是管道输水灌溉法，用管道输水可减少渗漏损失，提高水的利用率。目前采用的一般有地下硬塑料管，地上软塑料管，一端接在水泵口处，另一端延伸到玉米畦田远端，灌水时，挪动管道出水口，边灌边退。这种移动式管道灌溉，不仅省水，功效也较高。五是间歇灌溉法，利用间歇灌前次放水湿润了土面，使表层土壤形成了密实的表面，降低了田间粗糙度和水流阻力，加快后一次的水流速度；另外在前次灌水的消退过程中，由于毛细管的作用在土壤表层空隙中产生了一些气泡，使得后续灌水的土壤入渗率减少，保证了水流的快速推进，从而提高了灌水效率，达到了节水目的。

玉米对水分特别敏感。遇涝害时要及时采取田间管理措施，做到及时清理“三沟”，排出田间积水，防止玉米涝渍。

4. 防病、治虫、除草　详见第五章。

(六)适时收获

1. 收获标准　甜玉米采收时间要求较为严格，过早或过晚都会影响其品质。一般在抽丝后 21～23 d，籽粒含糖量高，营养品质好，此时为最佳采收期。收获后的甜玉米应尽快销售或加工，放置 24 h 后糖分开始下降，逐渐降低产品品质。不同品种的适宜采收期还应根据当地的气候特点、产品的用途等实际情况确定。

张士龙等(2016)介绍,为了探讨超甜玉米果皮柔嫩度在籽粒发育进程中的变化规律,以10份超甜玉米自交系为材料,采用硬度计法测定籽粒发育过程中果皮柔嫩度值,分析果皮柔嫩度在不同环境条件下的变化。结果表明,10份参试材料在果皮柔嫩度上存在梯度差异,其中PE10果皮柔嫩性最好,T105中等,S33205最差;在湖北武汉(2014年春)、海南陵水(2014年冬)两种环境下,在授粉后第12～24 d,PE10、T105、S33205的果皮柔嫩度值均呈上升趋势,且各测定时间点的柔嫩度均值由大到小的顺序均为S33205、T105、PE10;随着籽粒的发育,相同材料在不同环境条件下果皮柔嫩度差异呈现先增大后缩小最后又趋于一致的规律;2014年湖北武汉春季与海南陵水冬季相比,同一材料最适采收期相差4 d,但最适采收期的果皮柔嫩度值差异不显著,说明环境改变会影响果皮嫩度变化速率,但果皮柔嫩度的好坏本质上仍决定于材料本身。

2. 收获方法 收获方法为人工带苞叶采摘。

(七)贮存保鲜

鲜食甜玉米本身含糖量、含水量高,在采收后仍然是一个活的生命体,自然条件下存放,会发生一系列的生理生化变化,糖分迅速转化导致其品质下降。同时因为其营养价值高,而易遭受微生物、霉菌浸染。陈永欣等(2001b)曾介绍,鲜食玉米鲜穗适宜采收期为授粉后23～25 d。收获后贮存期间鲜玉米含糖量受温度影响极大,达极显著相关($r=0.9804^{**}$),贮存温度低,呼吸强度小,糖分降解慢,保鲜效果好。加工品质和风味由冷热处理的温度和时间决定。热处理时间为18～24 min、冷处理温度为－45～－38 ℃时,保鲜效果最好。目前的保鲜技术都是通过抑菌防腐、降温延缓生理代谢、化学调控防老化等途径,来达到使保鲜的甜玉米营养成分损失少、风味佳、口感好、果皮柔嫩的新鲜状态。中国甜玉米保鲜的主要关键技术如下:

1. 速冻保鲜 速冻就是将经过预处理的甜玉米穗置－40～－30 ℃低温下,使细胞内水分快速冻结,速冻条件下,形成的冰晶直径小于100 μm,并均匀地分布在整个组织中,不会破坏细胞组织,能较长时间贮藏。解冻后,组织中的汁液流失很少,较好地保持了玉米穗原有的色泽、风味。

(1)工艺流程

采摘→去苞叶→冷却→分级→去花柱→清洗→切段→漂洗→热烫→冷却→挑选→吹干冷却→速冻→挑选→包装→冷藏→检验。

(2)操作要点

① 采收 在乳熟初期,即授粉后20～22 d采收。授粉第18 d开始,测定甜玉米的水分含量,含水量在70%～73%时即可采收。装箱宜轻放,装车时上层筐不可压在下层筐上。采收后立即装箱,不能在田间长期停留和暴晒,以保持苞叶青绿不脱水。

② 去苞叶 清除苞叶,掰掉秃尖,去掉虫蛀、发霉、腐烂、缺粒、杂色、籽粒排列不紧密和过熟过嫩的原料。还可在浓度为1.0%～1.5%的食盐溶液中浸泡1～5 h,收到调味、驱虫和冷却的效果。

③ 冷却 去苞叶后在4 ℃冷水中循环冷却15～20 min。

④ 分级 按整穗,切段分级,要求不秃尖,不秃尾,整体无虫蛀、缺粒,籽粒排列整齐均匀。按直径分级:直径4.5～5.0 cm为一级,3.8～4.4 cm为二级。

⑤ 去花柱、清洗 用手或机械去除花柱,在流水中清洗干净。

⑥ 切段　用切段机或切刀切段，切刀操作实行流水作业，第一操作者将尾部切除 1～2 cm，第二操作者切去尖部 3～5 cm，确保切口平整，刀口周围籽粒无破碎。

⑦ 漂洗　在流水中清洗玉米穗表面，要求无花柱、无污渍、大小粗细一致。

⑧ 热烫　玉米穗在沸水或蒸汽中加热到 90～98 ℃，时间 7～12 min，可杀死部分微生物，破坏酶活动性，排去组织内部分气体和破损粒。

⑨ 冷却　烫后立即冷却，先在 10～15 ℃凉水中预冷，玉米穗由 90 ℃降至 30 ℃后，再入 0～5 ℃冷水中冷却至 5 ℃以下。

⑩ 挑选　冷透后在传送带上人工挑选，剔除过熟、未烫透的玉米和碎粒。

⑪ 吹干冷却　吹干玉米表面水分使其进一步冷却。

⑫ 速冻　采用流化床隧道，要求装置内空气温度为－40～－30 ℃，空气温度为－30 ℃～－26 ℃，带下冷空气流速为 6～8 m/s，直径为 4.5～5.0 cm 的玉米棒冻结时间为 8～15 min。

⑬ 挑选　进一步剔除缺陷粒及碎粒。

⑭ 包装　一般在－5 ℃条件下装入聚乙烯薄膜包装袋。

⑮ 冷藏　速冻玉米的冷藏温度为－20 ℃～－18 ℃，相对湿度为 95%～98%，贮藏期间主要防止结晶和冰升华。

⑯ 检验　主要是感观、理化及微生物检验。

2. 冷藏保鲜　冷藏保鲜是指利用制冷设备，人为地控制和调节保持稳定的低温环境，用于甜玉米的储藏，以延长储藏和货架期。

王道营等(2008)将甜玉米分别储藏在 25 ℃、15 ℃、4 ℃条件下，以研究不同温度下甜玉米的品质变化情况。结果表明：储藏温度越低，甜玉米含糖量越高，呼吸强度越低，失水量越低，能够保持较高的食用品质。

3. 常温保鲜　采收甜玉米棒时精细操作，谨防损伤玉米籽粒。采后进行挑选分级，应选择生长整齐无蛀虫、籽粒刚刚饱满而未固化的嫩玉米。除去苞叶、花柱，用清水冲洗干净。

(1)保鲜液配置　苯甲酸钠 0.1%，柠檬酸 0.2%，肌醇六膦酸酯 0.1%，维生素 C1%，加水至 100%重量比。先按配方量将苯甲酸钠、柠檬酸溶于水中加热至沸，放凉后再加入肌醇六膦酸酯、维生素 C，搅拌均匀后即为玉米保鲜液。

(2)操作要点

① 保鲜液浸泡　采后处理好的玉米棒放进装有保鲜液的容器里浸泡 1 min，注意翻动，不留空白点。采下后要当天处理完毕，否则品质老化无保鲜价值。

② 包装储藏　沥干水分的玉米棒用聚乙烯薄膜单果包装逐个进行包装，再装入木桶、纸箱等容器中，然后移至贮藏室进行保鲜。

③ 日常管理　保鲜期间每隔 6～8 d 翻棒一次，检查有否腐烂等保鲜异常情况，发现异常应及时处理。

4. 气调保鲜技术　气调保鲜又称气调贮藏法或气调冷藏法，它主要是通过降低贮藏温度和调节空气中的成分(如 O_2、N_2、CO_2、水蒸气以及乙烯)，达到抑制呼吸作用，从而达到最佳的保鲜效果(保鲜寿命和保鲜质量)，这种调节环境气体成分的保鲜方法称为气调保鲜。

目前气调保鲜玉米和气调贮藏新鲜水果蔬菜的原理一样，通过调节库内气体含量比例(O_2 浓度为 8%～10%，CO_2 浓度为 3%～5%)，降低甜玉米的呼吸作用，最大限度地保持其原有的状态及营养价值。

气调保鲜技术起步较晚，投资大、费用高、耗能大，贮藏时间不宜过长，不宜远距离运输，不适合在湖北省推广。

5. 辐射保鲜 辐射保鲜技术是指用一定剂量的射线(如钴 60、铯 137 等放射性元素的 γ 射线以及电子加速和 x-射线)辐射果蔬等，使果蔬内部发生电离，杀灭有害物质，从而延长果蔬贮藏或货架期的技术。近年来辐照技术也用于甜玉米的保鲜，但是辐照后的食品安全问题备受人们的争议。

6. 涂膜保鲜 涂膜保鲜技术是指在甜玉米的表面涂上一层薄膜，以隔离甜玉米与空气的气体交换，降低甜玉米的呼吸作用，减少营养物质的消耗，减少病原菌的侵袭，从而达到延长贮藏或货架期的目的。

茅林春(2000)对 0 ℃和 10 ℃经壳聚糖涂膜处理的甜玉米进行了呼吸强度、乙烯产量和品质指标的测定，结果表明，壳聚糖涂膜能明显降低甜玉米的呼吸强度和乙烯产量，提高还原糖、可溶性总糖和蛋白质含量，降低淀粉含量，减缓甜玉米品质劣变。

7. 微波处理保鲜 微波处理可将食品在短时间内进行高温处理，从而达到灭菌灭酶的目的。王春辉(2011)将甜玉米经微波处理后用聚乙烯袋包装冷藏于 2 ℃条件下进行研究。结果表明：微波处理的甜玉米贮藏 15 d 后，呼吸强度比对照组低 25%，淀粉含量比对照组低 10.97%，可溶性糖含量比对照组高 29.47%，还原糖含量比对照组高 19.32%。此外，微波处理还有效延缓了甜玉米贮藏期间糖分的散失。

第三节 青贮玉米栽培

一、种植区域

青贮玉米是按收获物和用途来进行划分的玉米三大类型(籽粒玉米、青贮玉米、鲜食玉米)之一，是指在适宜收获期内收获包括果穗在内的地上全部绿色植株，并经切碎、加工，适宜用青贮发酵的方法来制作青贮饲料以饲喂牛、羊等为主的草食牲畜的一种玉米，与一个地区的畜牧业发展有密切联系。

2008 年，湖北省人民政府出台了《关于促进奶业快速健康发展的通知》(鄂政发〔2008〕38 号)，明确提出奶业健康发展的重要意义、工作重点和扶持政策。自此湖北省奶业出现高速发展态势，伊利、蒙牛、光明等国内奶业巨头纷纷在省内投资建厂，已成为中南地区最大的奶源基地和乳品加工基地，初步形成了饲料种植、奶牛饲养、乳品加工和产业服务的“种、养、加、服务”产业体系。

奶牛数量的增加对青贮玉米产业发展注入新动力，截至 2018 年底，湖北省青贮玉米种植面积保持在 100 万亩左右，并且以较快的速度增长。全省地势地形多样，青贮玉米生产布局与各地畜牧业发展规模相配套。主要产区在鄂东地区、江汉平原、鄂北岗地和鄂西山区。

二、栽培技术

(一)选用品种

选择青贮玉米品种的标准主要包括以下几方面：全株产量、谷物产量、青贮品质、抗倒伏和抗虫等。其中，单位面积产量和青贮品质是两个比较重要的指标。因此，应根据当地的自然条件，因地制宜地选用熟期适宜、生物产量高、干物质含量高、稳产性好、适应性强、抗病、抗倒伏、营养价值高、易于消化利用等特性的品种。

李波等(2005)认为，专用青贮玉米品种具有植株高大、茎叶繁茂、营养成分含量较高的特点，同时还具有最佳收获时期是最佳干物质含量高的特点，即收获时具有最适宜的含水量，既不因超期收获能量物质纤维化、木质化、风化，也不因提早收获干物质积累尚未充分、水分超高而影响青贮产品的质量和产量，是用于制作青贮饲料的专用品种。适期收获的青贮玉米籽粒重量约占全株总干物质重量的45%，其消化率可达到90%以上；茎叶部分占全株总干重约55%，消化率60%～70%。

赵万庆等(2009)认为，选择青贮玉米品种，不仅要看青贮玉米的产量高低，还要综合考虑其适口性、营养成分的高低，优良的青贮玉米品种必须集高产和优质于一身。评价青贮玉米品种的指标主要包括：干物质产量、生育期、抗逆性、抗病性、品质等。优质的青贮玉米酸性洗涤纤维(ADF)含量＜30%，中性洗涤纤维(NDF)含量＜55%，粗蛋白含量越高，品质越好。

史枢卿(2017)认为，选择青贮玉米品种时应以含水量65%时的青贮玉米标准水分产量来衡量；在品种生育期选择上，如果想最大化利用作物可生长天数，充分利用光照和积温，可以采用生育期略长的品种，尤其对高纬度地区、山区高海拔的温度低、积温有限地区有重要意义；抗病品种选择方面，要选择抗叶斑病能力较强的品种，从而保证在青贮玉米收获时，可保存更多可消化纤维的健康叶片；从农艺性状上，尽可能适应当地的病虫害压力和气候，但要强调耐密性和抗倒伏性。

李必圣等(2018)在湖北省荆州市岑河桑梓湖开展一组8个青贮玉米品种的生产比较试验，试验采取随机区组设计，种植密度5000株/亩，通过对8个参试品种的株高、穗位、茎粗、单株果穗、单株重、持绿性等农艺性状进行调查，综合所有结果，新饲玉12号和奥玉5102两个品种综合表现优异，适合在湖北省中部推广应用。

常海滨等(2015)在湖北省黄冈市黄州区堵城镇开展一组10个专用青贮玉米品种的比较试验，试验采用随机区组设计，3次重复，种植密度4500株/亩。田间管理按照底肥复合肥(15-15-15)750 kg/hm^2，6～8叶期追施尿素450 kg/hm^2，大喇叭口期施尿素150 kg/hm^2，籽粒乳线下移至1/2左右时进行全株收获。通过对品种物候期、株型、株高、持绿性、产量、品质等进行比较。结果表明，长单青贮99干物重最高为19480.5 kg/hm^2，博力青贮1号中性洗涤纤维含量最低为50.33%，长单青贮99纤维酸性洗涤纤维含量最低为23.82%，LK3203粗蛋白含量最高为9.62%，长单青贮99绿叶数最高达到14.1片，所有品种病害均发生较轻，抗倒性也较好。综合分析认为，长单青贮99、雅玉青贮玉米8号综合性状较好，比较适合在湖北东部地区种植。

李宁等(2017)在湖北省黄冈市堵城镇黄冈市现代农业科技示范园开展一组7个专用青贮玉米品种的展示试验，采用随机区组设计，3次重复，种植密度4200株/亩。播前整地耙平，施复合肥(15-15-15)750 kg/hm^2 作为基肥，大喇叭口期施尿素300 kg/hm^2，籽粒乳线下移至1/2左右时进行全株收获。通过对品种物候期、株型、株高、持绿性、鲜重等进行比较。结果表明，豫青贮23抗性较好，生育期较短仅为105 d，比较适合一年两季种植模式，持绿性也较好，鲜重达到58720 kg/hm^2，比较适合在湖北东部地区推广应用。其次，郑青贮1号和雅玉青贮8号也表现较好。

姜华等(2018)在荆门市沙洋县马良镇童沙村开展一组13个青贮玉米品种的比较试验，采用随机区组设计，3次重复。对物候期、生物学特性、抗逆性、生物学产量等方面进行比较和研究。结果表明，双玉919综合性状优异，适合在湖北中部地区种植推广。其次华玉12和天玉612也表现较好。

田宏等(2014)为筛选出适合湖北省中部地区种植的优质青贮玉米品种，采取随机区组设计，对12份材料进行品种比较试验，对其物候期、株高、生物产量和粗蛋白含量进行比较。结果表明，雅玉8号植株高大，适应性好，果穗饱满，营养物质含量丰富，干物质产量达1069.2 kg/亩，刈割时粗蛋白含量为9.56%，是湖北省中部种植青贮玉米的首选品种。其次，花单1号、华玉5号、雅玉青贮玉米8号也相对较好。

田圣忠等(2018)为筛选出适合在鄂西宜昌地区种植的青贮玉米品种，在宜昌市夷陵区鸦鹊岭镇凤凰观村开展一组10个青贮玉米品种的大区比较试验。试验不设重复，每个品种种植60 m^2，密度3000株/亩。施复合肥(15-15-15)750 kg/hm^2 和生物有机肥1500 kg/hm^2 作底肥，5叶期追施尿素120 kg/hm^2，试验过程中对品种物候期、株高、生物产量和抗性等进行比较。试验结果表明，华玉11、康农20、郑青贮1号、三北89和雅玉青贮26号生物产量较高，且综合性状表现优异。其中，华玉11、三北89和康农20这3个品种在夷陵区常年种植面积较大，抗病、抗倒、抗逆性强，且植株后期不早衰，持绿性好，综合性状好，可在夷陵区低海拔地区作为青贮玉米主导品种推广种植。雅玉青贮26号和郑青贮1号2个专用青贮玉米也可以在鄂西地区扩大种植面积。

(二)适宜于湖北种植的青贮玉米品种简介

1.雅玉青贮8号

组合来源：以自选系YA3237为母本、外引系交51为父本杂交组配而成。YA3237来源为郑32×S37，交51引自贵州省农业管理干部学院。

选育单位、审定编号：四川雅玉科技开发有限公司，审定编号为国审玉2005034。

熟期类型：中晚熟品种。

特征特性：该品种全生育期春播118 d，夏播为103～105 d，出苗至青贮收获88 d左右。株高300 cm，穗位高120 cm，成株叶片数20～21片。出苗时间快，幼苗绿色，叶鞘紫色。花药浅紫色，颖壳浅紫色。植株高大，株型平展，茎秆粗壮，叶多繁茂，叶色深绿，保绿期长，活秆成熟。结实性好。穗长20 cm，穗粗4～5 cm，每穗14～16行，每行35粒以上，千粒重300 g左右，黄粒，硬粒型。

抗性表现：人工接种抗病(虫)害鉴定，高抗矮花叶病，抗大斑病、小斑病和丝黑穗病，中抗纹枯病。

产量和品质：2002—2003年参加青贮玉米品种区域试验，2002年平均公顷生物产量(鲜重)69 288.2 kg，比对照品种增产18.5%；2003年平均公顷生物产量(干重)2048.3 kg，比对照品种增产9.0%。经北京农学院测定，全株中性洗涤纤维含量45.07%，酸性洗涤纤维含量22.54%，粗蛋白含量8.79%。

适宜种植地区：北京、天津、山西北部、吉林、上海、湖北、福建中北部、广东中部春播区和山东泰安、安徽、陕西关中、江苏北部夏播区作专用青贮玉米种植。

2. 雅玉青贮 26 号

组合来源:2002 年以自选系 YA3237 为母本、YA8201 为父本杂交育成。YA3237 是以郑 32×S37 为基础材料,经多年连续自交选育而成。YA8201 是以巴西杂交种 AGROL-ERES1051 为基础材料,经 1 次混粉重组,连续 7 代自交选育而成。

选育单位、审定编号:四川雅玉科技开发有限公司,审定编号为国审玉 2006056。

熟期类型:中晚熟品种。

特征特性:出苗至青贮收获期比对照品种晚 5 d 左右,属青贮玉米品种。幼苗绿色,叶鞘浅紫色,叶缘绿色,花药紫色,颖壳浅紫色。株型平展,株高 362.0 cm,穗位 151.0 cm,成株叶片数 18 片。花柱绿色,果穗筒形,穗长 19.0~21.0 cm,穗行数 14~16 行,穗轴白色。籽粒黄色、半马齿型,百粒重 33.0 g。

抗性表现:人工接种抗病(虫)害鉴定,抗大斑病、丝黑穗病和矮花叶病,中抗小斑病,感纹枯病。

产量和品质:2004—2005 年参加青贮玉米品种区域试验,平均公顷生物产量(干重) 19843.5 kg,比对照品种增产 11.7%。经北京农学院测定,全株中性洗涤纤维含量平均 47.04%,酸性洗涤纤维含量平均 23.48%,粗蛋白含量平均 7.78%。

适宜种植地区:北京、天津、山西北部、吉林中南部、辽宁东部、内蒙古呼和浩特、新疆北部春玉米区和安徽北部、陕西中部夏玉米区作专用青贮玉米品种种植,纹枯病重发区慎用。经过在湖北的试验,综合表现较好,适宜在湖北作为青贮玉米种植。

3. 豫青贮 23

组合来源:以自选系 9383 为母本、115 为父本杂交组配而成。9383 来源于丹 340×U8112,115 来源于 78599。

选育单位、审定编号:河南省大京九种业有限公司,审定编号为国审玉 2008022。

熟期类型:中晚熟品种。

特征特性:东、华北地区出苗至青贮收获期平均 117 d,至成熟期 127 d,黄淮地区夏播出苗至青贮收获期 88 d 左右,至成熟期 98 d。收获时绿叶片数 14 片,持绿性好。幼苗浓绿色,叶鞘紫色,叶缘紫色,花药黄色,颖壳紫色。株型半紧凑,株高 330.0 cm,该品种根系发达,结实性好,活秆成熟,成株叶片数 18~19 片。果穗穗长 22 cm,穗位整齐,穗轴红色,籽粒黄色,品质好。

抗性表现:人工接种抗病(虫)害鉴定,高抗矮花叶病,中抗大斑病和纹枯病,感丝黑穗病,高感小斑病。经北京农学院测定,全株中性洗涤纤维含量 46.72%~48.08%,酸性洗涤纤维含量 19.63%~22.37%,粗蛋白含量 9.30%。

产量和品质:2006—2007 年参加青贮玉米品种区域试验,在东华北区平均公顷生物产量(干重)21 015.0 kg,比对照品种增产 9.4%。

适宜种植地区:北京、天津武清、河北北部(张家口除外)、辽宁东部、吉林中南部和黑龙江第一积温带春播区作专用青贮玉米品种种植。注意防治丝黑穗病和防止倒伏。经过在湖北的试验,综合表现较好,适宜在湖北作为青贮玉米种植。

4. 郑青贮 1 号

组合来源:以母本郑饲 01 与父本五黄杂交组配而来。

选育单位、审定编号:河南省农业科学院粮食作物研究所,审定编号为国审玉 2006055。

熟期类型:中晚熟品种。

特征特性:出苗至青贮收获期比对照农大 108 晚 4.5 d 左右。幼苗叶鞘紫红色,叶片绿色,叶缘绿色,花药浅紫红色,颖壳绿色。株型半紧凑,株高 267 cm,穗位高 118 cm,成株叶片数 19 片。花柱粉红色,果穗筒形,穗长 18.5 cm,每穗 16 行,穗轴红色,籽粒黄色、半马齿型。区域试验中平均倒伏(折)率 8.4%。

抗性表现:经中国农业科学院作物科学研究所两年接种鉴定,抗大斑病和小斑病,中抗丝黑穗病、矮花叶病和纹枯病。

产量和品质:2004—2005 年参加青贮玉米品种区域试验,44 点次增产,12 点次减产,两年区域试验平均亩生物产量(干重)1284.4 kg,比对照农大 108 增产 9.6%。经北京农学院测定,全株中性洗涤纤维含量平均 44.82%,酸性洗涤纤维含量平均 22.00%,粗蛋白含量平均 7.65%。

适宜种植地区:山西北部、新疆北部春玉米区和河南中部、安徽北部、江苏中北部夏玉米区作专用青贮玉米品种种植。注意防止倒伏。经过在湖北的试验,综合表现较好,适宜在湖北作为青贮玉米种植。

5. 奥玉青贮 5102

组合来源:母本为 OSL019,来源为旅大红骨血缘自交系重组,多代选株自交;父本为 OSL047,来源为澳大利亚热带种质克 2133。

选育单位、审定编号:北京奥瑞金种业股份有限公司,审定编号为国审玉 2004026。

熟期类型:中晚熟品种。

特征特性:东、华北春播出苗至收获 105 d 左右,南方春播 90 d 左右。该品种株高 290 cm 左右,穗位 140 cm 左右。成株叶片数 22～23 片。幼苗叶鞘紫色,叶缘绿色,苗期叶色淡绿,拔节后转为深绿色,且褶皱明显。茎秆粗壮,株型半紧凑,植株高大健壮,雄穗分枝多且长,叶片肥大浓绿,保绿性好,活秆成熟。花药黄色,颖壳绿色,花柱绿色,果穗筒形,白轴,籽粒黄色,硬粒型,穗长 22～28 cm,穗粗 5.7 cm,秃尖长 1.2 cm,每穗 18 行,每行 40.8 粒。

抗性表现:经中国农业科学院作物科学研究所接种鉴定,高抗小斑病、矮花叶病、丝黑穗病等多种病害,对纹枯病和大斑病表现为抗至中抗水平。该品种 2002—2003 年参加国家青贮玉米组区试对 5 种病害综合抗病分析,抗性排名第一。

产量和品质:2002—2003 年参加青贮玉米品种区域试验,2002 年 16 点增产,1 点减产,平均亩生物产量鲜重 4824.16 kg,比对照农大 108 增产 23.73%;2003 年 14 点增产,5 点减产,平均亩生物产量干重 1310.83 kg,比纤维含量 21.42%,消化利用率高。

适宜种植地区:北京、天津、河北北部春玉米区,陕西关中西部夏玉米区及江苏南部、上海、广东、湖北、福建作专用青贮玉米种植,注意防止倒伏。

6. 大京九 26

组合来源:由母本 9889 与父本 2193 杂交组配而来。

选育单位、审定编号:河南省大京九种业有限公司,审定编号为国审玉 20180176。

熟期类型:中晚熟品种。

特征特性:黄淮海夏播青贮玉米组出苗至收获期 98.5 d,比对照雅玉青贮 8 号早熟 2 d。幼苗叶鞘浅紫色,叶片深绿色,叶缘紫色,花药浅紫色,颖壳浅紫色。株型半紧凑,株高 300 cm,穗位高 133 cm,成株叶片数 20 片。果穗长筒形,穗长 20.4 cm,每穗 16～18 行,穗粗

5.1 cm，穗轴白，籽粒黄色、半马齿，百粒重 31.9 g。

抗性表现：接种鉴定抗小斑病，中抗茎腐病、瘤黑粉病，感大斑病、纹枯病、丝黑穗病、南方锈病，高感弯孢叶斑病。

产量和品质：2014—2015 年参加黄淮海夏播青贮玉米组区域试验，两年平均亩产（干重）1313.3 kg，比对照雅玉青贮 8 号增产 9.2%。2017 年生产试验，平均亩产（干重）1611.0 kg，比对照雅玉青贮 8 号增产 4.3%。全株粗蛋白含量 7.43%～8.14%，淀粉含量 27.43%～31.32%，中性洗涤纤维含量 40.81%～42.77%，酸性洗涤纤维含量 17.09%～18.73%。

适宜种植地区：黄淮海夏玉米区的河南省、山东省、河北省保定市和沧州市的南部及以南地区、陕西省关中灌区、山西省运城市和临汾市、晋城市部分平川地区、江苏和安徽两省淮河以北地区、湖北省襄阳地区作青贮玉米种植。

7. 三北 89

组合来源：由母本 D21 与父本 A919 杂交组配而成。

选育单位、审定编号：三北种业有限公司，审定编号为国审玉 2011017。

熟期类型：中晚熟品种。

特征特性：在西南地区出苗至成熟 122 d，与渝单 8 号相当。幼苗叶鞘紫色，叶片绿色，叶缘紫色，花药黄色，颖壳浅紫色。株型半紧凑，株高 270 cm，穗位高 113 cm，成株叶片数 20 片。花柱绿色，果穗筒形，穗长 19.6 厘米，每穗 14～16 行，穗轴红色，籽粒黄色、马齿型，百粒重 32.9 g。

抗性表现：经四川省农业科学院植物保护研究所两年接种鉴定，中抗大斑病、茎腐病和玉米螟，感小斑病、丝黑穗病和纹枯病。

产量和品质：2009—2010 年参加西南玉米品种区域试验，两年平均亩产 607.5 kg，比对照增产 7.2%。2010 年生产试验，平均亩产 570.7 kg，比对照渝单 8 增产 9.8%。经农业部谷物品质监督检验测试中心（北京）测定，籽粒容重 750 g/L，粗蛋白含量 11.54%，粗脂肪含量 3.57%，粗淀粉含量 69.10%，赖氨酸含量 0.33%。

适宜种植地区：贵州、湖南、湖北宜昌和十堰、四川（绵阳除外）、广西（河池除外）的平坝丘陵和低山区春播种植。

8. 中北青贮 410

组合来源：母本 SN915 来源于美国杂交种 78599，父本 YH-1 来源于 CIMMYT 的墨黄 9 热带血缘种群。

选育单位、审定编号：山西北方种业股份有限公司，审定编号为国审玉 2004025。

熟期类型：中晚熟品种。

特征特性：在东北、华北春玉米地区出苗至青贮收获 111 d，比对照农大 108 晚 3～5 d。幼苗叶鞘紫色，叶片绿色，叶缘青色。株型半紧凑，株高 309 cm，穗位 143 cm，成株叶片数 17～19 片。花药紫色，颖壳紫色，花柱红色，果穗筒形，穗长 21.2 cm，每穗 14～16 行，穗轴白色，籽粒黄色，粒型为硬粒型。

抗性表现：经中国农业科学院品资所接种鉴定，抗大斑病、小斑病和丝黑穗病，中抗纹枯病，感矮花叶病。

产量和品质：2002—2003 年参加青贮玉米品种区域试验。2002 年 14 点增产，3 点减产，平均亩生物产量鲜重 4370.89 kg，比对照农大 108 增产 12.1%；2003 年 16 点增产，3 点减产，平均亩生物产量干重 1349.03 kg，比对照农大 108 增产 9.16%。经中国农业科学院作物科学研究所接种鉴定，抗大斑病、小斑病和丝黑穗病，中抗纹枯病，感矮花叶病。经北京农学院测定，全株中性洗涤纤维含量 42.74%，酸性洗涤纤维含量 20.93%，粗蛋白含量 8.32%。

适宜种植地区：北京、天津、河北北部、山西北部春玉米区及河北中南部夏播玉米区、福建中北部用作专用青贮玉米种植，矮花叶病高发病区慎用。经过在湖北的试验，综合表现较好，适宜在湖北作为青贮玉米种植。

9. 雅玉青贮 04889

组合来源：母本 YA0474 来源于 YA3237-4×7854；父本 YA8201 来源于国外引进品种。

选育单位、审定编号：四川雅玉科技开发有限公司，审定编号为国审玉 2008019。

熟期类型：中晚熟品种。

特征特性：南方地区出苗至青贮收获期 98 d。幼苗叶鞘紫色，叶片深绿色，叶缘绿色，花药紫色，颖壳浅紫色。株型半紧凑，株高 281 cm，成株叶片数 18 片。

抗性表现：经中国农业科学院作物科学研究所两年接种鉴定，高抗矮花叶病，抗大斑病、丝黑穗病和纹枯病，中抗小斑病。

产量和品质：2006—2007 年参加青贮玉米品种区域试验，在南方区两年平均亩生物产量（干重）1005.7 kg，比对照增产 13.7%。经北京农学院植物科学技术系两年品质测定，中性洗涤纤维含量 48.87%～51.75%，酸性洗涤纤维含量 22.31%～23.55%，粗蛋白含量 9.11%～9.88%。

适宜种植地区：四川、上海、浙江、福建、广东作专用青贮玉米品种种植。经过在湖北的试验，综合表现较好，适宜在湖北作为青贮玉米种植。

10. 双玉 919

组合来源：由母本 O244 与父本 O442 杂交组配而成。

选育单位、审定编号：华中农业大学，审定编号为鄂审玉 2012005。

熟期类型：中晚熟品种。

特征特性：生育期 137 d。株型半紧凑，株高、穗位偏高。幼苗叶鞘浅紫色，成株穗上叶上冲，叶片窄、短。雄穗分枝数 13～17 个，花柱、花药、颖壳均为浅紫色。果穗较粗、筒形，苞叶略短，易出现秃尖过长或瘪粒现象；穗轴红色，籽粒黄色、半马齿型。区域试验中株高 320 cm，穗位高 142 cm，空秆率 1.1%，穗长 18.5 cm，穗粗 5.6 cm，秃尖长 1.2 cm，穗行数 17.2，行粒数 36.3，千粒重 361.8 g，干穗出籽率 85.6%。

抗性表现：田间大斑病 1.4 级，小斑病 1.4 级，茎腐病病株率 8.5%，锈病 1.0 级，穗腐病 1.4 级，纹枯病病指 16.2，9 级病株率 0.2%。田间倒伏（折）率 7.4%，与鄂玉 25 相当。

产量和品质：2010—2011 年参加湖北省玉米二高山组品种区域试验，两年区域试验平均亩产 712.67 kg，比对照鄂玉 25 增产 13.41%。其中，2010 年亩产 707.62 kg，比鄂玉 25 增产 15.43%；2011 年亩产 717.72 kg，比鄂玉 25 增产 11.49%。品质经农业部谷物品质监督检验测试中心测定，容重 774 g/L，粗蛋白（干基）含量 10.01%，粗淀粉（干基）含量 74.68%。

该品种为湖北省选育的粮饲兼用型品种，2017—2018 年在湖北省种植试验中平均每亩青贮干物重 1065 kg，综合性状优良，适合在湖北地区作为青贮玉米品种利用。品质经北京农学院检测，植株茎叶含粗蛋白 8.79%，中性洗涤纤维含量为 45.07%，酸性洗涤纤维含量为 22.5%，茎秆中汁液含糖量高，籽粒含蛋白质 10.8%、脂肪 5.2%、淀粉 75.9%，籽粒容重 746 g/L。

适宜种植地区：湖北省二高山地区作春玉米种植。

（三）选地与整地

青贮玉米生物产量高、需肥需水多、根系发达，在选地方面应注意选择土质疏松肥沃、有机质含量丰富、中性或偏酸性的地块，前茬以养地作物为宜，豆茬为最佳，禁止选用应用过磺酰尿类和咪唑啉酮类除草剂及其他长残效除草剂的地块。同时，青贮玉米生产机械化水平较高，尽量选择地势平坦、交通运输方便的地块。

春玉米整地分秋整和春整，以秋整为佳。前作收获后应立即灭茬，秸秆还田和绿肥地要切茬，翻埋良好，结合施用有机肥进行冬前深耕，土地耕深达到 25 cm 以上，耕深一致。这样经过冬春冻融，有利于促进土壤熟化，改善土壤物理性状；有利于冻死虫蛹，减轻虫害；有利于积蓄雨雪，减少地表径流，提高蓄水保墒能力；有利于土肥相融，提高土壤肥力。秋整地能使土壤达到待播状态，第二年春季一进入适播期，立即就能播种，而且与春整地相比，秋整地可以防旱霜，能使播种提前 5～7 d，大约增加积温 150 ℃ · d，可为种植晚熟高产品种争取更多的时间，对于保证丰产丰收具有重要意义。农时紧来不及秋耕必须春耕时，也可以结合施用基肥春季耕地，春整地要根据实际，以保墒、易耕为目的，合理作业。青贮玉米的施肥原则是以基肥、有机肥为主。根据土壤养分情况，在整地前每亩施腐熟的有机肥 1000～2000 kg，可以使有机肥翻入土中，充分熟化。气温达到玉米播种要求后，结合撒施底肥，要再次精细整地，质量达到"齐、平、松、碎、净、墒"六字标准，为播种做好准备。

焦亚贤（2011）为了探讨秋整地对玉米产量的影响，开展了一组秋整地对玉米产量和其他性状影响的试验，试验品种为先玉 335。试验结果表明，在其他田间措施一致的情况下，秋整地的植株比春整地的植株高 2.6 cm，穗位降 9.5 cm，百粒重增加 4.2 g，土壤容重增加 18.2 g/L，产量增加 1100 kg/hm^2。证实了秋整地可以提高植株株高，降低穗位，增加百粒重，提高土壤容重，提高产量，增强抵抗病害的能力。

侯伟峰等（2019）为了研究深松处理对玉米生长发育的影响，开展了 3 个深松处理（30 cm，40 cm，50 cm）与浅旋（CK）处理进行试验，结果表明，深松处理对玉米生育时期没有明显影响，在玉米的生长发育期中深松处理的土壤含水量与对照相比有所提升，在降水较多的年份，深松处理的保墒效果更好、更加明显。深松处理能有效降低土壤容重，增加土壤通透性能。深松处理的叶面积和干物质均大于浅旋（CK）。深松处理的穗粒数、穗长、百粒重和单位面积产量均大于浅旋（CK），而秃尖长小于浅旋（CK）在各处理中，深松 30 cm 和深松 40 cm 处理的单位面积产量显著大于对照。从试验各项指标综合分析，深松 30 cm 处理的效果较好，增产效果较明显。

（四）适时播种

青贮玉米的播季、播期、播种方式方法等基本同普通玉米，应注意合理控制种植密度。相关研究认为，较高的种植密度有利于提高青贮产量，但是高密度种植青贮玉米会降低青贮玉米的品质。Sanderson 等（1995）报道指出，随着种植密度的增加，玉米全株的酸性洗涤纤维、中性洗涤木质素和纤维素含量增加 20%～40%。Lauer（1997）发现，高密度种植导致酸性洗涤纤维和中性洗涤纤维增加，粗蛋白含量下降。杨耿斌等（2006）对青贮玉米不同密度下的籽粒产量和品质测定结果表明，不同种植密度直接影响籽粒的产量与品质，在一定的密度范围内，玉米籽粒蛋白质、脂肪的含量在不同成熟阶段随密度的增加呈下降趋势，玉米籽粒中蛋白质、脂肪的低含量与最高产量相对应，但玉米籽粒中蛋白质、脂肪的高含量却不与较低产量相对应。张秋芝等(2007)研究表明，种植密度对粗蛋白和酸性洗涤纤维含量没有显著影响，但对中性洗涤纤维含量影响较大，较高的种植密度可以增加中性洗涤纤维的含量，导致品质下降，种植密度对青贮玉米品质的影响与品种有关，与品种存在互作。安道渊等(2006)研究认为，种植密度跟产量之间存在正相关关系，但种植密度的提高不利于植株粗蛋白含量的提高。

吴秋平等(2019)为探究不同种植密度对青贮玉米饲玉 2 号生长特性和产量的影响，开展了一组不同种植密度对玉米生长和产量的影响试验。研究设置了 5 个种植密度处理，分别为每公顷密度 5.25 万株、6.00 万株、6.75 万株、7.50 万株、8.25 万株，结果表明，随密度增加饲玉 2 号青贮玉米收获鲜生物量和干物质重的表现整体上呈增加趋势，但当密度增大到一定程度后继续增加则生物产量有所减少；随密度增加株高和穗位高显著增加，但茎粗下降；玉米干物质重及干物质含量，籽粒乳线达二分之一时收获均明显高于籽粒乳线达四分之一时，但鲜生物产量明显降低。综合来看，作为青贮玉米，饲玉 2 号密度控制在每公顷 6.75 万株(4500 株/亩)可获得较高产量。

苏天增等(2019)为了探讨不同密度水平对青贮玉米高产群体生理特性及农艺性状的影响，以高产、广适青贮玉米杂交种大京九 26 为材料，设置 5.25 万/hm^2、6.00 万/hm^2、6.75 万/hm^2、7.50 万/hm^2、8.25 万/hm^2、9.00 万/hm^2 6 个密度水平，研究其产量突破 21 000 kg/hm^2 的高产群体生理特征、农艺性状对密度的响应。结果表明，青贮玉米生物产量随种植密度的增加而增加，突破 21 000 kg/hm^2 的处理为 6.75 万株/hm^2、7.50 万株/hm^2，分别为 21 751.1 kg/hm^2、22 551.1 kg/hm^2，5.25 万株/hm^2 的处理产量最低，7.50 万株/hm^2 处理较 5.25 万株/hm^2 处理增幅为 30.4%，达极显著水平。研究还表明，6.75 万株/hm^2、7.50 万株/hm^2 两个处理的群体叶面积系数吐丝期达最大值，分别达 5.19、5.32，青贮收获期分别为 3.68，3.85；光合势随种植密度的增加而增加，为正向效应；玉米光合生产率随密度的增加而下降。同时，密度对农艺性状影响大小依次为单株鲜质量(17.6%)＞单株干质量(15.5%)＞穗位高(4.7%)＞持绿性(3.0%)＞植株含水量(2.1%)＞茎粗(1.9%)＞株高(1.8%)。综合分析青贮玉米品种大京九 26 生物量突破 21 000 kg/hm^2 的最佳种植密度为 7.5 万株/hm^2(5000 株/亩)。

底姝霞等(2018)为了探讨青贮玉米农大 108 的最佳种植密度，开展了一组不同种植密度对青贮玉米产量和营养价值的影响试验。设置 4 个密度组，分别是 4.65 万株/hm^2、5.50 万株/hm^2、6.35 万株/hm^2、7.20 万株/hm^2。结果表明，高密度种植会增加青贮玉米的生育期、穗位高，降低青贮玉米的株高、茎粗和单株叶面积；青贮玉米籽粒产量、鲜物质产量和干物质产量会随着种植密度的增加而提高，但籽粒产量在高密度种植下会降低，鲜物质和干物质产量增速会减缓；粗蛋白质含量会随着种植密度的增加而减小，粗脂肪含量随着种植密度的增加而提高，酸性洗涤纤维和中性洗涤纤维随着种植密度的增加先增加后减少，但对中性洗涤纤维含量的影响大于对酸性洗涤纤维的影响，通过产量及营养品质等各方面比较，认为农大 108 最适宜的种植密度为 6.35 万株/hm^2。

于德花等(2018)为探究不同株型青贮玉米适宜的种植密度，开展了一组以平展型玉米雅玉青贮 8 号、半紧凑型品种京科青贮 516 和紧凑型品种黎民 518 为材料，研究不同种植密度对不同株型的青贮玉米产量及相关性状的影响。试验设置 4 个密度，分别是 6 万株/hm^2、6.75 万株/hm^2、7.5 万株/hm^2、8.25 万株/hm^2。结果表明，青贮玉米鲜草产量和籽粒产量的最佳适宜密度不同，鲜草产量的适宜密度高于籽粒产量的适宜密度。随群体密度的增加，玉米刈割青贮时的绿叶片数、单株鲜重、穗长、穗粗、穗行数、行粒数呈下降趋势，秃尖长、株高、穗位高、空秆率、倒伏折率、瘤黑粉病病株率逐渐增加；高密度下千粒重降低、青贮生育期略有延长。综合分析，认为在黄淮地区，紧凑型玉米品种黎民 518 最佳种植密度为 7.5 万株/hm^2，松散型玉米品种雅玉青贮 8 号最佳种植密度为 7.5 万～8.25 万株/hm^2，半紧凑型玉米品种京科青贮 516 最适宜种植密度为 6.75 万～7.5 万株/hm^2。

吴荣辉等(2018)等为了探析雅玉青贮玉米 8 号在鄂东地区最适宜的种植密度，在黄冈市黄州区陶店乡钟岗村开展了一组不同种植密度对雅玉青贮 8 号农艺性状和产量的影响试验。试验设置 5 个不同的密度，分别是 5.25 万株/hm^2、6.00 万株/hm^2、6.75 万株/hm^2、7.50 万株/hm^2、8.25 万株/hm^2。调查发现，种植密度在 6.0 万～6.75 万株/hm^2 时，植株生长势整齐，株高、穗位及雄花分枝适中，生长健壮，持绿性好，抗倒能力强。在密度 6.75 万株/hm^2 时，生物产量最高达到 81.90 t/hm^2。当种植密度在 7.5 万～8.25 万株/hm^2 时，植株后期通风透光能力差，光能利用率低，早衰严重，抗倒能力弱，产量降低。综合分析认为，雅玉青贮玉米 8 号在本区域种植密度以 6.75 万株/hm^2 为宜。

双玉 919 是华中农业大学采用高密度、大群体、严选择的育种方法选育的粮饲兼用型玉米新品种，近年来作为青贮玉米品种在湖北省种植面积日益增加。余长平等(2018)为了研究双玉 919 在湖北西南山区适宜的种植密度和施肥水平，开展了一组种植密度与施肥量栽培模式研究试验。结果表明，肥料和密度对双玉 919 的产量均有显著影响，且肥料和密度互作效应显著，其最佳栽培模式为追施氮肥 337.5 kg/hm^2，种植密度 6.00 万株/hm^2。从而为双玉 919 高产高效栽培提供了科学依据和指导。

青贮玉米成株后大多植株高大、茎叶繁茂，并且还常有分蘖，因此，为了提高产量，需要进行合理密植，既要保证单株玉米发展的空间，又要保证群体产量。密度的控制要根据植株耐密特性及土壤肥力等多种因素来确定，掌握的原则是：早熟品种宜密、晚熟品种宜稀；土壤肥力好宜密、土壤肥力薄宜稀；向阳坡宜密、向阴坡宜稀；低海拔地区宜密、高海拔地区宜稀；矮秆品种宜密、高秆品种宜稀；南种北引密度宜稀、北种南引密度宜密。通常情况，相同的生产条件下，青贮玉米的种植密度要略高于粮用玉米，湖北省东部、南部、江汉平原、鄂北岗地以 4500 株/亩左右较适宜，鄂西北、鄂西南山区以 4000 株/亩左右较适宜。不同地区青贮玉米密度的确定，要结合品种特性和土壤肥力等因素适当增减。

(五)种植方式

随着劳动力成本的提高和环保问题的强制性推进，散户养殖被逐渐淘汰，畜牧养殖逐步向规模化、集约化方向发展。青贮玉米的种植和生产也以订单化、规模化生产为主，以便为养殖业提供低成本、营养成分更高的优质饲料，各地也涌现出一批青贮玉米专业种植大户及合作社，青贮玉米的种植基本都实现了机械化，种植方式也以便于机械化操作的直播单作为主。同时，由于间套作种植方式可以更加充分的利用不同作物间时空与水肥利用互补作用，可获得比单作更高的产量和更优质的品质，受到种植户的欢迎。

柳茜等(2015)为了探讨青贮玉米和拉巴豆混播的生产性能研究，开展了一组青贮玉米单播与青贮玉米与拉巴豆混播试验。玉米品种为豫玉 22 号，拉巴豆为润高拉巴豆。试验采用完全随机方法设计，设 2 个处理，分别为玉米单作、玉米＋拉巴豆混播。每种处理设 4 次重复，共

8 个小区。玉米、拉巴豆于 4 月 25 日播种，玉米种植密度为 5558 株/亩，玉米两行间套种拉巴豆，拉巴豆为撒播，播种量为 2.5 kg/亩。试验结果表明，玉米单播产量为 110 338.50 kg/hm^2，混播为 132 366.15 kg/hm^2，干草产量分别为 27 419.10 kg/hm^2 和 30 669.30 kg/hm^2，混播饲草显著高于单作。在整个产量构成中，玉米占到总产量的 70.87%，拉巴豆达 29.13%，粗蛋白含量为 8.93%，比单播提高 31.13%，饲草产量高，营养品质好，是比较适宜的混播模式。

孙东升等(2019)为了研究大豆与青贮玉米混播对饲草产量和品质的影响，开展了一组野生大豆与青贮玉米混播试验。野生大豆品系为 LYD140116 和 LYD140916，青贮玉米品种为东科 301，大豆播种在青贮玉米两穴之间。试验设计品系和密度两个因素，采用随机区组设计，3 次重复，玉米单作为对照，单作密度 6.00 万株/hm^2。试验结果表明，与单作玉米相比，野生大豆与青贮玉米混播可显著提高饲草产量，二者混作在粗蛋白含量上要显著高于玉米单作，粗纤维含量要低于玉米单作。其中大豆品系 LYD140116 与玉米密度 6.75 万株/hm^2 混播饲草产量最高，鲜草产量为 106.22 t/hm^2，比单播增产 39.8%；干草产量为 37.17 t/hm^2，比单播增产 54.2%；粗蛋白含量最高，为 7.63%，比单播增加 40.3%；粗纤维含量为 21.31%，比单播降低 26.2%。总体表现要优于其他处理。

刘景辉等(2006)为了研究青贮玉米与苜蓿的混播效应，开展了 1 组不同青贮玉米品种与紫花苜蓿的间作效应试验。供试青贮玉米品种为科多 4 号、科多 8 号、科青 1 号，紫花苜蓿品种为维克多。采用裂区设计，主区为间作与单作模式，副区为青贮玉米与紫花苜蓿品种，共 8 个处理，重复 3 次。间作带幅宽 4 m，青贮玉米带种植 4 行，行距 50 cm，株距 30 cm；紫花苜蓿带种植 10 行，行距 20 cm，播量为 15 kg/hm^2，青贮玉米与紫花苜蓿行间距 35 cm。单作青贮玉米株、行距及苜蓿播量与间作相同。试验结果显示，间作青贮玉米在收获时株高、茎粗和叶面积指数比相同种植面积的单作玉米分别提高了 2.3%～20.9%、0.4%～7.6%和 2.2%～19.6%。间作复合群体的粗脂肪和粗蛋白含量比单作玉米分别提高了 30.8%～59.1%和 99.4%～137.5%，而鲜草和干草产量比单作玉米分别降低了 22.7%～32.3%和 17.6%～28.2%，比单作紫花苜蓿分别提高了 156.7%～202.4%和 176.5%～197.5%。试验结果表明，间作复合群体可充分利用田间光照和地温条件，从而获得更高的产量和品质。

（六）田间管理

青贮玉米种植田间管理基本同普通玉米，但要注意氮肥的施用及磷、钾平衡施肥对青贮玉米产量和品质的影响。氮是限制植物生长和形成产量的首要因素，合理运筹氮素是实现青贮玉米高产优质的重要措施。在适当增施氮肥的基础上，合理补充磷、钾肥，有利于提高青贮玉米的生物产量和品质。

于秋竹等(2009)认为，氮肥用量与产量和品质之间呈抛物线形关系，在一定范围内，产量随氮肥用量的增加而提高，当超过界限用量时，继续投入氮肥，产量和品质反而下降。合理施用氮素可以明显增加绿色面积和叶绿素含量，促进体内多种酶的活性，提高光合速率，从而可以提高青贮玉米产量。

宋晋辉等(2012)以青贮玉米品种曲辰 9 号为材料，研究不同尿素追施量对青贮玉米干物质产量及品质的影响。采用随机区组设计、3 次重复。试验共设置 6 个追氮肥处理，分别是 0、225 kg/hm^2、375 kg/hm^2、525 kg/hm^2、675 kg/hm^2、825 kg/hm^2，种植密度 9 万株/hm^2，氮肥在拔节期追施。试验结果显示，氮肥追施量在 0～675 kg/hm^2 时，干物质产量随氮肥追施量增加而增加。氮肥追施量为 675 kg/hm^2 时，干物质产量最高，为 15 907.5 kg/hm^2，较其他处理极显著增产。当氮肥追施量增至 825 kg/hm^2 时，因植株倒伏，干物质产量反而急剧下降，为 13 563.0 kg/hm^2。说明在一定范围内青贮玉米干物质产量随氮肥追施量增加而提高，但过量施肥易引起植株倒伏，进而导致群体干物质产量降低。

朱永群等(2015)以雅玉青贮玉米 8 号为材料，采用二因素裂区试验设计，4 个氮肥用量为主处理，5 个种植密度为副处理，研究氮肥用量和密度对青贮玉米产量和品质的影响。4 个氮肥水平分别是 100 kg/hm^2、200 kg/hm^2、300 kg/hm^2、400 kg/hm^2，分基肥和拔节期两次施入。结果表明，雅玉 8 号在四川资阳地区适宜种植密度为 9 万株/hm^2，最佳施氮量为 200 kg/hm^2，其地上干物质产量高达 23 345 kg/hm^2，果穗率为 59.93%，粗蛋白含量为 75.5 g/kg，粗纤维仅为 124 g/kg，粗脂肪、粗灰分、无氮浸出物和钙含量分别为 34.6 g/kg、62.0 g/kg、598 g/kg 和 4.0 g/kg。种植密度和施氮水平对青贮玉米的地上干物质含量、粗蛋白产量及果穗率和粗纤维含量的影响均呈显著水平。

屈绳娟等(2009)以渝单 8 号为材料，采用二因素裂区设计研究了 4 个氮肥水平和 5 个密度处理对青贮玉米产量和品质的影响试验。4 个氮肥水平分别是 100 kg/hm^2、200 kg/hm^2、300 kg/hm^2 和 400 kg/hm^2，分基肥和拔节期 2 次施入。结果表明，蜡熟期单位面积地上部干物质产量随施氮量和密度的增加而增加，地上部干物质中粗蛋白含量随施氮量的增加而增加，但随密度增加有下降的趋势。单位面积粗蛋白产量在氮肥水平 300 kg/hm^2 和 9 万株/hm^2 时最大。地上部干物质中中性洗涤纤维含量随施氮量的增加略有降低，但各施氮处理间差异不显著，酸性洗涤纤维含量随密度的增加呈上升趋势。综合氮肥与密度处理对青贮玉米地上部干物质产量及饲用品质的影响，施氮 300 kg/hm^2 和 9 万株/hm^2 时为南京地区渝单 8 号青贮栽培利用的适宜组合。

杜雄等(2008)以饲用玉米“白马牙”为试验材料，研究了磷肥不同施用量对青饲玉米产量品质、形成与肥水利用效果的影响。试验在施用氮 200 kg/hm^2 基础上设 4 个施磷水平，分别是：P_2O_5 0、75 kg/hm^2、150 kg/hm^2、225 kg/hm^2，随机排列，3 次重复。氮肥用尿素，磷肥用普通过磷酸钙，全部基肥施入，玉米种植密度 10 万株/hm^2。试验结果表明，施磷使饲用玉米的生物产量增产 10.5%～25.1%，显著促进了玉米植株氮素和磷素的吸收，使植株比不施磷分别多吸收氮素 26.03～51.10 kg/hm^2 和磷素 8.63～28.95 kg/hm^2。植株粗蛋白、粗脂肪和粗纤维的含量随施磷量增加而显著增加，粗蛋白和粗脂肪的产量也增加显著，增幅分别为 9.26%～37.82%和 14.95%～33.33%。试验结果还表明，施磷比不施磷显著提高了青饲玉米的水分利用效率，增幅为 10.44%～37.82%，相当于多降水 27.51～47.36 mm。因此，施用磷肥是提高饲用玉米饲草产量、营养品质和肥水利用效果的有效技术手段。

杜雄等(2007)以饲用玉米“白马牙”为试验材料，研究了钾肥不同施用量对饲用玉米养分吸收动态及产量品质形成的影响。钾肥用量设 K_2O 0、75 kg/hm^2、150 kg/hm^2、225 kg/hm^2 4 个处理，3 次重复，随机排列。试验在施氮 225 kg/hm^2、P_2O_5 150 kg/hm^2 的基础上进行，钾肥用氯化钾，氮肥用尿素，磷肥用普通过磷酸钙，全部肥料作基肥施用。结果表明，施钾使饲用玉米的生物产量增产 7.96%～17.60%，显著促进了玉米植株氮素和磷素的吸收。施钾植株的氮素和磷素吸收量分别比不施钾植株提高 17.73～40.28 kg/hm^2 和 9.3～28.69 kg/hm^2。植株粗蛋白、粗脂肪的含量随施钾量增加而增加，且二者产量增幅分别为 9.40%～21.5%和 8.9%～

38.12%。试验结果还看出，随钾肥用量的增加，饲用玉米株高、茎粗、叶面积指数和叶绿素相对含量均有提高，为饲用玉米的高产优质奠定了基础。因此，饲用玉米施用钾肥是提高其产量与营养品质的有效技术手段。

防病、治虫、除草详见第五章。

（七）收获

青贮玉米适宜的收获期是获得高产优质青贮饲料的关键环节，研究表明，青贮玉米最佳收获时期是在含水量为 65%～70%，此时玉米全株生物产量最高，且最适合制作青贮饲料。如果收割时全株玉米的含水量在 76%以上，则干物质积累没有达到最大值，汁液的流失易造成养分的损失、青贮玉米的酸度增加，导致奶牛干物质采食量的下降，影响了饲料的品质，同时也降低了玉米产量。如果水分含量低于 60%，茎叶会老化而导致产量损失，青贮玉米不易压实，由于空气含量高而常引起褐变，同时由于水分含量低，乙酸菌繁殖慢，酸度低，杂菌生长快易引起发霉变质。这种理想的含水量在乳线下移到 1/3～3/4 阶段，很容易判断。郭勇庆等（2012）认为，也可记录全株玉米青贮的抽丝期，一般抽丝后 42～47 d 其籽粒乳熟度能达到 1/2 乳线期，此时水分含量每天平均下降 0.5%。因此，收获前应仔细观察乳线位置，如果青贮玉米能在短期内收完，则可以等到 1/2 乳线阶段收获，但如果需要一周或更长时间收完，则可以在半乳线阶段至 1/4 乳线阶段收获。玉米收获时，合理的留茬控制在 15～20 cm，留茬过低会夹带泥土，泥土中含有大量的梭菌属等腐败菌，易造成青贮腐败。另外，全株玉米青贮根部粗纤维含量过高，牲畜不易消化，采食量降低。留茬过高使全株玉米青贮产量降低，影响经济效益，对耕种也会有影响。收割方式根据养殖规模和生产条件，可以先收割，待运输到青贮窖时粉碎，或采用大型玉米青贮专业收割机，收割时同步粉碎。

丁一等（2019）为研究收获期对不同品种青贮玉米生物产量和品质的影响，以京科青贮 301、饲玉 1 号、饲玉 2 号、鲁单 256 和鲁单 258 为材料，分别于乳线刚出现时、乳线至籽粒 1/3 处时、乳线至籽粒 2/3 处时收获，并对相关指标进行测定分析。结果表明，随着收获期的推迟，全株玉米不断成熟，营养物质不断积累，干重逐渐增加。从同一品种不同收获期看，所有供试品种不同收获期间的干重差异显著，所有品种乳线 2/3 处时收获的干重比乳线刚出现时收获增加均在 6000 kg/hm^2 以上。品质检测来看，6 个青贮玉米品种随着收获期的推迟，粗蛋白、粗脂肪、中性洗涤纤维（NDF）、酸性洗涤纤维（ADF）和粗纤维（CF）含量均逐渐降低，且不同收获期的含量差异显著。综合考虑生物产量和青贮品质，青贮玉米最佳的收获时期在乳线 1/3～2/3 处时收获最好，此时期的生物产量收益最高，品质好，适口性好，易于动物消化吸收。

付忠军等（2014）以青贮玉米品种渝青玉 3 号为研究对象，分别在授粉后 20 d 第一次采收，以后每隔 7 d 采收 1 次，共采收 5 次，从而研究了不同采收期对青贮玉米品质和产量的影响。结果表明，随着采收期推迟，干重一直增加，鲜重不断降低，秸秆中 ADF 和 NDF 含量不断增加，粗蛋白含量不断降低，粗淀粉含量呈上升趋势，粗脂肪含量先上升后下降。研究显示，重庆及西南地区授粉后 27～34 d 是最佳采收时期。

章建新等（2018）在大田条件下分别对青贮玉米品种农大 108 和科多 4 号不同收割始节位（基部第 1～8 节间）的整株饲用品质和产量变化进行研究。结果表明，随着收割始节位升高，两品种干物质产量呈下降趋势，秸秆粗蛋白（CP）含量均呈直线增加趋势，中性洗涤纤维含量（NDF）、酸性洗涤纤维含量（ADF）和酸性洗涤木质素（ADL）均呈直线下降趋势。随着收割高度的增加两品种之间的CP含量提高速率及ADL下降速率相近，科多4号的NDF下降速度快于农大108，农大108的ADF下降速率快于科多4号。玉米基部3个节间CP含量低，NDF、ADF和ADL含量高，饲用营养品质差。研究表明，从第4节间收割明显改善玉米秸秆的饲用营养品质，其干物质产量损失在10％以下，是比较适宜的收割位置，距离地面大概15～20 cm。

三、青贮玉米品质、加工贮藏和利用

（一）青贮玉米营养成分

目前，中国评价青贮玉米品质优劣主要考虑以下几个指标：酸性洗涤纤维（ADF）、中性洗涤纤维（NDF）、粗蛋白、粗纤维、粗脂肪。朱顺国等（2001）认为，优质的青贮玉米酸性洗涤纤维（ADF）含量＜30％，中性洗涤纤维（NDF）含量＜55％。粗蛋白是提供瘤胃微生物和动物所需的蛋白质，含量越高，品质越好。

粗蛋白（Crude Protein，CP）是饲料中含氮物质的总称，它是决定玉米饲用营养价值的重要基础，粗蛋白含量越高，玉米的品质越好。Marshall（1994）研究表明，一般鲜青贮饲料蛋白质含量高于20％，而玉米青贮料蛋白质含量低于20％。

粗纤维是结构性碳水化合物，是草食动物的主要能源物质，纤维素在反刍家畜及草食类动物胃中与消化率成反比。阎萍等（2005）研究认为，反刍动物家畜日粮中粗纤维含量为25％～40％，约有70％被消化。

酸性洗涤纤维（ADF）是粗纤维的主要组成部分，是青贮玉米干物质消化率的有效度量指标。酸性洗涤纤维主要包括纤维素、木质素、灰分和酸性洗涤纤维粗蛋白，其含量越高，消化率就越低。

中性洗涤纤维（NDF）是目前表示纤维最好的指标，它涵盖了被认为是组成纤维的大多物质。NDF是对植物细胞壁或纤维成分的一种测量指标，青贮饲料的全部纤维组成包含在中性洗涤纤维或细胞壁中，中性洗涤纤维主要包括半纤维素、纤维素、木质素和灰分，能够较准确地反映纤维的实际含量。众多的研究结果表明，中性洗涤纤维在反刍动物尤其是乳牛营养中起着非常重要的作用，NDF中的纤维素、半纤维素可完全被反刍动物消化，但是由于木质素和半纤维素形成的酯键将纤维素包裹在其中，影响到反刍动物瘤胃微生物对纤维素和半纤维素的消化利用，而木质素又几乎完全不能被瘤胃微生物降解。NDF因反刍效果好，能维持瘤胃功能，国外奶牛生产实际执行的营养物质供给量标准对纤维的供给量一般掌握：NDF最佳量是日粮干物质的32％～38％（Marshall，1994）。吴秋珏等（2006）认为，饲料中含有一定量NDF对维持瘤胃正常的发酵功能具有重要意义，但过高的NDF则会对干物质采食量产生负效应。目前国家青贮玉米品种审定过程中的品质分级主要是按中性洗涤纤维含量来划分的：一级≤45％，二级≤50％，三级≤55％，四级＞55％。

粗脂肪（EE）亦称乙醚萃取物，由脂肪、脂溶性物质如叶绿素、脂溶性维生素所组成。EE富含热能，是重要的能量物质，是青贮玉米饲料中能量构成物质重要营养素，饲料中的粗脂肪含量是评价饲料质量的标准之一。

郭勇庆等（2012）认为，品质较好的全株玉米青贮，以65％～70％含水量为宜。谷物占总干物质的40％～45％，淀粉平均含量占干物质的28％，消化率为80％～98％，牲畜产奶净能值在5.5～6.2MJ/kg。秸秆占总干物质的50％～55％，其中叶子占干物质的15％，茎秆占干物质的20%～25%，玉米穗和包叶占干物质的20%。中性洗涤纤维(NDF)平均含量占干物质的45%，消化率为40%～70%。

盛学良等(2002)研究认为，1 hm^2 的青贮玉米能生产青绿茎叶50 000～75 000 kg，或可产生6750个饲料单位，而马铃薯、甜菜、苜蓿、三叶草等饲料作物的饲料单位远不及青饲玉米。青贮玉米比燕麦籽粒的饲料单位多1倍，可消化蛋白和钙比燕麦多1倍，胡萝卜素是燕麦的60倍。1 kg的青贮玉米相当于0.4 kg的优质干草，相当于2 hm^2 的普通玉米的饲料单位。

奚国华(2005)研究认为，青贮玉米消化蛋白质高于普通玉米1倍，生物量高20%～30%，粗蛋白高75%，茎秆含糖量高50%，纤维素、木质素低(10%～20%、15%～30%)，籽粒蛋白质、脂肪酸、赖氨酸分别高22%、15%、33%。

王加启(2005)研究表明，相同种植面积的饲用青贮玉米可以得到2倍于普通玉米的饲料量，是世界公认的优质饲料。廖琴等(2001)研究表明，1 hm^2 青贮玉米的饲料单位比燕麦子粒多1倍，可消化蛋白和钙比燕麦多1倍，胡萝卜素是燕麦的60倍。

王美云(2006)研究认为，青贮玉米营养丰富，其秸秆的糖分、胡萝卜素、维生素 B_1、维生素 B_2 含量高，1 kg的青贮玉米中含有粗蛋白20 000 mg，可消化蛋白12.04 mg，粗脂肪8000～11 000 mg，胡萝卜素 11 mg，烟酸 10.4 mg，维生素 C 75.7 mg，维生素 A 18.4 mg，钙 7.8 mg，铁227.1 mg，铜9.4 mg，锰25.1 mg，锌110.4 mg，钴11.7 mg。

(二)加工贮藏

全株玉米青贮是青贮玉米利用的主要形式，是将玉米乳熟期至蜡熟期带穗的整株玉米进行轧碎青贮，通过微生物厌氧发酵和化学作用，在密闭无氧条件下制成的一种适口性好、消化率高和营养丰富的饲料的方式，是保证常年均衡供应青绿饲料的有效措施，加工贮藏方式主要有2种，即窖藏青贮和打包青贮。窖藏青贮主要有以下几个技术环节：

1. 青贮窖建造 青贮窖场地应选择在地势较高、地下水位低、取用方便的地方，窖底部不能渗水，除有一定坡度外，窖的四周应有较好的排水道，要防止地面水从一端的入口处灌入。青贮窖一般分为地上式、半地下式和地下式3种，推荐使用钢筋混凝土建造地上式青贮窖，根据牧场畜群规模确定青贮窖容积。

2. 粉碎和压实 玉米切割长度一般要求1.0～2.5 cm，根据玉米粉碎机规格不同，最长不应超过3 cm。快速压实，减少青贮玉米与空气的接触时间，每层青贮厚度达15～20 cm时机械反复碾压，以机械碾压后表面不再下沉为标准。青贮压实机械要求自重大，每平方米压力不小于1.5t，推荐使用链滚式推土机或挖掘机，便于行走操作。墙边或角落等压窖机械不易达到的区域，应辅以人工压实，压实后平均密度为750～850 kg/m^3。如果全株玉米青贮入窖时干物质含量过低，可添加一定量的麦秸、大豆皮、干苹果渣、糠麸等干物质含量较高的饲料，这不仅能提高青贮原料干物质含量，还能提高其营养含量。

3. 添加剂使用 为提高全株玉米青贮的品质，可适当添加青贮专用添加剂。青贮添加剂大致分为三类：发酵促进剂、保护剂和营养性添加剂。当前，乳酸菌等发酵促进剂和防止霉变的保护剂使用较为广泛，它能增加植物上附着的乳酸菌数量，改善全株玉米青贮的发酵质量，防止霉变，提高饲料品质。

4. 封窖 青贮原料装好后，应高于窖墙75～100 cm，中间呈拱形，利于雨水排除。高出窖面侧方应人工修整成坡形，坡度40°～50°，便于覆盖和排气。在青贮窖四周铺透明薄膜，有条件的准备青贮发酵剂，准备足量的青贮专用黑白膜（0.12～0.15 mm）或塑料薄膜、彩条布，以达到密封和遮阳防雨的效果。准备足够数量的废旧轮胎或泥土等重物，用于压实。覆膜接缝处搭接宽度不小于1 m，膜上以重物（如废旧轮胎等）压实，薄膜上无间隔全部铺上重物，达到厌氧条件，用绳索将压盖重物牵拉固定，防止滑移。在窖底周边设排水沟，减少渗出液对底层青贮的损坏。用普通膜密封的窖面应覆盖稻草，防透光、吸热和老化。封窖后要做好青贮窖的检查、管理工作，避免覆盖膜的破损和积水。

此外，青贮玉米发酵方式除窖藏外，还有打包青贮、青贮塔贮藏。良好的青贮饲料若管理得当，可贮存多年，甚至可达20～30年。

（三）利用

玉米青贮在微生物发酵中产生乳酸、醋酸、琥珀酸及醇类，具有芳香气味，适口性好，易于反刍家畜消化吸收，提高繁殖率、增重速度、泌乳力，是发展奶牛、肉牛、肉羊不可缺少的优质饲料来源。

1. 青贮玉米品质鉴定 青贮玉米一般经过4～6周完成发酵过程即可取出喂饲。青贮饲料品质鉴定的方法有现场评定和实验室评定。最常用的是现场评定法，从感官上看，良好的青贮饲料呈黄绿色，有光泽，近于原色，有酒酸味或略有刺鼻酸味，结构紧密、湿润，茎脉保持原状、清晰、易分离。劣质青贮呈黄色、褐色和暗绿色，有特殊刺鼻腐臭或腐烂味，腐烂、污泥状，质地黏滑或干燥，结块，结构不清。也可以通过pH值来确定青贮质量，优良青贮玉米饲料pH＜4.6，中等品质pH4.6～5.8，劣等品种pH＞5.8。

2. 饲喂及保存 秸秆青贮饲料喂饲牛，其饲喂量为每百千克体重3～5 kg。喂饲青贮料时需要搭配一些其他饲料，如玉米、豆粕等精饲料以及干草等粗饲料，以利于牛的生长发育。开始饲喂时家畜不太喜欢吃，要进行调教，可以撒一些牛羊爱吃的草料，让牛羊慢慢适应。喂量要由少到多，逐渐增加，一般情况下每头牛最多每天采食20 kg，羊3～5 kg。不可单喂青贮料，应与牧草或与其他干草搭配饲喂。

青贮取用时，取料应从一角开始，自上而下，取用量以满足当天采食为准，用多少取多少，以保证青贮料新鲜，取料横截面要整齐，使青贮玉米暴露在空气中的面积尽可能小。取后仍要注意密封，尽量减少空气侵入，防止二次发酵，避免饲料变质。取出的青贮料应尽快饲喂，饲槽中牛没吃完的青贮料要及时清除，以免腐败。因青贮不同部位含水量和有机酸含量不一致（如底部青贮含水量高），抓取的青贮可混合后再与其他饲料原料混合，降低不同青贮质量带来的营养差异。

3. 饲喂效果 王晋莉等（2008）利用干玉米秸、微贮秸秆、氨化秸秆、黄贮秸秆和全株青贮玉米饲喂肉牛，通过对玉米秸秆营养价值的评定、肉牛经济效益的比较，评价出合理利用玉米秸秆的肉牛饲养模式。结果表明，肉牛对玉米秸秆干物质采食量全株青贮、微贮秸秆与氨化秸秆极显著高于干玉米秸。秸秆经处理后饲喂肉牛，日增重也显著提高，全株青贮组、微贮秸秆组、氨化秸秆组、黄贮秸秆组分别比干玉米秸组提高126.31％、97.88％、82.49％、48.54％。综合分析认为，全株玉米青贮肥育肉牛效果最好，养牛效益和耕地单位面积总收入最高。

权金鹏等（2014）采用全株玉米青贮、鲜玉米秸秆青贮、干玉米秸秆微贮和干玉米秸秆黄贮4种不同的玉米秸秆处理方式进行饲喂肉牛试验。试验结果表明，经90 d育肥，饲喂全株玉米青贮、鲜玉米秸秆青贮、微贮、黄贮的肉牛头均日增重分别为 1109.78 g、1010.89 g、955.29 g 和 955.74 g，头均纯收益分别为 1134.9 元、1030.5 元、1026.9 元和 1018.8 元，分别较饲喂未处理干秸秆的肉牛多增收 326.9 元、222.3 元、218.7 元和 210.6 元，增重效果和经济效益十分显著。综合分析，全株玉米青贮饲料可显著提高肉牛的增重速度和养殖效益。

多项研究表明，在管理条件相同的情况下，奶牛长期饲喂青贮玉米，可以使奶牛发情期规律，排卵正常，配种准胎率提高，产犊间隔缩短；毛色光亮，体质良好，发病率降低；延长产奶高峰期，提高牛奶产量；能提高乳品质量，奶价优惠，经济效益明显。

肉牛饲喂青贮玉米不仅可以提高育肥牛增重效果，改善肉品质，而且可以明显提高饲料报酬，降低饲养成本，提高经济效益。在肉羊生产中，饲料营养是重要因素之一，通常占总成本的 60%～70%，特别是冬春季节由于饲料原料种类单调，营养失调对羊群健康水平和个体生长发育均产生重要影响，适宜的饲喂青贮玉米是解决该问题的重要途径之一，不仅会直接影响母体的健康，而且会提高母羊的泌乳力，使羔羊早期生长发育良好。饲喂青贮料的成年羊，肥育可以加速，毛的生长也可以加快，效果明显。

参考文献

安道渊，黄必志，吴伯志，2006. 青贮玉米栽培技术措施与产量品质的关系[J]. 农艺科学，22(2)：192-198.

毕春辉，陈长海，杨国威，等，2014. 自走乘坐式高地隙糯玉米果穗采摘车的研制[J]. 农机使用与维修(11)：34-35.

毕世敏，陈浪，2004. 优质高产杂交糯玉米品种遵糯一号的选育[J]. 种子，23(7)：75-76.

蔡成雄，陈荣丽，蔡治荣，等，2014. 糯玉米新品种玉糯 520 特征特性及高产栽培技术[J]. 种子，33(6)：97-99.

蔡霞，李桂莲，孟平红，等，2015. 大蒜间套菜用糯玉米、夏秋大白菜间套甘蓝一年两季四收栽培模式[J]. 北方园艺(3)：52-54.

曹鹏，张立华，常海滨，2016. 黄冈市青贮玉米生产现状和发展对策[J]. 中国农业信息(12)：151-152.

曹孙纪，1999. 早莴笋、春玉米、秋白菜一年三熟高效栽培模式[J]. 湖北农业科学(6)：30.

曹玉兰，2014. 春玉米后茬套种秋五季豆的栽培技术[J]. 长江蔬菜(3)：46-47.

常海滨，殷辉，李宁，等，2015. 10 个玉米群体作为青贮玉米利用价值分析[J]. 湖北农业科学，54(15)：3700-3702.

陈防，鲁剑巍，万运帆，等，1997. 鄂西山区不同海拔高度玉米施钾锌效果[J]. 植物营养与肥料学报，(2)：191.

陈桂兰，阳康春，韦冠睦，等，2017. 14 个青贮玉米品种(系)田间表现评价[J]. 南方农业学报，48(2)：266-271.

陈怀军，杨曙辉，王桂平，等，2017. 高产、优质、广适鲜食型杂交玉米新品种大玉糯 2 号的选育[J]. 新品种选育与推广，36(3)：109-111.

陈晖，蒋小军，黄绿荷，等，2006. 鲜食糯玉米不同密度下的产量效应[J]. 湖南农业科学(4)：48-49.

陈晖，2006. 鲜食甜玉米的常温保鲜技术[J]. 中国农村科技(5)：25.

陈明智，朱兴乐，2004. 甜糯玉米养分吸收特性[J]. 栽培与耕作(6)：22-23.

陈尚国，谢瑞礼，2006. 武陵山区大穗型玉米抗灾高产栽培技术[J]. 农业科技通讯(12)：20.

陈艳萍，孙扣忠，孔令杰，等，2017. 糯玉米新品种“苏科糯 6 号”选育及栽培技术[J]. 中国农学通报，33(9)：12-16.

陈永欣，翟广谦，李彦良，等，2001a. 糯玉米合理种植密度试验研究[J]. 山西农业科学(1)：20-22.

陈永欣，翟广谦，2001b. 甜糯玉米采收与保鲜技术研究[J]. 华北农学报，16(4)：87-91.

程永钢,闫建宾,王瑞钢,等,2015.甜糯玉米品种筛选及栽培技术[J].种植科学,35(12):108-109.
初莉娅,王忠和,2015.甜玉米的保鲜方法[J].新农业(13):13-15.
党玉才,2009.十堰地区玉米虫害发生的原因及防治对策[J].现代农业科学,16(6):162-163.
底姝霞,苏东升,朱媛,2018.不同种植密度对青贮玉米产量和营养价值的影响[J].中国饲料(12):26-30.
丁和权,冉从辉,周富忠,2017.武陵山区高海拔地区玉米新组合区域试验[J].农业科技通讯(1):43-46.
丁一,李会海,徐相波,等,2019.收获期对不同品种青贮玉米生物产量和品质的影响[J].山东农业科学,51(6):83-85.
杜龙岗,阮关海,谢芳腾,等,2015.甜玉米科甜13的选育及栽培技术[J].浙江农业科学,56(5):635-637.
杜雄,边秀举,刘梦星,等,2008.磷素营养对青饲玉米产量品质形成与肥水利用效果的影响[J].植物营养与肥料学报,14(3):484-489.
杜雄,张立峰,李会彬,等,2007.钾素营养对饲用玉米养分吸收动态及产量品质形成的影响[J].植物营养与肥料学报,13(3):393-397.
段道富,2007.甜糯玉米施肥技术[J].技术与市场(5):29.
樊孝军,杨冰,谭柳青,等,2016.江汉平原"小麦+双季青贮玉米"种植模式研究[J].湖北畜牧兽医,37(4):9-10.
冯春福,王黎明,杜世凯,2012.武陵山区玉米低产原因及关键增产栽培技术[J].现代农业科技(17):62-64.
冯颖竹,谢振文,贺立红,等,2007.光强因子对甜糯玉米光合作用和产量构成的影响[J].22(3):132-136.
冯勇,赵瑞霞,苏二虎,等,2002.优质高效青贮玉米品种选育途径与方法的探讨[J].内蒙古农业科技(S1):32-33.
付新余,李国华,毛锦绣,等,2000.夏玉米高产新途径——软盘育苗移栽高产栽培技术[J].农业科技通讯(6):6-7.
付忠军,杨华,姜参参,等,2014.采收期对青贮玉米品质和产量的影响[J].西南农业学报,27(3):1343-1345.
高广金,2015.低产棉田改种玉米增效技术[M].武汉:湖北科学技术出版社.
葛均筑,展茗,赵明,等,2013.一次性施肥对长江中下游春玉米产量及养分利用效率的影响[J].植物营养与肥料学报,19(5):1073-1082.
官贵德,2012.烤烟田免耕直播套种鲜食玉米效益及栽培技术[J].耕作与栽培(2):55,37.
郭庆法,王庆成,汪黎明,2004.中国玉米栽培学[M].上海:上海科学技术出版社.
郭祥鹏,2007.红薯套种玉米高产栽培技术[J].现代农业科技(6):101.
郭勇庆,曹志军,李胜利,等,2012.全株玉米青贮生产与品质评定关键技术[J].中国畜牧杂志,48(18):39-44.
何绍华,王卫东,汤德怀,等,2011.早稻配茬秋甜玉米免耕栽培技术[J].长江蔬菜(5):29-30.
洪波,2016.鄂西山区玉米免耕高产栽培技术[J].北京农业(5):73.
侯琼贤,2005.甜糯玉米栽培技术要点[J].粮油作物(2):7.
侯伟峰,张悦忠,陈新宇,等,2019.不同深松处理对土壤物理性状与玉米产量的影响[J].北方农业学报,47(3):70-73.
胡杰,罗时勇,李大勇,2012.江汉平原棉区棉花与玉米高效套种模式展示[J].棉花科学,34(4):35-37.
胡道君,曹祥福,2012.双季甜玉米—红菜薹高产高效栽培技术[J].现代农业科技(10):72-73.
胡劲红,2011.江汉平原部分县域耕地土壤肥力状况及对策[J].农村经济与科技,22(1):9-11.
胡少华,刘先远,肖述保,等,2006.鲜食玉米一年三熟栽培试验[J].湖北农业科学,45(5):564-566.
华鹤良,卞云龙,李国生,等,2014.密度和施氮量对青贮玉米产量与品质的影响[J].上海农业学报,30(4):83-84.
黄绍力,叶世豪,邓红生,等,2003.超甜玉米鲜苞采后保鲜与加工技术初探[J].长江蔬菜(6):40-41.
姜华,王艾鸿,杨蓉妮,等,2018.湖北省青贮玉米品种筛选试验[J].湖北农业科学,57(S2):152-153,176.
焦亚贤,2011.秋整地对玉米产量及其他性状的影响[J].湖北农机化(2):62.

蓝现丹,侯青光,卢亚妮,等,2016.玉米缓控释肥不同施用模式比较试验[J].广西农学报,31(2):21-23.
冷峰,2010.甜玉米高产栽培技术要点[J].吉林农业(10):94.
黎银忠,陈国银,曾红刚,等,2014.玉米一穴双株与一穴单株种植模式对比试验研究[J].现代农业科技(8):9-10.
李必圣,熊军波,叶启兵,等,2018.8个青贮玉米品种生产性能比较[J].养殖与饲料(8):48-49.
李波,陈葺昌,高云,等,2005.青贮玉米生物产量与植株主要农艺性状相关研究[J].玉米科学,13(2):76-78.
李冬梅,王春艳,王淑芬,1994.氮磷肥配合施用对玉米生长发育和籽粒性状的影响[J].内蒙古农业科技(6):12-15.
李克光,2019.青贮玉米的高产种植技术[J].现代畜牧科技(7):45-46.
李林蔓,2016.播期与密度对秋玉米产量及品质的影响[J].黑龙江农业科学(3):24-27.
李宁,常海滨,殷辉,等,2017.鄂东南地区青贮玉米品种引进试验[J].安徽农业科学,45(3):25-26.
李鹏程,覃孟超,蒋昌茂,等,2016.高山白萝卜—甜玉米地膜覆盖间作模式栽培试验[J].长江蔬菜(20):54-56.
李淑娅,田少阳,袁国印,等,2015.长江中游不同玉稻种植模式产量及资源利用效率的比较研究[J].作物学报,41(10):1537-1547.
李兴群,2015.农家肥制肥团育苗技术浅析[J].云南农业(8):22-23.
李志贤,王建武,杨文亭,等,2010.广东省甜玉米/大豆间作模式的效益分析[J].中国生态农业学报,18(3):627-631.
廖琴,孙世贤,2001.中国玉米品种科技论坛[M].北京:中国农业科技出版社.
林建新,陈山虎,卢和顶,2004.青贮玉米的发展研究现状及前景[J].福建农业科技(1):39-40.
刘芳,梁华东,刘涛,等,2016.湖北省近三十年耕地土壤肥力变化解析[J].华中农业大学学报,35(6):79-85.
刘汉琳,杨家伟,王显贵,等,2010.鲜食糯玉米新品种丰糯33特征特性及高产栽培技术[J].种子,29(10):110-111.
刘吉波,2009.武陵山区玉米综合栽培技术及增产机理分析[J].农业技术与装备(5):26-27.
刘景辉,曾昭海,焦立新,等,2006.不同青贮玉米品种与紫花苜蓿的间作效应[J].作物学报,32(1):125-130.
刘敏,张滢,黄蓉,等,2015.湖北省鲜食玉米高产高效栽培技术[J].农业科技通讯(6):183-184.
刘先远,2007.江汉平原栽培一年三熟鲜食玉米的要点初探[J].安徽农业科学,35(10):2886.
刘新洲,周爱华,冯炳龙,等,1999.鄂东平原椒—棉—玉米立体种植栽培技术[J].中国棉花(5):32-32.
刘玉军,2014.间作套种玉米高产栽培技术[J].农业开发与装备(2):101.
柳茜,傅平,苏茂,等,2015.青贮玉米与拉巴豆混播生产性能研究[J].草业与畜牧(5):22-24.
鲁剑巍,鲁君明,陈防,等,2004.江汉平原玉米施用磷肥效果研究[J].玉米科学,12(2):102-104.
陆虎华,赵浚宇,陈国清,等,2016.磷素施用对糯玉米籽粒产量和磷素积累分配的影响[J].玉米科学,24(5):128-135.
陆伊奇,2000.青贮玉米秸饲喂奶牛效果研究[J].草业科学,17(3):53-55.
栾春荣,鞠章网,丁慧,等,2004.鲜食糯玉米适宜采收期与有效积温的关系研究[J].江苏农业科学(2):22-23.
罗时勇,张强,邓俊俊,等,2014.江汉平原玉米一窝双株高产栽培对比试验报告[J].农技服务,31(1):43-44.
马海霞,2017.饲用青贮玉米的高产栽培要点[J].现代畜牧科技(7):68.
茅林春,2000.壳聚糖涂膜对甜玉米品质和生理活性的影响[J].中国粮油学报(6):34-37.
Marshall E,1994.如何确定奶牛营养物质供给量,张世英译[J].西北农业大学学报(2):53-57.
庞业文,2012.武陵山区旱作一年四熟高产高效栽培技术[J].现代农业科技(13):44.
秦慧豹,王晓宇,李宝珍,等,2014.超甜玉米新品种鄂甜玉5号的选育及栽培技术[J].湖北农业科学,53(8):1755-1758.
屈翠萍,王彬,王建明,2015.山区玉米肥团育苗移栽增产机理及配套技术[J].农业科技通(9):179-181.

屈绳娟,沈益新,2009.氮肥与密度对青贮玉米产量和品质的影响[J].江苏农业学报,25(3):596-600.
权金鹏,马垭杰,宋福超,2014.不同类型玉米秸秆处理方式及饲喂肉牛效果观测[J].中国牛业科学,40(3):27-30.
邵泱峰,赵倩,王方,等,2014.山地辣椒套种鲜食玉米栽培技术[J].上海蔬菜(6):48-50.
申丽霞,王璞,兰林旺,等,2007.施氮对夏玉米碳氮代谢及穗粒形成的影[J].植物营养与肥料学报,13(6):1074-1079.
沈玉芳,王保莉,曲东,等,2002.水分胁迫下磷营养对玉米苗期根系导水率的影响[J].西北农业科技大学学报(5):11-15.
盛学良,贺喜全,2002.我国优质饲用玉米育种研究进展[J].杂粮作物,22(3):134-137.
石明亮,朱国强,陈桂银,等,2005.青贮玉米的育种目标与育种方法探讨[J].江苏农业科学(1):36-37.
石绍河,符强,关晶,等,2013.控释肥对玉米产量及效益的影响研究[J].黑龙江农业科学(2):44-45.
史枢卿,2017.青贮玉米品种的选择[J].中国乳业(184):48-53.
宋晋辉,赵祥,高运青,等,2012.施氮量对青贮玉米产量和品质的影响[J].江苏农业科学,40(5):155-156.
苏天增,侯乐新,张玉强,等,2019.青贮玉米高产群体生理特性及其对密度的响应[J].华北农学报,34(2):132-137.
孙东升,刘成启,2019.野生大豆与青贮玉米混作对饲草产量及品质的影响[J].大麦与谷类科学,36(2):38-41.
孙建军,铁双贵,卢彩霞,等,2005.不同剂型剂量的药剂拌种对甜玉米出苗的影响[J].海南农业科学,(11):54-57.
孙雪迎,刘景圣,2010.鲜食糯玉米的生产现状及保鲜技术[J].农产品加工(6):64-66.
田宏,刘洋,熊海谦,等,2014.适于湖北中部地区种植的青贮玉米品种筛选试验[J].河北农业科学,53(12):2850-2853.
田圣忠,杨开枝,祁启红,等,2019.2018年宜昌市夷陵区青贮玉米品种大区比较试验[J].现代农业科技(5):43-45.
佟屏亚,1995.确立玉米在饲料中的主导地位[J].中国农业资源与区划(3):24-27.
王炳珍,2016.玉米双株紧靠高产栽培法[J].农民致富之友(3):36-36.
王长军,蒙静,武东波,等,2014.缓控释肥在玉米上的应用效果研究[J].现代农业科技(10):235.
王春辉,2011.微波处理对甜玉米中碳水化合物的影响[J].制冷学报,(6):74-78.
王道营,诸永志,曹建民,等,2008.贮藏温度对甜玉米品质的影响[J].食品科学,20(6):82.
王加启,2005.青贮专用玉米高产栽培与青贮技术[M].北京:金盾出版社.
王晋莉,杨瑞娥,高照平,2008.不同处理玉米秸育肥肉牛效果比较[J].山西农业大学学报,28(3):320-323.
王黎明,郑兴权,刘传兵,等,2009.鄂西山区玉米病害发生情况和趋势分析[J].湖北农业科学,48(11):2738-2740.
王美云,2006.热量限制两熟区双季青贮玉米模式及其技术体系研究[D].北京:中国农业科学院.
王鹏,李连冰,焦峰,等,2015.不同施氮量对玉米生长、氮吸收利用及产量的影响[J].湖北农业科学,54(22):5544-5547.
王庆成,刘开昌,1998.玉米新杂交种的产量—密度方程与耐密性研究[J].山东农业科学(6):7-11.
王业民,李求文,杨险峰,等,2001.武陵山区玉米杂交种生产技术的共性探讨[J].种子(1):69-70.
卫丽,马超,黄晓书,等,2010.控释肥对夏玉米碳、氮代谢的影响[J].植物营养与肥料学报,16(3):773-776.
邬光远,1993.春玉米与晚粳稻连作双高产[J].湖北农业科学(3):26-28.
吴秋珏,徐廷生,2006.饲粮中中性洗涤纤维的研究进展[J].饲料工业,27(7):14-16.
吴秋平,蒋飞,韩成卫,等,2019.不同种植密度对青贮玉米生长和产量的影响[J].山东农业科学,51(6):79-82.

吴荣辉，喻红强，严华生，等，2018. 不同种植密度对雅玉青贮 8 号农艺性状和产量的影响[J]. 农村经济与科技，29(9)：62-63.

奚国华，2005. 青贮玉米丰产栽培技术[J]. 四川农业科技，(9)：17-18.

向发洪，王黎明，刘传兵，等，2010. 武陵山区玉米高产栽培技术[J]. 现代农业科技(1)：72-72.

肖能武，向世标，刘昱，等，2014. 十堰市玉米生产现状与发展对策[J]. 湖北农业科学，53(2)：258-260.

徐祥玉，彭成林，袁家富，等，2010. 鄂西山区玉米不同磷钾用量对产量及养分积累的影响[J]. 湖北农业科学，49(12)：3011-3014.

阎萍，卢建雄，2005. 反刍动物营养与饲料利用[M]. 北京：中国农业科学技术出版社.

杨耿斌，谭福忠，王新江，等，2006. 不同密度对青贮玉米产量与品质的影响[J]. 玉米科学，14(5)：115-117.

杨利，夏贤格，吴家琼，等，2016. 湖北省主要农区耕地土壤质量研究Ⅱ. 近 30 年来土壤肥力的演变[J]. 湖北农业科学 55(2)：299-302.

杨兴强，叶长青、赵跃，等，2016. 鄂北岗地夏玉米生产现状、存在问题及发展对策[J]. 中国种业，55(7)：3558-3561.

姚启伦，2006. 播期效应对武陵山区地方玉米品种经济性状配合力的影响[J]. 西北农业科技大学学报(自然科学版)，34(11)：61-64.

因小芳，2017. 青贮玉米高产栽培技术[J]. 种子世界(4)：39.

于德花，陈小芳，毕云霞，等，2018. 种植密度对不同株型青贮玉米产量及相关性状的影响[J]. 草业科学，35(6)：1465-1471.

于秋竹，孔宇，杨亮，等，2009. 不同氮素用量对三个饲用玉米品种蛋白质积累与分配的影响[J]. 作物杂志(2)：52-55.

余长平，周华平，刘永忠，等，2018. 玉米双玉 919 种植密度与施肥量栽培模式研究[J]. 湖北农业科学，57(12)：19-21.

展茗，张胜，李建鸽，等，2013. 湖北省不同时期玉米区域生产比较优势分析[J]. 中国农学通报，29(3)：63-68.

张广才，1982. 江汉平原湖区夏玉米高产栽培主要技术措施[J]. 湖北农业科学(5)：10-11.

张乃雄，2009. 关于在畜牧产区发展青贮饲料玉米的建议[J]. 种子科技，27(4)：17-18.

张秋芝，潘金豹，南张杰，等，2007. 不同种植密度对青贮玉米品质的影响[J]. 北京农学院学报，22(2)：10-12.

张士龙，贺正华，黄益勤，2016. 超甜玉米籽粒果皮柔嫩度的变化规律[J]. 湖北农业科学(5)：1105-1108.

张友君，袁永召，张新柱，2014. 武陵山区不同海拔高度春玉米最适播种期研究[J]. 现代农业科技(20)：21-22.

章建新，王爽，2018. 收割高度对不同类型玉米饲用品质和产量的影响[J]. 玉米科学，16(2)：104-106，114.

赵斌，董树亭，张吉旺，等，2012. 不同控释肥对夏玉米籽粒品质的影响[J]. 山东农业科学，44(8)：69-72.

赵福成，景立权，闫发宝，等，2013. 施氮量对甜玉米产量、品质和蔗糖代谢酶活性的影响[J]. 植物营养与肥料学报，19(1)：45-54.

赵建华，孙建好，陈伟，等，2013. 不同作物与玉米间套作对玉米产量和生物量累积的影响[J]. 作物杂志(4)：120-125.

赵利梅，王贵平，高炳德，等，2000. 氮磷钾平衡施肥对春玉米籽粒建成及品质形成影响的研究[J]. 内蒙古农业大学学报(21)：16-20.

赵万庆，岳尧海，张志军，2009. 青贮玉米栽培和发展前景的探讨[J]. 畜牧与饲料科学，30(3)：54-55.

周晓舟，唐创业，2008. 免耕秋玉米测土配方施肥效果分析[J]. 安徽农业科学，36(13)：5535-5536.

朱凤娟，邱正明，聂启军，等，2013. 鄂西山区越夏甜玉米栽培技术[J]. 长江蔬菜(5)：11-13.

朱凤娟，邱正明，聂启军，等，2014. 鄂西山区不同海拔与播期对甜玉米生长的影响[J]. 湖北农业科学，53(5)：1069-1072.

朱红英，董树亭，胡昌浩，等，2007. 不同控释肥用量对玉米生产效应的影响[J]. 玉米科学，15(2)：114-116.

朱建国，刘景辉，高占魁，等，2007. 栽培措施对青贮玉米粗蛋白质含量及产量的影响[J]. 华北农学报，22(3)：

151-155.

朱顺国，邢壮，张微，等，2001. 玉米秸秆 NDF 与 ADF 含量变化规律的研究[J]. 中国奶牛(1)：24-26.

朱永群，汪霞，彭建华，等，2015. 密度和施氮量对雅玉 8 号青贮玉米产量和品质的影响[J]. 玉米科学，112(6)：96-101.

Lauer J，1995. Corn germplasms for silage uses[J]. Field Crops Research，26(12)：4-5.

Lauer J，1997. More mileage from corn silage：Selecting hybrids[J]. Field Crops Research，26(6)：15-31.

Sanderson M A，Jones R M，Read J C，et al，1995. Digestibility and Lignocelluloses content of forage corn morphological components[J]. J Prod Agric，8：169.

第五章　环境胁迫及其应对

第一节　病、虫、草害防治与防除

一、主要病害及其防治

(一)病毒性病害

全世界报道的玉米病毒有 40 余种，在中国发生普遍、危害较重的主要是玉米粗缩病和玉米矮花叶病。玉米粗缩病又称“坐坡”，山东俗称“万年青”，该病在湖北、河北、河南、北京、天津、辽宁、山东、甘肃、新疆等省(市、区)均有发生。玉米矮花叶病又称花叶条纹病、黄绿条纹病、花叶病毒病、黄矮病等，是中国玉米上发生范围广、危害性大的重要病害，目前在甘肃、山西、河北、北京等地发生严重。

1. 玉米粗缩病

(1)病原　玉米粗缩病(Maize rough dwarf Disease，MRDV)是一种世界性的玉米病害，导致玉米粗缩病的病毒主要有 4 种，均属于呼肠孤病毒科(*Reoviridae*)，斐济病毒属(*Fijivirus*)。中国玉米粗缩病主要是水稻黑条矮缩病的病毒(Rice black-streaked dwarf virus，RBSDV)，可同时侵染水稻和玉米。

(2)传播途径　宿主范围较广，主要有玉米、小麦、水稻等粮食作物和狗尾草、稗草等杂草。粗缩病主要由灰飞虱传播，病毒主要在冬小麦和灰飞虱体内越冬，初侵染源相对较少、传播途径单一，第二年春天将病毒传播至小麦和玉米上。

(3)发病时间和发病规律　玉米粗缩病发生的轻重与玉米生育期、生态环境、灰飞虱的爆发期、玉米品种的抗病性等因素有关。玉米粗缩病感染后多数不能抽穗，对玉米生长发育和产量影响很大，严重时可造成大幅度减产甚至绝收。整个生育期都可侵染发病，苗期感病性最强，玉米 4～5 叶期以前是对粗缩病最敏感的时期，套种玉米出苗早，幼苗的感病高峰期与一代灰飞虱的迁飞高峰期相遇。持续到抽雄吐丝期，全株症状表现明显。灰飞虱随高空气流远距离传播，主要来自南方的小麦和水稻田向北迁飞。

玉米粗缩病发生程度与田间传毒介体灰飞虱虫口密度及带其毒率、一代灰飞虱传毒高峰期与玉米敏感叶龄期吻合程度、品种抗性等因素密切相关。若冬季温度干燥有利于灰飞虱越冬代存活，虫源基数增大，早春气温偏高、雨量偏少利于灰飞虱冬后若虫的羽化繁殖，灰飞虱易暴发成灾。灰飞虱发育的适宜温度为 15～28 ℃，最适温度为 25 ℃，30 ℃以上高温不利于其发育繁殖。若 5 月中旬至 6 月初田间平均气温偏低且雨水偏多，则适于灰飞虱生长活动，田间灰飞虱种群数量大，玉米粗缩病易发生。

田间管理粗放的地块，杂草和自生麦苗丛生，为玉米田灰飞虱提供了大量适宜寄主，利于灰飞虱生存繁殖和越冬越夏，病害易严重流行。

(4)为害症状 典型症状是在叶背出现白色蜡泪状脉突、手感粗糙、叶色深绿、叶片变短；植株矮化、根数少、不发次生根且有根纵裂；常不能抽穗或雌穗极小、变形、雄花少或无花粉。

2. 玉米矮花叶病

(1)病原 病原为玉米矮花叶病毒(Maize dwarf mosaic virus，MDMV)属马铃薯 Y 病毒组。病毒粒体线状，长度约为 750 nm，病毒致死温度 55～60 ℃，体外存活期(20 ℃)1～2 d，可用汁液摩擦接种。

(2)传播途径 主要在雀麦、牛鞭草等寄主上越冬，是该病主要的初侵染来源，带毒种子发芽出苗后也可成为发病中心。玉米矮花叶病毒源主要借助于蚜虫吸食叶片汁液而传播，汁液摩擦和种子也有传毒作用。生产上有大面积种植的感病玉米品种和对蚜虫活动有利的气候条件时，蚜虫从越冬带毒的寄主植物上获毒，迁飞到玉米上取食传毒，发病后的植株成为田间毒源中心，随着蚜虫的取食活动将病毒传向全田，并在春玉米、夏玉米和杂草上传播为害，玉米收获后蚜虫又将病毒传至杂草上越冬。

(3)发病时间和发病规律 在整个生育期都可感病，以幼苗期到抽雄前较易感病，侵染后有 7～15 d 的潜育期。以苗期受害最重，抽雄前为感病阶段，抽穗后发病的受害较轻。感病后的植株表现不同程度的矮化，早期感病植株矮化严重，后期感病植株矮化较轻，一般较正常植株矮化 10%～30%，感病较重植株矮化 50%。一是种子带毒，二是在越冬杂草上寄生。玉米矮花叶病毒主要是借助于蚜虫在植株与植株、田块与田块之间传播。

病害的流行取决于品种的抗性、毒源及介体发生量及气候和栽培条件等。品种抗病力差、毒源和传毒蚜虫量大、苗期“冷干少露”、幼苗生长较差等都会加重发病程度。冬暖春旱，有利于蚜虫越冬和繁殖，发病重；蚜虫为害高峰期正与春玉米易感病的苗期相吻合，发病重；田间管理粗放，草荒重，易发病；偏施氮肥，少施微肥，可加重病情。

(4)为害症状 病苗最初在心叶基部叶脉间出现许多椭圆形褪绿小点或斑驳，沿叶脉排列成断续的长短不一的条点，随着病情的进一步发展，症状逐渐扩展至全叶，在粗脉之间形成几条长短不一、颜色深浅不同、较宽的褪绿条纹。叶脉间叶肉失绿变黄，叶脉仍保持绿色，形成黄绿相间的条纹症状，尤以心叶最明显，故称花叶条纹病。随着玉米的生长，病情逐渐加重，叶片变黄，组织变硬，质脆易折断，从叶尖、叶缘开始逐渐出现紫红色条纹，最后干枯。一般第一片病叶失绿带沿叶缘由叶基向上发展成倒“八”字形，上部出现的病叶待叶片全部展开时，即整个成为花叶。病株黄弱瘦小，生长缓慢，株高常不到健株的一半，多数不能抽穗而提早枯死，少数病株虽能抽穗，但穗小，籽粒少而秕瘦。有些病株不形成明显的条纹，而呈花叶斑驳，并伴有不同程度的矮化。重病株早期心叶扭曲成畸形，叶片不能展开，植株明显矮小，抽雄后雄穗不发达，分支减少甚至退化，果穗变小，秃顶严重不结实。

(二)细菌性病害

主要有枯萎病、褐斑病、叶斑病、茎腐病等。

1. 玉米细菌性枯萎病

(1)病原 病原物为斯氏泛生菌(*Pantoea stewartii* subsp. *stewartii*)革兰阴性菌引起的重要细菌性病害，好气性短杆菌，是一种维管束病害，导管里充满黄亮色细菌黏液，病株的横切面上可看到渗出的黏液，受害后植株矮缩或枯萎，对玉米特别是甜玉米能造成极大的损失。

(2)传播途径　主要是玉米种子和带菌昆虫，如玉米跳甲等。在疫区，玉米种子是初侵染之一，且主要由带菌昆虫在植株上取食而传播。在国际贸易中，带菌昆虫和病株不易成为传播途径，因此带菌种子是该病远距离传播的主要因素，是传入无病区的主要侵染源。病菌存在于种子的内、外部。

(3)发病时间和发病规律　玉米的各个生长阶段都能够被侵染，在叶片上产生与中脉平行的、分散的水渍状条斑，病菌能够通过茎或者直接侵染叶片而在幼苗或者较老植株上产生病斑，早期侵染可引起苗枯，较晚侵染则阻止生长或者表现为不同程度的叶枯，具有明亮的或者红色的斑纹，有或无分散的水渍状斑点，最后全叶干枯。系统侵染的植株维管束变褐色，根或茎部呈水渍状，并分泌出黏液(黄色菌脓)，出现湿腐状。

(4)为害症状　受害后植株矮缩或枯萎。病株在苗期可导致枯萎死亡，如果在植株生长后期被感染，植株可以长到正常大小。

2. 玉米细菌性褐斑病

(1)病原　病原菌为丁香假单胞杆菌丁香变种(*Pseudomonas syringae* pv. *syringae* van Hall)。病斑初呈水浸状，暗绿色，后变乳白色至黄褐色，最后干枯变褐色，带有淡红色到褐色边缘，较大的病斑周围具黄色晕圈。该病在美国以及欧洲、亚洲、非洲的一些国家和澳大利亚均有发生。

(2)传播途径　以休眠孢子(囊)在土地或残体中越冬，第二年病菌靠气流传播到玉米植株上，遇到合适条件萌发产生大量的游动孢子，在叶片表面水滴中游动，并形成侵染丝，侵害玉米的幼嫩组织。小病斑常汇集在一起，严重时在叶片上出现几段甚至全部布满病斑，叶鞘和叶脉上出现较大的褐色斑点，发病后期病斑表皮破裂，叶细胞组织呈坏死状，散出褐色粉末，叶脉和维管束残存如丝状。

(3)发病时间和发病规律　在气候温暖、多雨时，病害发生严重。在玉米生长的中期(7—8月)温度较高(23～30 ℃)、湿度较大(相对湿度85%以上)，且阴雨日较多时，有利于发病；密度过大，田间发病重；低洼潮湿，雨后有积水的地块和连作地块发病较重；土壤瘠薄的地块，叶色发黄，发病较重。在土壤肥力较高的地块，玉米健壮，叶色深绿，病害较轻甚至不发病。玉米8～10片叶时易发生病害，12片叶以后不再发生。

(4)为害症状　发病部位在玉米叶片、叶鞘及茎秆。病斑大小为2～8 mm。先在顶部叶片的尖端发生，病斑初呈水渍状、暗绿色，逐渐扩大为黄褐色的椭圆形病斑，后变乳白色至黄褐色，最后干枯变褐色，带有淡红色到褐色边缘，较大的病斑周围具黄色晕圈。

3. 细菌性叶斑病

(1)病原　菠萝泛菌(*Pantoea ananas*)，属薄壁菌门泛菌属。芽孢杆菌叶斑病为巨大芽孢杆菌(*Bacillus megaterium*)，属厚壁菌门芽孢杆菌属。

(2)传播途径　春季借风雨、昆虫或人工田间操作传播，从玉米植株伤口或气孔侵入致病。

(3)发病时间和发病规律　高温高湿条件下有利发病，地势低洼、排水不良或播种过密、田间隐蔽度大或土壤板结、偏施氮肥的地块发病重。偏施氮肥易引起该病的发生。

(4)为害症状　玉米细菌性叶斑病主要发生在叶片上，发病初期植株的叶片上分散有不规则的淡黄色水浸状斑点。有时叶柄及茎部也能观察到症状，病害症状表现为各种斑点、坏死甚至引起整株萎蔫。初步将症状类型分为4类。

枯死斑型：随着病害的发展，病斑沿叶脉方向扩展，逐渐增多，可在全叶布满黄色的小斑。变为黄色干枯的坏死斑。感染后期病斑扩大并相互结合，在叶片上形成大面积的枯死斑，进而引起叶片枯死。

褪绿斑型：初期感病植株的叶片上分散有黄色水浸状不规则斑点，随着病害的发展，病斑逐渐扩大，变为黄色至褐色坏死斑，且坏死斑周围有黄色晕圈围绕病斑，小而密集，直径 1～2 mm。发病后期，病斑中央出现灰白色的枯死区域，一些病斑相互联合，在叶片上形成较大面积的褪绿坏死斑。

条斑型：典型症状为植株矮缩和萎蔫。叶片形成淡绿色至黄色、具有不规则或波浪状边缘的条斑，与叶脉平行，有的条斑可以延长到整个叶片的长度，病斑干枯后呈褐色。受害严重的植株表现为明显矮缩，甚至萎蔫。

褐斑型：发病初期，叶片上出现小点状褪绿斑，病斑逐渐扩展，呈圆形或椭圆形，病斑变褐且周围有褪绿晕圈，受害严重的植株病斑连片，导致叶片枯死。

4. 玉米细菌性茎腐病

(1)病原　玉米细菌性茎腐病是由菊花软腐欧文氏菌玉米变种 *E. chrysanthemi* pv. *zeae* (Sabet) Victoria 等和胡萝卜软腐欧文氏菌胡萝卜软腐亚种 *Erwinia carotovora* subsp. *carotovora* Borgey 等引起的玉米生产上非常重要的细菌性病害。

(2)传播途径　在土壤中病残体上越冬，翌年从植株的气孔或伤口侵入。玉米 60 cm 高时组织柔嫩易发病，害虫为害造成的伤口利于病菌侵入。此外害虫携带病菌同时起到传播和接种的作用，如玉米螟、棉铃虫等虫口数量大则发病重。

(3)发病时间和发病规律　一般从小喇叭口期，即 7 月上旬开始发病。湿度大时，病斑向上下迅速扩展，严重时植株常在发病后 3～4 d 病部以上倒折，溢出黄褐色腐臭菌液。干燥条件下扩展缓慢，但病部也易折断，造成不能抽穗或结实。

高温高湿利于发病；均温 30 ℃左右、相对湿度高于 70%即可发病；均温 34 ℃、相对湿度 80%扩展迅速。地势低洼或排水不良，密度过大，通风不良，施用氮肥过多，伤口多发病重。轮作，高畦栽培，排水良好及氮、磷、钾比例适当地块植株健壮，发病率低。

(4)为害症状　在玉米中部的叶鞘和茎秆上发生水渍状腐烂，引起组织软化。最初在植株基部叶鞘上出现不规则的褐色病斑，条件适宜时病斑逐渐扩大，并侵入茎秆、心叶，造成组织腐烂、坏死，散发出腥臭气味，病株自病部倒折。叶鞘上病斑不规则形，边缘浅红褐色，病健组织交界处水渍状尤为明显。玉米抽雄后，地上各茎节、叶鞘、雌雄穗、穗轴、苞叶等部位均可感病，引起腐烂，但后期才感病的植株，多数不倒折。

(三)真菌性病害

主要有大斑病、小斑病、灰斑病、弯孢菌叶斑病、圆斑病、锈病(南方锈病、北方锈病)、纹枯病、根腐病、瘤黑粉病等。

1. 玉米大斑病

(1)病原　病原无性态为玉米大斑凸脐蠕孢菌 *Exserohilum turcicum* (Pass.) Leonard et Suggs，属无性孢子类凸脐蠕孢属，有性态为大斑刚毛球腔菌 *Setosphaeria turcica* (Luttr.) Leonard et Suggs，属子囊菌门球腔菌属，是真菌性病害。玉米大斑病菌的分生孢子梗从气孔伸出，单生或 2～6 根束生，褐色不分枝，2～6 个隔膜，基部细胞膨大，色深，向顶端渐细，色较浅，顶端呈屈膝状，并有孢子脱落留下的痕迹。分生孢子梭形或长梭形，榄褐色，直或略向一方弯曲，中部最粗，向两端渐细，顶端细胞钝圆或长椭圆形，基细胞尖锥形，脐点明显，突出于基细胞外部，分生孢子具2～8个隔膜，大小(45～126)μm×(15～24)μm。自然条件下一般不产生有性世代，但人工培养时可产生子囊壳，成熟的子囊壳黑色，椭圆形至球形，大小(359～721)μm×(345～497)μm，外层由黑褐色拟薄壁组织组成，子囊壳壳口表皮细胞产生较多短而刚直、褐色的毛状物，内层膜由较小透明细胞组成。子囊从子囊腔基部长出，圆筒形或棍棒形，具短柄，一般含2～4个子囊孢子，大小(176～249)μm×(24～31)μm。子囊孢子纺锤形，直或略弯曲，无色透明，老熟呈褐色，多为3个隔膜，隔膜处缢缩，大小(42～78)μm×(13～17)μm。

(2)传播途径　病原菌主要以菌丝或分生孢子在田间病残体上越冬，成为翌年初侵染来源。田间传播发病的初侵染菌源主要来自玉米秸秆上越冬病组织重新产生的分生孢子。孢子借风雨和气流传播，含有未腐烂病残体的粪肥及种子也能带少量病菌。越冬病组织里的菌丝在适宜的温湿度条件下产生分生孢子，借风雨、气流传播到玉米叶片上，在适宜条件下，孢子萌发从表皮细胞直接侵入，少数从气孔侵入，叶片正反面均可侵入，侵入后5～7 d可形成典型的病斑，10～14 d在病斑上可产生分生孢子，借气流传播进行再侵染。

(3)发病时间和发病规律　玉米大斑病的流行除与玉米品种感病程度有关外，还与当时的环境条件关系密切。温度20～25 ℃、相对湿度90%以上利于病害发展。气温高于25 ℃或低于15 ℃，相对湿度小于60%，持续几天，病害的发展就受到抑制。从拔节到出穗期间，气温适宜，又遇连续阴雨天，病害发展迅速，易大流行。土壤肥力差，玉米孕穗、出穗期间氮肥不足发病较重。低洼地、密度过大、连作地易发病。品种间抗病性差异很大。

(4)为害症状　玉米整个生育期均可感病，但在自然条件下，苗期很少发病，通常到玉米生长中后期，特别是抽穗以后，病害逐渐严重。此病主要危害玉米叶片，严重时也能危害叶鞘和苞叶。最明显的特征是在叶片上形成大型的梭形病斑，一般下部叶片先发病，病斑的大小、形状、颜色和反应型因品种抗性的不同而有差异。病斑一般长5～10 cm，宽1 cm左右，在感病品种上有的长达15～20 cm，宽2～3 cm。病斑初期为水渍状青灰色小斑点，随后沿叶脉向两端扩展，形成边缘暗褐色、中央淡褐色或青灰色的大斑，后期病斑常纵裂，严重时病斑常汇合连片，叶片变黄枯死，潮湿时病斑上产生大量灰黑色霉状物，即病菌的分生孢子梗和分生孢子。病斑能结合连片，使植株早期枯死。

2. 玉米小斑病

(1)病原　病原无性态为玉蜀黍平脐蠕孢菌 *Bipolaris maydis*(Nisik. et Miyake) Shoemaker，属无性孢子类平脐蠕孢属，有性态为异旋孢腔菌 *Cochliobolus heterostrophus*(Drechsler) Drechsler，属子囊菌门旋孢腔菌属。属半知菌亚门真菌。

无性态的分生孢子梗散生在病叶上病斑两面，从叶片气孔或表皮细胞间隙伸出，2～3根束生或单生，榄褐色至褐色，直立或呈曲膝状弯曲，基部细胞稍膨大，顶端略细色较浅，下部色深较粗，上端有明显孢痕。分生孢子在分生孢子梗顶端或侧方长出，长椭圆形，褐色，两端钝圆，多向一端弯曲，中间粗两端细，具3～13个隔膜，一般6～8个，大小(80～156)μm×(5～10)μm，脐点凹陷于基细胞之内，分生孢子多从两端细胞萌发长出芽管，有时中间细胞也可萌发。子囊壳可通过人工诱导产生，偶尔也可在枯死的病组织中发现，子囊壳黑色，近球形，大小(357～642)μm×(276～443)μm，子囊顶端钝圆，基部具短柄，大小(124.6～183.3)μm×(22.9～28.5)μm，每个子囊内大多有4个子囊孢子，子囊孢子长线形，彼此在子囊里缠绕成螺旋状，通常有 5～9 个隔膜，大小(146.6～327.3)μm×(6.3～8.8)μm，萌发时每个细胞均可长出芽管。玉米小斑病菌有明显的生理分化现象，根据病原菌对不同类型玉米细胞质的专化性，已报道的小斑病菌有：T 小种、C 小种和 O 小种 3 个生理小种，T 小种对 T 型细胞质、C 小种对 C 型细胞质的雄性不育系专化侵染，O 小种无专化性。

(2)传播途径　病原菌主要以休眠菌丝体和分生孢子在病残体上越冬，成为翌年发病初侵染源。分生孢子借风雨、气流传播，侵染玉米，在病株上产生分生孢子进行再侵染。病菌侵染需要高的大气湿度和叶片表面存在游离水等条件，一般当环境中相对湿度达到 90%～100% 时，病菌能够完成侵染。病菌孢子在叶片水膜中萌发并穿过表皮气孔侵染叶片组织，形成病斑并从病斑上产生新的分生孢子，开始第二次侵染循环。如果环境温度在 20～30 ℃、多雨高湿，病菌完成一个侵染循环只需 5～7 d。因此，不断地再侵染，极易导致在种植感病品种的条件下，形成田间小斑病的流行。

(3)发病时间和发病规律　以叶片上产生小型病斑为主的病害。发病适宜温度 26～29 ℃，产生孢子最适温度 23～25 ℃，孢子在 24 ℃下，1 h 即能萌发，遇充足水分或高温条件，病情迅速扩展。玉米孕穗、抽穗期降水多、湿度高，容易造成小斑病的流行；低洼地、过于密植荫蔽地、连作田发病较重。其发病轻重与品种、气候、菌源量、栽培条件等密切相关。一般抗病力弱的品种，生长期中露日多、露期长、露温高、田间闷热潮湿以及地势低洼、施肥不足等情况下，发病较重。

(4)为害症状　从苗期到成株期均可发生，但苗期发病较轻，通常到玉米生长中后期，特别是抽雄以后发病逐渐加重。此病主要危害玉米叶片，严重时也可危害叶鞘、苞叶、对雌穗和茎秆的致病力也较强，可造成果穗腐烂和茎秆断折。叶片发病常从下部开始，逐渐向上蔓延，发病初期，在叶片上出现半透明水渍状褐色小斑点，后扩大为椭圆形或纺锤形病斑，病斑褐色到暗褐色，有些品种上病斑为黄色或灰色，边缘赤褐色，轮廓清楚，病斑大小一般在(5～16)mm×(2～4)mm，感病品种上病斑常相互联合致使整个叶片萎蔫，严重株提早枯死，天气潮湿或多雨季节，病斑上出现大量暗黑色霉状物为分生孢子梗和分生孢子。在抗病品种上病斑为坏死小斑点，黄褐色，周围具有黄褐色晕圈，病斑一般不扩展。

3. 玉米灰斑病

(1)病原　由病原真菌侵染致病，病原真菌为半知菌亚门真菌。病原菌无性态为玉蜀黍尾孢菌 *Cercospora zeae-maydis* Tehon & Daniels，属无性孢子类尾孢属，有性态为 *Mycosphaerella sp.*，属子囊菌门球腔菌属，在自然条件下很少见，在病害循环中作用不大。菌丝体多埋生，无子座或仅少数褐色细胞，分生孢子梗 3～10 根丛生，浅褐色，上下色泽均匀，宽度一致，有 1～4 个隔膜，多为 1～2 个，正直或稍弯，偶有 1～3 个膝状节，无分枝，着生孢子处孢痕明显，大小(60～180)μm×(4～6)μm。分生孢子倒棍棒形，无色，直或稍弯曲，有 1～8 个隔膜，多为 5～6 个，基部倒圆锥形，脐点明显，顶端较细稍钝，大小(40～120)μm×(3～4.5)μm。在 PDA 培养基上病菌很少产生孢子，但在新鲜的或干枯的玉米叶煎汁培养基或 V-8 培养基上容易产孢，持续光照可抑制孢子萌发、菌丝生长和产孢，光暗交替有利于分生孢子的形成。

(2)传播途径　分生孢子借风雨传播，反复侵染。病菌主要以菌丝体和分生孢子在玉米秸秆等病残体上越冬，成为第二年的初侵染来源。病菌在地表的病残体上可存活 7 个月，但埋在土壤中的病残体的病菌则很快失去生命力不能越冬。次年春季子座组织产生分生孢子，借风雨传播到寄主上，分生孢子在适宜条件下萌发产生芽管，分枝的芽管在气孔表面形成多个附着胞，进一步产生侵染钉从气孔侵入，侵染后约 9 d 可见褪绿斑点，12 d 后出现褐色的长条斑，16～21 d 病斑上形成孢子，其中侵染幼株叶片时产孢比在成株上早。条件适宜时，当年病斑上产生的分生孢子借风雨传播可进行多次再侵染，不断扩展蔓延。

(3)发病时间和发病规律　发病的最佳温度为 25 ℃，最佳湿度为 100%或有水滴存在。因此，相对湿度大、气温较低的环境条件有利于病害的发生和流行。玉米灰斑病一般从下部叶片开始发病，逐渐向上扩展，条件适宜时，可扩展到整株叶片，最终导致植株叶片干枯，严重降低光合作用。重病株所结果穗下垂，籽粒松脱，干瘪，千粒重下降，严重影响玉米产量和品质。该病较适宜在温暖湿润和雾日较多的地区发生，而连年大面积种植感病品种，是该病大发生的重要条件之一。玉米灰斑病常与大斑病、小斑病、锈病混合发生，苗期基本无灰斑病。玉米灰斑病初次侵染在 7 月，8 月为高峰期。气温偏高、雨量偏多、田间湿度大，对玉米灰斑病的发生流行较为有利。该病成为恩施州乃至湖北省玉米生产上发展最迅猛的一种病害，尤其在连作的地块种植感病品种更易大面积发生，严重的造成玉米大幅度减产。

(4)为害症状　主要危害玉米成熟期的叶片，有时也可侵染叶鞘和苞叶，发病初期为水渍状淡褐色斑点，以后逐渐扩展为浅褐色条纹或不规则的灰色至褐色长条斑，与叶脉平行延伸，呈长矩形，对光透视更为明显。病斑中间灰色，边缘有褐色线，病菌最先侵染下部叶片引起发病，有时病斑连片，气候条件适宜时可扩展到整株叶片，使叶片枯死。病斑后期湿度大时，在叶片两面产生灰白色或灰黑色霉层，即病菌的分生孢子梗和分生孢子，分生孢子以叶背产生较多。

4. 玉米弯孢菌叶斑病

(1)病原　玉米弯孢菌叶斑病，又称拟眼斑病、黑霉病。病原无性态为新月弯孢霉 *Curvularia lunata*(Walker)Boedijn，属无性孢子类弯孢霉属，有性态为新月旋孢腔菌 *Cochliobolus lunatus* Nelson et Haasis，属子囊菌门旋孢腔菌属。引起弯孢霉叶斑病的病原还有不等弯孢霉 *C. inaeguacis*、苍白弯孢霉 *C. pallescens*、画眉草弯孢霉 *C. eragrostidis*、棒状弯孢霉 *C. clavata* 和中隔弯孢霉 *C. intermedia* 等。分生孢子梗褐色至深褐色，单生或簇生，较直或弯曲，大小(52～116)μm×(4～5)μm。分生孢子花瓣状聚生在梗端，分生孢子暗褐色，弯曲或呈新月形，大小(20～30)μm×(8～16)μm，有 3 个隔膜，大多 4 胞，中间两个细胞极不对称，膨大，尤以中央上部的细胞特别大，其中第 3 个细胞最明显，两端细胞稍小，浅褐色。

(2)传播途径　主要以菌丝体在玉米病株残体上越冬，也可以分生孢子越冬。在干燥条件下，潜伏在病残体中的病菌菌丝体和分生孢子可以大量存活。因此，遗弃在田间的病残体、玉米田和村庄附近的秸秆垛成为翌年田间的初侵染源。靠近秸秆垛的玉米植株首先发病，且发生严重，成为田间病害进一步扩散的基础。也能通过黏附在种子表面或以菌丝潜伏在种子内部传播，但这种方式的传播对田间病害流行的作用不明显。

(3)发病时间和发病规律　成株期高温高湿型病害，发生轻重与降雨多少、时空分布、温度高低、播种早晚、施肥水平关系密切。一般于玉米抽雄后遇到高温、高湿、降雨较多的条件有利于发病，低洼积水田和连作地块发病较重。

(4)为害症状　主要危害叶片，有时也危害叶鞘、苞叶。叶部病斑初为水渍状褪绿小斑点，逐渐扩展为圆形至椭圆形褪绿透明斑，中间灰白色至黄褐色，边缘暗褐色，外围有浅黄色晕圈，大小(0.5～4)mm×(0.5～2)mm，大的可达 7 mm×3 mm。潮湿条件下，病斑正、反两面均可产生灰黑色霉状物，即病原菌的分生孢子梗和分生孢子，以背面居多。在不同品种上该病症状差异较大，可分为抗病型、中间型和感病型3种病斑类型。抗病型病斑小，圆形、椭圆形或不规则形小病斑，中间灰白色至浅褐色，边缘无褐色环带或环带很细，外围具狭细半透明晕圈；中间型病斑小，1～2 mm，圆形、椭圆形或不规则形，中央灰白色或淡褐色，边缘具窄或较宽的褐色环带，外围褪绿晕圈明显；感病型病斑较大，圆形、椭圆形、长条形或不规则形，中央苍白色或黄褐色，有较宽的褐色环带，外围具较宽的半透明黄色晕圈，有时多个斑点可沿叶脉纵向汇合而形成大个病斑，叶片局部或全部枯死。此外，在有些自交系和杂交种上只产生一些白色或褐色小点。

5. 玉米圆斑病

(1)病原　无性阶段为玉米生平脐蠕孢菌(*Bipolaris zeicola*)，有性态为碳色旋腔菌(*Cochliobolus carbonum*)侵染引起的真菌病害。

(2)传播途径　病原菌以菌丝体在种子、秸秆、病残体和土壤中越冬，为翌年的传染源，在温湿度条件适宜时，借气流、雨水和人为传播，进行再侵染。

(3)发病时间和发病规律　病害发生最适温度为25 ℃左右，但在16～30 ℃时，均能发病。此病害在苗期发病和成株期都可发生，但大部分则在喇叭口期至抽雄期始发，灌浆期至乳熟期为盛发期。苗期感病较轻，8月下旬进入雨季，高温高湿则是圆斑病发病的有利条件。潜育期1～2 d，此病害在苗期发病和成株期都可发生，但大部分则在喇叭口期至抽雄期始发，灌浆期至乳熟期为盛发期。当田间相对湿度达85%以上、温度在25 ℃时，病菌通过风力传播，经5～7 d后植株叶片、苞叶就会大量感病，产生大量病斑。而干旱年份则发病较轻。各玉米品种间抗病性差异较大。

(4)为害症状　主要危害玉米生长的中后期，危害部位有叶片、果穗、苞叶和叶鞘。在侵染初期叶片形成分散的水浸状浅绿色至黄色小斑点，侵染后期扩展成圆形或椭圆形病斑。中央淡褐色，边缘褐色，周围有黄绿色晕圈，大小(5～15)mm×(3～5)mm。偶尔也会形成长条线状斑，大小为(5～21)mm×(1～5)mm。随着病斑的扩展，多个病斑常会连在一起。病斑表面也生黑色霉层，即病原菌的分生孢子和分生孢子梗。苞叶染病后出现深褐色病斑。叶鞘侵染最初呈褐色斑点，具有同心轮纹，后期病斑扩大连片，形成不规则大斑，在潮湿时，表面会产生黑色的霉层。玉米果穗也会被侵染，先侵染果穗的尖端，然后向下蔓延，到发病后期果穗籽粒呈煤污状或干腐状，籽粒表面着生黑色霉层，用手捻动籽粒即成为粉状物。

6. 普通玉米锈病

(1)病原　由高粱柄锈菌(*Puccinia sorghi* Schw.)引起，属担子菌门柄锈菌属。

(2)传播途径　普通型玉米锈病菌以冬孢子在病株上越冬，冬季温暖地区夏孢子也可越冬，田间病害传播靠夏孢子一代代重复侵染，从春玉米传播到夏玉米，再传到秋玉米。

中国目前发生的普通型、南方型玉米锈病在南方以夏孢子辗转传播、蔓延，不存在越冬问题。北方则较复杂，菌源来自病残体或来自南方的夏孢子及转主寄主酢浆草，成为该病初侵染源。田间叶片染病后，病部产生的夏孢子借气流传播，进行再侵染，蔓延扩展。

(3)发病时间和发病规律　普通玉米锈病发生的最适条件为低温(16～23 ℃)和高湿的环境，主要发生在玉米生长后期，一般危害不大。如遇多雨天气，有利于锈病发生与为害。品种间抗病性差异显著。

发病初期，在叶片的两侧散生或聚生孢子堆，孢子堆隆起呈球形或长形，黄棕色或红棕色，后期在植株成熟时变为黑褐色，并产生冬孢子，严重时叶片和叶鞘褪绿或枯死。冬季温暖地区夏孢子也可越冬，为第二年的初侵染源。

(4)为害症状 主要侵染叶片和叶鞘，严重时也可侵染果穗、苞叶乃至雄花，其中以叶片受害最重。被害叶片最初出现针尖般大小的褪绿斑点，以后斑点渐呈疱疹状隆起形成夏孢子堆，后小疱破裂，散出铁锈色粉状物，即病菌夏孢子。夏孢子堆细密地散生于叶片两面，通常以叶表居多，近圆形或长圆形，直径 0.1～0.3 mm，初期覆盖着一层灰白色的寄主表皮，表皮破裂后呈粉色、橙色到肉桂褐色。玉米生长后期，在叶片的背面尤其是在靠近叶鞘或中脉及其附近，形成细小的冬孢子堆，冬孢子堆稍隆起，圆形或椭圆形，直径 0.1～0.5 mm，棕褐色或近于黑色，开裂后露出黑褐色冬孢子。

7. 玉米南方锈病(Southern corn rust)

(1)病原 由多堆柄锈菌(*Puccinia. polysora* Underw.)引起的气传性真菌病害，属担子菌门柄锈菌属。

(2)传播途径 在南方湿热地区，南方锈菌的夏孢子借助气流传播并侵染玉米，由于这些地区冬季的气温较高，夏孢子在当地可以过冬，成为第二年该病害的初侵染源。

(3)发病时间和发病规律 南方锈病主要在低纬度地区发生。主要分布在热带和亚热带地区，多堆柄锈菌夏孢子萌发的温度为 20～30 ℃，最适温度为 25 ℃，高于 30 ℃或低于 13 ℃，夏孢子的萌发率将受到很大影响。发病需要高温高湿的环境条件，相对湿度在 85%以上，南方锈病最易发生和流行。

(4)为害症状 在玉米植株地上部分所有组织表现病症，主要危害叶片和叶鞘。发病初期在受侵染叶片上出现针尖大小的褪绿小黄斑，随着病原菌发育和成熟，斑点渐形成疱疹状隆起并细密地散生于叶片两面的夏孢子堆，通常在叶表面居多，近圆形或者长卵圆形，直径 0.1～0.3 mm，单个或者连生，寄主表皮破裂后散出橙色或金黄色粉状物的夏孢子。玉米生长的后期，叶片两面都可以形成稍隆起的冬孢子堆，黑褐色至黑色，直径 0.1～0.5 mm，长期被寄主的表皮组织包被，但不多产生。玉米南方锈病危害严重的植株，叶片上布满孢子堆，多个孢子堆连片，导致叶片干枯、植株早衰死亡。

8. 玉米纹枯病

(1)病原 俗称“花脚杆病”。玉米纹枯病的病原菌有立枯丝核菌(*Rhizoctoni asolani*)、玉蜀黍丝核菌(*R. zeae*)和禾谷丝核菌(*R. cerealis*)3 种土壤习居菌侵染引起的土传病害，其中玉蜀丝核菌常危害果穗导致穗腐。玉米纹枯病主要病原菌为立枯丝核菌，具 3 个或 3 个以上的细胞核，菌丝直径 6～10 μm。菌核由单一菌丝尖端的分枝密集而形成或由尖端菌丝密集而成。该菌在土壤中形成薄层蜡状或白粉色网状至网膜状子实层。担子桶形或亚圆筒形，较支撑担子的菌丝略宽，上具 3～5 个小梗，梗上着生担孢子；担孢子椭圆形至宽棒状，基部较宽，大小(7.5～12)μm×(4.5～5.5)μm。担孢子能重复萌发形成 2 次担子。

(2)传播途径 病菌以菌丝和菌核在病残体或在土壤中越冬。翌春条件适宜，菌核萌发产生菌丝侵入寄主，后病部产生气生菌丝，在病组织附近不断扩展。菌丝体侵入玉米表皮组织时产生侵入结构。再侵染是通过与邻株接触进行的，该病是短距离传染病害。病株上的菌丝经越冬后仍能存活，为其初侵染源和多侵染源的来源之一。通过病株上存活的菌丝接触寄主茎基部表面而发病。发病后，菌丝又从病斑处伸出，很快向上，向左右邻株蔓延，形成第二次和多次病斑。病株上的菌核落在土壤中，成为第二次侵染源。形成病斑后，病菌气生菌丝伸长，向上部叶鞘发展，病菌常透过叶鞘而危害茎秆，形成下陷的黑色斑块。湿度大时，病斑长出很多白霉状菌丝和孢子。孢子借风力传播而造成再次侵染，也可以侵害与病部接触的其他植株。

(3)发病时间和发病规律　在玉米生长的各个时期都可能发作，主要于玉米生长后期，6月中旬尤为多发。引发玉米纹枯病的一个重要原因是温度和湿度。气温 25～30 ℃、湿度 90%是引发玉米纹枯病的重要气象条件。炎热夏季的长雨期通常是玉米纹枯病的高发期。

玉米纹枯病会从苗期开始，至成熟期都有可能发生，最明显的发病是在玉米拔节后，发病最快的时期为抽雄至灌浆期。玉米拔节后，如果当地长期处于降雨的天气条件下，将导致玉米纹枯病越来越严重；同时，如果玉米生长过程中，当地土壤相对肥沃，在不合理使用氮肥以后，植被成长过程中由于植株过于茂盛，拥有较差的通透性，此时如果没有做好排水工作，就将导致田间湿度过高，较大的土壤病菌残留在土壤中，就为玉米纹枯病的发病创造了可能。

(4)为害症状　主要危害叶鞘，同时会对叶片、果穗及苞叶产生侵染，如果没有及时进行治疗，最终将侵染到玉米茎秆内部。发病初期多在基部 1～3 茎节叶鞘发病，后侵染叶片并向上蔓延。产生暗绿色水渍状的同心斑、椭圆形或不规则形斑，中央灰褐色，常多个病斑扩大汇合成云纹状斑块，包围整个叶鞘直至使叶鞘腐败，并引起叶枯。果穗染病后秃顶，籽粒细扁或变褐腐烂。严重时根茎基部组织变为灰白色，次生根黄褐色或腐烂。多雨、高湿持续时间长时，病部长出稠密的白色菌丝体，菌丝进一步聚集成多个菌丝团，形成小菌核。当玉米纹枯病侵染叶鞘后，叶片将逐渐干枯并产生枯死现象，而当玉米纹枯病侵染到果穗以后，会形成干枯的苞叶，最终导致果穗腐烂。

9. 玉米穗腐病

(1)病原　为多种病原菌侵染引起的病害，主要由禾谷镰刀菌(*Fusarium graminearum*)、串株镰刀菌(*Fusarium verticillioides*)、层出镰刀菌(*Fusarium proliferatum*)、青霉菌(*Penicillium* spp)、曲霉菌(*Aspergilllus* spp)、枝孢菌(*Cladosporium* spp)、单瑞孢菌(*Trichothecium* spp)等 20 多种霉菌侵染引起。为多种病原菌侵染引起的玉米果穗或籽粒霉烂的总称。其中曲霉菌代谢产物黄曲霉素有毒。

(2)传播途径　有 3 种：病原菌从玉米根部侵入，传到果穗再扩散到穗轴和籽粒；通过气流或雨水经由花丝进入果穗内部侵染；由虫害等造成的伤口侵入。传播方式有多种，因病原菌不同而不同。玉米穗腐病属于气流传播病害，也可通过种子携带传播，如果使用带有毒素的玉米来加工食品或者作为动物饲料，很有可能造成人、家畜家禽的中毒现象，更为严重的还会造成人体器官各功能出现衰竭，甚至是直接死亡。

(3)发病时间和发病规律　病原菌主要在玉米种子、根茬、茎秆、穗轴等植物病残体上越冬，为初侵染源。病原菌从玉米苗期至种子贮藏期均可侵染与发生危害，一般在温度 15～28 ℃、相对湿度 75%以上时，有利于病原菌的侵染与流行。在玉米灌浆期高温多雨以及玉米虫害发生偏重的年份，穗腐病也发生较重。收获期连续降雨会加重籽粒霉变，籽粒中霉菌毒素的累积量增大。贮藏过程中玉米籽粒含水量大，大量籽粒堆积仓库温度过高，有利于病原菌的进一步侵染和扩散。

(4)为害症状　果穗及籽粒均可受害，被害果穗顶部或中部变色，并出现粉红色、蓝绿色、黑灰色或暗褐色、黄褐色霉层，即病原的菌体、分生孢子梗和分生孢子。病粒无光泽，不饱满，质脆，内部空虚，常为交织的菌丝所充塞。果穗病部苞叶常被密集的菌丝贯穿，黏结在一起贴于果穗上不易剥离，仓储玉米受害后，粮堆内外则长出疏密不等、各种颜色的菌丝和分生孢子，并散出发霉的气味。

10. 玉米茎腐病 玉米茎腐病，也叫茎基腐病、青枯病。是指发生在玉米根系、茎或茎基部腐烂，并导致全株迅速枯死症状的一类病害。

(1)病原 主要由腐霉菌和镰刀菌侵染引起。不同地区腐霉菌和镰刀菌种类不完全相同，有单独侵染也有复合侵染的。镰刀菌主要有禾谷镰刀菌(*Fusarium graminearum* Schawbe)，属无性孢子类镰刀菌属，有性态为玉蜀黍赤霉菌(*Gibberella zeae*(Schw.)Petch)，属子囊菌门赤霉菌属；串珠镰刀菌(*F. moniliforme* Sheldon)，属无性孢子类镰刀菌属，有性态为藤仓赤霉菌[*Gibberella fujikuroi*(Saw.)Wollenw.]，属子囊菌门赤霉菌属。腐霉菌主要有瓜果腐霉菌(*Pythium aphanidermatum*(Eds.)Fitzp.)，肿囊腐霉菌(*Pythium inflatum* Matth.)和禾生腐霉菌(*Pythium graminicola* Subram)，均属卵菌门腐霉属。

在玉米生产上，引起茎腐病的原因有多种，最重要的一类是真菌型茎腐病。是由多种病原菌单独或复合侵染造成根系和茎基腐烂的一类病害，主要由腐霉菌、炭疽菌、镰刀菌侵染引起，在玉米植株上表现的症状有所不同。

(2)传播途径 病原菌主要在玉米种子、病残体上或土壤中越冬，为初侵染源。越冬后的病菌借风雨、灌溉水、机械、昆虫传播。镰刀菌主要从胚根，腐霉菌主要从次生根和须根侵染，从伤口或表皮直接侵入，病菌侵入后逐渐蔓延扩展，引起地上部症状。到后期禾谷镰刀菌和串珠镰刀菌借风雨传播侵染穗部或玉米螟幼虫带菌通过蛀孔传染，造成穗腐，从而导致病穗种子带菌。

(3)发病时间和发病规律 病原菌从玉米播种后至抽雄吐丝期由根系、茎基部通过伤口直接入侵，在植株体内蔓延扩展，最后堵塞维管束，使地上部植株得不到水分和营养而干枯死亡。玉米吐丝期至成熟期，高温高湿利于发病，尤其是雨后暴晴，导致病害严重爆发。

玉米 60 cm 高时组织柔嫩易发病，害虫为害造成的伤口利于病菌侵入。此外，害虫携带病菌同时起到传播和接种的作用，如玉米螟、棉铃虫等虫口数量大则发病重。高温高湿利于发病，地势低洼或排水不良，密度过大，通风不良，施用氮肥过多，伤口多发病重。

以成株期受害为主，在玉米灌浆期开始发病，乳熟末期至蜡熟期达到发病高峰。感病植株不能正常成熟，主要表现为籽粒不饱满、千粒重降低。病株可导致茎秆破损和倒伏，提早枯死，严重的在苗期可造成死苗。此外，该病不仅使当年玉米减产，且对翌年产量有影响。从病株收获的种子发芽势、发芽率和幼苗生活力下降，病株后代千粒重和穗粒重降低。

(4)为害症状 从开始见到青枯病叶到全株萎蔫，一般只需 1～2 d。植株感病后，最初表现茎叶萎蔫，叶片迅速失水枯萎，逐渐干枯，表现为青枯病状或黄枯病状。茎基部 1～2 节处呈梭形或椭圆形水渍状病斑，节间变褐色，失水皱缩，变软，髓部中空，一捏即瘪，病株果穗苞叶青干，穗柄柔软，果穗下垂，不易掰离，籽粒干瘪。

11. 玉米瘤黑粉病

(1)病原 为玉蜀黍黑粉菌[*Ustilago maydis*(DC.)Corda]，属真菌担子菌亚门黑粉菌属。

(2)传播途径 病原菌以冬孢子在土壤中及病残体上越冬，成为翌年的初次侵染源。初侵染来源的冬孢子在适宜气候条件下萌发，经风雨传播至玉米的幼嫩组织或心叶叶旋内，在有水滴的情况下很快萌发产生菌丝，刺激寄主局部组织细胞旺盛分裂，逐渐肿大成菌瘿(病瘤)，并在菌瘿中产生大量冬孢子，菌瘿成熟后破裂，冬孢子散出随风传播，可不断引起再次侵染。瘤黑粉病的冬孢子、担孢子可随雨水和气流扩散传播，也可由昆虫携带传播。

（3）发病时间和发病规律　田间幼苗株高30～40 cm时即可发病，先是在苗基部或根茎交界处产生菌瘿，病苗扭曲抽缩，叶鞘及心叶破裂，严重的出现苗枯。该病在玉米的生育期内可进行多次侵染，玉米抽穗前后一个月为该病盛发期。玉米抽雄前后遭遇干旱，抗病性受到明显削弱，此时若遇到小雨或结露，病原菌得以侵染，就会严重发病。玉米生长前期干旱，后期多雨高湿，或干湿交替，有利于发病。遭受暴风雨或冰雹袭击后，植株伤口增多，也有利于病原菌侵入，发病趋重。玉米螟等害虫既能传带病原菌孢子，又造成虫伤口，因而虫害严重的田块，瘤黑粉病也严重。病田连作，收获后不及时清除病残体，施用未腐熟农家肥，都使田间菌源增多，发病趋重。种植密度过大，偏施氮肥的田块，通风透光不良，玉米组织柔嫩，也有利于病原菌侵染发病。

（4）为害症状　可危害玉米植株地上部幼嫩组织和器官，如气生根、茎、叶、叶鞘、雄花、雄穗、雌穗等，并形成大小形状不同的菌瘿或瘤（病瘤），这是此病的典型特征。病瘤初呈银白色，有光泽，内部白色，肉质多汁，并迅速膨大，常能冲破苞叶而外露，表面变暗，略带浅紫红色，内部则变灰至黑色，后期失水后当外膜破裂时，散出大量黑粉，即病菌的冬孢子。

茎秆上的肿瘤多发生于各节的基部，多数是腋芽被侵染后组织增生，形成肿瘤而突出叶鞘，病瘤较大，不规则球状或棒状，常导致植株空秆。气生根上的病瘤大小不等，一般如拳头大小。雄穗上大部分或个别小花感病形成长囊状或角状的小型肿瘤，几个至十几个，常聚集成堆，在雄穗轴上，肿瘤常生于一侧，长蛇状。雌穗被侵染后多在果穗上半部或个别籽粒上形成病瘤，形体较大，突破苞叶而外露，此时仍能结出部分籽粒，严重的全穗形成大的畸形病瘤。玉米病苗茎叶扭曲畸形，生长发育受阻，矮缩不长，茎基部可产生小病瘤，严重时病株提早枯死。

12. 玉米丝黑穗病

（1）病原　病原为丝轴黑粉菌[*Sporisorium reilianum*（Kiihn）Langdon et Full]引起的真菌性病害。

（2）传播途径　丝轴黑粉菌主要通过土壤传播，外侵染源为土壤中越冬的冬孢子，冬孢子的萌发无须生理休眠后熟过程。冬孢子在土壤里能存活3年，离体干藏的菌粉侵染力可持续保持5年以上，土壤带菌量越多，发病率相对越高。

种子及土壤均可带菌传病，以土壤带菌为主，属土传病害。该菌从种子萌芽到4叶期最易侵染，5叶期后，侵染明显下降，8叶期后不再侵染。其中以胚芽侵染为主，分生区为有效侵染点。

（3）发病时间和发病规律　有的植株苗期就表现出感病症状，病菌也可以在玉米生长的几乎整个生育期内，潜伏于植株体内，直到抽雄期典型的黑粉病症才在玉米雄穗和雌穗上呈现出来。在土温13～35 ℃范围内，病菌皆可侵染，而16～25 ℃是适宜的侵染范围，22 ℃侵染率最高。土壤含水率在15.5%时侵染率高，过干过湿都会减少侵染。在潮湿条件下越冬的病菌侵染率较高。

（4）为害症状　苗期侵入的系统侵染性病害，一般在穗期表现典型症状，主要危害雌穗和雄穗。受害严重的植株，在苗期可表现各种症状，幼苗分蘖增多呈丛生形，植株明显矮化节间缩短，叶片颜色暗绿挺直，有的品种叶片上出现与叶脉平行的黄白色条斑，有的幼苗心叶紧紧卷在一起弯曲呈鞭状。病株的果穗较健株果穗短，基部大，端部尖，整个果穗变成一个大灰包，内部充满黑粉，黑粉内有一些丝状的维管束组织，故称丝黑穗病。有时果穗苞叶变狭，簇生畸形。雄穗花序被害时，全部或部分雄花变成黑粉。病株矮小，往往雄性花序与果穗同时发病，但也有只有果穗被害的。病菌亦可侵染玉米幼苗，危害严重的幼苗表现矮化。

(四)防治措施

1. 选用抗病品种 选择优良抗病品种，注意品种的合理搭配与轮换。在选择抗病性高的品种的同时，应该进行多种抗性相搭配，防止因为品种单一而产生新的病菌。选择综合抗性好的品种，可以有效降低病害危害。如郑单958、浚单18等对大斑病、小斑病均有良好的抗性。

2. 综合农艺防治 实行轮作、倒茬制度，避免玉米连作；秋季深翻土壤，深翻病残株，或者把病残株带出田间集中处理，消灭菌源。

在收获玉米后，应及时清除田间的病株，并进行集中销毁，尽可能地减少病原菌的来源。在玉米种植前，最好进行深翻，将病原体埋在土壤的底层，减少病原感染玉米的机会，降低其发病概率。如果要用玉米秸秆作为肥料，应该在其下地前进行高温堆沤杀死病原菌。在玉米种植时施足基肥，并根据玉米的生长情况适时追肥料，并注意合理搭配氮、磷、钾肥，防止玉米在后期出现脱肥情况，合理密植，并注意排水排涝提高植株的抗病能力。

(1)纹枯病防治 选用耐病品种，避免种植高感纹枯病的品种。降低田间湿度。避免种植过密和氮肥施用过量；做好中耕除草，修理好排水沟；摘除下部老叶，尤其是剥去发病叶鞘。清除田间菌源。玉米收获后清除带病的残株，并且深翻土地，减少越冬菌源。在发病初期摘除的病叶要带出田间集中烧毁。

(2)玉米叶斑病防治 主要有大斑病、小斑病、灰斑病、弯孢菌叶斑病、褐斑病、圆斑病、细菌性叶斑病等。防治方法：一是种植抗病或耐病品种；二是秋收后及时清除田间的植株病残体，深耕促使残留在田间的病叶腐烂，减少菌源；三是合理施肥，避免田间积水，创造不利于病菌侵染的环境条件。

(3)茎腐病防治 前茬作物收获后，及时清除病残体，并远距离深埋或烧掉，减少田间菌源。实行3年以上的轮作制度。合理施肥，提倡在满足玉米对氮肥需求的前提下，重施磷、钾肥，以及腐熟的有机肥。加强管理，由平作改垄作，适时浇水，雨季注意雨后排水，发现个别病株应当及时拔除。

(4)褐斑病防治 加强田间管理，玉米收获后彻底清除病残体，施用腐熟有机肥，并深耕。在玉米4～5叶时追苗肥，追10～15 kg/亩尿素或玉米专用配方肥。在7月、8月下大雨或暴雨后，应及时排除田间积水，降低田间湿度。

(5)穗腐病防治 种植抗病品种；加强穗期虫害防治。

(6)玉米瘤黑粉病和丝黑穗病防治 选用抗病品种。轮作倒茬，减少侵染源。加强肥水管理，在抽穗前后适时灌水，避免受旱。及时防治玉米螟，尽量减少虫伤或机械损伤，杜绝病菌从伤口侵入。

3. 化学防治

(1)矮花叶病防治 根据田间蚜虫和灰飞虱等传毒媒介发生状况使用杀虫剂，如用10%吡虫啉1000～1500倍液或50%抗蚜威可湿粉剂800～1000倍液喷雾，减少病毒传播介体。清除田间垄边杂草，消灭灰飞虱等昆虫的寄生场所。若发病后田间病株较多，用20%病毒灵、病毒克1000倍液或5.5%植病灵500～800倍液喷雾。

(2)纹枯病防治 在发病初期(玉米拔节时)，在茎秆基部可用5%井冈霉素或40%菌核净1000～1500倍液或20%三唑酮乳油1000倍液，或50%多菌灵可湿性粉剂500～800倍液喷雾，重点喷果穗以下的茎叶，间隔7 d，连续防治2～3次。

(3)叶斑病防治　大斑病、小斑病、弯孢菌叶斑病发病初期,可用10%世高、50%扑海因、70%代森锰锌等杀菌剂喷雾,每隔7~10 d喷1次,连防2~3次。玉米大、小斑病可用25%阿米西达(嘧菌酯)1500~2000倍液或75%代森锰锌500~800倍液喷雾,每隔7~10 d喷1次,连喷2~3次。灰斑病发病初期,可用70%甲基托布津、50%退菌特、10%世高等喷雾防治,每隔7~10 d喷1次,连防2~3次。细菌性叶斑病在发病初期,可用5%菌毒清500倍液、72%农用链霉素4000倍液喷雾防治。圆斑病在吐丝期,可用50%多菌灵、70%代森锰锌或25%粉锈宁可湿性粉剂500~600倍液对果穗喷雾防治,间隔7~10 d喷1次,连喷2次。褐斑病在拔节期前后,可用15%粉锈宁可湿性粉剂1000倍液、20%退菌特1000倍液喷雾防治,或在玉米8~11叶时,用15%三唑酮WP1500倍喷雾进行预防,或用50%苯菌灵WP或20%氧化萎锈灵EC500倍液喷雾。弯孢霉叶斑病:防治可用50%速克灵可湿性粉剂2000倍液、58%代森锰锌可湿性粉剂1000倍液喷施,隔10~15 d喷1次,连喷1~2次。

(4)锈病防治　发病初期,可用25%粉锈宁可湿性粉剂1000~1500倍液、敌锈钠250~300倍液、20%萎锈灵乳剂500倍液喷雾防治。用20%三唑酮乳油1500倍液,或50%多菌灵可湿性粉剂600~800倍液喷雾,间隔7 d喷1次,连续防治2~3次。

(5)玉米茎腐病防治　发病初期,用天达裕丰2000~2500倍+72%农用链霉素3000倍+96%天达恶霉灵3000倍喷施基部2~3次,或50%多菌灵500倍液+72%农用链霉素3000倍液喷灌茎根部防治,每株0.1 kg以上,间隔7 d再用1次,或用80%重茬宝WP600倍液或70%甲基托布津WP800~1000倍液喷洒茎部。病害发生严重的2天喷1遍,连喷3遍。

(6)玉米瘤黑粉病和丝黑穗病防治　10 kg玉米种子用2%立克秀可湿性粉剂30 g,或2%速立克可湿性粉剂20~25 g拌种。

二、主要虫害及其防治

(一)地上害虫

主要有玉米螟、蚜虫、黏虫、弯刺黑蝽等。

1. 玉米螟

(1)分类地位　属鳞翅目,螟蛾科,是玉米上重要蛀食性害虫。主要分为亚洲玉米螟 *Ostrinia furnacalis*(Guenee)和欧洲玉米螟 *Ostrinia nubilalis*(Hübner)。在中国除新疆等西北地区有欧洲玉米螟分布外,大部分地区均分布着亚洲玉米螟。

亚洲玉米螟,俗称钻心虫,是优势种,分布最广,从东北到华南各玉米产区都有分布。尤以北方春玉米和黄淮平原春、夏玉米区发生最重,西南山地丘陵玉米区和南方丘陵玉米区其次。

(2)形态特征　玉米螟成虫为中型蛾,体色淡黄或黄褐。前翅有2条暗褐色锯齿状横线和不同形状的褐斑,后翅淡黄,中部也有2条横线与前翅相连。雌蛾较雄蛾色淡,后翅翅纹不明显。卵略呈椭圆形,扁平。初产时乳白色,渐变黄。卵粒呈鱼鳞状排列成块。幼虫圆筒形,体色黄白至淡红褐。体背有3条褐色纵线,腹部1~8节,背面各有2列横排毛片,前4后2,前大后小。蛹纺锤形,褐色,末端有钩刺5~8根。

(3)生活习性　以老熟幼虫在寄主秸秆、穗轴里越冬。春季化蛹羽化,成虫昼伏夜出,有趋光性,飞翔和扩散能力强。成虫多在夜间羽化,羽化后不需要补充营养,羽化后当天即可交配。雄蛾有多次交配的习性,雌蛾多数一生只交配1次。雌蛾交配1~2 d后开始产卵。每个雌蛾产卵10～20块，约300～600粒。幼虫孵化后先集群在卵壳附近，约1 h后开始分散。幼虫共5龄，有趋糖、趋触、趋湿和负趋光性，喜欢潜藏为害。幼虫老熟后多在其为害处化蛹，少数幼虫爬出茎秆化蛹。通常情况下，第一代玉米螟的卵盛发期在1～3代区，大致为春玉米心叶期，幼虫蛀茎盛期为玉米雌穗抽丝，第二代卵和幼虫的发生盛期在2～3代区，大体为春玉米穗期和夏玉米心叶期，第三代卵和幼虫的发生期在3代区，为夏玉米穗期。

(4)生活史　中国亚洲玉米螟的发生，从北方到南方，每年发生1～6代，在东北地区，一年可发生1～2代，华北地区一般一年发生3代，南方地区如广西等地一年可发生5～6代。在各个地区玉米螟的越冬方式均以老熟幼虫在寄主秸秆、穗轴或根茬里越冬。在长江以南气温高低海拔地区，发生代数多。越冬幼虫第二年春天随温度的升高化蛹羽化，成虫主要夜间活动，趋光性强，可以使用诱虫灯进行发生期测报和诱杀防治，寿命5～10 d，雌蛾可产卵350～680粒，卵期3～5 d。

幼虫一般为5龄，刚孵出的幼虫能吐丝下垂，借风势迁到其他植株上取食。老熟幼虫寄生在作物秸秆内越冬，第二年春季4—5月化蛹，10 d发育成成虫。

(5)为害时期和植株受害症状　玉米螟以幼虫钻蛀为害，在玉米心叶期取食叶肉、咬食未展开的心叶，造成"花叶"状。抽穗后蛀茎食害，蛀孔处通风折断对产量影响更大。还可直接蛀食雌穗嫩粒，致霉变降低品质。

幼虫咬食叶片后，破坏植株光合作用；咬食雄穗，影响授粉；幼虫取食苞叶、花柱，形成空秕粒或缺粒；幼虫蛀食茎秆、穗柄、穗轴后，影响水分、养分在作物体内的输送，致使作物茎秆倒折率增加，生物产量降低。玉米植株雄花抽出后，幼虫就会钻入到雄花去破坏，通常会导致穗基部发生折断。雌穗抽出后，幼虫又开始转移到雌穗，并不断取食嫩苞叶和花柱，还会蛀入到穗轴，或者损害幼嫩的籽粒。还有一些幼虫会通过茎秆和叶鞘间蛀入到茎部，并在虫孔外出现锯末状的虫粪。幼虫会不断取食茎秆的髓部，导致茎秆容易被大风吹折。玉米植株受害后会导致青枯早衰，籽粒不饱满，部分穗甚至没有籽粒，导致产量明显降低。

2. 玉米蚜虫

(1)分类地位　玉米蚜 *Rhopalosiphum maidis*(Fitch)，属同翅目，蚜科。主要分布在华北、东北、华东、西南、华南等地。

(2)形态特征　玉米蚜可分为无翅孤雌蚜和有翅孤雌蚜两型。

无翅孤雌蚜：体长1.2～2.5 mm，翅展5.6 mm。活虫深绿色，披薄白粉，附肢黑色，复眼红褐色。腹部第7节毛片黑色，第8节具背中横带，体表有网纹。触角、喙、足、腹管、尾片黑色。触角6节，长度为体长的1/3。喙粗短，不达中足基节，端节为基宽的1.7倍。腹管长圆筒形，端部收缩，腹管具覆瓦状纹。尾片圆锥状，具毛4～5根。

有翅孤雌蚜：长卵形，体长1.5～2.5 mm，头、胸黑色发亮，腹部黄红色至深绿色，腹管前各节有暗色侧斑。触角6节比身体短，长度为体长的1/3，触角、喙、足、腹节间、腹管及尾片黑色。腹部2～4节各具1对大型缘斑，第6节、第7节上有背中横带，8节中带贯通全节。其他特征与无翅型相似。卵椭圆形。

(3)生活习性　玉米蚜有匿居于玉米心叶群集为害的习性。随着心叶的展开，玉米蚜也随着陆续向新生的心叶集中为害，在展开的叶面上可见到密集的蚜虫空壳。当玉米抽雄后，可扩散到雄穗上繁殖为害，尤其在扬花期，由于气温适宜，营养丰富，蚜量猛增，影响授粉，对玉米的危害也最重。此后叶片、叶鞘以至雌雄穗均布蚜虫，蚜虫以刺吸式口器刺吸玉米汁液后，排泄大量的“蜜露”，这些覆盖在叶面上的蜜露易引起霉菌寄生，于叶面上形成一层黑色霉状物，影响光合作用，使被害植株长势衰弱，发育不良，若果穗部受害，可使百粒重下降，影响产量。此外玉米蚜还能传播玉米矮花叶病毒病。

(4)生活史　玉米蚜虫主要以孤雌生殖繁殖，平均气温 7 ℃以上即可繁殖为害。一年可繁殖 20 代左右，若蚜在禾本科杂草上越冬。4—5 月份陆续产生大批有翅蚜迁至玉米上繁殖为害。7 月上旬旬平均温度达 23.26 ℃时，平均 5.5 d 即可繁殖一代，每头蚜虫一生可产若蚜平均 45.8 头。玉米蚜虫有匿栖于心叶为害的习性。玉米抽雄后扩散至雄穗上繁殖为害，尤其在扬花期，由于气温适宜，营养丰富，是玉米蚜虫繁殖最有利的时机，蚜量比抽雄前激增百倍左右，对玉米的危害也最重，因此，防治适期应在玉米抽雄前为宜，当玉米进入乳熟后期，雄穗开始枯黄，玉米蚜虫产生的后代大多为有翅迁移蚜，陆续迁移到其他作物和杂草上继续繁殖为害，随着温度下降，即在其上越冬。

在玉米上部叶片和雄花上群集为害，条件适宜为害持续到 9 月中下旬玉米成熟前。植株衰老后，气温下降，蚜量减少，后产生有翅蚜飞至越冬寄主上准备越冬。一般 8 月、9 月份玉米生长中后期，均温低于 28 ℃，适其繁殖，此间如遇干旱，降雨量低于 20 mm，易造成猖獗为害。

(5)为害时期和植株受害症状　玉米蚜虫在玉米苗期群集在心叶内，以成、若蚜刺吸植物组织汁液，引起植株叶片变黄或发红，影响生长发育，严重时植株枯死。随着玉米生长，集中在新生叶片。苗期在心叶内或叶鞘与节间为害，抽穗后危害穗部，吸食汁液，影响生长，还能传播病毒，引发病毒病。玉米孕穗期蚜虫多密集在剑叶内和叶鞘上，边吸取玉米汁液、边排泄大量蜜露，覆盖叶片上的蜜露影响光合作用，抽穗后，由于蚜虫为害，导致花粉发育不良，阻碍授粉，使玉米雌穗接不到花粉或授粉不足，发生空秆或小棒，田间玉米上部叶片失去绿色，变成深红色，还易引起霉菌寄生，被害株长势衰弱，发育不良，玉米穗小、粒少。蚜虫密度大时分泌大量蜜露，叶面上会形成一层黑霉，影响光合作用，造成玉米生长不良，从而减产。

3. 黏虫

(1)分类地位　黏虫 *Mythimna separate*(Walker)属鳞翅目，夜蛾科。又名行军虫、剃枝虫，分布广泛，是农作物的主要害虫之一。主要危害玉米、高粱、谷子、麦类等禾本科作物和杂草。

(2)形态特征　成虫体长 15～17 mm，翅展 36～40 mm。头部与胸部灰褐色，腹部暗褐色。前翅灰黄褐色、黄色或橙色，变化很多；内横线往往只现几个黑点，环纹与肾纹黄褐色，界限不显著，肾纹后端有一个白点，其两侧各有一个黑点；外横线为一列黑点；亚缘线自顶角内斜；缘线为一列黑点。后翅暗褐色，向基部色渐淡。

卵粒馒头形，有光泽，直径约 0.5 mm，表面有网状脊纹，初为乳白色，渐变成黄褐色，将孵化时为灰黑色。卵粒单层排列成行或重叠成堆。

老熟幼虫体长 38 mm。头红褐色，头盖有网纹，额扁，两侧有褐色粗纵纹，略呈“八”字形，外侧有褐色网纹。体色由淡绿至浓黑，变化甚大(常因食料和环境不同而有变化)；在大发生时背面常呈黑色，腹面淡污色，背中线白色，亚背线与气门上线之间稍带蓝色，气门线与气门下线之间粉红色至灰白色。腹足外侧有黑褐色宽纵带，足的先端有半环式黑褐色趾钩。

蛹长 19～23 mm，红褐色；腹部 5～7 节背面前缘各有一列齿状点刻；臀棘上有刺 4 根，中央 2 根粗大，两侧的细短刺略弯。

(3)生活习性　黏虫多在降水过程较多，土壤及空气湿度大等气象条件下大发生。它是一种迁飞性害虫，因此具有偶发性和爆发性的特点。玉米成虫喜欢生长在茂密、湿度大的田地或是在枯黄的叶片上产卵，繁殖能力极强，每头雌蛾的产卵量都大于1000粒，孵化成二代黏虫。在8月中旬发生三代黏虫，会严重威胁到结穗玉米。幼虫龄期越大，抗药性也随之越强，最好在3龄以前进行防治。

黏虫成虫3月、4月间由长江以南向北迁飞至黄淮地区繁殖，4月、5月间危害麦类作物，5月、6月间一代化蛹羽化成虫后迁飞至东北、西北和西南等地繁殖为害，6月、7月间危害小麦、玉米、水稻和牧草，7月中下旬至8月上旬二代化蛹羽化成虫后向南迁飞至山东、河北、河南、苏北和皖北等地繁殖，危害玉米、水稻。

(4)生活史　每年发生世代数全国各地不一，从北至南世代数为：东北、内蒙古年生2～3代，华北中南部3～4代，江苏淮河流域4～5代，长江流域5～6代，华南6～8代。以长江流域为例，越冬代成虫盛期在3月中旬至4月中旬，第一代幼虫孵化盛期一般在4月中旬，3龄幼虫盛期一般在4月下旬至5月初。第一代各虫态历期大致为：卵期8～10 d；第1龄幼虫期6～7 d；第2～5龄幼虫期各为3 d天左右；第6龄幼虫期6～7 d；前蛹期约3 d，蛹期约10 d；成虫产卵前期约5 d；成虫寿命约12 d。

(5)为害时期和植株受害症状　黏虫具有多食性和暴食性。为害症状主要以幼虫咬食叶片。1～2龄幼虫取食叶片造成孔洞，3龄以上幼虫危害叶片后呈现不规则的缺刻，5～6龄幼虫进入暴食期，可将玉米吃成光秆或将玉米幼苗整株吃光。当一块田玉米被吃光时，幼虫常成群列纵队迁到另一块田为害，故又名“行军虫”。一般地势低、玉米植株高矮不齐、杂草丛生的田块受害重。

初伏幼虫有一个群居性，3龄后黏虫还会装死，受惊吓后迅速蜷缩成一个团坠地，它又怕光，晴天白昼一般潜伏在植株叶片下或者土壤当中，到了傍晚后或阴天就爬到植株上为害，尤其是二代黏虫，它具有群居性、杂食性、迁飞性、爆发性的特点，往往在局部地区突然爆发成灾，严重时候将叶片吃光形成光秆，造成严重的减产甚至绝收。

4. 弯刺黑蝽

(1)分类地位　弯刺黑蝽(*Scotinophara horvathin Distant*)通常被称为玉米打屁虫，属半翅目，蝽科。主要分布在川、陕、鄂、湘、黔等地，可以危害玉米、小麦、旱稻等作物。已成为鄂西南地区的主要害虫之一，对玉米生产构成极大威胁。近几年已遍及各玉米产区，成为当地玉米苗期的一种主要害虫并呈现发生、危害程度逐年加重的趋势。目前，田块被害率发生严重的达30%以上，个别田块被迫改种，缺苗率在20%以上。

(2)形态特征

① 成虫　雄性弯刺黑蝽的长度是8～9 mm，雌虫的长度是9～10 mm。头部是黑色的，前面很小，有一个空隙。前胸板、小盾和前翼爪、皮片呈深黄色。后腿的中间部分是黄色和棕色，身体的其他部分是黑色。胸板中间有一条淡黄色的垂直线。胸前板的前角长而微弯，指向前方，侧角伸出体外，末端微弯。盾部的顶端远离腹部，两个角都有一个小的黄色斑点。身上满是黑斑，毛发很细。由于成虫体表密被短毛，田间采到的成虫常沾满泥土，呈黑褐色。雌性有一个钝圆的腹部，雄性有一对向后突出的突起。

② 卵　高约1.1 mm，直径0.9 mm，呈杯状，卵盖被抬高。由灰绿色或蓝灰色变成深灰色。在孵化之前是深紫色。

③ 若虫　长度为1.8～2.0 mm。腹部后部突出，像一个小瓢虫，上面有粉红色的斑点。

头的中部叶比侧叶长，末端比侧叶稍宽。2 龄若虫长 2.0～2.2 mm，看起来像 1 龄。头部的中部叶比侧叶长，但前叶与侧叶一样宽。3 龄时大约 5.5 mm 长，深棕色。头的中间叶几乎和侧叶的前面一样长，芽是可见的。4 龄时大约 5.5 mm 长，黄棕色或深棕色。头的中部叶稍窄，比侧叶短。翼状胬肉短，延伸到胸后缘。5 龄时 6.5 mm 长，看起来像 4 龄。头的中部叶略短于侧叶，约为侧叶宽度的一半。在年龄后期（包括 4 龄、5 龄、6 龄），若虫体长为 6.5～7.5 mm，体色与 4 龄若虫相似。头的中部裂片比侧裂片更短更窄，翅芽延伸到腹部的第三部分。

（3）生活习性　成虫、若虫在玉米根、茎、杂草、岩石缝和疏松的土壤中过冬，或在麦田里觅食。春天开始暖和起来，开始移动。第一代卵虫在 4 月中下旬。第一个高峰出现在 5 月中旬。根据需要，玉米在定植期或 2～5 叶期，损伤较大。成虫和若虫生活在玉米秸秆基部的土壤中，它们怕旱上被晒伤和挖掘。雌性在表层土下产卵，每只卵块有 5～10 粒。第二代卵虫在 7 月中旬。第二代成虫和若虫在 7 月中旬和下旬，玉米在成虫期危害不大。卵期为 5～12 d，若虫期为 40～90 d，成虫期为 60～220 d。

（4）生活史　1 年发生 1～2 代。雌虫产卵于表土土块下，每卵块 5～10 粒。第 1 代卵盛期在 5 月，第 2 代在 8 月。卵期 5～12 d，若虫期 41～100 d，成虫期 60～250 d。以成虫、若虫在玉米根部、茎基部、杂草下、松土中越冬，或在麦地取食。春季气温回升时开始活动，成虫、若虫多在土表内玉米基部生活，怕光。成虫有翅，但未见飞行。

（5）为害时期和植株受害症状　弯刺黑蝽每年在海拔 1200 m 以上的山区发生一代，在低山、平原发生两代。若虫和成虫在森林、林地和杂草丛生的土壤和裂缝中过冬，并且有许多杂草。当温度升高时，弯刺黑蝽就活跃起来。在白天，若虫在玉米幼苗的表土中移动，在雨中或夜里爬行。怕光，有假死。从 4 月中旬到 5 月底是最糟糕的；第一代低山上的雌性在 5 月中下旬下卵，6 月中旬它们在表土上下卵。若虫和成虫在玉米茎基部和根部刺吸汁液。2～5 叶期玉米苗被害后，心叶萎蔫、叶片变黄、植株枯死。5～10 叶期被害，叶片出现排孔，生长点受刺激，新叶卷曲、色浓、皱缩、纵裂，植株矮化、扭曲、分蘖丛生，呈畸形而无收。拔节后玉米被害较轻。

（二）地下害虫

主要有蝼蛄类、地老虎类、蛴螬、金针虫、线虫等。

1. 蝼蛄

（1）分类地位　蝼蛄，属直翅目，蝼蛄科，在中国记载的有 6 种，其中以东方蝼蛄 *Gryllotalpa orientalis* 和华北蝼蛄 *Gryllotalpa unispina* 为主。东方蝼蛄在中国广泛分布，华北蝼蛄是中国北方的主要蝼蛄种类。

（2）形态特征　蝼蛄体长圆形，淡黄褐色或暗褐色，全身密被短小软毛。雌虫体长约 3 cm，雄虫略小。头圆锥形，前尖后钝，头的大部分被前胸板盖住。触角丝状，长度可达前胸的后缘，第 1 节膨大，第 2 节以下较细。复眼卵形，黄褐色；复眼内侧的后方有较明显的单眼 3 个。口器发达，咀嚼式。前胸背板坚硬膨大，呈卵形，背中央有 1 条下陷的纵沟，长约 5 mm。翅 2 对，前翅革质，较短，黄褐色，仅达腹部中央，略呈三角形；后翅大，膜质透明，淡黄色，翅脉网状，静止时蜷缩折叠如尾状，超出腹部。足 3 对，前足特别发达，基节大，圆形，腿节强大而略扁，胫节扁阔而坚硬，尖端有锐利的扁齿 4 枚，上面 2 个齿较大，且可活动，因而形成开掘足，适于挖掘洞穴隧道之用。后足腿节大，在胫节背侧内缘有3～4个能活动的刺，腹部纺锤形，背面棕褐色，腹面色较淡，呈黄褐色，末端2节的背面两侧有弯向内方的刚毛，最末节上生尾毛2根，伸出体外。华北蝼蛄体型比东方蝼蛄大，体长36～55 mm，黄褐色，前胸背板心形凹陷不明显，后足胫节背面内侧仅1个距或消失。卵椭圆形，孵化前呈深灰色。若虫共13龄，形态与成虫相似，翅尚未发育完全，仅有翅芽。5～6龄后体色与成虫相似。

(3)生活习性　蝼蛄是最活跃的地下害虫种类，杂食性，为害多种作物。蝼蛄昼伏夜出，晚9—11时为活动取食高峰。初孵若虫有群集性，怕光、怕风、怕水。东方蝼蛄多在沿河、池埂、沟渠附近产卵；华北蝼蛄多在轻盐碱地内的缺苗断垄、无植被覆盖的干燥向阳、地埂附近或路边、渠边和松软土壤里产卵。盐碱地虫口密度大，壤土地次之，黏土地最小，水浇地虫口密度大于旱地，华北蝼蛄喜潮湿土壤，含水量为22%～27%时最适生存。前茬作物是蔬菜、甘蓝、薯类时，虫口密度较大。在春、秋季，当旬平均气温和20 cm土温均达16～20 ℃时，是蝼蛄猖獗为害时期。在一年中，可形成两个为害高峰，即春季为害高峰和秋季为害高峰。夏季当气温达28 ℃以上时，它们则潜入较深层土中，一旦气温降低，它们再上升至耕作层活动。

(4)生活史　东方蝼蛄在华中及南方每年发生一代，华北、西北和东北约需2年发生一代。以成虫和若虫越冬。在土下40～60 cm深处越冬。两种蝼蛄的全年活动大致可分为6个阶段：冬季休眠阶段：约从10月下旬开始到次年3月中旬；春季苏醒阶段：约从3月下旬至4月上旬，越冬蝼蛄开始活动；出窝转移阶段：从4月中旬至4月下旬，此时地表出现大量弯曲虚土隧道，并在其中留有一个小孔，蝼蛄已出窝为害；猖獗为害阶段：5月上旬至6月中旬，此时正值春播作物和北方冬小麦返青，这是一年中第一次为害高峰；产卵和越夏阶段：6月下旬至8月下旬，气温增高、天气炎热，两种蝼蛄潜入30～40 cm以下的土中越夏；秋季为害阶段：9月上旬至9月下旬，越夏虫又上升到土面活动补充营养，为越冬做准备，这是一年中第二次为害高峰。

(5)为害时期和植株受害症状　蝼蛄以成虫和若虫在土中咬食刚播下的玉米种子，特别是刚发芽的种子，也咬食幼根和嫩茎，造成缺苗。咬食作物根部使其成乱麻状，幼苗枯萎而死。在表土层穿行时，形成很多隧道，使幼苗根部与土壤分离，失水干枯而死。因而有"不怕蝼蛄咬，就怕蝼蛄跑"的说法。

2. 小地老虎

(1)分类地位　学名 *Agrotis ypsilon* Rottemberg，属鳞翅目，夜蛾科。别名黑地蚕、切根虫、土蚕。在中国各地都有分布，是玉米苗期生长中一种重要的地下害虫，食性杂。

(2)形态特征　成虫体长17～23 mm、翅展40～54 mm。头、胸部背面暗褐色，足褐色，前足胫、跗节外缘灰褐色，中后足各节末端有灰褐色环纹。前翅褐色，前缘区黑褐色，外缘以内多暗褐色；基线浅褐色，黑色波浪形，内横线双线，黑色环纹内一圆灰斑，肾状纹黑色具黑边，其外中部一楔形黑纹伸至外横线，暗褐色波浪形中横线，褐色波浪形外横线双线，不规则锯齿形亚外缘线灰色，其内缘在中脉间有3个尖齿，亚外缘线与外横线间在各脉上有小黑点，外缘线黑色，外横线与亚外缘线间淡褐色，亚外缘线以外黑褐色。后翅灰白色，纵脉及缘线褐色，腹部背面为灰色。

(3)生活习性　多种杂草常为其重要寄主。3龄前幼虫多在土表或植株上活动，昼夜取食叶片、心叶、嫩头、幼芽等部位，食量较小。3龄后分散入土，白天潜伏土中，夜间活动为害，常将作物幼苗齐地面处咬断。

(4)生活史 黄河以南至长江沿岸年4代。无论年发生代数多少,在生产上造成严重危害的均为第一代幼虫。南方越冬代成虫2月份出现,全国大部分地区羽化盛期在3月下旬至4月上、中旬。成虫的产卵量和卵期在各地有所不同,卵期随分布地区及世代不同的主要原因是由于温度高低不同所致。高温和低温均不适于地老虎生存、繁殖。在温度为30±1 ℃或5 ℃以下时,小地老虎1~3龄幼虫会大量死亡。平均温度高于30 ℃时成虫寿命缩短,一般不能产卵。冬季温度偏高,5月份气温稳定,有利于幼虫越冬、化蛹、羽化,促使第一代卵的发育和幼虫成活率增高,为害加重。

(5)为害时期和植株受害症状 玉米主茎硬化后该虫还可爬到上部危害生长点,造成缺苗断垄。主要是以切断幼苗近地面的茎部,使整株死亡,造成缺苗断垄,甚至毁种。

3. 蛴螬

(1)分类地位 别称:鸡婆虫、土蚕、老母虫、白时虫等,是金龟甲的幼虫。属鞘翅目,鳃金龟科。

(2)形态特征 体肥大,体型弯曲呈C型,多为白色,少数为黄白色。头部褐色,上颚显著,腹部肿胀。体壁较柔软多皱,体表疏生细毛。头大而圆,多为黄褐色,生有左右对称的刚毛,刚毛数量的多少常为分种的特征。如华北大黑鳃金龟的幼虫为3对,黄褐丽金龟幼虫为5对。蛴螬具胸足3对,一般后足较长。腹部10节,第10节称为臀节,臀节上生有刺毛,其数目的多少和排列方式也是分种的重要特征。

(3)生活习性 蛴螬一到两年1代,幼虫和成虫在土中越冬,成虫即金龟子,白天藏在土中,晚上8—9时进行取食等活动。蛴螬有假死和负趋光性,并对未腐熟的粪肥有趋性。幼虫蛴螬始终在地下活动,与土壤温湿度关系密切。当10 cm土温达5 ℃时开始上升土表,13~18 ℃时活动最盛,23 ℃以上则往深土中移动,至秋季土温下降到其活动适宜范围时,再移向土壤上层。

(4)生活史 成虫交配后10~15天产卵,产在松软湿润的土壤内,以水浇地最多,每头雌虫可产卵100粒左右。蛴螬年生代数因种、因地而异。这是一类生活史较长的昆虫,一般1年1代,或2~3年1代,长者5~6年1代。如大黑鳃金龟两年1代,暗黑鳃金龟、铜绿丽金龟1年1代,小云斑鳃金龟在青海4年1代,大栗鳃金龟在四川甘孜地区则需5~6年1代。

蛴螬共3龄。1、2龄期较短,第3龄期最长。幼虫随地温升降而上下移动,春季10 cm处地温约达10 ℃时幼虫由土壤深处向上移动,地温约20 ℃时主要在5~10 cm处活动取食,秋季地温降至10 ℃以下时又向深处迁移,越冬于30~40 cm处。土壤过湿或过干都会造成幼虫大量死亡(尤其是15 cm以下的幼虫),幼虫的适宜土壤含水量为10.2%~25.7%,当低于10%时初龄幼虫会很快死亡;灌水和降雨对幼虫在土壤中的分布也有影响,如遇降雨或灌水则暂停为害下移至土壤深处,若遭水浸则在土壤内做一穴室,如浸渍3 d以上则常窒息而死,故可灌水减轻幼虫的危害。老熟幼虫在土深20 cm处筑土室化蛹,预蛹期约22.9 d,蛹期15~22 d。

(5)为害时期和植株受害症状 此类害虫种类多,分布广,是危害最为严重的杂食性害虫。成虫咬食叶片成孔洞、缺刻;主要以幼虫为害,喜食刚播下的种子,刚出土的幼苗,食痕整齐,咬断主根,造成地上部分植株缺水死亡,严重时造成缺苗断垄;块根、块茎受害后被咬成穴洞,致使地上部分萎蔫枯死。

4. 金针虫 金针虫是鞘翅目叩头甲科幼虫的通称。学名 *Elateridae Leach*,别称铁丝虫、铁条虫、蛘虫等。危害玉米常见的有细胸金针虫(*Agriotes fuscicollis* Miwa)、沟金针虫(*Pleonomus canaliculatus* Faldermann)和褐纹金针虫(*Melanotus caudex* Lewis)。细胸金针虫从东北北部到淮河流域,北至内蒙古以及西北等地均有发生,但以水浇地、潮湿低洼地和黏土地带发生较重;沟金针虫主要分布区域北起辽宁省,南至长江沿岸,西到陕西省、青海省,旱作区的粉沙壤土和粉沙黏壤土地带发生较重;褐纹金针虫主要分布于华北;宽背金针虫分布于黑龙江、内蒙古、宁夏、新疆;兴安金针虫主要分布于黑龙江;暗褐金针虫分布于四川省西部地区。其幼虫统称金针虫,其中以沟金针虫分布范围最广。沟金针虫具体情况如下:

(1)分类地位 沟金针虫 *Pleonomus canaliculatus*,属鞘翅目,叩甲科。在中国主要分布于湖北、辽宁、河北、内蒙古、山西、河南、山东、江苏、安徽、陕西、甘肃、青海等省区,属于多食性地下害虫。在旱作区有机质缺乏、土质疏松的粉沙壤土和粉沙黏壤土地带发生较重。

(2)形态特征 成虫雌虫体长 14～17 mm,宽约 5 mm;雄虫体长 14～18 mm,宽约 3.5 mm。体扁平,全体被金灰色细毛。头部扁平,头顶呈三角形凹陷,密布刻点。雌虫触角短粗 11 节,第 3～10 节各节基细端粗,彼此约等长,约为前胸长度的 2 倍。雄虫触角较细长,12 节,长及鞘翅末端;第 1 节粗,棒状,略弓弯;第 2 节短小;第 3～6 节明显加长而宽扁;第 5、6 节长于第 3、4 节;自第 6 节起,渐向端部趋狭略长,末节顶端尖锐。雌虫前胸较发达,背面呈半球状隆起,后绿角突出外方;鞘翅长约为前胸长度的 4 倍,后翅退化。雄虫鞘翅长约为前胸长度的 5 倍。足浅褐色,雄虫足较细长。卵近椭圆形,长径 0.7 mm,短径 0.6 mm,乳白色。幼虫初孵时乳白色,头部及尾节淡黄色,体长 1.8～2.2 mm。老熟幼虫体长 25～30 mm,体形扁平,全体金黄色,被黄色细毛。头部扁平,口部及前头部暗褐色,上唇前线呈三齿状突起。由胸背至第八腹节背面正中有一明显的细纵沟。尾节黄褐色,其背面稍呈凹陷,且密布粗刻点,尾端分叉,各叉内侧各有 1 小齿。

(3)生活习性 成虫白天躲藏在土表、杂草或土块下,傍晚爬出土面活动和交配。雌虫行动迟缓,不能飞翔,有假死性,无趋光性;雄虫出土迅速、活跃,飞翔力较强,只做短距离飞翔,黎明前成虫潜回土中(雄虫有趋光性)。由于该虫雌虫不能飞翔,行动迟缓,且多在原地交配产卵,因此其在田间的虫口分布很不均匀。幼虫的发育速度、体重等与食料有密切关系,食料对雌虫影响更大。取食小麦、玉米、荞麦等的沟金针虫生长发育速度快;取食油菜、豌豆、棉花、大豆的生长发育较为缓慢;取食大蒜和蓖麻则发育迟缓或停滞,部分幼虫体重下降。沟金针虫在雌虫羽化前一年取食小麦的,产卵量也最多,则发生危害较重。

(4)生活史 金针虫的生活史均较长,也因种类不同而异,常需 3 年左右才能完成 1 代。沟金针虫长期生活于土中,约需 3 年左右完成 1 代,第 1 年、第 2 年以幼虫越冬,第 3 年以成虫越冬。受土壤水分、食料等环境条件的影响,田间幼虫发育很不整齐,每年成虫羽化率不相同,世代重叠严重。老熟幼虫从 8 月上旬至 9 月上旬先后化蛹,化蛹深度以 13～20 cm 土中最多,蛹期 16～20 d,成虫于 9 月上中旬羽化。越冬成虫在 2 月下旬出土活动,3 月中旬至 4 月中旬为盛期。成虫交配后,将卵产在土下 3～7 cm 深处。卵散产,一头雌虫产卵可达 200 余粒,卵期约 35 d。雄虫交配后 3～5 d 即死亡;雌虫产卵后死去,成虫寿命约 220 d。成虫于 4 月下旬开始死亡。卵于 5 月上旬开始孵化,卵历期 33～59 d,平均 42 d。初孵幼虫体长约 2 mm,在食料充足的条件下,当年体长可达 15 mm 以上;到第 3 年 8 月下旬,老熟幼虫多于 16～20 cm 深的土层内做土室化蛹,蛹历期 12～20 d,平均 16 d。9 月中旬开始羽化,当年在原蛹室内越冬。

成虫白天躲在麦田或田边杂草中和土块下，夜晚活动，雌性成虫不能飞翔，行动迟缓有假死性，没有趋光性，雄虫飞翔较强，卵产于土中 3～7 cm 深处。

(5)为害时期和植株受害症状　为害时，可咬断刚出土的幼苗，也可迁入已长大的幼苗根里取食为害，被害处不完全咬断，断口不整齐。还能钻蛀较大的种子及块茎、块根，蛀成孔洞，被害株则干枯而死亡。沟金针虫在 8—9 月间化蛹，蛹期 20 d 左右，9 月羽化为成虫，即在土中越冬，次年 3—4 月出土活动。金针虫的活动，与土壤温度、湿度、寄主植物的生育时期等有密切关系。其上升表土为害的时间与春玉米的播种至幼苗期相吻合。

5. 玉米根结线虫

(1)分类地位　主要以南方根结线虫(*Meloidogyne incognita Chitwood*)为主，有时花生根结线虫和爪哇根结线虫也能严重为害。

(2)形态特征　南方根结线虫的雄虫头部明显，口刺粗大，尾部具有交合用的小突起。雌虫梨形，尾端圆形，口刺短，卵藏在雌虫所分泌的脚趾内或在体内。目前主要发生危害玉米的有根结线虫及根结腐线虫两大类。

(3)生活习性　玉米收获后，线虫的幼虫和卵散落在土壤或粪肥里越冬，成为翌年的初侵染源，也可通过人、畜和农具携带进行传播，在田间主要靠灌溉水和雨水传播。发病环境条件一是连作地或发病后未进行物理和药剂防治；二是比较干燥疏松的沙质土壤(埤沙地)，由于失水快，保水保肥性差。

(4)生活史　线虫一年繁殖数代，一般 3～4 周可完成一代，因此在玉米生长期间，可连续进行重复侵染。在各种类型土壤均可发生，但以沙土地发生严重。

(5)为害时期和植株受害症状　根结线虫能引起玉米根系根结肿瘤，根腐线虫引起玉米根系产生褐色病斑，严重时腐烂。

受害区域玉米植株根部受寄生线虫危害后，根群发育受抑制，根的数量减少，地上部生长不良。发生轻者叶尖枯黄，发生较重的植株矮小，植株下部叶片逐步向上枯死。但随着气温上升，雨季雨量大，田间高温渍水淹泡，对线虫病危害植株有一定的缓解作用，可重生新根和根毛。如不对受害区域采取防治措施，根线虫病对已缓解生长的植株进一步造成危害，使根系逐渐变为褐色，根系木质化，地上部贪青萎蔫。

(三)防治措施

根据玉米田各种害虫发生规律、为害程度，综合农艺防治、物理防治、生物防治和应急性化学防治技术，将各种防治措施进行有机组合，最终形成适用于当地的经济、高效、绿色玉米田害虫综合防控措施。病虫害防治方法以农业防治为主，化学防治为辅。

1. 综合农艺防治

(1)选用抗虫品种、调整品种布局　选留健康种苗、轮作、深耕灭茬、调整播期、合理施肥、及时灌溉排水、搞好田园卫生等。农业防治如能同物理、化学防治等配合进行，可取得更好的效果。

适应调整播期，即可有效地减少该虫的危害；清洁田园，切断虫害传播途径；清除杂草，消灭病毒寄主；选用品种应注意合理布局，避开单一抗源品种的大面积种植。选择抗、耐虫性强、虫害补偿能力强的玉米品种，减少虫害造成的产量损失。加强田间管理，及时进行中耕除草，发现病株后要立即拔除。及时追肥浇水，促进玉米生长发育健壮，提高抗病能力。如果田间病株率超过50%，则应毁种。此外，清洁田园对灰飞虱、蚜虫等防治也有重要作用。

(2)合理的种植方式

① 轮作　对寄主范围狭窄、食性单一的有害生物，如玉米蚜虫，轮作非禾本科作物可恶化其营养条件和生存环境，或切断其生命活动过程的某一环节。此外，轮作还能促进有颉颃作用的微生物活动，抑制病原物的生长、繁殖，如轮作一些豆类作物，还可提高土壤氮素含量，提高土壤肥力。

② 间作或套作　合理选择不同作物实行间作或套作，辅以良好的栽培管理措施，也是防治害虫的途径。

(3)作物布局　合理的作物布局，在一定范围内采用一熟或多熟种植，调整春、夏播面积的比例，均可控制有害生物的发生消长。

(4)耕翻整地　耕翻整地和改变土壤环境，可使生活在土壤中和以土壤、作物根茬为越冬场所的有害生物经日晒、干燥、冷冻、深埋或被天敌捕食等而被治除。冬耕、春耕或结合灌水通常是有效的防治措施。对生活史短、发生代数少、寄主专一、越冬场所集中的害虫，防治效果尤为显著。

(5)植物抗性的利用　可分为3个主要类型：①排趋性(无偏嗜性)；②抗虫性，表现为作物受虫害后产生不利于害虫生活繁殖的反应，从而抑制害虫取食、生长、繁殖和成活。如有的玉米品种心叶内含有高浓度的丁布，能抗玉米螟第一代为害；③耐虫性，表现为害虫虽能在作物上正常生活取食，但不致严重为害。

如玉米螟农业防治：把田间的玉米秸秆彻底清除，用作燃料或是堆沤作堆肥，从而杀死隐藏在秆里的虫蛹。合理轮作，尽量避免连作，使成虫基数降低。尽量减少追肥的次数，使玉米个体能够发育一致。降低越冬虫源基数，即在玉米秸秆粉碎还田时杀死秸秆内的越冬幼虫。

利用玉米品种抗虫性性状受显性或隐形基因的控制而遗传给后代的特点，进行玉米抗虫品种的选育和推广应用也是玉米害虫农业防治技术中的重点之一。综合防治的重要发展方向是抗性品种，特别是多抗性品种的选育、利用。

2. 物理防治　物理防治是利用简单工具和各种物理因素，如光、热、电、温度、湿度和放射能、声波等防治病虫害的措施。近年黑光灯和高压电网灭虫器应用广泛，用仿声学原理和超声波防治虫等均在研究、实践之中。原子能治虫主要是用放射能直接杀灭病虫，或用放射能照射导致害虫不育等。随着近代科技的发展，物理防治技术也将会有更广阔的发展前途。

杀虫灯：杀虫灯是根据昆虫具有趋光性的特点，利用昆虫敏感的特定光谱范围的诱虫光源，诱集昆虫并能有效杀灭昆虫，降低病虫指数，防治虫害和虫媒病害的专用装置。如玉米田重要害虫棉铃虫、二点委夜蛾等鳞翅目害虫和铜绿丽金龟、暗黑鳃金龟等鞘翅目害虫成虫都具有较强的趋光性，可利用特定波段光谱范围的杀虫灯进行这些害虫的有效防治。利用糖醋盆、黑光灯等对黏虫成虫进行诱杀，压低虫口。

采用灯光诱虫物理防治技术，既能控制虫害和虫媒病害，也不会造成环境污染和环境破坏。灯光诱虫与化学农药防治不同，灯光诱虫不会破坏原有的生态平衡，害虫、益虫都不会被完全诱杀；杀虫灯只是通过降低害虫基数，把病虫指数降到防治标准以下，并没有破坏原生态平衡。如果只诱害虫，益虫没有了食物，部分益虫也会被饿死，这就是生态平衡。利用螟虫的趋光性，采用杀灯光诱集杀灭成虫。

诱虫色板：诱虫色板是利用害虫对某种颜色趋性诱杀农业害虫的一种物理防治技术，它绿色环保、成本低，全年应用可大大减少用药次数。采用色板上涂粘虫胶的方法诱杀昆虫，可以有效减少虫口密度，不造成农药残留和害虫抗药性，可兼治多种虫害。可防治蚜虫、叶蝉、蓟马等小型昆虫，如配以性诱剂可扑杀多种害虫的成虫。

3. 化学防治

（1）地上害虫防治　在玉米心叶期施用颗粒剂灌心，3％米乐尔颗粒剂、1％辛硫磷颗粒剂、每公顷用量 15～30 kg，使用时加 5 倍细土或细河沙混匀撒入喇叭口；也可选用巴丹（沙蚕毒素类）可湿性粉剂灌心，每公顷用 750 g。对于喜在叶面取食的虫类，可以用以下药剂喷雾防治：8000IU/mg 苏云金杆菌悬浮剂 1000 倍液；20％米螨悬浮剂（昆虫脱皮促进剂）1200 倍液；1％杀虫素乳油（微生物天然产物）1500 倍液；对于叮食性虫类，主要喷以下药剂防治：10％吡虫啉 1000 倍液、5％啶虫脒 2000 倍液或烯啶虫胺 1000～1500 倍液喷雾。

① 蚜虫防治

喷雾防治：直接用 25％噻虫嗪水分散粉剂 6000 倍液，或 40％乐果乳油、10％吡虫啉可湿性粉剂 1000 倍液，或 50％抗蚜威可湿性粉剂 2000 倍液等喷雾。

种子包衣或拌种：用 70％噻虫嗪（锐胜）种衣剂包衣，或用 10％吡虫啉可湿性粉剂拌种，对苗期蚜虫防治效果较好。

② 玉米螟防治　在心叶内撒施化学颗粒剂。用 3％广灭丹颗粒剂，每亩 1～2 kg；或用 0.1％或 0.15％氟氯氰颗粒剂，每株用量 1.5 g；或用 14％毒死蜱颗粒剂、3％丁硫克百威颗粒剂，每株 1～2 g；或用 3％辛硫磷颗粒剂，每株 2 g；或用 50％辛硫磷乳油按 1∶100 配成毒土混匀撒入喇叭口，每株撒 2 g。

③ 黏虫防治　在早晨或傍晚黏虫在叶面上活动时，喷洒速效性强的药剂。用 4.5％高效氯氰菊酯乳油 1000～1500 倍液、48％毒死蜱乳油 1000 倍液、3％啶虫脒乳油 1500～2000 倍液等杀虫剂喷雾防治；麦茬地要在玉米出苗前用化学药剂杀灭地面和麦茬上的害虫。

④ 弯刺黑蝽防治　用 30％帅苗种衣剂包衣，或 3％辛硫磷颗粒剂拌种；用 40％毒死蜱乳油 1500 倍液或 10％录氰聚酯乳油 2000 倍液灌根；人工捕捉。

（2）地下害虫防治　播前土壤施药控制地下害虫。用 50％辛硫磷 500 g，适量加水后拌细土 15 kg，每公顷撒施 450～750 kg。出苗后用药诱杀地下害虫，在危害发生初期，可人工捕捉地老虎和蝼蛄，或用 90％晶体敌百虫 1 kg 加水适量拌入炒香的米糠或麸皮 80～100 kg 制成毒饵，施 75～120 kg/hm^2，傍晚堆撒在地头上并上盖新鲜嫩草进行诱杀；也可用 50％辛硫磷 7.5 kg/hm^2 混合细沙 450 kg/hm^2 撒施，或用 50％辛硫磷 800 倍液制毒土防治；还可用 25％决杀灵乳油（主含量辛硫磷 1.875％，氰戊菊酯 6.25％）1000 倍液或 52.25％农地乐乳油 1000 倍液进行全田喷雾。

① 地老虎类防治　防治最佳时期在 1～3 龄，此时幼虫对药剂抗性较差，并在寄主表面或幼嫩部位取食；3 龄后潜伏在土表中，不易防治。

药剂拌种有一定效果。用 50％辛硫磷乳油拌种，用药量为种子重量的 0.2％～0.3％或用 3％好年冬颗粒拌种时沟施；3 龄以下幼虫用 48％毒死蜱乳油或 40％辛硫磷乳油 1000 倍液灌根或傍晚茎叶喷雾；用毒土、毒饵诱杀大龄幼虫；捕捉幼虫或诱杀成虫。

② 蛴螬、金针虫防治　药剂包衣或拌种。用种衣剂 30％氯氰菊酯（帅苗）直接包衣，或者用 40％辛硫磷乳油 0.5L 加水 20L，拌种 200 kg；用 48％毒死蜱乳油 2000 倍液或 40％辛硫磷乳油 1000 倍液灌根处理；使用毒土、毒饵诱杀。

③ 玉米线虫病防治　前茬收获后及时清除病残体，集中烧毁，深翻 50 cm，起高垄 30 cm，沟内淹水，覆盖地膜，密闭 15～20 d，经高温和水淹，防效 90%以上；棚室栽培玉米前可用液氨熏，每亩用液氨 30～60 kg，于播种或定植前用机械施入土中，经 6～7 d 后深翻，并通风，把氨气放出，2～3 d 后再播种或定植。

轮作：发病重的田块应与葱、蒜、韭菜、水生蔬菜或禾本科作物等进行 2～3 年轮作；必要时每亩选用 3%米乐尔颗粒剂 1.5～2.0 kg 或滴滴混剂 20 kg，于定植前 15 d 撒施在开好的沟里，覆土、压实，定植前 2～3 d 开沟放气，防止产生药害。每亩也可用 95%棉隆 3～5 kg 或 3%甲基异柳磷颗粒剂 10～15 kg。但要注意防止药害和毒害。

4. 生物防治　主要是利用天敌和生物制剂消灭田间害虫。

生物防治是指利用自然界有益生物或其他生物来控制有害生物种群数量的防治方法。保护和利用天敌是害虫生物防治中的重要工作之一。主要包括：

(1)利用微生物防治　常见的有应用真菌、细菌、病毒和能分泌抗生物质的抗生菌，如应用白僵菌、苏云金杆菌各种变种制剂、病毒粗提液和微孢子虫等防治玉米田棉铃虫、黏虫、玉米螟等重要害虫。

(2)利用寄生性天敌防治　最常见的有赤眼蜂防治玉米螟、中红侧沟茧蜂防治棉铃虫等多种害虫。

(3)利用捕食性天敌防治　这类天敌很多，玉米田节肢动物中捕食性天敌除有瓢虫、螳螂等昆虫外，还有蜘蛛和螨类。

例 1. 玉米螟的生物防治　玉米螟的成虫在白天大多潜伏在茂密的作物中，或隐藏在杂草中，夜间会出来活动。玉米螟在玉米心叶期、抽雄期以及雌穗抽丝初期会成群为害。在雨水充沛且均匀的季节，发生玉米螟的概率会大大增加。在新种植玉米的地区，玉米螟也会加重为害。以上这些因素都增加了治理玉米螟的难度。利用传统的喷洒农药的防治方式，不仅不能完全去除玉米螟成虫和卵，而且还会产生残余农药，影响玉米质量。

利用玉米螟的天敌赤眼蜂或是生物农药白僵菌进行防治收效良好。玉米螟的生物防治方式是利用赤眼蜂、苏云金杆菌以及白僵菌等来防治玉米螟。

①释放赤眼蜂：在玉米螟产卵期放蜂，放蜂量和次数根据螟蛾卵量确定，一般每亩地释放 1 万～2 万头，分两次释放；雨季要抢晴放蜂，做到大面积连片放蜂，有利于提高防治效果。②利用白僵菌治螟：在玉米心叶中期每株玉米使用 2 g，孢子含量范围在 50 亿～100 亿孢子/g 的白僵菌粉，按 1∶10 的比例配置成颗粒剂使用即可；白僵菌可寄生玉米螟幼虫和蛹，在早春对残存的秸秆逐垛喷洒白僵菌粉封垛；田间喷施：用 80 亿～100 亿孢子/g 的白僵菌粉加滑石粉或草木灰按 1∶5 混匀，每公顷 15～30 kg 用机动或手摇喷粉器喷粉，防效 80%～90%；也可将配制好的白僵菌颗粒剂在玉米螟一代幼虫发生时进行大喇叭口灌心，防治效果显著。③用 BT(又称苏云金杆菌)颗粒剂治螟：用含菌量为 100 亿/g 的 BT 乳油或 BT-781DZ，在玉米心叶末期前撒入心叶里，每公顷用 7.5 kg，在心叶末期使用效果佳。

例 2. 蚜虫的生物防治　蚜虫有很多的天敌，例如，瓢虫、食蚜蝇以及寄生蜂等，都对蚜虫有着显著的抑制作用。可以选择草间小黑蛛、隆背微蛛、瓢虫类和食蚜蝇等作为天敌品种。1 个玉米心叶中只需要 1 头草间小黑蛛就能抑制玉米蚜的发生。草间小黑蛛的日捕食量为 15～25 头。在进行生物防治过程中，要注意保护和利用天敌。但是当在玉米抽雄株率到 5%、有蚜株率 10%以上时，生物防治不能完全解决玉米蚜的发生，这时需要进行相应的药剂防治。

例 3. 黏虫生物防治　利用成虫在交配产卵前需要采食来补充能量的生物习性，采用含有成虫喜欢气味配比的诱饵，并配以少量的杀虫剂进行诱杀。这样可以诱杀大量成虫，减少落卵量以及幼虫危害，还可以极大地减少化学农药的使用。

① 诱捕成虫（蛾）　利用成虫产卵前需补充营养，容易诱杀在尚未产卵时的特点，以诱捕方法把成虫消灭在产卵之前。用谷草把和糖醋液诱杀。糖醋液配比糖 3 份、酒 1 份、醋 4 份、水 2 份，调匀即可。夜晚诱杀。

② 诱卵、采卵　利用成虫产卵习性，把卵块消灭于孵化之前。从产卵初期到盛期以后为止，在田间插设小谷草把，在谷草把上洒糖醋酒液诱蛾产卵，效果很好，在有卵块多时采摘卵块加以消灭。以上两种方法农民很少应用，主要农业科研人员应用较多。如果普及这两种方法也可以达到很好的防治效果。

三、杂草防除

（一）中国杂草区系

中国杂草种类繁多，与其他植物强烈争夺营养、水分、光照和生存空间，同时又是农作物多种病虫害的中间寄主或越冬寄主，对玉米的产量和品质影响很大。中国位于欧亚大陆东部，东西跨越的经度有 60°以上，距离约 5200 km；南北跨越的纬度 50°，南北相距 5500 km。东起太平洋西岸，西至亚洲大陆腹部，南北跨热带、亚热带、暖温带、温带和寒温带；自然条件复杂多样，以大兴安岭、阴山、贺兰山至青藏高原东部为界，东南半部属于季风气候，比较湿润，季节化分明。西南部还受印度洋季风的影响，夏季西南季风盛行，并沿横断山脉长驱直入，但背风坡产生“焚风”，形成干热河谷。西半部则为干旱的荒漠和草原气候。其南面的青藏高原为高寒的高原气候，与周围形成明显对比。中国地形多样，类型齐全，并有平原少、山地多、陆地高低悬殊的特点。中国地势分成三级巨大的阶梯，具有自西向东下降的趋势，决定着长江、黄河、珠江等大江的基本流向，也间接影响植物的分布。如此复杂的气候和地形使中国具有了丰富多彩的植物区系和植被类型。

根据李扬汉《中国杂草志》的记载，中国种子植物杂草有 90 科 571 属 1412 种。其中裸子植物 1 种，被子植物 1411 种，隶属于 89 科 570 属。中国种子植物杂草的科、属、种分别占中国种子植物的 37.22%、20.79%、5.93%。中国种子植物杂草无论是科还是属的地理成分中，泛热带成分均具有较高的比例，说明本区种子植物杂草具有较强的热带性质。其次，温带成分占有一定的比例，科的温带成分占全部科的 26.09%，属的温带成分占 52.57%，由此可见，中国种子植物杂草的植物区系表现出从热带亚热带向温带过渡的特征。在中国种子植物杂草中世界分布的广布种类特别丰富，科和属的地理成分中世界分布占有较大的比例。这些世界科属在区系分析上意义不大，但属于杂草的主体，对中国的生物多样性具有较大的影响。

湖北省农田杂草共有 49 科 183 种。其中，稻田杂草有 21 科 42 种，发生频率最高的是：矮慈菇、稗草、节节菜、异型莎草、鸭舌草、牛毛毡 6 种，占稻田杂草种类数的 14.29%；麦田杂草有 20 科 92 种，发生频率最高的主要有：婆婆纳、猪殃殃、牛繁缕、看麦娘等 5 种。常见的杂草是农田杂草，以禾本科杂草为主，达 25 种，玉米农田杂草约 18 种。油菜田杂草有 17 科 62 种，以婆婆纳、看麦娘、大巢菜、繁缕等 5 种杂草出现频率高。棉田杂草有 20 科 49 种，以马唐、牛筋草、千金子、蓼、苋、藜等杂草为主。果园杂草 26 科 58 种，以马唐、狗芽根、千金子、牛筋草、爵床、婆婆纳、蛇莓、铁苋菜、蓼、狗尾草、无芒稗、鳢肠等杂草为最普遍。

(二)湖北省农田杂草种类

湖北省农田杂草以禾本科杂草为主，达 25 种，占农田杂草种类的 19.38%；其次是菊科杂草 13 种，莎草科杂草 11 种，蓼科杂草 9 种。随着化学除草的普及，尤其是在连年使用同一除草剂的条件下，杂草群落组成会发生明显变化。

危害玉米田的主要杂草种类有：旱稗、狗尾草、牛筋草、马唐、狗牙根、蓼、苍耳、刺儿菜、苦苣菜、鸭跖草、车前草等。列举出的玉米田杂草属于 5 科、10 属。

(三)湖北省玉米田常见杂草简介

1. 旱稗[*Echinochloa hispidula* (Retz.) Nees] 别名：芒稗。稗属，禾本科一年生草本植物。生存于山坡草地、路旁草丛中。

形态特征：须根系。基直立或基部斜升，株高 40～90 cm。叶鞘平滑无毛；叶舌缺；叶片扁平，线形，长 10～30 cm，宽 6～12 mm。圆锥花序狭窄，长 5～15 cm，宽 1.0～1.5 cm，分枝上不具小枝，有时中部轮生；小穗卵状长圆形，长 4～6 mm；第一颖三角形，长为小穗的 1/2～2/3，基部包卷小穗；第二颖与小穗等长，具小尖头，有 5 脉，脉上具刚毛或有时具疣基毛，芒长 0.5～1.5 cm；第一小花通常中性，外稃草质，具 7 脉，内稃薄膜质，第二外稃革质，坚硬，边缘包卷同质的内稃。花果期 7—10 月。

2. 狗尾草(*Setaria viridis S.* Lu-tescens) 狗尾草属，禾本科一年生草本植物。

形态特征：根为须状，高大植株具支持根。秆直立或基部膝曲，高 10～100 cm，基部径达 3～7 mm。叶鞘松弛，无毛或疏具柔毛或疣毛，边缘具较长的密绵毛状纤毛。叶舌极短，缘有长 1～2 mm 的纤毛；叶片扁平，长三角状狭披针形或线状披针形，先端长渐尖或渐尖，基部钝圆形，几呈截状或渐窄，长 4～30 cm，宽 2～18 mm，通常无毛或疏被疣毛，边缘粗糙。圆锥花序紧密呈圆柱状或基部稍疏离，直立或稍弯垂，主轴被较长柔毛，长 2～15 cm，宽 4～13 mm(除刚毛外)，刚毛长 4～12 mm，粗糙或微粗糙，直或稍扭曲，通常绿色或褐黄到紫红或紫色；小穗 2～5 个簇生于主轴上或更多的小穗着生在短小枝上，椭圆形，先端钝，长 2.0～2.5 mm，铅绿色；第一颖卵形、宽卵形，长约为小穗的 1/3，先端钝或稍尖，具 3 脉；第二颖几与小穗等长，椭圆形，具 5～7 脉；第一外稃与小穗等长，具 5～7 脉，先端钝，其内稃短小狭窄；第二外稃椭圆形，顶端钝，具细点状皱纹，边缘内卷，狭窄；鳞被楔形，顶端微凹；花柱基分离；叶上下表皮脉间均为微波纹或无波纹的、壁较薄的长细胞。颖果灰白色。花果期 5—10 月。生于海拔 4000 m 以下的荒野、道旁，为旱地作物常见的一种杂草。

3. 牛筋草(*Eleusine indica* (L.)Gaertn.) 牛筋草属，禾本科一年生草本植物。牛筋草在中国农田分布广泛，繁殖能力强，根系发达，适应性强，生存竞争能力强，对玉米等农田作物危害严重。

形态特征：一年生草本。根系极发达。秆丛生，基部倾斜，高 10～90 cm。叶鞘两侧压扁而具脊，松弛，无毛或疏生疣毛；叶舌长约 1 mm；叶片平展，线形，长 10～15 cm，宽 3～5 mm，无毛或上面被疣基柔毛。穗状花序 2～7 个指状着生于秆顶，很少单生，长 3～10 cm，宽 3～5 mm；小穗长 4～7 mm，宽 2～3 mm，含 3～6 朵小花；颖披针形，具脊，脊粗糙；第一颖长 1.5～2.0 mm；第二颖长 2～3 mm；第一外稃长 3～4 mm，卵形，膜质，具脊，脊上有狭翼，内稃短于外稃，具 2 脊，脊上具狭翼。囊果卵形，长约 1.5 mm，基部下凹，具明显的波状皱纹。鳞被 2，折叠，具 5 脉。

4. 马唐(*Digitaia Sanguinalis* L. Scop.) 马唐属，禾本科一年生杂草。马唐是玉米田的恶性杂草。发生数量、分布范围在旱地杂草中均具首位，以玉米生长的前中期危害为主。

形态特征：一年生杂草。秆直立或下部倾斜，膝曲上升，高 10～80 cm，直径 2～3 mm，无毛或节生柔毛。叶鞘短于节间，无毛或散生疣基柔毛；叶舌长 1～3 mm；叶片线状披针形，长 5～15 cm，宽 4～12 mm，基部圆形，边缘较厚，微粗糙，具柔毛或无毛。总状花序长 5～18 cm，4～12 枚成指状着生于长 1～2 cm 的主轴上；穗轴直伸或开展，两侧具宽翼，边缘粗糙；小穗椭圆状披针形，长 3.0～3.5 mm；第一颖小，短三角形，无脉；第二颖具 3 脉，披针形，长为小穗的 1/2 左右，脉间及边缘大多具柔毛；第一外稃等长于小穗，具 7 脉，中脉平滑，两侧的脉间距离较宽，无毛，边脉上具小刺状粗糙，脉间及边缘生柔毛；第二外稃近革质，灰绿色，顶端渐尖，等长于第一外稃；花药长约 1 mm。花果期 6—9 月。

5. 狗牙根(*Cynodon dactylon* (L.) Pers.) 别名：绊根草、爬根草、咸沙草、铁线草。狗牙根属，禾本科多年生低矮草本植物。

形态特征：低矮草本，具根茎。秆细而坚韧，下部匍匐地面蔓延甚长，节上常生不定根，直立部分高 10～30 cm，直径 1.0～1.5 mm，秆壁厚，光滑无毛，有时略两侧压扁。叶鞘微具脊，无毛或有疏柔毛，鞘口常具柔毛；叶舌仅为一轮纤毛；叶片线形，长 1～12 cm，宽 1～3 mm，通常两面无毛。穗状花序；小穗灰绿色或带紫色，长 2.0～2.5 mm，仅含 1 朵小花；颖长 1.5～2.0 mm，第二颖稍长，均具 1 脉，背部成脊而边缘膜质；外稃舟形，具 3 脉，背部明显成脊，脊上被柔毛；内稃与外稃近等长，具 2 脉。鳞被上缘近截平；花、药淡紫色；子房无毛，柱头紫红色。颖果长圆柱形。

6. 苍耳(*Xanthium sibiricum* Patrin ex Widder) 苍耳属，菊科一年生草本植物。

形态特征：高可达 90 cm。根纺锤状，茎下部圆柱形，上部有纵沟，叶片三角状卵形或心形，近全缘，边缘有不规则的粗锯齿，上面绿色，下面苍白色，被糙伏毛。雄性的头状花序球形，总苞片长圆状披针形，花托柱状，托片倒披针形，花冠钟形，花药长圆状线形；雌性的头状花序椭圆形，外层总苞片小，披针形，喙坚硬，锥形，瘦果倒卵形。7—8 月开花，9—10 月结果。

7. 刺儿菜(*Cirsium setosum*) 是小蓟草的别称。蓟属，菊科多年生草本植物。

形态特征：地下部分常大于地上部分，有长根茎。茎直立，幼茎被白色蛛丝状毛，有棱，高 30～80 cm，基部直径 3～5 mm。有时可达 1 cm，上部有分枝，花序分枝无毛或有薄绒毛。叶互生，基生叶花时凋落，下部和中部叶椭圆形或椭圆状披针形，长 7～10 cm，宽 1.5～2.2 cm，表面绿色，背面淡绿色，两面有疏密不等的白色蛛丝状毛，顶端短尖或钝，基部狭窄或钝圆，近全缘或有疏锯齿，无叶柄。

8. 苦苣菜(*Sonchus oleraceus* L.) 又名苦菜、苦荬菜、小鹅菜。苦苣菜属，菊科一年生或二年生草本植物。

形态特征：根圆锥状，垂直直伸，有多数纤维状的须根。茎直立，单生。基生叶羽状深裂，全形长椭圆形或倒披针形。头状花序少数在茎枝顶端排紧密的伞房花序或总状花序或单生茎枝顶端。全部总苞片顶端长急尖，外面无毛或外层或中内层上部沿中脉有少数头状具柄的腺毛。舌状小花多数，黄色。瘦果褐色，长椭圆形或长椭圆状倒披针形，压扁，每面各有 3 条细脉，肋间有横皱纹，顶端狭，无喙，冠毛白色，长 7 mm，单毛状，彼此纠缠。花果期 5—12 月。

9. 蓼(*Polygonum* L.) 蓼属蓼科，是一种多年生草本植物。生长在水田，人造沟渠或湿地。

形态特征：草本稀灌木或小乔木。茎直立，平卧、攀缘或缠绕，通常具膨大的节，稀膝曲，具沟槽或条棱，有时中空。叶为单叶，互生，稀对生或轮生，边缘通常全缘，有时分裂，具叶柄或近无柄；托叶通常联合成鞘状(托叶鞘)，膜质，褐色或白色，顶端偏斜、截形或 2 裂，宿存或脱落。花序穗状、总状、头状或圆锥状，顶生或腋生；花较小，两性，稀单性，雌雄异株或雌雄同株，辐射对称；花梗通常具关节；花被 3～5 深裂，覆瓦状或花被片 6 成 2 轮，宿存，内花被片有时增大，背部具翅、刺或小瘤；雄蕊 6～9，稀较少或较多，花丝离生或基部贴生，花药背着，2 室，纵裂；花盘环状，腺状或缺，子房上位，1 室，心皮通常 3，稀 2～4，合生，花柱 2～3，稀 4，离生或下部合生，柱头头状、盾状或画笔状，胚珠 1，直生，极少倒生。瘦果卵形或椭圆形，具 3 棱或双凸镜状，极少具 4 棱，有时具翅或刺，包于宿存花被内或外露；胚直立或弯曲，通常偏于一侧，胚乳丰富，粉末状。

10. 鸭跖草(*Commelina communis* L.) 别名：碧竹子、翠蝴蝶、淡竹叶等。鸭跖草属，鸭跖草科，一年生披散草本植物。鸭跖草常见生于湿地。主要分布于热带，少数种产于亚热带和温带地区。鸭跖属寒温带杂草，耐低温，出土时间早而持续出土时间长，发生密度大，对玉米苗期危害严重。

形态特征：茎圆柱形，肉质，长 30～60 cm，下部茎匍匐状，节常生根，节间较长，表面呈绿色或暗紫色，具纵细纹。叶互生，带肉质；卵状披针形，长 4～8 cm，宽至 2 cm，先端短尖，全缘，基部狭圆成膜质鞘，总状花序，花 3、4 朵，深蓝色，着生于二叉状花序柄上的苞片内；苞片心状卵形，长约 2 cm，摺叠状，端渐尖，全缘，基部浑圆，绿色；花被 6，2 列，绿白色，小形，萼片状，内列 3 片中的前 1 片白色，卵状披针形，基部有爪，后 2 片深蓝色，成花瓣状，卵圆形，基部亦具爪；雄蕊 6，后 3 枚退化，前 3 枚发育；蜂蕊 1，柱头头状。蒴果椭圆形，压扁状，成熟时裂开。种子呈三棱状半圆形，暗褐色，有皱纹而具窝点，长 2～3 mm。

11. 车前草(学名 *Plantago depressa* Willd.) 车前属，车前科，一年生或二年生草本。

形态特征：直根长，具多数侧根，少肉质。根茎短。叶基生呈莲座状，平卧、斜展或直立；叶片纸质，椭圆形、椭圆状披针形或卵状披针形，叶柄基部扩大成鞘状。花序梗有纵条纹，疏生白色短柔毛；穗状花序细圆柱状；花萼无毛，花冠白色，无毛。雄蕊着生于冠筒内面近顶端，同花柱明显外伸，花药卵状椭圆形或宽椭圆形，新鲜时白色或绿白色，干后变淡褐色。胚珠 5。蒴果卵状椭圆形至圆锥状卵形。种子 4～5，椭圆形，腹面平坦，黄褐色至黑色；子叶背腹向排列。花期 5—7 月，果期 7—9 月。

(四)杂草的特性

种子寿命长；具有休眠性；易脱落；分批出苗。繁殖能力强，繁殖方式多样。传播方式多样。顽强的生命力。对环境的适应能力强。抗逆性极强。

杂草危害是影响作物产量的主要因素之一，杂草繁殖能力强、适应能力强，草害严重的田块甚至颗粒无收。各种作物常有其各自的伴生杂草或寄生杂草，这些杂草之所以能够与某种作物伴生，其原因主要是它们在长期生长发育过程中形成的生态习性以及其所需的生态环境与某种作物相似。例如马唐、牛筋草、狗尾草等旱生型杂草，抗旱能力较强，常生长在较为干旱的环境条件下，与玉米所需的生态条件相似，逐渐成为玉米的伴生杂草。

杂草种子形态小、质量轻，为其在外力作用下传播提供了很好的条件。杂草种子的传播因子指传播杂草种子的媒介，包括风力、水流、动物活动、人类活动等。杂草种子的传播是多种多样的，可分为主动传播和被动传播。

杂草种子的主要扩散途径之一是随作物种子传播。田间施用的有机肥包括家畜粪便，路旁、沟边、林地中的草皮，各种饲料残渣，粮食、油料加工的废料，各种作物的秸秆等，其中或多或少均带有不同种类与数量的杂草种子。动物传播：有不少禾本科杂草也是优良的饲草，取食这些杂草的草食动物的粪便中常含有大量保持活力的种子，这些杂草种子通过被草食动物取食而传播，如稗、马唐、看麦娘、野燕麦等。水传播：在灌溉频繁的稻麦或玉米麦子轮作田，灌溉水流传播大量杂草种子。有 34 种杂草种子可随灌溉输入或随排水输出农田，优势和主要杂草有异型莎草、小藜、马齿苋、牛筋草等。气流(风)传播：许多菊科杂草的种子具冠毛，而且种子很轻，能被微风轻易吹起而随风传播，风力大时被传播的距离更远。

玉米田杂草种类多，种群组合复杂；杂草密度高，不同茬口差异大。夏玉米田单、双子叶杂草出草规律基本一致，有两个明显的出草高峰，一般在玉米播后 5～7 d 进入出草盛期，播后 9～12 d 出现第一出草高峰，杂草数量约占 50%左右，这期间萌发的杂草对玉米危害最严重，第二出草高峰在玉米播后 20～25 d。玉米的产量损失与玉米田杂草密度呈极显著的正相关，当玉米田杂草超过防除阈值时，必须用化学除草进行防除，以控制杂草的危害。

(五)杂草防除措施

1. 农艺防除　结合中耕及时铲除。

采用耕作、轮作和合适的栽培方式对玉米田杂草有一定的防治作用。

(1)合理轮作　在玉米的生产过程中如能做到科学合理地与其他作物轮作换茬，改变其生态和环境条件，便可明显减轻此类杂草的危害。

(2)精选种子和品种　在玉米播种前应进行种子精选，清除已混杂在玉米种子中的杂草种子，减轻危害。同时挑选抑草品种可在一定程度上防治杂草。

(3)清洁玉米田周边环境　及时除去玉米田周围和路旁、沟边的杂草，防止向田内扩散蔓延。堆厩肥料要经过 50～70 ℃高温堆沤处理，“闷死”或“烧死”混在其中的杂草种子，才能施用。

(4)合理密植，加强田间管理　合理密植栽培，可加速封行进程，利用其自身的群体优势抑制中后期杂草的生长。

(5)植物检疫　杂草检疫工作是防除杂草的重要预防措施之一。在农产品进出口及玉米种子调运过程中，要遵照执行国家颁布的“植物检疫条例”，制定切实可行的检疫措施，防止危险性杂草的传播与扩散。

机械防除农田杂草是田间管理的一项重要措施。深耕可防除多年生杂草如香附子、田旋花、芦苇等。苗前耙地和苗期中耕灭草，苗期进行人工或机械中耕，既可灭草，又可松土保墒。进行少耕和免耕，并与化学除草密切配合是防除农田杂草的有效措施之一，如进行免耕，并施用灭生性的化学除草剂，可有效控制多种单、双子叶杂草。合理选择除草剂不但会降低劳动强度、缩短劳动时间，而且还会降低耕种成本，简化栽培措施，达到增产的目的。

2. 化学防除　主要是施用除草剂进行土壤处理和茎叶喷施。

化学除草已广泛应用于玉米生长的各个时期。针对春、夏玉米田中杂草与玉米同步生长的规律,玉米田化学除草可按玉米生长期分为三个阶段。

第一阶段:玉米播后苗前进行封闭处理。这一时期主要是小麦收割后或地表进行整理完毕,杂草出土较少或未出土,玉米播种后可采用封闭处理。应用的除草剂以"酰胺类""均三氮苯类"除草剂为主,如"乙草胺""异丙草胺"与"阿特拉津"的混剂。表现较好的除草剂有"莠去津""棒米笑"等,其作用机理是通过地表喷雾,让药液在地表表面形成一层厚 1 cm 的药土层,在杂草出土时碰到药土层,经幼芽或幼茎吸收,达到杀死杂草的目的。应用以上产品进行杂草防除时要求在较长一段时间内不要破坏地表,喷药时应倒退行走,做到喷洒均匀,否则可能影响药效。有些杂草在玉米播后苗前已有小部分出土,此时可配合草甘膦等灭杀性除草剂进行综合除草(即封杀结合),控制出土和未出土的杂草,但草甘膦等灭杀性除草剂应在玉米播种后立即使用。

第二阶段:玉米苗后早期进行茎叶处理。如因农时或天气等原因影响了前期用,在玉米苗后早期出土的一些杂草,也能进行化学防除,如用"烟嘧磺隆"系列产品。具体农药有"玉农乐""金玉老""玉米见草杀""玉之盾"等,也可与"盾隆"(氯氟吡氧乙酸)等产品混用,防治阔叶杂草。芽前除草是在玉米播种后到出苗之前喷药,对幼苗没有损伤的一种防除杂草的方法。可用乙草胺或金都尔乳油兑水均匀喷施进行芽前封草来防除 1 年生禾本科杂草。

第三阶段:玉米中期封行以前定向处理。因前期用药不理想或雨水过多造成新生杂草危害,仍可使用烟嘧磺隆+莠去津或百草枯等除草剂定向喷雾。这时玉米长势已较高(60～80 cm),采用行间定向喷雾,即可保护作物,又能除掉所有杂草。不要喷到作物上,应加喷雾防除罩。在阳光充足的条件下,除草剂见效迅速,几个小时内即可见杂草死亡。

在玉米拔节期前(5～7 叶)可用玉米专业除草剂玉伯全田喷雾。如果播后错过防除适期,田间杂草已经长大,可进行人工中耕后化除。中耕后用 50%乙草胺 1125～2250 mL/hm^2 或 50%的阿特拉津粉剂 1500～2250 mL/hm^2 加 50%乙草胺乳油 750～1500 mL/hm^2 兑水 450～600 kg 在无风条件下定向喷雾。土壤湿润使用化学除草剂的效果最好,在玉米出苗后,等下雨或灌溉后再喷药,以达到除草灭草的目的。利用化学除草剂防除杂草,降低杂草对玉米生长的影响,简化玉米栽培管理措施,达到增产、增收的目的。

第二节 非生物胁迫及其应对

一、水分胁迫

(一)湖北省干旱发生时期对玉米生产的影响

湖北省属典型的亚热带季风气候,具有四季分明、雨热同季等特点。虽然水热资源丰富,但由于地处南北气流过渡带,特殊的区位决定了降水时空分布不均,年际之间,年内雨量分配悬殊,一般南多北少,致使既易发生洪涝灾害,又易被干旱困扰;另外湖北省地貌类型多样,山地、丘陵、岗地和平原兼备,从而进一步加剧了降水分布的不均匀性。据相关资料,全省大部地区年均雨量在 800～1600 mm,其中鄂西北在 900 mm 以下,为少雨地区。在降雨季节分布上,全省40%以上的降雨量集中在夏季，而春、秋两季降雨又呈现由东南、西南向西北递减的态势。受降雨因素的影响，全省极易出现南涝北旱和伏秋连旱，甚至洪涝、干旱交替发生的局面。近年来，旱多涝少，全省玉米水分胁迫主要表现为季节性缺水，受害较多区域在鄂西山区、鄂北岗地。各区玉米主要在孕穗、开花、灌浆期受水分胁迫影响严重。

1. 湖北省干旱发生时期及分布特点　湖北省干旱在时空分布上，四季都有发生，对玉米种植产生影响的主要有以下两类：

(1)春旱和初夏旱　鄂西北、鄂北岗地及荆州、钟祥、京山为春旱多发地区，占该地区干旱总频次的30%～50%；鄂西南和鄂东南发生频次较低。湖北省初夏旱主要发生在梅雨来临前的5月中下旬至6月中旬。

(2)伏旱和伏秋连旱　伏旱或伏秋连旱是湖北省频次出现最多、受旱范围最广、旱期最长、气温最高、蒸发量最强、灾害最严重的旱害。伏旱多出现在7月中旬以后，也有一些年份在梅雨结束的6月下旬便提前开始。伏秋干旱严重年份，7—9月的水分亏缺量高达250～300 mm，而此时高温蒸发量极大，长期的伏秋连旱对农作物的危害也较大。

2. 湖北省干旱气候的地域分布特点　鄂西北山丘区、鄂北岗地是春旱的频发区，与春旱相连的春夏、春夏秋连旱也通常会覆盖此处；鄂中丘陵地区是湖北省南北气候的分水岭，同时也是地形地貌的过渡地带，是各种类型干旱的频发区；鄂东北山丘区是秋旱、伏秋连旱的频发区；鄂东南山丘区以发生秋旱为主，其次为夏旱；鄂西南山丘区由于降雨量大而蒸发量少，除非碰到气候异常年份，一般情况下较少发生干旱。

3. 干旱对玉米生长发育的影响　鄂西山地春玉米区和鄂北丘陵岗地夏玉米区是湖北省玉米的主要种植区，占全省播种面积的80%以上，在江汉平原和鄂东地区则仅有少量的玉米零散分布(江汉平原及鄂中丘陵春播玉米区、鄂东南丘陵春播玉米区，分别占湖北省玉米总播种面积和总产量的11.5%和5.7%)。由此可见，湖北省玉米优势种植区域的分布和全省春旱与初夏旱、伏旱和伏秋连旱频发区相重叠，干旱对玉米生产的影响较为严重。在实际玉米生产种植中，干旱气候对全省玉米生长发育的影响主要表现为：春旱和初夏旱主要对鄂西北、鄂北岗地(主要包括十堰及襄阳地区西部，多为山地)春玉米幼苗及拔节孕穗的影响；伏旱或7—9月的伏秋连旱在湖北省频次出现最多，受旱范围最广，是影响湖北省大部分地区玉米生产的主要灾害性气候，干旱叠加高温的伏旱、伏秋连旱重点对鄂北丘陵岗地(主要包括襄阳、随州两市及荆门、钟祥、丹江口等地)夏玉米生产的抽雄吐丝及灌浆结实期造成影响。干旱会对玉米的生长发育造成一定的制约，直接干扰玉米的各项生理指标，迫使玉米生育进程中各种生理生化反应加速，缩短玉米的生长周期，提前加速发育、提前进入成熟，造成果穗明显变小、干物质积累减少，最终导致玉米品质和产量大幅下降。玉米外观表现：干旱导致叶片失水而出现萎蔫，光合作用降低；株高明显受到抑制；果穗穗长变短，果粒数减少。其中在玉米的不同生长发育阶段，干旱对玉米的影响也不同。

(1)干旱对玉米苗期与拔节期的影响　湖北省春玉米大多在4月中下旬播种，5月下旬左右拔节，这段时期温度不高，生长期较长，根系发育比较快，地面上茎叶生长比较缓慢，适度的干旱有利于“蹲苗”，促进根系深扎，提高其从土壤中吸取水分和营养的能力。玉米苗期并不是需水关键期，轻度干旱对玉米最终产量的影响程度并不严重，大田生产中一般如农民所说的“春旱不算旱，秋旱丢一半”。鄂北丘陵岗地夏玉米主要在冬小麦收获后的6月上中旬播种，7月上旬开始拔节，此时温度偏高，幼苗生长发育较快，若遇到较长时间的初夏旱，会抑制玉米的生长速率，使发育期显著延迟；干旱胁迫至拔节期，植株高度生长受到抑制，叶片干卷萎蔫，绿叶面积减少。另外拔节期遇到干旱还会促进玉米早熟，导致生育期明显缩短，产量降低。

(2)干旱对玉米穗期的影响　湖北省玉米生产的穗期(拔节—抽雄)，春玉米大多在5月下旬的拔节到6月底至7月初抽雄这段时间，而夏玉米则在7月上旬的拔节到7月下旬至8月初抽雄这段时间。湖北省初夏旱主要发生在梅雨来临前的5月中下旬至6月中旬，伏旱多出现在7月中旬以后，这两个干旱时期正好与春玉米、夏玉米的穗期相吻合，极易受到干旱的影响。此期是玉米一生中生长发育最旺盛的时期，营养生长和生殖生长同时并进，是叶片增大、茎叶伸长等营养器官旺盛生长和雌雄穗等生殖器官强烈分化与形成期。这段时间植株的生理活动机能加强，新陈代谢最为旺盛，对水分的要求也达到它一生中的最高峰，占全生育期耗水量的40%，称玉米需水的“临界期”。湖北省初夏旱和伏旱时有发生，常造成春玉米和夏玉米雌穗发育缓慢，形成半截穗，穗上部退化，后期秃尖明显，严重时，雌穗发育受阻，败育，形成空秆植株；抽雄前期的干旱，致使雄穗抽出时间推迟，造成授粉不良，形成花粒果穗。

(3)干旱对玉米花粒期的影响　玉米花粒期包括抽雄—成熟。湖北省春玉米从6月下旬到8月中下旬，夏玉米从7月下旬到9月下旬，经历了抽雄、开花、吐丝、灌浆结实到成熟这几个时期。这个时期玉米基本停止营养体的增长，进入生殖生长为中心的时期。期间需要充足的水分作为溶媒，把茎叶积累的营养物质运转到籽粒中去，其水分状况比生育前期更具有重要的生理意义。此时如果出现伏旱和伏秋连旱的灾害性气候，对玉米生产的影响是很大的。抽雄至吐丝期间若水分亏缺，通过影响植株营养器官根、茎、叶的生长，降低叶片的光合能力，延缓植株发育，推迟后期玉米抽雄、散粉及吐丝的时间，导致花粉持续时间缩短、开花吐丝间隔期拉长，使玉米雌穗花柱错过最佳授粉时间，尤其雌穗顶部花柱授粉困难，形成秃尖，降低玉米穗粒数；花粉及花柱质量下降，授精、结实率降低，导致穗粒数降低；玉米灌浆结实期间遭遇干旱，还会增加籽粒败育率，减少穗粒数，降低玉米籽粒灌浆速率，导致粒重降低。

此外，湖北省春、夏播玉米花粒期的伏旱、伏秋连旱通常是高温伴随干旱同时出现，在干旱、高温的复合胁迫下，玉米雌雄穗的正常分化受到影响，使散粉及吐丝时间延迟，造成雌雄穗抽雄—吐丝间隔期大幅提高，最终导致植株花期不遇，不能正常的授粉结实；高温干旱还可使花柱过早枯萎，花粉活性下降，严重影响授粉，造成结实率降低、秃顶增长、缺粒严重；高温干旱还使籽粒灌浆速率加快，灌浆持续期缩短，千粒重下降，对玉米产量造成严重影响。

(二)玉米抗(耐)旱生理指标

1. 脯氨酸　在水分胁迫条件下，玉米不同生育期的叶片中游离脯氨酸(Pro)含量均有明显增加，具有重要生理作用：一是作为渗透调节物质，起着渗透调节的作用；二是脯氨酸水合能力很强，可结合较多的水分从而减少水分丢失；三是作为干旱条件下植物氮源的贮藏形式，待植物解除干旱后用来参与叶绿素等物质的合成。此外，它可能作为受旱期间植物生成氨的解毒剂。但干旱下游离脯氨酸的累积与品种抗旱性的关系至今仍存在争议，归纳起来，主要有以下3种观点：(1)认为植株在干旱条件下累积的游离脯氨酸和田间的抗旱性相关，游离脯氨酸可作为筛选抗旱品种的指标；(2)认为植株内游离脯氨酸的相对变化率与品种的抗旱性密切相关；(3)认为植物抗旱性差异与累积的游离脯氨酸的多少无关，不宜将它作为筛选抗旱品种的指标。总之，脯氨酸的累积与抗旱性关系有待进一步研究。

2. 脱落酸　脱落酸(ABA)是一种植物生长调节剂，正常条件下植物体内含量很少，水分胁迫可以增加脱落酸减少细胞分裂素 CK 的水平，从而改变细胞膜的特性，使气孔关闭，减少蒸腾，保持水分。ABA 是玉米内源激素之一，它在玉米胚胎发育、种子休眠与萌发等重要时期起着调节的作用，同时，又在玉米对干旱等环境胁迫的反应中起到共同调节因子的作用。玉米在干旱胁迫环境下，其生理变化之一就是内源激素 ABA 的水平显著增加。但是试验也表明，ABA 在干旱胁迫环境中虽起到调节细胞反应的作用，但实际上对玉米的抗旱性并没有直接作用，它主要是通过调节细胞某些渗透调节剂的浓度来间接的影响玉米抗旱性。

3. 丙二醛(MDA) 丙二醛(MDA)是植物受到干旱胁迫时由于体内的各种代谢发生变化、自由基(ROS)含量上升、不饱和脂肪酸被过氧化的产物，其含量高低反映膜脂过氧化程度。一般认为，抗旱性强的品种在受到水分胁迫时丙二醛含量低于抗旱性弱的品种。阎勇(2007)研究表明，在干旱胁迫过程中玉米的丙二醛含量上升，但抗旱能力相对强的品种丙二醛积累量较少。在正常水分条件下，不同玉米幼苗品种间丙二醛含量差异不显著；在干旱胁迫处理后，玉米幼苗叶片中丙二醛含量均随胁迫时间延长而增加，且抗旱品种丙二醛含量的增加幅度小于不抗旱品种。在干旱条件下所有基因型玉米叶组织中丙二醛含量均大幅度增加，且不同基因型间增加幅度存在差异，抗旱性强的品种组织中丙二醛含量增加幅度小于抗旱性弱的品种。因此，可以用丙二醛含量的变化作为鉴定抗旱基因型的可靠指标之一。

4. 超氧化物歧化酶(SOD) 超氧化物歧化酶(SOD)作为植物细胞膜系统保护酶，是一种金属酶，对作物遭遇干旱胁迫时清除体内活性氧自由基($O_2^- \cdot$)的累积、阻止或减少其对细胞膜系统结构的伤害起重要作用。大量研究表明，干旱胁迫初期，玉米叶片中超氧化物歧化酶活性升高，主要是在干旱胁迫下植物细胞膜系统遭到破坏，透性增加，从而使细胞内含物质被动外渗，导致相对电导率增加，为降低危害，植物自身增加超氧化物歧化酶活性以缓解干旱胁迫对膜系统的伤害；但随着干旱胁迫强度的增加，其活性呈先增加后下降趋势。抗旱性强的玉米品种超氧化物歧化酶活性较高，且在干旱胁迫时其活性下降幅度小于抗旱性弱的品种，其活性与品种的抗旱性呈显著正相关，说明抗旱性强的品种存在较强的超氧化物歧化酶合成调节系统，这种酶系统使抗旱性强的玉米品种在受干旱胁迫时阻止或减少羟基自由基(·OH)的形成而保护膜系统免受伤害。因此，超氧化物歧化酶活性可作为玉米抗旱性鉴定的可靠生化指标之一。

5. 过氧化物酶(POD) 一些研究结果表明，干旱胁迫初期，玉米叶片中过氧化物酶活性升高，但随着干旱胁迫时间的延长和强度的增加，过氧化物酶活性则不同程度的下降。还发现抗旱性强的玉米品种，过氧化物酶保护酶活性较高；耐旱性弱的品种，其基础活性低。过氧化物酶是植物细胞抵御活性氧伤害的重要保护酶，对清除超氧自由基、H_2O_2 和过氧化物、阻止或减少羟基自由基形成而保护膜系统免受损伤起重要作用。

6. 过氧化氢酶(CAT) 过氧化氢酶(CAT)与超氧化物歧化酶(SOD)一样是植物体内的膜系统保护酶，在清除生物活性氧自由基上担负着重要功能。大量研究表明，植物在受到干旱胁迫时，体内过氧化氢酶与超氧化物歧化酶共同协同作用，超氧化物歧化酶将过多的活性氧自由基最终转化为过氧化氢(H_2O_2)，而过氧化氢酶则将过氧化氢进一步分解为水(H_2O)，从而避免膜系统的伤害。在干旱胁迫下抗旱性不同的玉米品种过氧化氢酶活性变化趋势存在差异，但整体趋势表现为抗旱性强的品种其活性下降幅度较小，抗旱性弱的品种下降幅度较大，主要是因为抗旱性强的品种在干旱胁迫下能维持较高的过氧化氢酶活性，便于有效清除活性氧，阻抑膜脂过氧化带来的伤害，说明干旱胁迫下玉米叶片的过氧化氢酶活性与品种的抗旱性有显著关系。大量研究表明，过氧化氢酶活性与玉米的抗旱性呈显著正相关，抗旱品种的过氧化氢酶活性高于不抗旱品种。因此，过氧化氢酶活性可作为鉴定玉米抗旱性的可靠指标之一。

7. 叶水势 叶水势(LWP)可用来表示玉米叶片的水分状况，是反映玉米抗旱性强弱的可靠指标。玉米受到干旱胁迫时，叶细胞内水分不足导致叶水势下降；但不同品种间差异较大，抗旱性强的品种受干旱胁迫时叶片相对含水量和水势值下降速率较慢，能保持较高水平，而抗旱性弱的品种叶水势值下降幅度大。玉米抗旱性指数与叶片水势显著相关；在室内试验和野外大田条件下，抗旱性较强的杂交种，叶片均具有较低的水势值，其主要原因是玉米受干旱胁迫时，叶片水势变幅较小的品种有利于保持细胞内的水分平衡，从而减少组织损伤，提高抗旱能力。赵丽敏等(2013)研究表明，玉米、高粱抗旱性较强的品种，受干旱胁迫时叶片水势值下降速率较慢。一般正常条件下，叶片水势值能维持较低水平、受干旱胁迫时变幅较小的品种为抗旱品种。因此，玉米叶片水势值的高低及稳定性可以作为衡量和反映玉米抗旱性强弱的可靠生理指标。

8. 质膜透性—电导率 电导率高低是判断植物营养状况好坏和抗逆性强弱的一项重要指标。原生质膜对水分变化比较敏感，植株在受到干旱胁迫时会引起原生质膜的损伤，导致质膜稳定性降低，透性增加，从而使细胞内含物质被动外渗，使外溶的离子增多，相对电导率提高。水分胁迫越严重，细胞膜系统受到损伤越大，相对电导率值则越大。干旱胁迫会使玉米幼苗的相对电导率含量显著增加，水分胁迫下玉米电解质渗透率与抗旱性呈极显著负相关($P<0.01$)，抗旱性强的玉米品种细胞质膜伤害率增值小于抗旱性弱的品种。在干旱胁迫下，玉米植株质膜伤害与质膜透性的增加是干旱伤害的本质之一，质膜稳定性和电导率的变化实际上反映了玉米品种的抗旱性，所以是一种综合而又比较准确的抗旱鉴定指标。

9. 光合作用 光合作用是影响光合物质生产的主要因素，已成为植株抗旱生理的重要研究指标。大量研究表明，光合作用对水分胁迫十分敏感，并随着胁迫程度加重，使缺水植株的RuBP羧化酶和PEP羧化酶活性降低，光合速率下降，阻碍了干物质的生产与积累，从而不利于植物根、茎、叶等营养器官的发育和植株群体的协调发展，最终造成植物体内营养物质的亏损和作物减产。同时，干旱胁迫还会直接影响或降低植物光合机构的结构和活性，如叶绿体类囊体膜脂组分及超威结构的损伤变化、膜透性及流动性改变、叶绿素变化等。陈军等(1996)对不同耐性玉米研究得出，最不耐旱品种叶片的光合作用随水分胁迫加重迅速降低、叶绿素含量明显减少、叶肉细胞的超威结构遭到严重损伤、干物质重量降低、雌穗发育不良等。不同品种玉米的光合速率和光能利用率高低与干旱胁迫强度呈显著相关，耐旱性强的品种相对耐旱性弱的品种光合速率下降幅度小，可将光合速率作为反映各个品种抗旱能力的鉴定指标。

10. 干旱诱导蛋白 植物对干旱的适应能力不仅与环境干旱强度、速度直接相关，而且植物的抗旱能力也受基因表达控制。在一定干旱胁迫下，有些植物能进行有关抗旱基因的表达，随之产生一系列形态、生理生化及生物物理等方面的变化而表现抗旱性。近年来研究表明，水分胁迫可使玉米产生热休克蛋白。玉米胚轴在0.5～1.0 MPaPEG溶液处理下，总的蛋白质合成明显减弱，其中5种蛋白质消失，同时产生8种新的蛋白质，胁迫解除后，蛋白质合成又恢复到对照的模式。Banham-Smith等以每小时增加0.25 MPa的胁迫处理玉米幼苗直到1.25 MPa，结果表明，胚轴切断并不产生新的蛋白质。干旱条件下新的蛋白质的产生与水分胁迫的速度和程度有关。目前推测干旱诱导蛋白可能有以下几个方面的作用：(1)增强耐脱水能力；(2)作为一种调节蛋白而参与渗透调节；(3)保护细胞结构；(4)分子伴侣的作用；(5)制约离子吸收。这些新蛋白的结构和功能以及与抗旱生理生化过程的关系值得进一步研究。

11. 其他生理指标 抗坏血酸是细胞抗氧化剂，可清除活性氧而保护生物膜。干旱引起水稻抗坏血酸含最下降，耐旱品种含量高于不耐旱品种。抗坏血酸是保护性指标。斐英杰等(1992)认为，水势降到一定值后，抗坏血酸变化率与水势相关达极显著水平，玉米作物也得到了验证。

谷胱甘肽(GSH)是一种重要的保护物质，可以通过调节膜蛋白中巯基与二硫键化合物的比率，而对细胞膜起保护作用，参加叶绿体中抗坏血酸、谷胱甘肽循环，以清除 H_2O_2。研究发现干旱胁迫下胡萝卜素含量明显降低；甘露醇能明显抑制叶绿素的氧化，阻抑 MDA 增生。用它来测定或鉴定玉米抗旱性高低，这方面的试验相对较少。另外，H_2O_2 和甜菜碱等在菜类和麦类作物研究较多，在玉米上有待进一步深入分析比较。

硝酸还原酶(NR)参与植物体内氧化态的硝态氮的还原过程。植物组织中硝酸还原酶活性直接影响体内的氮代谢。顾慰连等(1990)研究发现，玉米在灌浆期受水分胁迫后，叶组织中亚硝态氮的含量明显下降，抗旱性强的品种下降幅度小。李金洪等(1993)的研究结果表明，干旱条件下叶面喷施抗蒸腾剂后，玉米抗旱能力增强，叶片 NR 活性明显提高。

董永华等(1995)的研究结果表明，干旱胁迫下玉米幼苗 PEP 羧化酶活性下降。PEP 羧化酶是玉米等 C4 植物的主要光合羧化酶，主要是固定 CO_2。在干旱条件下，PEP 羧化酶活性的增加，对促进体内合成代谢，增加玉米抗旱性有重要作用。

造成玉米干旱的外界因素很多，玉米的抗旱性又是多种生理生化指标变化综合作用的结果，因此大多数学者认为，在进行玉米抗旱性鉴定时，应结合多个生理生化指标进行综合鉴定，依据综合值对玉米品种的抗旱性鉴定进行评价较为科学。目前，可用于玉米抗旱性鉴定的生理生化指标有叶片水势(LWP)、光合作用、渗透调节、干旱诱导蛋白、游离脯氨酸、相对电导率、丙二醛(MDA)含量、脱落酸(ABA)、超氧化物歧化酶(SOD)、过氧化物酶(POD)、过氧化氢酶(CAT)、硝酸还原酶(NF)、PER 羧化酶等。但除叶片水势、电导率、光合作用、丙二醛以及抗氧化物酶活性(SOD 活性、CAT 活性)等可作为鉴定玉米抗旱性的可靠生理生化指标外，其余指标，不同研究者得出的结果大相径庭，这些指标与抗旱性的关系还有待进一步研究证实。

(三)应对措施

1. 选用抗(耐)旱玉米新品种 同一类作物，不同的品种对水分的需求也不同，选用抗(耐)旱品种是利用生物适应环境，以生物机能来提高对环境资源利用率的一种重要措施。一般粒大、根系发达、入土较深、冠根比小、叶脉密、茸毛多的品种较抗旱。同时，应防止越区种植品种，确保玉米安全成熟，提高产量。

2. 适时早播 春玉米播期提前，可延长生育期，积累更多的营养物质，使籽粒充实饱满。早播植株幼苗经过低温和干旱环境锻炼，尽管地上部分生长缓慢，但根系下扎有利于蹲苗，培育壮苗。适期早播还可使得春玉米生殖生长处于雨热同季，有利于灌浆结实阶段，并可减轻或躲避病虫危害，避开 6 月下旬至 7 月初由初夏旱引起的“卡脖旱”以及 7 月中下旬伏旱和晚秋低温而获得丰产。夏玉米适期早播(5 月底至 6 月初播种)，可使抽雄—吐丝提前，尽量避开鄂北岗地大多从 7 月下旬开始的高温干旱气候对夏玉米授粉结实的影响。在干旱严重年份，大面积等墒播种会延误农时，在这种情况下，采用自制营养块或塑料营养钵育苗移栽，在集中用水、用肥的同时还可以提早播期，提前成熟。

3. 覆盖保墒抑制蒸发 春玉米采取地膜覆盖栽培不仅能直接防止地面蒸发造成的水分损失，有效利用水资源，而且能够提高地温，为作物生长创造一个良好的生态环境，是一种抗灾、节水、高产的栽培措施。

4. 培肥土壤，以肥调水 在土壤培肥方面，可采用增施有机肥、发展豆科作物和绿肥、秸秆还田等方式来提高土壤肥力。在肥料运筹上，采取重点普施基肥促早发，重视微量元素的施用，玉米出苗后早施苗肥促壮秆，大喇叭口期至抽雄前主攻穗肥增大穗，结合灌水，采用以水调肥的办法，加速肥效发挥，改善植株营养状况，增强抗旱能力。

5. 及时喷灌水 播种后遇旱应及时浇灌水，争全、齐、匀苗。大喇叭口到抽雄期，出现高温干旱，应及时浇灌攻穗水，严防“卡脖旱”。花粒期遇旱，应及时浇灌攻粒水，遇雨应及时排水。遇干旱时不要等天下雨，发现玉米下午上部叶片发生萎蔫、打蔫后，就要适时浇灌“增产水”。浇晚了，浇的就是“保产水”或“保命水”。当干旱较为严重时，要根据当地的灌溉条件，尽量采取各种措施对玉米田进行喷灌。尤其在抽雄灌浆需水临界期，如遇干旱叠加高温，灌水尤为重要。

6. 人工辅助授粉 干旱常会导致雌雄发育不协调，影响正常的散粉及受精结实，采用人工辅助授粉，可提高结实率。一般在早上 8—10 时采集新鲜花粉，用自制授粉器授粉；也可在晴天上午 9—11 时在竹竿或木棍上部绑上粗绳，两人牵拉顺垄前行，敲绊玉米雄穗，让花粉散落，提高受精概率。

7. 叶面喷肥或喷施调节剂 选择无风早晚喷施抗旱的叶面喷施剂，同时可采用叶面喷施微肥，特别是锌、铜元素，增强花柱和花药的活力及抗高温和干旱能力，也可喷施磷酸二氢钾，增强叶片功能，提高玉米耐旱能力。

8. 充分发挥水利工程效益 发挥水利工程效益，完善农田园田化基本建设，是解决鄂北岗地缺水多旱、实现灌排水自动化、夺取夏玉米高产稳产的根基。为此，一要狠抓现有大、中、小型水库、堰塘、泵站、机井的扩建、新建，整险加固，增加引、提、蓄水量。二是随着鄂北水资源配置工程的兴建，抓紧工程配套，扩大水浇地保收面积。三是抓紧主、支渠和田间渠道配套体系的维修新建，提高渠系输送水效益。四是大力推广管道输送水，如喷灌、滴灌、渗灌等灌溉方法和自动化控水系统，节约用水，提高水的利用率。五是做好土地平整，提高土地水、肥利用率。六是改进供水方法，加强合理调度，按玉米需水规律、需水时间和需水量合理供水，把水用在关键之处。

二、温度胁迫

（一）低温胁迫影响

低温胁迫已被公认为植物生长和农业生产的环境限制因素。低温损伤症状的发展，在某种程度上可能是由于植物体内产生大量如超氧自由基、单线态氧、过氧化氢和羟基自由基等活性氧物质，对蛋白质、核酸和细胞膜结构造成损害。有研究表明，种子萌发和早期幼苗生长是玉米对环境胁迫最敏感的阶段。玉米生长的最佳温度为 25～28 ℃，适用于种子萌发、芽伸长、叶片扩张和干物质积累等过程。

春季低温连阴雨是湖北省常见的气象灾害之一，它是一种持续时间长、雨区范围广的降水现象，过程中常常伴随着日照过少、持续低温、空气湿度过大甚至渍涝灾害的发生，这对于喜光、喜温的玉米生长发育十分不利。玉米原产于热带和亚热带地区，是一种喜温作物，对温度要求非常高，低温胁迫是许多国家和地区玉米生产上普遍性的严重灾害。

1. 低温胁迫对种子萌发(种子发芽率、发芽势、活力指数等)的影响

种子发芽率＝(正常发芽的种子数/供试种子总数)×100%

发芽势＝(发芽高峰期的种子数/供试种子总数)×100%

种子萌动和发芽2个最基本的因素是温度和水分，有研究报道玉米种子萌发的3个基点温度是：最低温度6～10 ℃，最适温度25～32 ℃，最高温度40～44 ℃，不同玉米品种在温度过高或过低时种子萌发差异较大，种子生理生化指标在低温出现不同的变化，能够在一定程度上反映种子耐低温萌发能力。

王立志等(2000)研究了不同温度条件下玉米种子发芽的量化模型，认为低温对种子的发芽和萌动有很大的影响，不同品种在不同温度条件下的发育情况也有很大差异。黄艳胜(2007)研究认为，种子无论是糯玉米还是甜玉米，硬粒型还是马齿型，在低温条件下，温度越低发芽率就会越低。谢皓(1998a，b)研究认为，玉米种子发芽的最适温度为24～31 ℃，在玉米生长适宜的温度范围内，发芽率、发芽指数和活力指数等指标均随着温度的升高而表现出递增的趋势。赵永锋等(2019)研究认为，25 ℃为玉米种子发芽最适温度；从5～15 ℃发芽率、发芽指数不断提高，表明低温下玉米种子受到冻害对其生理特性产生了影响。

2. 低温胁迫对玉米幼苗的影响　玉米属于典型的喜温喜光作物，对温度要求较高，低于10～12 ℃时易受低温冷害影响。春玉米常遭受“倒春寒”，播种后玉米种子不发芽，种子活力下降，出苗不齐，长势不均，导致产量下降。低温胁迫48～72 h时诱导植物损伤，通常表现为叶片枯萎发黄、叶面积降低、根系生长受抑制及生物量降低，严重导致组织坏死。低温胁迫通常会导致植物的形态、生理生化和分子结构发生变化。低温胁迫显著降低玉米幼苗生物量积累，抑制根长、根表面积和根体积生长，显著增加 O_2 产生速率、H_2O_2 和MDA含量，诱导SOD、POD和CAT活性、脯氨酸和可溶性蛋白含量显著升高。张国民等(2000)研究苗期低温对玉米生长发育的影响，发现低温导致玉米百粒重下降。

3. 低温胁迫对玉米光合作用的影响　低温胁迫还会直接影响光合器官，本质上是通过影响光合作用的主要组件，包括类囊体电子传递受阻、脂质过氧化破坏、碳水化合物积累和光合色素的损失。低温胁迫通过扰乱类囊体膜和光合色素从而影响光合作用装置。

4. 低温胁迫对生育期玉米生殖生长的影响　低温对玉米生长发育的影响分为延迟型和障碍型两种，前者主要发生在营养生长期，后者主要发生在生殖生长期。关贤交等(2004)研究发现，在玉米抽雄吐丝期，低温冷害严重抑制玉米的生长发育，其中，日平均气温低于17 ℃，不利于穗分化；日平均气温低于18 ℃，开花期授粉不良。郑洪建等(2000)研究表明，玉米籽粒灌浆到成熟阶段的适宜日平均温度为22～24 ℃，当日均温低于15 ℃时，玉米的生理代谢会发生紊乱，灌浆过程基本停滞。宋立泉(1997)研究发现，玉米的灌浆期遇低温冷害，玉米叶片光合速率降低，籽粒的灌浆速度下降。低温冷害对玉米粒重的影响主要是通过影响玉米的生育进程，导致玉米生育速度减慢、灌浆迟缓或停滞等。生育后期的低温往往使玉米不能正常完成灌浆过程而影响百粒重。低温强度越大、持续时间越长，玉米灌浆推后时间就越长，粒重降低越大，减产越严重。低温发生的时段与程度不同，导致玉米的减产率也不尽相同。张建平等(2012)研究表明，当玉米在苗期、抽雄期和灌浆初期发生低温冷害时，以灌浆初期低温对玉米的影响为最大，导致玉米减产的幅度也最大，其次是抽雄期低温，影响最小的是苗期低温。郭春明等(2017)研究结果表明，抽雄期、开花期玉米粒重受低温胁迫影响较小，开花期粒重在 15 ℃低温下显著下降。灌浆期低温玉米粒重显著降低，这可能与低温降低叶片光合作用从而减少干物质积累有关。

(二)夏玉米高温胁迫的影响

6 月上中旬一般是湖北地区夏玉米的播种期，夏玉米整个生长周期很可能遭遇高温胁迫。夏玉米生育期间在不同生育阶段常遇持续的高温，常常引起玉米生长发育受阻，致使开花吐丝不畅、结实不佳，出现稀籽、秃顶，重者整穗无籽甚至整块田绝收。玉米是喜温作物，全生育期均要求较高的温度，但是不同生育期对温度的要求又有所不同。根据不同生育阶段和遭受高温灾害的受害机理和表现形势，可以把玉米高温灾害类型分为 3 种：延迟危害型、障碍危害型、生长不良型。延迟危害型：是高温灾害导致营养生长不良，器官建成减慢和生长发育迟滞，主要发生在苗期至抽穗期；障碍危害型：生殖器官受到损害，造成不育、授粉结实不良等，主要发生在孕穗期至籽粒形成期；生长不良型：主要因为长势弱，在整个生育期间都可以发生，但危害程度轻，持续时间长。温度越高、持续时间越长，受害越重。

1. 高温对玉米种子萌发的影响　玉米难以一播全苗壮苗。许海涛等(2019)研究结果表明，高温对玉米籽粒种子的发芽率、发芽势、发芽指数均具有一定的抑制作用，不同高温处理对种子发芽势的影响远大于对发芽率的影响，超过 32 ℃，发芽率、发芽势、发芽指数大幅降低，种子活力下降。若夏玉米适期播种后，因高温干旱墒情不好，容易出现出苗不齐、缺株断行现象，使夏玉米难以实现出苗早、齐、匀和壮苗。

2. 高温对玉米生育进程的影响　生长量不足，生育进程加快。夏玉米全生育期受高温少雨影响，使株高降低，单株叶面积下降，抽雄期提前。于康珂等(2016)研究结果也表明，高温使玉米生长速率加快，生育期变短，阻碍玉米生殖器官进行正常分化，导致散粉及吐丝延迟，使雌雄间隔期有所增大，造成花期不遇，最终使产量降低。

3. 高温对雌雄分化及受精的影响　高温影响雌雄穗分化及受精。若夏玉米正处于拔节至大喇叭口期，高温条件下玉米植株耗水量增加，土壤失墒较快，若不灌水补墒，易高温热害和“卡脖子旱”。因为此阶段，营养生长与生殖生长同时并进，叶片增大，茎节伸长，雌雄穗分化和形成，这一时期是玉米生长发育最旺盛的阶段，也是田间管理最关键的时期。该阶段如遇持续高温天气，会使雄穗分枝数量减少，分枝变小，雌穗分化异常，小穗分化数量减少，导致籽粒数量减少。

在孕穗阶段与散粉过程中，当气温持续高于 35 ℃时不利于花粉形成，开花散粉受阻，表现出雄穗分枝变小、数量减少、小花退化、花药瘪瘦、花粉活力降低，受害程度随温度的升高和持续时间的延长而加剧。当气温超过 38 ℃时，雄穗不能开花，散粉受阻。这种因高温干旱导致花粉丧失授粉能力的现象，称为高温杀雄。高温不仅致使雌穗各部位分化异常，还会导致雌穗抽丝延迟、吐丝困难、发育不良，造成雌雄花期不协调、授粉受精率低，结实不良、籽粒瘦瘪。

4. 对玉米产量的影响　高温对玉米的产量影响较大。若高温时正值玉米抽穗扬花期，易造成花期不遇、雌穗分化异常、高温杀雄等，进而出现玉米果穗秃尖或秃底、花穗、结实率差等现象，最终导致夏玉米减产。另外，叶绿素含量是表明玉米光合能力的一个重要参数，高温会使玉米形成的光合产物减少，致使籽粒结实不良。许海涛等(2019)研究结果显示，开花期、灌浆期高温处理对玉米叶片叶绿素相对含量均具有一定的降低作用,均对玉米叶绿素形成具有负效应,不利于叶片的持绿,玉米叶绿素含量的多少直接影响其光合强度,进而影响玉米产量。乳熟期气温高于 25 ℃会影响淀粉酶的活性,高于 28 ℃灌浆较慢,高于 32 ℃养分运转和积累不能正常进行,造成植株严重失水,过早衰亡而进入成熟期,灌浆迟缓且时间缩短,干物质积累减少,使千粒重、容重、品质和产量大幅下降,发生“高温逼熟”现象。

5. 对玉米产量构成因子的影响 生殖生长长期受到高温胁迫主要影响开花、授粉,导致籽粒的败育,是产量下降的主要且不可逆转的原因,其关键因素是造成了穗粒数下降。对玉米产量构成因子的影响主要是穗长、穗行数、穗粒数减少,百粒重降低,秃尖度增加。乔江方等(2019)研究花期高温胁迫对不同夏玉米品种产量和品质的影响,结果表明,高温胁迫可降低夏玉米品种百粒质量、穗行数和穗粒数,进而降低产量,但不同基因型之间存在差异。

6. 对玉米籽粒品质的影响 许海涛等(2019)研究发现,开花期、灌浆期高温处理增加了玉米籽粒的粗蛋白质含量,而降低了粗脂肪含量、粗淀粉含量,且灌浆期高温处理影响程度明显大于开花期高温处理。赵龙飞等(2012)研究发现,高温胁迫使玉米淀粉合成的相关酶活性显著降低,抑制玉米籽粒碳代谢,而相对有利于氮代谢,这可能是高温使玉米籽粒淀粉含量降低、蛋白质含量升高的原因之一。

7. 抗逆能力减弱,病虫危害加重 受到高温热害后,玉米养分运输、转化不正常,导致其抗逆能力显著降低,对病虫害抵抗力减弱。应重点做好中后期病虫害综合防治,如玉米螟、蚜虫、叶斑病、瘤黑粉病、茎腐病、穗腐病等病虫害的防治。

(三)温度胁迫应对措施

1. 武陵山区高海拔农田季节性低温胁迫的应对之策 武陵山区包括湘、鄂、渝、黔 4 个省部分山区,其中有湖北省西南部的恩施自治州、长阳县、五峰县,海拔 1000 m 左右,山区年平均气温大部分为 7.8～16.6 ℃。从历史资料来看,入春后北方冷空气依然频繁南下侵袭武陵山区,形成不利于玉米生产的低温天气。特别是回暖以后气温猛降(倒春寒),日平均气温连续 3 天低于 10 ℃,常发生冷害和冻害的低温胁迫现象。主要发生在玉米幼苗时期,3 月到 4 月份播种或育苗过早时常遇到极端的低温天气,尤其是高山和二高山地区在玉米大田和玉米苗床上多发生,表现为幼苗生长缓慢,叶片失绿,严重导致全株枯死。实践表明,玉米品种对耐低温胁迫的抗逆性有一定的差异,如高纬度地区材料对耐低温的抗逆性稍强,热带、亚热带材料对耐低温的抗逆性偏弱;栽培方式对玉米耐低温的抗逆性也有不同的影响,同期育苗比直播耐低温能力强;耐低温炼苗品种对耐低温的抗逆性稍强。

(1)选用耐低温能力强的玉米品种 作物的不同品种在低温下的发芽能力有显著差异,基因型在更大程度上决定了种子萌发过程中的耐低温能力。有些品种在 7.2 ℃时就会受冷害致死,有的品种遭受−4.2 ℃的冻害仍有部分植株能够存活。因此,选用耐低温能力强的品种种植是抵御低温冷害、促进高产的重要措施。

(2)育苗移栽 玉米育苗移栽是利用光热资源战胜低温冷害的有效措施,育苗一般可增加积温 250～300 ℃·d,比直播增产 20%～30%。多年实践证明,武陵山区育苗移栽对玉米尽早封行形成冠层,利用生长前期光热资源,以及与地膜覆盖结合提早播种,避开秋雨早霜危害,对实现高产具有重要作用。通过育苗,使玉米的播种、出苗和幼苗期管理在苗床中进行,操作方便,可控性强,避免低温霜冻对苗期的危害。

(3)合理安排育苗播期　播期合理安排是趋利避害的前提。播期要综合考虑各地灾害性天气出现的时间和频率以及海拔高度对播种节令的影响，立足于避灾夺丰收，特别注意早播防止倒春寒。育苗播种时期，低山区 3 月中下旬，二高山区 3 月上旬至 4 月上旬，高山区采用两段覆膜栽培及时，在 4 月中下旬播种。

(4)地膜覆盖　地膜覆盖栽培技术是应对低温胁迫的一项颇为有效的措施，它主要通过增加地温，促进土壤微生物活动，提高肥料利用率，改善土壤理化性质等促进根系生长，加快出苗速度进而消除低温胁迫造成的不利影响。

(5)加强苗床管理　播种后易遇寒潮，要做好各项抵御低温胁迫的准备工作，确保一播全苗。苗床播种后要搭棚升膜，注意将膜周压实保温，出苗前不揭膜，出苗后晴天上午至下午 4 时揭两头，2 叶 1 心后日揭夜盖，遇寒潮、降雨要及时盖膜。栽前 2～3 d 全揭炼苗，每亩苗床还可用绿芬威 1 号 10～15 g 兑水 2.5 kg 喷施，具有显著的壮苗和促根效果。

(6)合理施肥　作物的正常生长发育离不开肥料的供应，而且合理的施肥也能起到抵抗不良环境的作用。邹国元等(1998)研究表明，低温胁迫下，适施钾肥有利于质膜透性保持在较低水平，同时，明显降低萎蔫率，增强抗冷性。陈兵兵等(2011)研究结果表明，低温胁迫下且氮肥含量固定时，施用磷肥，超氧化物歧化酶的活性逐渐增强，细胞膜透性降低，干物质量增加。施用钾肥可以降低电解质的平均渗出率，提高可溶性糖含量。而硅肥能提高叶绿素含量，降低绝对电解质渗出量。从而得出不同用量的磷肥、钾肥和硅肥对玉米可以起到抗寒作用。这项措施较为简单、可操作性高，同时成本低廉，较利于大田的广泛使用。

(7)化学处理　随着人们对玉米低温胁迫反应机理的不断深入研究和认识，单纯地依靠改善外部环境来抵御低温已经远远不够。如何对症下药，从根本上解决低温胁迫产生的危害，需要从植物自身出发。化学处理能通过对植物体内物质和代谢的调节达到这一目的，使植物产生抗寒性以适应外界环境胁迫。目前，使用较为普遍和有效的化学物质主要有以下几种：可溶性物质甜菜碱、脯氨酸等，植物激素多胺、水杨酸、ABA 等，氯化钙、氯化钾等。

甜菜碱在低温上的应用相对较早，应用也较为广泛。外施甜菜碱可提高低温下玉米叶片中与 C4 途径相关的丙酮酸磷酸二激酶的活性及减轻膜脂过氧化程度，从而起到抗寒的作用。Farooq 等(2008)研究发现，用 100 mg/L 的甜菜碱处理玉米种子可以显著提高其在低温胁迫下的发芽率，增加根的长度、幼苗高度、幼苗的鲜质量和干质量，增大叶片数和根数，增加相对含水量、可溶性糖含量，提高 α-淀粉酶以及抗氧化物质的活性。

多胺是一类含有两个或更多氨基的化合物，最普遍且有重要生理功能的多胺有腐胺、尸胺、亚精胺、精胺等。多胺可能是通过维持膜结构和功能的稳定性来增加植物的抗寒性，其内在的作用机制还不甚清楚。不同种类的多胺作用于不同基因型的玉米产生的效果也不尽相同。郑昀晔等(2008)以玉米耐寒自交系黄 C 和低温敏感自交系 Mo17 为材料，研究了亚精胺(Spd)和精胺(Spm)引发对玉米种子吸胀中的耐冷性和种子发芽能力的影响。结果表明，Spd 和 Spm 处理能提高玉米种子吸胀期间的耐冷性，提高低温胁迫下种子发芽能力。

KCl 和 $CaCl_2$ 在低温抗逆栽培应用中也占据重要的地位。Farooq 等(2008)研究表明，KCl 处理玉米杂交种显著提高其抗寒性，主要由于提高低温条件下 SOD、CAT、APX 的活性，同时还提高出苗率和加快出苗时间，以及根长度、幼苗高度、幼苗干物质量的增加，提高相对含水量和质膜稳定性；100 mg/L 的 KCl 处理能起到最好的效果。$CaCl_2$ 也能起到相同的作用。此外，相关研究表明，肌醇、水杨酸(SA)、聚糠萘合剂(PKN)处理后也可以提高玉米幼苗的抗寒性。

2. 鄂北夏玉米高温胁迫的应对之策 湖北的夏玉米发展时间比较短。在2000年以前，湖北的玉米生产基本上是以春播为主，而且主要集中在低山及二高山地区。随着种植业结构的调整、玉米利用价值的开发、玉米种植效益的提升和农业生产机械化的推行，在低山和丘陵平原地区逐步开始了夏播玉米的种植，特别在地处鄂北岗地的襄阳市针对水资源相对缺乏的状况，在一些水稻生产无可靠水源的地方和地块选择了种植夏玉米的做法。在与襄阳市生态条件相似的十堰市、荆门市、宜昌市、随州市、孝感市等的部分地区也选择了发展夏玉米生产的模式。截至2015年，全省的夏玉米种植面积已达350万亩左右，占整个玉米种植面积的35%。夏玉米的发展，一方面为湖北的粮食生产稳定增长找到了新的支点，另一方面也缓解了湖北玉米产不足需的矛盾，同时也在增加农民种植业收入上发挥了一定的作用。

由于鄂北夏玉米生产关键时期主要处在6—8月的夏季，特殊的气候决定了夏玉米生长发育的独有特点。一是生长发育速度快。丰富的光热资源能够催生玉米的快速生长和发育，这就要求在栽培管理上必须有足够的水肥供应相匹配，否则就会造成玉米生长和发育的不良。二是生育期缩短。夏玉米生长发育的旺盛期处在日照由长变短的过程中，加上较高的温度和适度的水肥，玉米在快速生长的同时，生育期也相对缩短，一般同一品种夏播种植比春播种植生育期要缩短10～20 d。生育期的缩短就带来了生长发育回旋余地变小，在栽培管理措施的落实上必须及时到位，以保障其生育需求。三是易受旱涝风雹和病虫草害的威胁。每年的6—8月，温光水资源充沛与旱涝风雹等灾害性气候并存，特别是降雨量、降雨时段的严重不均衡分布形成的干旱对玉米的生长发育威胁最大，还有抽雄散粉阶段的高温影响结实、偶发性的大风暴雨造成的倒伏、倒折等。在玉米旺盛生长的同时，各种病虫草害也处在盛发期，对夏玉米形成恶性竞争和伤害。粗略统计，鄂北岗地在夏玉米生长发育关键期的6—8月，各种自然灾害发生频率大致为：干旱五年四遇；大风五年三遇；极端高温五年两遇；雨涝五年一遇。特别是受到全球气候变暖的大环境影响，高温对夏玉米的胁迫程度和频率有逐渐加大的趋势。生产实践中，高温对夏玉米影响最为严重的时段发生在玉米抽雄散粉前后。在这一时期，如果遇到极端高温，既影响雌雄穗的正常发育，更影响授粉受精的进行，再加上此时若高温干旱叠加甚至会导致“天花”无法抽出，致使雌穗受粉不良或者无花粉可授。

针对日益严重的高温胁迫影响，夏玉米种植者、农业科研、农业推广等相关方面，都对此高度重视，试验研究并采取了一系列的应对措施，以缓解高温胁迫对夏玉米生产的影响。

(1)选用耐高温能力强的夏玉米品种 耐高温品种的选育和选用越来越引起多方面重视和关注。湖北省在夏玉米品种选育和品种审定制度上已经率先开展了耐高温鉴定，凡是达不到设定温度下授粉结实标准的实行“一票否决”，这对夏玉米生产的选种用种提供了一个科学的指导和借鉴，从品种自身特性上来增强对高温胁迫的抵抗和减缓能力。

(2)合理安排夏玉米的播种期 使抽雄散粉时间错开常发性高温时段，确保其顺畅抽雄散粉，保证雌穗安全受粉结实。历史气象资料显示，鄂北地区的7月中下旬到8月上旬初是一年当中气温最高时段，在这个时间节点上极易发生超过35 ℃以上的极端天气，这对玉米扬花授粉受精是极其敏感和致命的，因此要在生产上设法把夏玉米的抽雄散粉期与高温发生期错开。鉴于鄂北的夏玉米主要实行的是麦玉连作制度，提早播种避高温不现实，如果在5月下旬小麦收获后立即播种夏玉米，正好使抽雄散粉处在7月25日前后的高温时段，出现结实不良的概率大大增加，极易造成夏玉米的严重减产损失。经过试验研究和大概率统计分析，可推迟播期至6月5—15日，夏玉米从出苗到抽雄大约需55～60 d时间，可使抽雄散粉时间出现在8月5日以后的相对安全期，不仅有利于夏玉米的充分授粉结实，而且使籽粒灌浆充实处在一个更适宜的温度区间，达到避害趋利、实现高产稳产的目的。

(3)合理设置夏玉米田间的株行距配置　合理的配置方式是实行宽行窄株等行距种植，其关键是适当扩大行距以增加田间的通透性，可以起到通风和减缓太阳辐射增温的双重效应，降低高温对雌雄穗分化发育和授粉受精的不利影响。提倡在夏玉米播种时把行距由原来的50 cm左右扩宽到65～70 cm，株距由原来的30 cm缩小到25 cm，每亩密度保证在4000株左右。

(4)提前喷灌水降温　遇高温提前喷灌水可直接降低田间温度。同时，在灌水后玉米植株获得充足的水分，有效降低高温对玉米胁迫程度，也可以部分减少高温引起的呼吸消耗，减免高温热害。有条件的可利用喷灌将水直接喷洒在叶片上，降温幅度可达1～3 ℃。

(5)人工辅助授粉，提高结实率　在高温干旱期间，玉米的自然散粉、授粉和受精结实能力均有所下降，可以用竹竿或拉绳赶粉，或采粉进行人工辅助授粉，提高结实率。

(6)合理追肥，促壮抗逆　在配方施足底肥的基础上，于玉米大喇叭口期看苗追施穗肥，每亩追施尿素15 kg。有条件的也可进行叶面喷肥，亩用磷酸二氢钾100～150 g配制成0.3%的溶液，配合芸苔素内酯或腐殖酸类或氨基酸类叶面肥加大兑水量在傍晚进行叶面喷施。

三、灾害天气

湖北省地处长江中游，地形三面环山，中间环抱着江汉平原，形成了向南部敞开的不完整盆地。受亚热带季风影响，四季气候特征分明，降水、气温的日、月、年际变幅均较大，是气象灾害多发、频发地带，特别是干旱、暴雨洪涝、强对流天气伴随的大风、冰雹等灾害对农业生产所造成的损失最严重。

(一)大风

湖北省大风天气过程多为强对流天气过程，通常表现为冷空气南下引起的寒潮大风、强对流引起的飑线大风、雷雨大风以及龙卷风几种类型。大风发生的同时多伴随着其他的灾害性天气，如大风多伴有强降水，在鄂西地区，冰雹常常伴随着大风出现，加大了农作物灾害损失程度。大风引起的玉米植株倒伏(倒折)是制约当前湖北省玉米稳产、高产的一个重要因素。

1. 湖北省大风发生的时期及特征　据湖北省各气象观测站资料统计结果显示，致灾性大风次中心位于三峡河谷、鄂北岗地局部，对湖北省春、夏播玉米主产区均造成影响。从时间分布上来看，致灾性大风四季都可以出现，对玉米种植产生灾害性大风气候多发生在受强对流天气影响较大、降水量增多的6月下旬及7—8月；鄂西南恩施、长阳等地仅在夏季出现大风。风灾对湖北影响最大的地区(影响度≥0.6)为三峡河谷地区、江汉平原的西南部和东部地区，其次为江汉平原大部、鄂东部分地区及鄂西北、西南局部地区。

2. 大风对湖北省玉米生长发育的影响

(1)大风对玉米生产的危害　大风是导致玉米倒伏(倒折)的主要危害和直接诱因，玉米生产中遇致灾性大风常有倒伏(倒折)发生。玉米倒伏后打乱了叶片在空间的正常分布秩序，通风透光性变差，使叶片的光合效率锐减；茎折破坏了茎秆的输导系统，影响水分和养分的传输，如果茎秆折断，生育进程可能停止甚至绝收。倒伏加剧病虫害发生，果穗贴近地面易引起霉变、穗发芽或虫鼠啃噬，大大降低玉米产量和品质。倒伏灾害直接造成减产，产量损失最大的是茎折倒伏，其次是根倒倒伏，二者减产率平均为 46.3%和 40.5%，产量损失较小的是根斜倒伏类型，减产率平均为 8.4%，有研究表明，在玉米生产中倒伏率每增加 1%，产量下降 108 kg/hm^2。

(2)湖北省致灾性大风出现的时期及区域分布　据相关气象资料统计分析，湖北省玉米生育期内的大风灾害多发生在 6 月下旬后至 8 月份，其中鄂西山地玉米区海拔 500 m 以下的河谷地区春玉米区，6 月中下旬抽雄—吐丝后常有风灾；海拔 800～1200 m 的二高山地区及海拔 1200 m 以上的高山区，抽雄期易遭遇干旱或风灾；鄂北岗地夏玉米区 7 月上旬之前玉米处于生育前期，植株较矮，一般在 1.0～1.5 m，大风灾害发生的概率小，但在 7 月中旬夏玉米进入大喇叭口期之后，7—8 月份大风灾害较多，加之夏玉米生长迅速，株高快速增高，玉米茎秆中上部因果穗重量增加，抗倒伏能力相对变差，容易造成倒伏。

(3)大风对玉米各生育期的影响

① 大风对玉米生育前期(出苗—拔节)影响　湖北省春播玉米的播种、出苗、拔节期多处在 4 月上中旬至 5 月上旬，此时气候冷暖交替，温度不稳，风灾多为“倒春寒”气候、冷空气南下引起的寒潮大风。春播期的低温大风天气造成玉米出苗缓慢、出苗率低，不整齐，甚至会严重缺苗，部分品种苗期生长出现植株弯曲，叶片不能正常展开等畸形；5 月下旬至 6 月上中旬是鄂北夏玉米的播种出苗期，6 月中下旬至 7 月上旬大部分夏玉米虽出苗、拔节，但玉米植株还较矮，大风和降水对其影响较小，发生倒伏的概率较小。玉米生育前期植株偏矮，即使发生倒伏一般以根倒为主，如果后期水分适宜，能很快恢复直立生长，对产量影响不大。

② 大风对抽雄抽丝及灌浆结实期的影响　湖北省春玉米抽雄吐丝及灌浆结实期大多在 6 月下旬至 7 月上中旬，夏玉米在 7 月下旬至 8 月上中旬，此时大气环境处于暖低压前部的偏南气流里，气温较高，湿度较大，如果高空有干冷空气侵入容易发生局地的强对流天气，出现短时雷雨大风，有时甚至有冰雹出现，这个时期出现的大风风速一般都比较大，短时降雨强度也较大，容易引起玉米成片的发生倒伏，甚至是倒折，且倒伏程度一般较重。这个时期的倒伏，对玉米产量的影响特别严重，因为它是玉米生长的关键时期，玉米代谢活动旺盛，叶片茂盛，如果发生倒伏，叶片相互遮阴，造成通风透光不良，极容易形成恶劣的田间环境，严重影响玉米叶片的光合作用，导致雌穗发育较小，雄穗分枝和花粉量减少，授粉质量变差，穗粗变细，穗粒数显著减少，百粒重也显著降低，最终导致产量下降。

③ 大风对乳熟—成熟期的影响　从生育阶段来看，乳熟—成熟期湖北省玉米生产中倒伏发生概率明显高于其他生育阶段，主要是由于乳熟后营养物质不断向果穗输送，茎秆含水量和可溶性固形物减少，而且果穗重量增大，又增加了茎秆的支撑负担，植株抗倒能力下降，只要风力达到，就很容易发生倒伏。7 月中下旬至 9 月上中旬，湖北省受冷暖空气交汇、冷空气南下的影响，强对流天气时有发生，部分地区有 4～5 级偏北大风或局地 6 级左右阵风产生，加之大风发生的同时常伴有 20 mm 及以上量级的较强降水或大风产生前的 1～2 d 有 20 mm 及以上量级的较强降水产生时，易发生大田玉米大面积倒伏。

3. 预防大风灾害的措施　目前尚无有效的办法从根本上消除灾害性大风对大田玉米生长造成的危害，一般主要从选择抗倒品种、加强田间栽培管理、灾后补救等防御措施来降低或减少大风带来的风险。

(1)选择优良品种　不同的玉米品种株高、穗位高、根系发达程度、茎秆强度和韧度等方面都存在一定的差异，因而品种自身的抗倒伏能力也有所不同。生产中应选择株高较矮、穗位高较低、根系发达、茎秆粗壮且坚韧、适宜本地区种植、抗倒伏能力强的高产玉米品种进行种植。

(2)调整播期,合理密植　根据当地气候条件,适当早播或晚播,避开灾害天气,减少危害;合理密植,提高光合强度,促进个体良好发育。春玉米在适宜播种期间内可调整播期,一般在冷尾暖头抢时播种,使出苗避开低温及大风阴雨季节;对于夏玉米,迟播使拔节孕穗期处在高温、多雨条件下很容易蹿秆,植株较高且茎秆纤细,很容易发生倒伏,因此夏玉米在油菜、小麦收获以后应尽量早播;实际大田播种时应根据往年风季规律,尽可能地保证玉米行向与风向相同,减轻对玉米生长的影响。种植密度的大小和玉米抗倒伏力的强弱是呈正相关的,要想保证玉米有稳定的产量,科学合理的密植是一个重要路径。所以,玉米种植的密度必须要适当,一般可采用大小行种植方式,以保证玉米根系和茎秆都能得到良好的发育,进而有效降低倒伏发生率。对于依靠群体增产的玉米杂交种,种植密度 6.0 万～7.5 万株/hm^2 为宜;对于依靠个体增产的高秆大穗型杂交种,种植密度 4.50 万～5.25 万株/hm^2;对少数特大穗品种,密度可适当减小。

(3)科学施肥,加强田管　施肥应以基肥为主,追肥为辅,氮、磷、钾肥配合使用,特别是缺钾的地区应当重点施钾肥;追施氮肥不宜过多、过快,更不能在苗期一次性施入,将一次性追肥改为苗肥和穗肥 2 次追施,这样既可促进苗期、穗期植株正常的生长发育,同时也会减少倒伏的发生概率。在玉米苗期,对肥水条件好、种植密度较大、具有徒长趋势的地块,可采取中耕断根和控制土壤水分的方法进行蹲苗,蹲苗时间要把控好,在苗期进行,在拔节时结束。其主要目的是控制基部茎节的旺长,促进根系发育,从而减少倒伏发生的概率。在多风和易发生倒伏的地区,拔节期至大喇叭口期可结合中耕进行培土,以促进气生根发育,提高植株的抗倒伏能力。

(4)化学防控　具有控制生长作用的一些化学调控剂可以用来控制玉米植株的高度,在某种程度上可防止玉米倒伏。生产上一般在拔节后期或大喇叭口期(6～10 片叶)对玉米茎秆进行药物处理,可使玉米株高下降 25～50 cm,穗位下降 15～30 cm,茎秆加粗,节间缩短,气生根增加,有增产、抗倒伏效果。目前农业生产上常用 50%的矮壮素水剂 200 倍液,在孕穗前喷洒植株顶部,使植株矮化,减少倒伏。在玉米 6～8 片叶时,喷洒 0.015%的多效唑,亩用药液 50 kg,可预防倒伏。市场上销售的玉米矮丰素、玉黄金、金得乐、丰收宝、吨田宝等各种名称的化学制剂,大多为含以上两种主要成分的化学药剂。化控技术属于一种人为"被动"措施,药剂的使用时间、配比浓度及喷施方式等一定要严格按要求进行,否则容易发生药害。喷施化控剂的原则是"喷高不喷低、喷旺不喷弱、喷绿不喷黄"。

(5)大风倒伏后的挽救措施　玉米发生倒伏以后,要区别不同情况采取不同的管理措施。如果在拔节前倒伏,不必人工扶起,可让其自动恢复直立。如果在拔节后至灌浆期间倒伏的玉米,在雨后应该尽快人工扶直植株并进行培土,以便重新将植株固牢,因为不及时扶起,玉米可能会倾斜生长,影响植株的光合作用,进而影响玉米的产量。灌浆后倒伏的玉米,大多由雷雨大风引起,雨后可用竹竿轻轻挑动植株,抖落植株上的雨水,以减轻植株压力,待天晴后让植株慢慢恢复直立生长,同时对倒伏较轻的地块,应趁着土质松软的时候及时扶起,对于倒伏较轻(茎与地面夹角大于 45°)的玉米,一般不用采取扶直措施,让其随着生长自然直立起来;蜡熟—成熟前倒伏的玉米,扶起的和不扶的产量损失差别不大,考虑到人工和田间泥泞问题,可以不再扶植。

对于茎折倒扶,无论是灌浆前期或灌浆后期,扶起后的产量损失都比不扶的大很多,所以对茎折倒伏后的玉米而言，一般不要去扶，以避免二次机械损伤。茎秆折断情况比较严重的地块，将玉米植株割除作为青饲料，然后再补种一些速生叶类蔬菜。茎秆折断比例较小的地块，可将茎秆折断的植株尽早割除。

（6）倒伏后的田间管理　玉米倒伏后，要做好以下几点田间管理：田间有积水或过湿的，要及时清沟排渍，降低田间湿度，防止叶片霉烂，以延长叶片功能期。防治田间昆虫，田间昆虫较多的田块，玉米倒伏后会遭到啃食，且昆虫啃食的减产率超过了病害的影响。防治病害，玉米倒伏后，因叶片贴近地面，湿度较大，缺少光照，很容易生病，导致产量降低，因此，发现病害要及时防治。及时收获，玉米倒伏后，因穗离地面太近，因此成熟后要及时收获，以避免昆虫的啃食和穗腐病的发生。

（二）冰雹

1. 湖北省冰雹发生时期　冰雹作为一种农业危害性较强的气象灾害，本身就具有突发性和不可逆转性的特征。湖北省一年中各月都有发生，发生冰雹的时间大多数集中在 3—4 月份，形成省内春雹为多的特点，是因为春夏之交的过渡季节，上空常为较深厚不稳定性气层，不断南下的冷空气扰动，加之三面环山的地理因素的影响，促成了雹暴的生存与发展，这对湖北省春播玉米苗期的生长尤为不利。造成湖北省大范围雹暴的天气系统主要可分为 3 个类型：低槽类、阶梯槽类、横槽类。当冰雹直径＞2 mm 时，其落地时所具有的动量便可对地面农作物造成损伤。冰雹能砸毁玉米叶片、砸伤砸断茎秆，引起地温下降，破坏植株的正常生长和代谢。由于湖北省的冰雹发生时期，使春播玉米播种及出苗期、苗期遭受冰雹的灾害可能性很大。

2. 冰雹对玉米生产的影响　玉米在发芽出苗期遭受雹灾，容易造成土壤板结，地温下降，通气不良，影响种子发芽和出苗。灾后应及时疏松土壤，以利增温通气。如玉米受灾较重、缺苗较多时，要及时补种，确保种植密度。

（1）叶片破损　玉米苗期根系少且植株较为弱小，因此抗逆能力较差。由于冰雹的打击作用，玉米叶片呈斑点状或线状破损、撕裂，多层叶片互相缠绕。破损部位叶片组织逐渐坏死、干枯，光合作用受阻。但对于存活的幼苗，其恢复生长能力很强，对产量影响不大。

（2）心叶展开受阻　植株顶部未展开的幼叶受损坏死后，叶片不能正常展开，致使新生叶展开受阻、叶片卷曲皱缩，展开受阻。

（3）植株淹水窒息　由于冰雹发生时常常伴随大风和暴雨，部分植株被冰雹击倒，根系长时间处在缺氧状态，导致根系缺氧窒息。

若冰雹造成幼苗大部分叶片破损，地上部仅剩部分叶鞘存活，但因雹灾后土壤湿度过大，植株养分缺乏，根系长时间处在缺氧状态，最终将导致根系衰亡、靠近根茎部位生长点腐烂。

地面土壤被冰雹砸实会引起土壤板结，不利于根系的生长，从而导致玉米生长发育迟缓，严重的会造成死苗。

3. 应对措施

（1）加强冰雹灾害的气象预测能力，做好冰雹灾害预警服务　加强冰雹灾害的气象预测，从而提前做好防御措施，是能够从根本上减少冰雹对玉米造成伤害的有效措施。加强对冰雹天气的联防，利用多种渠道提早将冰雹预警信息传送到政府和群众中去，提前采取防御措施，为防御冰雹灾害争取更多时间，避免、减轻灾害损失。当监测到有冰雹发生时，气象部门要抓住有利时机组织开展人工消雹作业，达到大冰雹化小、小冰雹变成水滴的目的，最大限度地减少雹灾对农作物造成的损失。

(2)冰雹灾后的补救措施

① 排除积水，整理植株　排水不良、内涝严重的地块，应及时排除积水，疏通田间渍水，扶正植株。人工去除损伤严重的坏死叶片及心叶上部的损伤部分，使顶心似露未露；促进新叶生长，并将粘连、卷曲的心叶放开。

② 喷洒药剂，预防病害　玉米植株遭受冰雹打击后，形成多处伤口，很容易感染病菌产生病害，应及时喷洒农用链霉素等杀菌剂，以防病菌的侵染和病害的发生。同时也要预防草害。

③ 喷洒叶肥，及时追肥　由于叶片损伤严重，植株体内有机营养不足。为尽早恢复其生长，需使用磷酸二氢钾喷雾。提早追施氮肥并一同追施适量钾肥，促进玉米植株快速生长，提高抗逆性。

④ 中耕散墒，提高地温　冰雹过后土壤水分过多、地面板结、地温下降，玉米根系缺氧。露地种植的地块应及早进行浅中耕松土，以提高地温，促苗早发。增强土壤通透性，促进根系生长和发育。

⑤ 审慎毁种　一般受灾田块不要轻易毁种，只有在受灾后死苗比较严重的地块，可考虑毁种生育期比较短的鲜食玉米、饲用玉米等，以减少造成的损失。

(三)洪涝

1. 湖北省洪涝发生时期　暴雨洪涝灾害是指一段时间内的强降雨或持续较长时间的降雨引起的气象灾害。湖北省位于东亚季风气候区，受亚热带夏季风影响，降水过程频繁，暴雨日数多，洪涝灾害严重。每年 5 月进入汛期后，降水明显增多，江河湖库水位开始上涨，其中以 6 月中旬至 7 月中旬梅雨期雨强最大，最易发生洪涝灾害，9 月以后降水减少，汛期基本结束。在暴雨洪涝灾害中对农作物致灾主要因子是降水量和持续降水日数。

2. 洪涝对玉米生产的影响

(1)洪涝积水对玉米生长的影响

① 苗期影响(6 片展叶之前)　玉米是一种需水量大而又不耐涝的作物，当土壤湿度超过田间持水量的 80%以上时，植株的生长发育即受到影响。尤其是在幼苗期，表现更为明显，涝害对幼苗以及最终产量影响最大。研究表明，玉米株高 15 cm 左右的时候，被淹 24 h、48 h 和 72 h，玉米产量会减少 18%、22%和 32%。淹没过茎顶端生长点的时候，对玉米的伤害最大。6 片展叶之前的玉米幼苗是植株根系形成的关键时期，根系对土壤空气的反应最为敏感。多水少气的土壤环境，会严重抑制根系的发育和对土壤养分的吸收，根和微生物厌氧呼吸产生的硫化物、有机酸物质引起根系中毒，造成玉米幼苗叶片发黄，植株软弱，基部呈紫红色，生长缓慢或停滞，根系发黑腐烂。此期，幼苗最多能忍耐 4～5 d 的水淹时间。

② 穗期的影响(6～10 片展叶期间)　此时的玉米植株根系已基本形成，能够从较深的土壤空隙中摄取到少量的氧气，这个时期的玉米对水的忍耐力最强。此时的淹水对植株的伤害程度关键是看淹水时间的长短以及土壤空气温度的高低。一般情况下，土壤空气温度在 16 ℃以下，短时间的淹水对根系影响不大，玉米能够忍耐 7～10 d 的时间，超过 22 ℃就会有明显的影响，超过 27 ℃就更加危险。

③ 花粒期的影响　此时的玉米对水分敏感，加之湖北省春、夏玉米在生长中、后期多处在

高温多雨条件下，很容易造成花粉发育障碍，导致授粉受精不良，对产量的影响很大。此期受涝，可使抽雄期推迟 7～10 d，吐丝期推迟 7～8 d，成熟期推迟 10 d 左右。涝渍还会减少雄穗分枝数，延长开花期与吐丝期的间隔日数，造成雌雄花期不遇，授粉困难，穗粒数减少，从而影响产量。这个时候的玉米只能忍受 2～4 d 的水淹时间，严重的涝害会使玉米根系缺氧而窒息坏死，造成其生活力迅速衰退，植株未熟先枯，籽粒灌浆不充分，千粒重降低，对玉米的产量影响很大。一般积水 2～3 d，对产量影响不太明显，但积水 4 d 后减产达 20%，积水超过 5 d 减产 40%。

(2)洪涝对玉米产量及产量因子的影响

① 成穗率　玉米生长期间无论是哪一个生育时期积水，对成穗率都有明显影响，积水胁迫效应显著。有研究表明，洪涝积水 5 d 和 7 d 的均较积水 3 d 的成穗率低；在同一生育期内，积水时间的越长，对成穗率的影响越大，积水 7 d 时，成穗率已下降到 20%以下。

② 穗长、穗粗　洪涝积水对玉米果穗影响较大，明显表现为果穗变短变细，果穗受害拔节期重于抽雄期和吐丝期。在同一生育期内，积水时间愈长果穗愈细、愈短。

③ 单株籽粒重　洪涝对玉米单株籽粒重的影响较明显，在同一生育期内，随着积水时间延长，百粒重越低，单株籽粒重相应降低。

④ 产量　洪涝发生愈早，对玉米产量影响愈大。洪涝对玉米产量构成因素的综合影响效果是最终使产量降低甚至绝收。

(3)应对措施

① 及时排水　一旦发现田间积水，及早开深沟引水出田，以降低田间土壤和空气湿度，促进植株恢复生长。

② 中耕培土　当土稍干能下地时，及时进行中耕松土和培土，以破除板结，改善土壤通透性，使植株根部尽快恢复正常的生理活动。

③ 增施速效氮肥　受涝玉米往往表现为叶黄秆红，生长发育停滞。增施速效氮肥，可以改善植株的氮素营养，加速植株生长，减轻涝灾损失。

④ 加强病虫害防治　受洪涝危害的影响，植株因营养吸收和光合作用受阻，加上土壤和空气湿度大，植株抗逆能力弱，极易引发叶斑病、穗腐病、玉米螟等玉米病虫害，需要加强病虫害的监控和预测预报，选用合适的药剂及时预防和防治。

⑤ 促进早熟　涝灾发生后，植株的生长发育受到抑制，成熟期推迟，必须进行人工促熟。当前生产上常用的促熟方法有：

施肥法：在玉米吐丝期，每亩用尿素 10 kg 开沟追施，或用 0.3%磷酸二氢钾溶液（或 3%过磷酸钙浸出液）叶面喷施。

晒棒法：在玉米灌浆后期、籽粒达到正常大小时，将苞叶剥开，使籽粒外露，促其脱水干燥和成熟。

晾晒法：在正常期，玉米仍未充分成熟，可将玉米连秆砍下，码在田边或其他空闲处（注意不要堆大堆），待叶片枯干后再剥下果穗干燥脱粒。另外，在玉米灌浆期，用锄在垄的两侧锄一遍也具有促熟效果。

参考文献

敖立万，吴强，等，2003. 湖北省干旱发生规律与对策研究[J]. 湖北农业科学(1)：4-6.

白艳凤,2014a. 玉米丝黑穗病的发生条件与防治措施[J]. 生物灾害科学,37(2):185-187.
白艳凤,2014b. 玉米丝黑穗病特征特性及抗病育种研究进展[J]. 中国林副特产(5):87-90.
陈兵兵,石元亮,陈智文,2011. 不同 P、K、Si 肥对玉米苗期抗寒效果的研究[J]. 中国农学通报,27(03):85-89.
陈朝辉,等,2008. 高温对玉米生产的危害及防御措施[J]. 作物杂志(4):90-92.
陈钫,2014. 玉米圆斑病的发生与防治[J]. 云南农业(3):70.
陈军,戴俊英,1996. 干旱对不同耐性玉米品种光合作用及产量的影响[J]. 作物学报,22(6):757-762.
陈明,1993. 湖北省冰雹降雹特征与时空分布[J]. 湖北气象(3):25-26.
戴淑芬,何于班,1998. 22 个雷暴预报因子及其应用[J]. 航空气象科技(3):23-31.
党玉才,2009. 十堰地区玉米虫害发生的原因及防治对策[J]. 现代农业科技(6):162-163.
董永华,史吉平,韩建民,1995. 干旱对玉米幼苗 PEP 羧化酶活性的影响[J]. 玉米科学,3(2):54-57.
杜世凯,秦光才,王黎明,等,2011. 武陵山区玉米主要病虫害防治及其育种策略[J]. 现代农业科技(24):111-111.
房稳静,武建华,陈松,等,2009. 不同生育期积水对夏玉米生长和产量的影响试验[J]. 中国农业气象,30(4):616-618.
龚金龙,张洪程,胡雅杰,等,2013. 灌浆结实期温度对水稻产量和品质形成的影响[J]. 生态学杂志,32(2):482-491.
龚玉铸,2015. 武陵山区玉米主要病虫害防治及其育种对策[J]. 北京农业(35):46.
顾慰连,沈秀瑛,戴俊英,等,1990. 玉米不同品种各生育时期对干旱的生理反应[J]. 沈阳农业大学学报,21(3):186-190.
关贤交,欧阳西荣,2004. 玉米低温冷害研究进展[J]. 作物研究(S1):353-357.
郭春明,李建平,任景全,等,2017. 低温胁迫对玉米光合特性及粒重的影响[J]. 东北农业科学,42(04):5-10.
郭广芬,周月华,史瑞琴,等,2009. 湖北省暴雨洪涝致灾指标研究[J]. 暴雨灾害,28(4):357-361.
郭建平,王春乙,马树庆,等,2003. 玉米育苗移栽防御低温冷害和春旱试验研究[J]. 自然灾害学报,12(1):116-120.
韩金龙,王同燕,徐子利,等,2010. 玉米抗旱机理及抗旱性鉴定指标研究进展[J]. 中国农学通报,26(21):142-146.
胡海军,史振声,王志斌,等,2009. 抗低温处理对玉米种子萌发特性的影响[J]. 中国种业(5):44-45.
黄艳胜,2007. 温度对玉米种子萌发能力的影响[J]. 牡丹江师范学院学报(自然科学版)(1):23-24.
嵇仁兰,许传中,2005. 持续高温干旱对夏玉米的影响及对策[J]. 上海农业科技(3):70-71.
李国,吴学荣,林传富,2009. 玉米抗旱性生理生化研究进展[J]. 温州农业科技(1):14-19.
李建军,蒋立辉,浦超群,2013. 四种玉米病害的发生规律及其防治方法[J]. 上海农业科技(3):119-121.
李金洪,李伯航,1993. 干旱条件下抗蒸腾剂对玉米的生理效应研究[J]. 河北农业大学学报,16(3):42-46.
李儒海,强胜,2007. 杂草种子传播研究进展[J]. 生态学报,27(12):5361-5370.
李希腾,王黎明,杜世凯,等,2011. 玉米灰斑病的发生及防治[J]. 现代农业科技(21):191.
李扬汉,1998. 中国杂草志[M]. 北京:中国农业出版社.
李友明,2016. 玉米穗腐病发病机理及防治措施[J]. 中国农业信息(4):53-54.
刘铭,2014. 玉米圆斑病的发生与防治[J]. 现代农业科技(19):158-159.
刘娜,2018. 高温热害致使夏玉米出现缺粒现象[J]. 农民致富之友(20):49.
卢灿华,吴毅歆,黄莲英,2013. 玉米圆斑病研究概述[J]. 云南农业大学学报,28(1):133-139.
卢国甫,2018. 玉米弯刺黑蝽的危害与防治[J]. 农业开发与装备,11:185-186.
吕凯,2014. 玉米洪涝灾害发生原因及减灾措施[J]. 农业灾害研究,4(10):74-77.
马霞,张磊,杨文海,等,2018. 冰雹灾害对青贮玉米的影响及防御措施研究[J]. 河南农业(20):49-50.
裴英杰,郑家玲,庾红,等,1992. 用于玉米品种抗旱性鉴定的生理生化指标[J]. 华北农学报,7(1):31-35.

乔江方，李萍，张美微，等，2019. 花期高温对不同夏玉米品种产量及品质的影响[J]. 河南农业科学，48(07)：11-18.

畲花娣，李孝，陆晴，等，2013. 玉米耐旱育种研究进展[J]. 农业与技术，33(9)：126-127.

施望芝，金琪，郭施，等，2004. 湖北一次冰雹天气过程的落区诊断分析和预报[J]. 热带气象学报(2)：212-217.

宋立泉，1997. 低温对玉米生长发育的影响[J]. 玉米科学(3)：58-60.

孙琴，易镇邪，常冰，等，2013. 低温对玉米的影响研究进展[J]. 作物研究，27(4)：393-397.

孙又欣，李凯，2013. 湖北省干旱成因分析与对策研究[J]. 中国防汛抗旱，23(2)：56-58.

谭振波，刘昕，曹鸣庆，2002. 玉米抗寒性的研究进展[J]. 玉米科学(2)：56-60.

陶永富，刘庆彩，徐明良，2013. 玉米粗缩病研究进展[J]. 玉米科学 21(1)：149-152.

王彩虹，2015. 玉米常见虫害的防治方法[J]. 农民致富之友(7)：150-150.

王成业，2010. 洪涝灾害对夏玉米生长发育及产量的影响[J]. 河南农业科学(8)：20-21.

王辉，2017. 玉米穗腐病和茎腐病的发生与防治[J]. 农业科技通讯(11)：206-207.

王黎明，郑兴权，刘传兵，等，2009. 鄂西山区玉米病害发生情况和趋势分析[J]. 湖北农业科学，48(11)：2738-2740.

王立志，王连敏，张国民，等，2000. 不同温度条件下玉米种子发芽的量化模型[J]. 中国农业气象，21(3)：36-37.

王绍武，马树庆，陈莉，等，2009. 低温冷害[M]. 北京：气象出版社.

王树会，黄成江，2008. 低温对烟草种子萌发的影响[J]. 中国种业(5)：48-49.

王徐富，2016. 玉米螟的危害与防治措施[J]. 现代畜牧科技(7)7：72.

王宗芳，盛春霞，孔慧，2018. 玉米瘤黑粉病的发生与防治技术[J]. 农业与技术，38(14)：61.

吴凤燕，关洪林，2011. 湖北省干旱分区及各区易旱类型研究[J]. 中国水利(11)：34-35.

谢皓，1998a. 温度对玉米种子萌动和发芽的影响[J]. 北京农业科学(2)：6-7，9.

谢皓，1998b. 玉米种子发芽与温度相关性的研究[J]. 种子(2)：14-16.

熊先梅，康家树，2001. 湖北省农田杂草的发生与综合治理. 湖北农业科学(5)：52-54.

徐贺威，刘翠玲，张琦，2019. 高温热害对夏玉米的影响及应对措施[J]. 河南农业(10)：33.

徐建霞，郑常祥，2018. 玉米抗旱生理生化指标的研究进展[J]. 产业技术，35(4)，33-35.

许海涛，王斌功，刘海潮，等，2019. 高温对夏玉米种子萌发、生理特性及籽粒品质的影响[J]. 湖南农业科学(1)：15-18.

阎勇，2007. 玉米耐旱生理特性研究[D]. 南宁：广西大学.

杨小环，赵维峰，孙娜娜，等. 2017. 外源水杨酸缓解低温胁迫对玉米种子萌发和早期幼苗生长伤害的生理机制[J]. 核农学报，31(9)：1811-1817.

姚成强，姚启伦，2008. 低磷胁迫下武陵山区糯玉米地方品种的籽粒产量和营养品质效应[J]. 河南农业科学，37(9)：30-33.

姚玉臣，等，2008. 高温干旱对夏玉米生育性状及产量因子影响初探[J]. 现代农业科技(1)：118.

于康珂，等，2016. 玉米花期耐高温品种的筛选与综合评价[J]. 玉米科学，24(02)：62-71.

余松烈，1986. 作物栽培学[M]. 北京：农业出版社.

张彩珍，2017. 玉米螟发生规律及综合防控技术[J]. 农业技术与装备，334(10)：78-79.

张国民，王连敏，王立志，等，2000. 苗期低温对玉米叶绿素含量及生长发育的影响[J]. 黑龙江农业科学(1)：10-12.

张家运，2012. 淮北地区夏玉米高温干旱的发生及防御措施[J]. 现代农业科技(12)：55，57.

张建敏，2017. 冰雹对农业的影响及补救措施[J]. 河北农业(7)：29-30.

张建平，赵艳霞，王春乙，等，2012. 不同发育期低温冷害对玉米灌浆和产量影响模拟[J]. 中国农学通报，28(36)：176-182.

张立新,李生秀,2007. 水分胁迫下氮、钾对不同基因型夏玉米氮代谢的影响[J]. 植物营养与肥料学报,13(4):554-560.

张雪峰,2011. 玉米种子萌发期抗冷鉴定指标的研究[J]. 黑龙江农业科学(10):23-25.

章松柏,李红,张求东,等,2013. 湖北玉米粗缩病的检测与鉴定[J]. 玉米科学(3):136-139.

赵丽敏,李秧秧,左力翔,2013. 土壤渐进干旱过程中玉米、高粱茎水分传输能力与光合作用的协调性研究[J]. 中国生态农业学报,21(7):817-823.

赵龙飞,李潮海,刘天学,等,2012. 花期前后高温对不同基因型玉米光合特性及产量和品质的影响[J]. 中国农业科学,45(23):4947-4958.

赵霞,穆心愿. 马智艳,等,2017. 不同玉米杂交种对花期高温、干旱复合胁迫的响应[J]. 河南农业科学,46(8):32-37.

赵永锋,韩静静,贾晓艳,等,2019. 低温胁迫对不同玉米种子萌发的影响[J]. 种子,38(5):86-89.

郑洪建,董树亭,2000. 生态因素与玉米产量关系的研究[J]. 山东农业大学学报(自然科学版)(3):315-319.

郑昀晔,曹栋栋,张胜,等,2008. 多胺对玉米种子吸胀期间耐冷性和种子发芽能力的影响[J]. 作物学报,34(2):261-267.

邹国元,杨志福,李晓林,1998. 钾对玉米苗期抗冷性的影响[J]. 植物营养与肥料学报,4(2):165-169.

Farooq M, Aziz T, Hussain M, et al, 2008. Glycinebetaine Improves Chilling Tolerance in Hybrid Maize[J]. Journal of Agronomy & Crop Science, 194(2):152-160.